约束集分离与简约 ADMM 及其在雷达信号处理中的应用

梁军利 著

科学出版社

北京

内 容 简 介

本书系统阐述了目标函数分离交替方向乘子法(ADMM)，在此基础上发展了约束集分离与简约 ADMM，解决实际应用中难以应对的复杂约束优化问题，并应用于雷达信号处理问题中。全书共 10 章，内容包括约束集分离与简约 ADMM 理论、雷达波形设计、阵列波束赋形及鲁棒自适应波束形成等雷达信号处理应用，具体包括包含频谱特性的雷达波形设计、基于波形设计的低旁瓣集中式多输入多输出（MIMO）雷达波束图合成、基于宽带波形设计的集中式 MIMO 雷达波束图合成、具有低自相关和互相关旁瓣的波形集设计、具有低旁瓣广义模糊函数的波形集设计、稀疏阵列波束赋形、无需模板波束赋形、自组织蜂群柔性阵列波束赋形和鲁棒自适应波束形成等。在对应问题的研究上，本书侧重数学层面的推导，从基础出发，注重方法的研究和创新，并结合工程需求，以实际问题驱动研究，知识结构完整，列举了大量的工程实例。

本书可供信号处理与优化、电子工程领域的研究人员及高校相关专业师生参考，也可供雷达信号处理应用的工程技术人员参考使用。

图书在版编目(CIP)数据

约束集分离与简约 ADMM 及其在雷达信号处理中的应用/梁军利著. —北京：科学出版社，2024.5

ISBN 978-7-03-077370-8

Ⅰ. ①约… Ⅱ. ①梁… Ⅲ. ①雷达信号处理–研究 Ⅳ. ①TN957.51

中国国家版本馆 CIP 数据核字(2024)第 001932 号

责任编辑：祝 洁 / 责任校对：崔向琳

责任印制：赵 博 / 封面设计：陈 敬

科学出版社 出版

北京东黄城根北街 16 号

邮政编码：100717

http://www.sciencep.com

北京中石油彩色印刷有限责任公司印刷

科学出版社发行 各地新华书店经销

*

2024 年 5 月第 一 版 开本：720 × 1000 1/16

2025 年 1 月第二次印刷 印张：16

字数：320 000

定价：168.00 元

(如有印装质量问题，我社负责调换)

前　言

近年来，优化技术在实际中的应用越来越广泛，引起众多领域研究人员和工程人员的重视，得到了突飞猛进的发展。例如，在雷达阵列自适应波束形成问题中，通过优化获得各阵元的权值，进而对感兴趣信号的波形进行提取；在雷达波形设计中，通过优化每一码元的取值，从发射端赢得主动，提高雷达探测效果；在波束图合成问题中，通过优化设计发射天线的激励幅度和相位，实现特定形状的发射波束图，对感兴趣的空间进行探测。从诸多的应用实例可以看出，优化在雷达信号处理领域具有十分重要的意义，研究优化方法及其在雷达信号处理领域的应用也具有较高的工程价值。

众多学者针对目标函数较为复杂的优化问题提出了各种有效的优化方法，但约束集复杂的优化问题仍然难以求解，并且由于约束集的限制，目标函数复杂且约束集复杂的优化问题更为棘手，更难以解决。为此，本书针对约束集复杂的优化问题展开研究，将现有的目标函数分离 ADMM 推广至约束集分离与简约的 ADMM，并提出一些独到的思路用于求解简约后的优化问题，最后应用于存在优化求解瓶颈的雷达信号处理问题中。全书共 10 章，主要包括约束集分离与简约 ADMM 理论、雷达波形设计、阵列波束赋形及鲁棒自适应波束形成等雷达信号处理应用。尽管本书重点讨论了 ADMM 优化方法，事实上，第 6 章的内容对于当前的高次多项式优化难点也进行了重要的推进。

本书针对具体的工程需求，提出对应的模型和求解思路，形成适应工程实际应用的特定算法，并进行充分的仿真实验，以说明方法的有效性和优势。全书理论依据充分，数学推导翔实，对相关的学术和工程领域的研究也有一定的指导作用。

在撰写本书过程中，博士研究生范文、范旭慧、陈梓浩、于国阳、吴一璠、水孟阳，硕士研究生张旋、涂宇、刘琦、钱汇等参与了文稿的整理和制图工作。香港城市大学 So Hing Cheung 教授从理论的提出到雷达信号处理算法的发展均参与了讨论，西北工业大学白建超教授对第 1 章的数学专业措辞进行了修订，在此一并表示感谢。

本书出版得到了国家自然科学基金项目 (61471295、62271403)、中央高校基本科研业务专项资金 (D5000230122) 的资助，表示衷心的感谢！对支持、关心本书出版工作的所有人员一并表示感谢！

限于作者水平，书中难免存在不妥之处，敬请读者批评指正。

梁军利

2023 年 12 月于西安

目　　录

第 1 章　绪　　论

本章首先给出目标函数分离的基本交替方向乘子法 (alternating direction method of multipliers, ADMM)，用于求解线性约束下目标函数可分离的凸优化问题；其次，讨论基本 ADMM 的研究现状；最后，引入约束集分离与简约 ADMM，用于解决复杂约束下的非凸优化问题。

1.1　基本 ADMM

ADMM 是一种集成对偶上升 (dual ascent) 法的可分解性 (decomposability) 和乘子法 (method of multipliers) 优秀收敛特性的优化方法 [1]。通常，基本 ADMM 用于求解式 (1.1) 所示的线性等式约束的优化问题：

$$\begin{aligned}&\min_{\boldsymbol{x},\boldsymbol{z}}\ f(\boldsymbol{x})+g(\boldsymbol{z})\\&\text{s.t.}\ \boldsymbol{A}\boldsymbol{x}+\boldsymbol{B}\boldsymbol{z}=\boldsymbol{c}\end{aligned} \tag{1.1}$$

式中，变量 $\boldsymbol{x}\in\mathbf{R}^n,\boldsymbol{z}\in\mathbf{R}^m$；常量 $\boldsymbol{A}\in\mathbf{R}^{p\times n},\boldsymbol{B}\in\mathbf{R}^{p\times m},\boldsymbol{c}\in\mathbf{R}^p$。

遵循乘子法的思路，构造如式 (1.2) 的增广拉格朗日函数 (augmented Lagrangian function)[1]：

$$\mathcal{L}_\rho(\boldsymbol{x},\boldsymbol{z},\boldsymbol{\lambda})=f(\boldsymbol{x})+g(\boldsymbol{z})+\boldsymbol{\lambda}^{\mathrm{T}}(\boldsymbol{A}\boldsymbol{x}+\boldsymbol{B}\boldsymbol{z}-\boldsymbol{c})+\frac{\rho}{2}\left\|\boldsymbol{A}\boldsymbol{x}+\boldsymbol{B}\boldsymbol{z}-\boldsymbol{c}\right\|^2 \tag{1.2}$$

式中，惩罚参数 $\rho>0$，为增广拉格朗日函数的步长；$\boldsymbol{\lambda}\in\mathbf{R}^p$，为与约束 $\boldsymbol{A}\boldsymbol{x}+\boldsymbol{B}\boldsymbol{z}=\boldsymbol{c}$ 对应的拉格朗日乘子向量。

针对上述拉格朗日函数，ADMM 通过以下迭代步骤进行求解 [1]。

步骤 0　给定初始值 $\boldsymbol{z}(k)$ 和 $\boldsymbol{\lambda}(k)$。

步骤 1　基于获得的 $\boldsymbol{z}(k)$ 和 $\boldsymbol{\lambda}(k)$，求解式 (1.3)，获得 $\boldsymbol{x}(k+1)$：

$$\begin{aligned}\boldsymbol{x}(k+1)&=\arg\min_{\boldsymbol{x}}\mathcal{L}_\rho(\boldsymbol{x},\boldsymbol{z}(k),\boldsymbol{\lambda}(k))\\&=\arg\min_{\boldsymbol{x}}f(\boldsymbol{x})+\boldsymbol{\lambda}^{\mathrm{T}}(k)(\boldsymbol{A}\boldsymbol{x}+\boldsymbol{B}\boldsymbol{z}(k)-\boldsymbol{c})+\frac{\rho}{2}\left\|\boldsymbol{A}\boldsymbol{x}+\boldsymbol{B}\boldsymbol{z}(k)-\boldsymbol{c}\right\|^2\end{aligned} \tag{1.3}$$

步骤 2 基于获得的 $\boldsymbol{x}(k+1)$ 和 $\boldsymbol{\lambda}(k)$，求解式 (1.4)，获得 $\boldsymbol{z}(k+1)$：

$$\begin{aligned}\boldsymbol{z}(k+1) &= \arg\min_{\boldsymbol{z}} \mathcal{L}_\rho\left(\boldsymbol{x}(k+1), \boldsymbol{z}, \boldsymbol{\lambda}(k)\right) \\ &= \arg\min_{\boldsymbol{z}} g\left(\boldsymbol{z}\right) + \boldsymbol{\lambda}^{\mathrm{T}}(k)\left(\boldsymbol{A}\boldsymbol{x}(k+1) + \boldsymbol{B}\boldsymbol{z} - \boldsymbol{c}\right) \\ &\quad + \frac{\rho}{2}\left\|\boldsymbol{A}\boldsymbol{x}(k+1) + \boldsymbol{B}\boldsymbol{z} - \boldsymbol{c}\right\|^2\end{aligned} \tag{1.4}$$

步骤 3 基于获得的 $\boldsymbol{x}(k+1)$ 和 $\boldsymbol{z}(k+1)$，更新拉格朗日乘子向量 $\boldsymbol{\lambda}(k+1)$，如式 (1.5) 所示：

$$\boldsymbol{\lambda}(k+1) = \boldsymbol{\lambda}(k) + \rho\left(\boldsymbol{A}\boldsymbol{x}(k+1) + \boldsymbol{B}\boldsymbol{z}(k+1) - \boldsymbol{c}\right) \tag{1.5}$$

步骤 4 重复步骤 1~3 直至达到收敛的终止准则。

从以上步骤可以看出，基本 ADMM 框架具有这样的特点：①完整的变量集 $\{\boldsymbol{x}, \boldsymbol{z}\}$ 分为了 $\boldsymbol{x}$ 和 $\boldsymbol{z}$ 两部分；②总目标函数可以分裂为 $f(\boldsymbol{x})$ 和 $g(\boldsymbol{z})$ 两部分，且分别为不同变量 $\boldsymbol{x}$ 和 $\boldsymbol{z}$ 的函数，这使得在求解子问题时可以充分利用每个子目标函数的特殊性质；③求解时没有联合优化变量 $\{\boldsymbol{x}, \boldsymbol{z}\}$ 而是交替优化变量 $\boldsymbol{x}$ 和 $\boldsymbol{z}$，因此算法名称包含交替方向 (alternating direction)；④约束集为简单的线性约束或其他简单的凸集。

1.1.1 基本 ADMM 的缩放形式

定义残差向量 $\boldsymbol{r} = \boldsymbol{A}\boldsymbol{x} + \boldsymbol{B}\boldsymbol{z} - \boldsymbol{c}$ 及缩放对偶向量 $\boldsymbol{u} = \dfrac{1}{\rho}\boldsymbol{\lambda}$，则拉格朗日函数的乘子部分 $\boldsymbol{\lambda}^{\mathrm{T}}(\boldsymbol{A}\boldsymbol{x} + \boldsymbol{B}\boldsymbol{z} - \boldsymbol{c}) + \dfrac{\rho}{2}\left\|\boldsymbol{A}\boldsymbol{x} + \boldsymbol{B}\boldsymbol{z} - \boldsymbol{c}\right\|^2$ 可重写为式 (1.6) 所示的形式 [1]：

$$\boldsymbol{\lambda}^{\mathrm{T}}\boldsymbol{r} + \frac{\rho}{2}\left\|\boldsymbol{r}\right\|^2 = \frac{\rho}{2}\left\|\boldsymbol{r} + \frac{1}{\rho}\boldsymbol{\lambda}\right\|^2 - \frac{1}{2\rho}\left\|\boldsymbol{\lambda}\right\|^2 = \frac{\rho}{2}\left\|\boldsymbol{r} + \boldsymbol{u}\right\|^2 - \frac{\rho}{2}\left\|\boldsymbol{u}\right\|^2 \boldsymbol{c} \tag{1.6}$$

基于式 (1.6) 的表达，式 (1.3)~ 式 (1.5) 描述的非缩放形式的算法步骤 1~3 可重写为如式 (1.7)~ 式 (1.9) 的形式：

$$\boldsymbol{x}(k+1) = \arg\min_{\boldsymbol{x}} f(\boldsymbol{x}) + \frac{\rho}{2}\left\|\boldsymbol{A}\boldsymbol{x} + \boldsymbol{B}\boldsymbol{z}(k) - \boldsymbol{c} + \boldsymbol{u}(k)\right\|^2 \tag{1.7}$$

$$\boldsymbol{z}(k+1) = \arg\min_{\boldsymbol{z}} g\left(\boldsymbol{z}\right) + \frac{\rho}{2}\left\|\boldsymbol{A}\boldsymbol{x}(k+1) + \boldsymbol{B}\boldsymbol{z} - \boldsymbol{c} + \boldsymbol{u}(k)\right\|^2 \tag{1.8}$$

$$\boldsymbol{u}(k+1) = \boldsymbol{u}(k) + \rho\left(\boldsymbol{A}\boldsymbol{x}(k+1) + \boldsymbol{B}\boldsymbol{z}(k+1) - \boldsymbol{c}\right) \tag{1.9}$$

显然，式 (1.7)~ 式 (1.9) 的表达形式相比式 (1.3)~ 式 (1.5) 更加紧凑。因此，称式 (1.3)~ 式 (1.5) 为非缩放的 ADMM 算法，称式 (1.7)~ 式 (1.9) 为缩放的 ADMM 算法。

1.1.2　算法的收敛性与终止准则

设以下假设成立。

假设 1　扩展实值函数 $f:\mathbf{R}^n\to\mathbf{R}\cup\{+\infty\}$ 和 $f:\mathbf{R}^n\to\mathbf{R}\cup\{+\infty\}$ 是正常闭凸函数。

假设 2　非增广拉格朗日函数 $\mathcal{L}_0(\boldsymbol{x},\boldsymbol{z},\boldsymbol{\lambda})$，即 $\rho=0$ 时的增广拉格朗日函数，具有鞍点，则 ADMM 算法迭代收敛后满足以下收敛特性 [1]。

(1) 残差收敛：当迭代次数 $k\to\infty$ 时，原问题残差向量 $\boldsymbol{r}(k)\to\mathbf{0}$。

(2) 目标函数收敛：当迭代次数 $k\to\infty$ 时，目标函数 $f\left(\boldsymbol{x}(k)\right)+g\left(\boldsymbol{z}(k)\right)$ 趋于最优值 p^*。

(3) 对偶向量收敛：当迭代次数 $k\to\infty$ 时，对偶向量 $\boldsymbol{\lambda}(k)$ 趋于最优值 $\boldsymbol{\lambda}^*$。

基本 ADMM 的充分必要最优条件包括原问题的可行性和对偶问题的可行性，原问题的可行性如式 (1.10) 所示：

$$\boldsymbol{A}\boldsymbol{x}^*+\boldsymbol{B}\boldsymbol{z}^*-\boldsymbol{c}=0 \tag{1.10}$$

对偶问题的可行性如式 (1.11) 所示：

$$\begin{cases}\partial f(\boldsymbol{x}^*)+\boldsymbol{A}^{\mathrm{T}}\boldsymbol{\lambda}^*=0\\[2ex]\partial g(\boldsymbol{z}^*)+\boldsymbol{B}^{\mathrm{T}}\boldsymbol{\lambda}^*=0\end{cases} \tag{1.11}$$

原问题的可行性始终满足，原问题和对偶问题的可行性依赖于原问题残差向量 $r(k)$ 和对偶残差向量 $\boldsymbol{s}(k)=\rho\boldsymbol{A}^{\mathrm{T}}\boldsymbol{B}\left(\boldsymbol{z}(k+1)-\boldsymbol{z}(k)\right)$。因此，可以检验原问题和对偶问题的残差，达到上界 $\{\varepsilon_1,\varepsilon_2\}$ 作为终止条件，即 $\|\boldsymbol{r}(k)\|\leqslant\varepsilon_1$ 和 $\|\boldsymbol{s}(k)\|\leqslant\varepsilon_2$。

1.1.3　罚函数的自适应调整

通常，较大的乘法函数 ρ 增加了拉格朗日函数中等式约束部分的权重，导致较小的原问题残差。相反，当 ρ 较小时，权重较小，导致较大的原问题残差，但产生较小的对偶问题残差。

为解决上述问题或折中原问题残差和对偶问题残差，文献 [2] 和 [3] 构造了自适应调整机制，如式 (1.12) 所示：

$$\rho(k+1)=\begin{cases}\tau_1\rho(k), & \|\boldsymbol{r}(k)\|\geqslant\mu\|\boldsymbol{s}(k)\| \\ \rho(k)/\tau_2, & \|\boldsymbol{s}(k)\|\geqslant\mu\|\boldsymbol{r}(k)\| \\ \rho(k), & \text{其他}\end{cases} \tag{1.12}$$

式中，参数 $\mu>1$；$\tau_1>1$；$\tau_2>1$。

美国斯坦福大学的 Boyd 已对式 (1.1) 所描述的优化问题的 ADMM 求解方法进行了收敛性证明 [1]，核心思路是通过构造李雅普诺夫函数，证实该函数值随着迭代递减。

1.1.4 研究现状

基于问题 (1.1) 的特殊结构性质，ADMM 已经成功应用于分布式机器学习和分布式信号处理问题中。例如，Giannakis 教授致力于分布式信号与信息处理的研究 [4-8]，代表性的工作包括分布式支持向量机、分布式稀疏线性回归及其他分布式通信信号处理算法研究。梁军利等针对传感器网络环境下的分布式张量降维问题，提出了一种一个向量接一个向量 (one-vector by one-vector, OVBOV) 的投影向量计算方式，并构造了一致性约束问题通过 ADMM 进行求解，最终各个节点获得一致的投影基完成分布式张量的降维 [9-10]。英国赫瑞–瓦特大学的 Mota 等研究了基于 ADMM 的分布式基追踪问题，包括数据按列或按行分布在不同网络节点两种场合 [11]。关于 ADMM 的收敛特性分析，文献 [12]~[24] 作者做了大量工作，但到目前为止，对于非凸优化问题的收敛性分析仍是一个开放性问题。在我国，南京大学何炳生教授是最早研究 ADMM 的数学家之一。何教授及其团队在解决 ADMM 问题时的主导思想为 “分解降低难度, 整合把握方向”。除了式 (1.12) 的参数选择调比准则之外 [2]，他还重点研究了交替方向乘子法的收敛速率 [25-34]。北京大学林宙辰教授等出版了著作 *Alternating Direction Method of Multipliers for Machine Learning*[35]，阐述了 ADMM 解决机器学习领域中的确定性凸优化、确定性非凸优化、随机优化和分布式优化问题，并指出解决线性约束问题的关键在于拉格朗日乘子，其使得约束问题暂时变得无约束，不仅消除了处理约束的困难，而且克服了罚函数法和投影梯度法的一些固有缺陷 [36-40]。中国科学技术大学的凌青教授研究了用于分布式计算的基本 ADMM、加权 ADMM、线性近似 ADMM、动态优化 ADMM、二次近似 ADMM 的收敛及收敛率等特性 [41-45]。西北工业大学的白建超教授发展了带椭圆形步长区域的广义对称 ADMM(generalized-symmetric ADMM, GSADMM)、非精确加速随机 ADMM，并建立了算法的次线性和线性收敛速度理论 [46-51]。

ADMM 仍然是一个极其热门的研究方向，许多学者对于该算法的推进做出了贡献, 相关论文上千篇。由于篇幅有限，作者从信号处理应用的角度考虑，关注点也有限，其他 ADMM 工作不再赘述。

1.2　约束集分离与简约 ADMM

实际应用中，目标函数或约束集较为复杂的优化问题更为普遍。针对目标函数较为复杂的优化问题，已发展了许多优化方法，如非线性优化方法等，而约束集较为复杂的优化问题更为棘手，更难以应对。本节首先讨论现有的处理复杂约束的思路，其次引入约束集分离与简约 ADMM。

1.2.1　多目标优化

为解决存在复杂约束的优化问题，文献 [52] 将不等式或等式约束变成多项式，通过加权的方式引入目标函数中，形成多目标优化问题。此时，不再存在复杂的约束，而只有复杂的目标函数，可以使用擅长非线性优化的智能优化算法，如粒子群算法、遗传算法进行求解。以文献 [52] 中的波束赋形问题为例，该文献需要求解式 (1.13) 所示的复杂约束优化问题：

$$\begin{aligned}\min_{\boldsymbol{x}}\ & f(\boldsymbol{x}) \\ \text{s.t.}\ & |g_i(\boldsymbol{x})|^2 \leqslant c_i, \quad i=1,2,\cdots,I \\ & |h_k(\boldsymbol{x})|^2 \leqslant d_k, \quad k=1,2\ \cdots,K\end{aligned} \tag{1.13}$$

然而，文献 [52] 并没有对上述问题直接求解，而是构建了多目标优化形式的目标函数，如式 (1.14) 所示：

$$\min_{\boldsymbol{x}} f(\boldsymbol{x}) + \sum_{i=1}^{I} w_i\left(|g_i(\boldsymbol{x})|^2 - c_i\right)^2 + \sum_{k=1}^{K} v_k\left(|h_k(\boldsymbol{x})|^2 - d_k\right)^2 \tag{1.14}$$

最后，通过粒子群算法进行优化求解。需要指出，这种多目标优化可能存在两点不足，包括加权系数 $\{w_k, v_i\}$ 很难设定，最终获得的解代入约束集 $|g_i(\boldsymbol{x})|^2 \leqslant c_i, i=1,2,\cdots,I$ 和 $|h_k(\boldsymbol{x})|^2 \leqslant d_k, k=1,2,\cdots,K$ 中不一定完全满足。

1.2.2　一致性 ADMM

文献 [53] 提出了基于一致性 ADMM(consensus-ADMM) 的广义二次约束的二次规划方法，为每一个二次项约束引入一个一致性变量。这样形成的每一个子问题对应于一个二次型约束，可以采用文献 [53] 和 [54] 中提及的矩阵分解、转换为单变量非线性方程求解的思路，寻找最优拉格朗日乘子进行一致性变量的确定，最终所有的一致性变量趋于相同，就可以获得原始问题的最优解。例如，文献 [53] 考虑解决式 (1.15) 所示的优化问题：

$$\begin{aligned}&\min_{\boldsymbol{x}}\ \boldsymbol{x}^{\mathrm{H}}\boldsymbol{A}_0\boldsymbol{x}-2\mathrm{Re}\left\{\boldsymbol{b}_0^{\mathrm{H}}\boldsymbol{x}\right\}\\&\mathrm{s.t.}\ \boldsymbol{x}^{\mathrm{H}}\boldsymbol{A}_i\boldsymbol{x}-2\mathrm{Re}\left\{\boldsymbol{b}_i^{\mathrm{H}}\boldsymbol{x}\right\}\leqslant c_i,\quad i=1,2,\cdots,m\end{aligned}\tag{1.15}$$

针对式 (1.15) 所示的问题，文献 [53] 为变量 $\boldsymbol{x}$ 引入 m 个一致性变量 $\boldsymbol{z}_i=\boldsymbol{x},i=1,2,\cdots,m$，将上述问题转换为式 (1.16) 所示的等价问题：

$$\begin{aligned}&\min_{\boldsymbol{x},\{\boldsymbol{z}_i\}_{i=1}^m}\ \boldsymbol{x}^{\mathrm{H}}\boldsymbol{A}_0\boldsymbol{x}-2\mathrm{Re}\left\{\boldsymbol{b}_0^{\mathrm{H}}\boldsymbol{x}\right\}\\&\mathrm{s.t.}\quad \boldsymbol{z}_i^{\mathrm{H}}\boldsymbol{A}_i\boldsymbol{z}_i-2\mathrm{Re}\left\{\boldsymbol{b}_i^{\mathrm{H}}\boldsymbol{z}_i\right\}\leqslant c_i,\quad i=1,2\ \cdots,m\\&\qquad\ \boldsymbol{z}_i=\boldsymbol{x},\quad i=1,2\ \cdots,m\end{aligned}\tag{1.16}$$

一致性 ADMM 通过式 (1.17)~ 式 (1.19) 所示的步骤进行求解：

$$\boldsymbol{x}\leftarrow(\boldsymbol{A}_0+m\rho\boldsymbol{I})^{-1}\left(\boldsymbol{b}_0+\rho\sum_{i=1}^{m}(\boldsymbol{z}_i+\boldsymbol{u}_i)\right)\tag{1.17}$$

$$\begin{aligned}\boldsymbol{z}_i\leftarrow&\arg\min_{\boldsymbol{z}_i}\ \ \|\boldsymbol{z}_i-\boldsymbol{x}+\boldsymbol{u}_i\|^2\\&\mathrm{s.t.}\quad \boldsymbol{z}_i^{\mathrm{H}}\boldsymbol{A}_i\boldsymbol{z}_i-2\mathrm{Re}\left\{\boldsymbol{b}_i^{\mathrm{H}}\boldsymbol{z}_i\right\}\leqslant c_i\end{aligned}\tag{1.18}$$

$$\boldsymbol{u}_i\leftarrow\boldsymbol{u}_i+\boldsymbol{z}_i-\boldsymbol{x}\tag{1.19}$$

式中，$\boldsymbol{u}_i$ 为对应于约束 $\boldsymbol{z}_i=\boldsymbol{x}$ 的尺度对偶变量。

分析式 (1.18) 容易看出，这种方法适合式 (1.18) 中的子问题存在闭合解析式，或者容易获得该子问题的最优解，也就是期望单个约束集容易求解，如文献 [53] 中提到的非凸或凸的二次约束。

1.2.3 约束集分离与简约 ADMM 框架

在实际应用中，所建立的模型并不都是如上所述的二次型不等式，可能存在如下形式的复杂约束 [55-61]。

(1) 自相关函数用来描述信号 $\boldsymbol{x}(k)$ 在任意两个不同采样时刻的取值之间的相关程度。便于描述，通常会将信号写为向量形式，即 $\boldsymbol{x}$，则对自相关的约束通常具有式 (1.20) 所示的形式：

$$\begin{aligned}&\min_{\boldsymbol{x}}\ f(\boldsymbol{x})\\&\text{s.t.}\ \left|\boldsymbol{x}^{\mathrm{H}}\boldsymbol{S}_i\boldsymbol{x}\right|^2\leqslant\gamma_i,\quad i=1,2,\cdots,m\end{aligned}\tag{1.20}$$

(2) 互相关函数用来描述两个序列之间的相关程度，即描述信号 $\boldsymbol{x}(k)$、$\boldsymbol{y}(k)$ 在任意两个不同时刻 k_1、k_2 的取值之间的相关程度，如式 (1.21) 所示：

$$\begin{aligned}&\min_{\boldsymbol{x}}\ f(\boldsymbol{x})\\&\text{s.t.}\ \left|\boldsymbol{x}^{\mathrm{H}}\boldsymbol{S}_i\boldsymbol{y}\right|^2\leqslant\eta_i,\quad i=1,2,\cdots,m\end{aligned}\tag{1.21}$$

(3) 自模糊函数。信号的自模糊函数用于描述当两个目标的距离和速度均存在差异时两个目标的分辨特性。式 (1.22) 中 $\boldsymbol{a}_p$ 为多普勒频移向量，用于评估具有不同多普勒频移回波信号的匹配滤波输出特性。

$$\begin{aligned}&\min_{\boldsymbol{x}}\ f(\boldsymbol{x})\\&\text{s.t.}\ \left|\boldsymbol{x}^{\mathrm{H}}\mathrm{Diag}\left(\boldsymbol{a}_p\right)\boldsymbol{S}_i\boldsymbol{x}\right|^2\leqslant\varepsilon_{i,p},\quad i=1,2,\cdots,m\end{aligned}\tag{1.22}$$

(4) 互模糊函数。信号的互模糊函数用于描述具有不同多普勒频移的信号在任意两个不同时刻 k_1、k_2 的取值之间的相关程度，如式 (1.23) 所示：

$$\begin{aligned}&\min_{\boldsymbol{x},\boldsymbol{h}}\ f(\boldsymbol{x})\\&\text{s.t.}\ \left|\boldsymbol{x}^{\mathrm{H}}\mathrm{Diag}\left(\boldsymbol{a}_p\right)\boldsymbol{S}_i\boldsymbol{h}\right|^2\leqslant\varepsilon_{i,p},\quad i=1,2,\cdots,m\end{aligned}\tag{1.23}$$

为解决约束集较为复杂的优化问题，本书考虑借鉴第 1 章基本 ADMM 算法目标函数分离的思想，对复杂约束集进行分离与简化；同时，构造特殊的拉格朗日函数，转移约束集的复杂性至目标函数中，而把简化了的约束滞留在约束集和其他等式构成的拉格朗日函数形成特殊的拉格朗日函数。

步骤 1　约束集解耦与分离。

当存在多个复杂约束时，每个约束均与要优化的变量有关，导致这些复杂约束耦合在一起。如同《西游记》中孙悟空面对多个妖怪时，难以应对，但是他可以叫帮手，每个帮手应对一个妖怪，这样就可以分而破之。另外，每个“帮手”不必一模一样，要结合具体问题具体对待，这样更有针对性。例如，针对式 (1.20) 中的约束，引入辅助变量 $\omega_i=\boldsymbol{x}^{\mathrm{H}}\boldsymbol{S}_i\boldsymbol{x},i=1,2,\cdots,m$，则式 (1.20) 转换为式 (1.24) 所示的等价问题：

$$\begin{aligned}&\min_{\boldsymbol{x}}\ f(\boldsymbol{x})\\&\text{s.t.}\ \left|\omega_i\right|^2\leqslant\gamma_i,\quad i=1,2,\cdots,m\end{aligned}$$

$$\omega_i = \boldsymbol{x}^{\mathrm{H}} \boldsymbol{S}_i \boldsymbol{x}, \quad i = 1, 2, \cdots, m \tag{1.24}$$

式 (1.16) 采用的是传统一致性变量引入思路，其所引入的变量和原变量是同维的，而式 (1.24) 引入了 m 个辅助变量 ω_i，其引入的辅助变量远远小于式 (1.16) 的一致性 ADMM 方式。此外，式 (1.24) 的方式将原先复杂的高次多项式约束 $\left|\boldsymbol{x}^{\mathrm{H}} \boldsymbol{S}_i \boldsymbol{x}\right|^2 \leqslant \gamma_i$ 裂变为 $|\omega_i|^2 \leqslant \gamma_i, \omega_i = \boldsymbol{x}^{\mathrm{H}} \boldsymbol{S}_i \boldsymbol{x}$，不等式已变成简单的单变量约束，唯一复杂的是等式约束 $\omega_i = \boldsymbol{x}^{\mathrm{H}} \boldsymbol{S}_i \boldsymbol{x}$。

步骤 2　构造特殊拉格朗日函数。

约束集简化，即转移约束集的复杂性至目标函数中。例如，针对式 (1.24) 描述的问题，构造式 (1.25) 所示的增广拉格朗日函数：

$$\begin{aligned} &\mathcal{L}(\boldsymbol{x}, z_i, \lambda_i) = f(\boldsymbol{x}) + \sum_{i=1}^{m} \left(\operatorname{Re}\left(\lambda_i^*(\omega_i - \boldsymbol{x}^{\mathrm{H}} \boldsymbol{S}_i \boldsymbol{x})\right) + \frac{\rho}{2} \left|\omega_i - \boldsymbol{x}^{\mathrm{H}} \boldsymbol{S}_i \boldsymbol{x}\right|^2 \right) \\ &\text{s.t.} \ \ |\omega_i|^2 \leqslant \gamma_i, \quad i = 1, 2, \cdots, m \end{aligned} \tag{1.25}$$

对比式 (1.20) 容易发现，式 (1.20) 中的高次多项式约束 $\left|\boldsymbol{x}^{\mathrm{H}} \boldsymbol{S}_i \boldsymbol{x}\right|^2 \leqslant \gamma_i$ 变成了简单约束 $|\omega_i|^2 \leqslant \gamma_i$。对比式 (1.25) 和式 (1.20) 发现，复杂的等式约束 $\omega_i = \boldsymbol{x}^{\mathrm{H}} \boldsymbol{S}_i \boldsymbol{x}$ 转移到了目标函数中，约束集不再复杂，变成二次约束，而目标函数中引入了增广项，导致除了目标函数外，其他项的最高次方变成了 4 次，因此其本质上是将约束集的复杂性转移到了目标函数。当前构造的问题中求解 $\boldsymbol{x}$ 的子问题虽然阶次可能增加到 4 次，但是约束集不再存在任何关于 $\boldsymbol{x}$ 的约束。正如之前分析过，约束集复杂难以处理，而目标函数复杂处理的方式比较多，特别是无约束的复杂优化问题更容易处理。

步骤 3　解决目标函数复杂的子问题。

式 (1.25) 关于 $\boldsymbol{x}$ 求解的子问题，转化为式 (1.26) 所示的问题：

$$\min_{\boldsymbol{x}} \ f(\boldsymbol{x}) + \sum_{i=1}^{m} \frac{\rho}{2} \left|\omega_i - \boldsymbol{x}^{\mathrm{H}} \boldsymbol{S}_i \boldsymbol{x} + \frac{\lambda_i}{\rho}\right|^2 \tag{1.26}$$

可以结合拉格朗日规划神经网络 (Lagrange programming neural network, LPNN) 算法 [59,62]、极大极小化 (majorization-minimization, MM) 算法 [63]、最大块改善 (maximum block improvement, MBI) 算法 [58,64] 或其他解决非线性优化方法解决。

从以上框架可以看到，约束集分离与简约 ADMM 框架的本质是把约束集的复杂性转移为目标函数的复杂性，简化约束，并充分发挥 ADMM 分解复杂问题为子问题的优势及上述优化方法 [59,63-64] 解决目标函数为复杂函数的无约束或简单约束优化问题的优势。在此框架下，两类方法相互补充，扬长避短，构成了“水果拼盘”，充分发挥每一类方法的优势，使得这种包含高度复杂约束的优化问题迎刃而解。本书后续将以此框架为基础，解决一些雷达信号处理领域棘手的复杂信号处理问题。

参 考 文 献

[1] BOYD S, PARIKH N, CHU E, et al. Distributed Optimization and Statistical Learning Via the Alternating Direction Method of Multipliers[M]. Hanover: Now Publishers Inc, 2011.

[2] HE B S, YANG H, WANG S L. Alternating direction method with self-adaptive penalty parameters for monotone variational inequalities[J]. Journal of Optimization Theory and Applications, 2000, 106(2): 337-356.

[3] WANG S L, LIAO L Z. Decomposition method with a variable parameter for a class of monotone variational inequality problems[J]. Journal of Optimization Theory and Applications,2001,109(2):415-429.

[4] PEDRO A F, CANO A, GEORGIOS B G. Consensus-based distributed support vector machines[J]. Journal of Machine Learning Research,2010,11: 1663-1707.

[5] BAZERQUE J A, GIANNAKIS G B. Distributed spectrum sensing for cognitive radio networks by exploiting sparsity[J]. IEEE Transactions on Signal Processing, 2010, 58(3): 1847-1862.

[6] MATEOS G, BAZERQUE J A, GIANNAKIS G B. Distributed sparse linear regression[J]. IEEE Transactions on Signal Processing, 2010, 58(10): 5262-5276.

[7] ZHU H, CANO A, GIANNAKIS G B. Distributed consensus-based demodulation: Algorithms and error analysis[J]. IEEE Transactions on Wireless Communications, 2010, 9(6): 2044-2054.

[8] MATEOS G, SCHIZAS I D, GIANNAKIS G B. Distributed recursive least-squares for consensus-based in-network adaptive estimation[J]. IEEE Transactions on Signal Processing, 2009, 57(11): 4583-4588.

[9] LIANG J L, YU G, CHEN B, et al. Decentralized dimensionality reduction for distributed tensor data across sensor networks[J]. IEEE Transactions on Neural Networks and Learning Systems,2016,27(11): 2174-2186.

[10] LIANG J L, ZHANG M, ZENG X, et al. Distributed dictionary learning for sparse representation in sensor networks[J]. IEEE Transactions on Image Processing, 2014, 23(6): 2528-2541.

[11] MOTA J F C, XAVIER J M F, AGUIAR P M Q, et al. Distributed basis pursuit[J]. IEEE Transactions on Signal Processing, 2012, 60(4): 1942-1956.

[12] ZHANG J, LUO Z Q. A proximal alternating direction method of multiplier for linearly constrained nonconvex minimization[J]. SIAM Journal on Optimization,2020,30(3):2272-2302.

[13] HONG M, LUO Z Q, MEISAM R. Convergence analysis of alternating direction method of multipliers for a family of nonconvex problems[J]. SIAM Journal on Optimization, 2016,26(1): 337-364.

[14] WANG Y, YIN W, ZENG J. Global convergence of ADMM in nonconvex nonsmooth optimization[J]. Journal of Scientific Computing,2019,78(1): 29-63.

[15] GISELSSON P, BOYD S. Linear convergence and metric selection for douglas-rachford splitting and ADMM[J]. IEEE Transactions on Automatic Control, 2017, 62(2): 532-544.

[16] CHANG T H, HONG M, LIAO W C, et al. Asynchronous distributed ADMM for large-scale optimization—Part I: Algorithm and convergence analysis[J]. IEEE Transactions on Signal Processing, 2016, 64(12): 3118-3130.

[17] LIN T, MA S, ZHANG S. On the global linear convergence of the ADMM with multiblock variables[J]. SIAM Journal on Optimization,2015,25(3): 1478-1497.

[18] DENG W, YIN W. On the global and linear convergence of the generalized alternating direction method of multipliers[J]. Journal of Scientific Computing,2016,66(3):889-916.

[19] HONG M, LUO Z Q. On the linear convergence of the alternating direction method of multipliers[J]. Mathematical Programming,2017,162(2):165-199.

[20] HAN D, YUAN X. Local linear convergence of the alternating direction method of multipliers for quadratic programs[J]. SIAM Journal on Numerical Analysis, 2013, 51(6): 3446-3457.

[21] LUTZELER F, BIANCHI P, HACHEM W. Explicit convergence rate of a distributed alternating direction method of multipliers[J]. IEEE Transactions on Automatic Control, 2016, 61(4):892-904.

[22] YASHTINI M. Convergence and rate analysis of a proximal linearized ADMM for nonconvex nonsmooth optimization[J/OL]. Journal of Global Optimization, 2022, 84(4): 913-939. DOI:10.1007/s10898-022-01174-8.

[23] WANG F, CAO W, XU Z. Convergence of multi-block Bregman ADMM for nonconvex composite problems[J]. Science China-Information Sciences, 2018, 61(12):122101.

[24] BOT R, NAUYEN D. The proximal alternating direction method of multipliers in the nonconvex setting: Convergence analysis and rates[J]. Mathematics of Opeartions Research, 2020, 45(2): 682-712.

[25] 何炳生. 我和乘子交替方向法 20 年[J]. 运筹学学报, 2018, 22(1): 1-31.

[26] HE B S, MA F, YUAN X. Optimally linearizing the alternating direction method of multipliers for convex programming[J]. Computational Optimization and Applications, 2020,75(2): 361-388.

[27] HE B S, TAO M, YUAN X. Convergence rate analysis for the alternating direction method of multipliers with a substitution procedure for separable convex programming[J]. Mathematics of Operations Research, 2017, 42(3): 662-691.

[28] FANG E X, HE B S, LIU H, et al. Generalized alternating direction method of multipliers: New theoretical insights and applications[J]. Mathematical Programming Computation, 2015,7(2): 149-187.

[29] HE B S, YUAN X. On non-ergodic convergence rate of douglas-rachford alternating direction method of multipliers[J]. Numerische Mathematik, 2015, 130(3): 567-577.

[30] HE B S, TAO M, YUAN X. Alternating direction method with gaussian back substitution for separable convex programming[J]. SIAM Journal on Optimization, 2012, 22(2): 313-340.

[31] HE B S, YUAN X. On the O(1/n) convergence rate of the Douglas-Rachford alternating direction method[J]. SIAM Journal on Numerical Analysis, 2012,50(2): 700-709.

[32] HE B S, XU M, YUAN X. Solving large-scale least squares semidefinite programming by alternating direction methods[J]. SIAM Journal on Matrix Analysis and Applications, 2011, 32(1): 136-152.

[33] HE B S, LIAO L, HAN D, et al. A new inexact alternating directions method for monotone variational inequalities[J]. Mathematical Programming, 2002, 92(1): 103-118.

[34] HE B S, ZHOU J. A modified alternating direction method for convex minimization problems[J]. Applied Mathematics Letters, 2000, 13(2): 123-130.

[35] LIN Z, LI H, FANG C. Alternating Direction Method of Multipliers for Machine Learning[M]. Singapore: Springer Nature, 2022.

[36] LIN Z, HUANG Y. Fast multidimensional ellipsoid-specific fitting by alternating direction method of multipliers[J]. IEEE Transactions on Pattern Analysis and Machine Intelligence, 2016, 38(5): 1021-1026.

[37] WU J, LIN Z, ZHA H. Essential tensor learning for multi-view spectral clustering[J]. IEEE Transactions on Image Processing, 2019, 28(12):5910-5922.

[38] LIN Z, XU C, ZHA H. Robust matrix factorization by majorization minimization[J]. IEEE Transactions on Pattern Analysis and Machine Intelligence, 2018, 40(1):208-220.

[39] LIU Y, SHANG F, LIU H, et al. Accelerated variance reduction stochastic ADMM for large-scale machine learning[J]. IEEE Transactions on Pattern Analysis and Machine Intelligence, 2021,43(12):4242-4255.

[40] XIE X, WU J, ZHONG Z, et al. Differentiable Linearized ADMM[EB/OL]//arXiv.org. (2019-05-15)[2023-05-18]. https://arxiv.org/abs/1905.06179v1.

[41] SHI W, LING Q, YUAN K, et al. On the linear convergence of the ADMM in decentralized consensus optimization[J]. IEEE Transactions on Signal Processing,2014, 62(7): 1750-1761.

[42] LING Q, SHI W, WU G, et al. DLM: Decentralized linearized alternating direction method of multipliers[J]. IEEE Transactions on Signal Processing, 2015, 63(15): 4051-4064.

[43] LING Q, LIU Y, SHI W, et al. Weighted ADMM for fast decentralized network optimization[J]. IEEE Transactions on Signal Processing, 2016, 64(22): 5930-5942.

[44] MOKHTARI A, SHI W, LING Q, et al. DQM: Decentralized quadratically approximated alternating direction method of multipliers[J]. IEEE Transactions on Signal Processing, 2016, 64(19): 5158-5173.

[45] LING Q, RIBEIRO A. Decentralized dynamic optimization through the alternating direction method of multipliers[J]. IEEE Transactions on Signal Processing, 2014, 62(5):1185-1197.

[46] BAI J C, LI J, XU F, et al. Generalized symmetric ADMM for separable convex optimization[J]. Computational Optimization and Applications, 2018, 70(1): 129-170.

[47] BAI J C, CHANG X K, LI J C, et al. Convergence revisit on generalized symmetric ADMM[J]. Optimization, 2021, 70: 149-168.

[48] CHANG X, BAI J C, SONG D, et al. Linearized symmetric multi-block ADMM with indefinite proximal regularization and optimal proximal parameter[J]. Calcolo, 2020, 57: 38.

[49] BAI J C, MA Y, SUN H, et al. Iteration complexity analysis of a partial LQP-based alternating direction method of multipliers[J]. Applied Numerical Mathematics, 2021,165: 500-518.

[50] BAI J C, HAN D R, SUN H, et al. Convergence analysis of an inexact accelerated stochastic ADMM with larger stepsizes[J]. CSIAM Transactions on Applied Mathematics, 2022, 3(3): 448-479.

[51] BAI J C, HAGER W W, ZHANG H C. An inexact accelerated stochastic ADMM for separable composite convex optimization[J]. Computational Optimization and Applications, 2022, 81: 479-518.

[52] JIANG B, MA S, ZHANG S. Alternating direction method of multipliers for real and complex polynomial optimization models[J]. Optimization. 2014, 63(6):883-898.

[53] CHENG Z, HE Z, ZHANG S, et al. Constant modulus waveform design for MIMO radar transmit beampattern[J]. IEEE Transactions on Signal Processing, 2017, 65(18):4912-4923.

[54] LIU F, LIU Y, XU K D, et al. Synthesizing uniform amplitude sparse dipole arrays with shaped patterns by joint optimization of element positions, rotations and phases[J]. IEEE Transactions on Antennas and Propagation, 2019, 67(9): 6017-6028.

[55] HUANG K, SIDIROPOULOS N D. Consensus-ADMM for general quadratically constrained quadratic programming[J]. IEEE Transactions on Signal Processing, 2016, 64(20): 5297-5310.

[56] LIANG J L, SO H C, LI J, et al. Unimodular sequence design based on alternating direction method of multipliers[J]. IEEE Transactions on Signal Processing, 2016, 64(20): 5367-5381.

[57] CHEN Z H, LIANG J L, WANG T, et al. Generalized MBI algorithm for designing sequence set and mismatched filter bank with ambiguity function constraints[J]. IEEE Transactions on Signal Processing, 2022, 70: 2918-2933.

[58] YU G Y, LIANG J L, LIANG J. Sequence set design with accurately controlled correlation properties[J]. IEEE Transactions on Aerospace and Electronic Systems. 2018, 54(6):3032-3046.

[59] JING Y, LIANG J L, TANG B, et al. Designing unimodular sequence with low peak of sidelobe level of local ambiguity function[J]. IEEE Transactions on Aerospace and Electronic Systems. 2019, 55(3): 1393-1406.

[60] LIANG J L, SO H C, LI J, et al. On optimizations with magnitude constraints on frequency or angular responses[J]. Signal Processing, 2018, 145:214-224.

[61] LIANG J L, FAN X X, SO H C, et al. Array beampattern synthesis without specifying lobe level masks[J]. IEEE Transactions on Antennas and Propagation, 2020, 68(6):4526-4539.

[62] ZHANG S, CONSTANTINIDES A G. Lagrange programming neural networks[J]. IEEE Transactions on Circuits and Systems II: Analog and Digital Signal Processing, 1992, 39(7):441-452.

[63] SUN Y, BABU P, PALOMAR D P. Majorization-minimization algorithms in signal processing, communications, and machine learning[J]. IEEE Transactions on Signal Processing, 2017,65(3):794-816.
[64] CHEN B, HE S, LI Z, et al. Maximum block improvement and polynomial optimization[J]. SIAM Journal on Optimization,2012, 22(1):87-107.

第 2 章　包含频谱特性的恒模波形设计

本章首先给出包含频谱特性的恒模波形设计的背景知识；其次，提出基于目标函数分离 ADMM 的平谱波形设计方法、基于约束集分离与简约 ADMM 的任意频谱恒模波形设计方法；最后，给出仿真结果，验证本章所提方法的有效性。

2.1　引　　言

有源感知通常是指向兴趣区域发射探测波形，并对相应回波进行深入分析获得感知区域的目标或传输介质的有用信息 [1-4]。一个典型的应用就是雷达可以从反射回波中提取到时延以及从多普勒频率中获得目标的距离或速度信息。通常，有源感知依赖两个重要因素，即发射波形和接收滤波器 [5]。本章重点讨论前者，即发射波形。

通常，功放工作在饱和区，这样可以达到最大的敏感度并且获得最好的功效。为达到这样的效果，通常需要波形具有恒模或者常数包络特性 [6-7]。此外，也期望波形拥有类似于脉冲形式的自相关函数特性 [4]。一方面，这种低旁瓣相关函数特性可以有效改善雷达距离压缩特性，进而改善目标检测性能；另一方面，为缓解频谱拥挤，也期望探测波形仅占用指定的频谱区域 [7-9]。事实上，与日俱增的高质量无线传输及精确感知需求，使得频谱越来越拥挤，迫使多个无线电传输或感知业务需要在有限的频谱上共存或者进行频谱分配。对此，一个可能的解决方案就是限制雷达波形在被其他无线电业务占用的频段上形成频谱零陷，避免和其他无线电业务形成相互干扰 [5]。

根据使用场合不同，发射波形可以分为两种, 即非周期波形和周期波形。考虑到自相关函数和功率谱形成傅里叶变换 (Fourier transform, FT) 对，时域零旁瓣意味着频域具有平的频谱特性。基于这样的关系，美国佛罗里达大学 Li Jian 教授和瑞典乌普萨拉大学的 Stoica 教授提出了循环新算法 (cyclic algorithm new, CAN) [10] 和周期循环新算法 (periodic CAN, PeCAN)[11]。通过这两种算法迭代计算，设计出具有低旁瓣的恒模周期波形和非周期波形。为了设计具有任意频谱形状的恒模波形，他们对 PeCAN 进行改进发展为 Shape 算法 [5,12]。Shape 算法中对波形变量和引入的辅助变量交替更新。此外，香港科技大学 Palomar 教授课题组基于上界函数最小化 (MM) 方法 [13]，构建最小化积分旁瓣电平 (integrated sidelobe level, ISL) 模型进行恒模波形的设计。西北工业大学梁军利教授团队也构造了非线性约束的优化模型，基于拉格朗日规划神经网络 (LPNN) 进行包含频谱特性的恒模波形设计 [14-15]。电子科技大学的崔国龙教授构建恒模和相似性约束的优化模型，并近似原问题为凸优化问题进行续贯求解 [16-17]。文献 [18]~[20] 也采用进化算法或者粒子群算法等智能优化算法进行该类问题的求解。

2.2 算法推导

本节基于 ADMM 框架 [21-22] 推导包含频谱特性的恒模波形设计算法。首先，给出包含频谱特性的恒模波形设计模型，包括平谱模型和任意频谱模型。其次，针对平谱恒模波形设计问题，通过引入辅助变量推导基于传统目标函数分离 ADMM[21-25] 的波形设计算法。最后，针对任意频谱恒模波形设计问题，通过引入辅助变量，有选择地将部分约束转移至目标函数构建特殊拉格朗日函数，推导基于约束集分离与简约 ADMM 的任意频谱恒模波形设计算法 [26]。

2.2.1 平谱恒模波形设计算法推导

令 $\boldsymbol{x} = [x_0 \ x_1 \ \cdots \ x_{N-1}]^{\mathrm{T}} \in \mathbb{C}^{N\times 1}$ 表示所设计的等间隔、长度为 N 的波形序列。不失一般性，假设恒模波形幅度为 1，如式 (2.1) 所示 [24-25]：

$$|x_n| = 1, \quad n = 0, 1, \cdots, N-1 \tag{2.1}$$

当 $\boldsymbol{x}$ 为周期波形时，它的自相关函数 $\tilde{r}_k$ 定义如式 (2.2) 所示 [4]：

$$\tilde{r}_k = \sum_{n=0}^{N-1} x_n x^*_{(n-k)\bmod N} = \tilde{r}^*_{-k}, \quad k = 0, 1, \cdots, N-1 \tag{2.2}$$

式中，mod 表示取余运算。按照相似的方式，可以定义非周期的自相关函数 r_k，如式 (2.3) 所示：

$$r_k = \sum_{n=k+1}^{N} x_n x^*_{n-k} = r^*_{-k}, \quad k = 0, 1, \cdots, N-1 \tag{2.3}$$

这里首先讨论周期波形设计，该思路也容易扩展至非周期波形设计。基本的思路：使波形拥有脉冲形式的自相关函数等同于最小化 ISL，即最小化所有非 0 延迟的自相关函数的绝对值的平方和，如式 (2.4) 所示：

$$\min_{\boldsymbol{x}} \ \sum_{n=1}^{N-1} |\tilde{r}_k|^2$$

$$\text{s.t.}\ \ |x_n| = 1, \quad n = 0, 1, \cdots, N-1 \tag{2.4}$$

基于帕斯维尔定理，最小化 ISL[13] 等价于式 (2.5) 所示的频域描述的优化问题 [10]：

$$\begin{aligned}&\min_{\boldsymbol{x}} \ \sum_{n=0}^{N-1}\left(|X_n|^2 - N\right)^2\\ &\text{s.t.}\ \ |x_n| = 1, \quad n = 0, 1, \cdots, N-1\end{aligned} \tag{2.5}$$

式中，X_n 为周期波形序列 $\boldsymbol{x}$ 的离散傅里叶变换，即可以表示为

$$X_n = \sum_{q=0}^{N-1} x_q \mathrm{e}^{-\mathrm{j}\frac{2\pi}{N}qn}, \quad n = 0, 1, \cdots, N-1 \tag{2.6}$$

本质上，式 (2.4) 和式 (2.5) 中的目标函数是等价的，这是因为零自相关旁瓣对应于平的功率谱，而且式 (2.4) 和式 (2.5) 的目标函数可以取得最优值 0。此时，$|X_n|^2 = N$，$n = 0, 1, \cdots, N-1$。显然 $|X_n| = \sqrt{N}, n = 0, 1, \cdots, N-1$ 也成立。因此，式 (2.5) 也等价于式 (2.7) 所示的优化问题 [10]：

$$\begin{aligned}&\min_{\boldsymbol{x}} \ \sum_{n=0}^{N-1}\left(|X_n| - \sqrt{N}\right)^2\\ &\text{s.t.}\ \ |x_n| = 1, \quad n = 0, 1, \cdots, N-1\end{aligned} \tag{2.7}$$

定义 DFT 向量 $\boldsymbol{f}_n \in \mathbb{C}^{1\times N}$，其第 k 个元素具有式 (2.8) 所示的形式：

$$\boldsymbol{f}_n(k) = \mathrm{e}^{-\mathrm{j}\frac{2\pi}{N}kn}, \quad n = 0, 1, \cdots, N-1, k = 0, 1, \cdots, N-1 \tag{2.8}$$

从而有 $X_n = \boldsymbol{f}_n^{\mathrm{H}}\boldsymbol{x}$。进一步引入恒模辅助向量 $\breve{\boldsymbol{x}} = [\breve{x}_0\ \breve{x}_1\ \cdots\ \breve{x}_{N-1}]^{\mathrm{T}} \in \mathbb{C}^{N\times 1}$。这样，式 (2.7) 可重新表示为式 (2.9) 所示的形式：

$$\begin{aligned}&\min_{\boldsymbol{x},\breve{\boldsymbol{x}}} \ \left\|\boldsymbol{F}\boldsymbol{x} - \sqrt{N}\breve{\boldsymbol{x}}\right\|^2\\ &\text{s.t.}\ \ |x_n| = 1,\ |\breve{x}_n| = 1,\ n = 0, 1, \cdots, N-1\end{aligned} \tag{2.9}$$

式中，$\boldsymbol{F} = \left[\boldsymbol{f}_0^{\mathrm{T}}\ \boldsymbol{f}_1^{\mathrm{T}}\ \cdots\ \boldsymbol{f}_{N-1}^{\mathrm{T}}\right]^{\mathrm{T}}$。进一步，式 (2.9) 可表示为 [4,11]

$$\min_{\boldsymbol{z}} \ \|\boldsymbol{A}\boldsymbol{z}\|^2$$

$$\text{s.t.} \quad |z_n| = 1, \quad n = 0, 1, \cdots, 2N-1 \tag{2.10}$$

式中，$\boldsymbol{z} = \left[\boldsymbol{x}^{\mathrm{T}}\ \breve{\boldsymbol{x}}^{\mathrm{T}}\right]^{\mathrm{T}}$；$\boldsymbol{A} = \left[\boldsymbol{F}\ \ -\sqrt{N}\boldsymbol{I}_N\right]$。相似地，非周期波形设计问题可以描述为

$$\begin{aligned} &\min_{\boldsymbol{x}} \sum_{n=0}^{2N-1} \left(|\tilde{X}_n| - \sqrt{N}\right)^2 \\ &\text{s.t.} \quad |x_n| = 1, \quad n = 0, 1, \cdots, N-1 \end{aligned} \tag{2.11}$$

式中，$\tilde{X}_n$ 为增广序列 $\left[\boldsymbol{x}^{\mathrm{T}}\ \boldsymbol{0}_N^{\mathrm{T}}\right]^{\mathrm{T}}$ 的 DFT[4,10-11]。

这里重点讨论式 (2.10) 所描述优化问题的解。显然，如果 $\boldsymbol{z}^*$ 是式 (2.10) 的一个解，则对于任意的 $\theta \in [0, 2\pi]$，$\mathrm{e}^{\mathrm{j}\theta}\boldsymbol{z}^*$ 也是式 (2.10) 的解，因此存在相位模糊问题。此外，式 (2.10) 的约束集所描述的可行域是数量为 $2N$ 的圆圈的交集，因此式 (2.10) 描述的问题也是一个非凸问题。

为克服上述相位模糊难点，首先令 $\boldsymbol{z}$ 的首元素为 1，即 $z_0 = 1$。定义 $\breve{\boldsymbol{z}} = [z_1 z_2 \cdots z_{2N-1}]^{\mathrm{T}}$，拆分矩阵 $\boldsymbol{A}$ 为第一列列向量 $\boldsymbol{a}_1$ 及其他各列构成的矩阵 $\boldsymbol{A}_2$，即 $\boldsymbol{A} = [\boldsymbol{a}_1 \boldsymbol{A}_2]$。这样，式 (2.10) 可转换为式 (2.12) 所示的等价问题：

$$\begin{aligned} &\min_{\breve{\boldsymbol{z}}} \ \breve{\boldsymbol{z}}^{\mathrm{H}} \boldsymbol{A}_2^{\mathrm{H}} \boldsymbol{A}_2 \breve{\boldsymbol{z}} + \breve{\boldsymbol{z}}^{\mathrm{H}} \boldsymbol{A}_2^{\mathrm{H}} \boldsymbol{a}_1 + \boldsymbol{a}_1^{\mathrm{H}} \boldsymbol{A}_2 \breve{\boldsymbol{z}} + \boldsymbol{a}_1^{\mathrm{H}} \boldsymbol{a}_1 \\ &\text{s.t.} \quad |z_n| = 1,\ n = 1, 2, \cdots, 2N-1 \end{aligned} \tag{2.12}$$

其次，考虑解决非凸约束问题。比较式 (2.10) 和式 (2.12) 容易发现，式 (2.12) 的目标函数中不再像式 (2.10) 中只存在二次项，还存在一次项 $\breve{\boldsymbol{z}}^{\mathrm{H}} \boldsymbol{A}_2^{\mathrm{H}} \boldsymbol{a}_1 + \boldsymbol{a}_1^{\mathrm{H}} \boldsymbol{A}_2 \breve{\boldsymbol{z}}$。如果能使非凸的恒模约束对应于上述的一次项 $\breve{\boldsymbol{z}}^{\mathrm{H}} \boldsymbol{A}_2^{\mathrm{H}} \boldsymbol{a}_1 + \boldsymbol{a}_1^{\mathrm{H}} \boldsymbol{A}_2 \breve{\boldsymbol{z}}$ 而不像式 (2.10) 那样对应于二次项，则式 (2.12) 容易求解得多。借鉴 ADMM[21-22] 分离目标函数的思想，引入辅助变量 $\breve{\boldsymbol{y}} = [y_1, y_2, \cdots, y_{2N-1}]^{\mathrm{T}}$，并施加一致性约束 $\breve{\boldsymbol{y}} = \breve{\boldsymbol{z}}$，进行式 (2.12) 目标函数中一次项和二次项的分离。基于以上思路，去掉式 (2.12) 中的常数项，则式 (2.12) 可转换为式 (2.13) 所示的等价问题：

$$\begin{aligned} &\min_{\breve{\boldsymbol{y}}, \breve{\boldsymbol{z}}} \ \breve{\boldsymbol{y}}^{\mathrm{H}} \boldsymbol{A}_2^{\mathrm{H}} \boldsymbol{A}_2 \breve{\boldsymbol{y}} + \breve{\boldsymbol{z}}^{\mathrm{H}} \boldsymbol{A}_2^{\mathrm{H}} \boldsymbol{a}_1 + \boldsymbol{a}_1^{\mathrm{H}} \boldsymbol{A}_2 \breve{\boldsymbol{z}} + \boldsymbol{a}_1^{\mathrm{H}} \boldsymbol{a}_1 \\ &\text{s.t.} \quad \breve{\boldsymbol{y}} = \breve{\boldsymbol{z}} \\ &\qquad\ |z_n| = 1,\ n = 1, 2, \cdots, 2N-1 \end{aligned} \tag{2.13}$$

基于式 (2.13)，构造式 (2.14) 所示的特殊的增广拉格朗日函数：

$$\mathcal{L}_\rho(\breve{\boldsymbol{y}},\breve{\boldsymbol{z}},\boldsymbol{\lambda},\rho)=\breve{\boldsymbol{y}}^{\mathrm{H}}\boldsymbol{A}_2^{\mathrm{H}}\boldsymbol{A}_2\breve{\boldsymbol{y}}+\breve{\boldsymbol{z}}^{\mathrm{H}}\boldsymbol{A}_2^{\mathrm{H}}\boldsymbol{a}_1+\boldsymbol{a}_1^{\mathrm{H}}\boldsymbol{A}_2\breve{\boldsymbol{z}}+\mathrm{Re}\{\boldsymbol{\lambda}^{\mathrm{H}}(\breve{\boldsymbol{y}}-\breve{\boldsymbol{z}})\}+\frac{\rho}{2}\left\|\breve{y}-\breve{\boldsymbol{z}}\right\|^2 \tag{2.14}$$

注意，式 (2.14) 所述的增广拉格朗日函数不同于通常的拉格朗日函数，仅将约束集中的等式约束 $\breve{\boldsymbol{y}}=\breve{\boldsymbol{z}}$ 转移至拉格朗日函数，而约束 $|z_n|=1,n=1,2,\cdots,2N-1$ 则依旧保留在约束部分。式 (2.14) 中，$\mathrm{Re}(\cdot)$ 表示求取复数的实部运算，$\boldsymbol{\lambda}$ 为对应于约束 $\breve{\boldsymbol{y}}=\breve{\boldsymbol{z}}$ 的拉格朗日乘子向量。此外，ρ 为增广拉格朗日函数的步长参数。

以下考虑基于目标函数分离 ADMM[21-22]，进行式 (2.14) 及约束集 $|z_n|=1,n=1,2,\cdots,2N-1$ 对应问题的求解。

步骤 0　初始化 $\left\{\breve{\boldsymbol{y}}(0),\boldsymbol{\lambda}(0)\right\}$，迭代次数 $t=0$，最大迭代次数 T，一致性约束误差上限 ε。

步骤 1　求解式 (2.15)，确定 $\breve{\boldsymbol{z}}(t+1)$。

$$\begin{aligned}&\breve{\boldsymbol{z}}(t+1)=\arg\ \min_{\breve{\boldsymbol{z}}}\ \mathcal{L}_\rho(\breve{\boldsymbol{y}}(t),\breve{\boldsymbol{z}},\boldsymbol{\lambda}(t),\rho)\\&\text{s.t.}\ \ |z_n|=1,\ n=1,2,\cdots,2N-1\end{aligned} \tag{2.15}$$

去除常数项，式 (2.15) 可简化为如下所示的优化问题：

$$\begin{aligned}&\min_{\breve{\boldsymbol{z}}}\ \breve{\boldsymbol{z}}^{\mathrm{H}}\left(\boldsymbol{A}_2^{\mathrm{H}}\boldsymbol{a}_1-\frac{\rho}{2}\breve{y}\right)+\left(\boldsymbol{A}_2^{\mathrm{H}}\boldsymbol{a}_1-\frac{\rho}{2}\breve{\boldsymbol{y}}\right)^{\mathrm{H}}\breve{\boldsymbol{z}}\\&\text{s.t.}\ \ |z_n|=1,\ n=1,2,\cdots,2N-1\end{aligned} \tag{2.16}$$

注意式 (2.16) 中，恒模约束导致 $\left\|\breve{\boldsymbol{z}}\right\|^2$ 为常数并被忽略。显然，与式 (2.10) 相比较，求解式 (2.16) 时，在应对非凸恒模约束时可获得闭合解。式 (2.16) 的最优解如式 (2.17) 所示：

$$\breve{\boldsymbol{z}}(t+1)=-\mathrm{e}^{\mathrm{j}\angle\left(\boldsymbol{A}_2^{\mathrm{H}}\boldsymbol{a}_1-\frac{\rho}{2}\breve{\boldsymbol{y}}\right)} \tag{2.17}$$

步骤 2　求解式 (2.18)，获得 $\breve{\boldsymbol{y}}(t+1)$。

$$\breve{\boldsymbol{y}}(t+1)=\arg\min_{\breve{\boldsymbol{y}}}\mathcal{L}_\rho\left(\breve{\boldsymbol{y}},\breve{\boldsymbol{z}}(t+1),\boldsymbol{\lambda}(t),\rho\right) \tag{2.18}$$

去除常数项，式 (2.18) 可简化为式 (2.19) 所示的优化问题：

$$\begin{aligned}\breve{\boldsymbol{y}}(t+1) &= \arg\min_{\breve{\boldsymbol{y}}} \breve{\boldsymbol{y}}^{\mathrm{H}}\boldsymbol{A}_2^{\mathrm{H}}\boldsymbol{A}_2\breve{\boldsymbol{y}} + \frac{\rho}{2}\left\|\breve{y} - \breve{\boldsymbol{z}}(t) + \frac{\boldsymbol{\lambda}(t)}{\rho}\right\|^2 \\ &= \arg\min_{\breve{\boldsymbol{y}}} \breve{\boldsymbol{y}}^{\mathrm{H}}\boldsymbol{G}\breve{\boldsymbol{y}} + \breve{\boldsymbol{d}}^{\mathrm{H}}(t+1)\breve{\boldsymbol{y}} + \breve{\boldsymbol{y}}^{\mathrm{H}}\breve{\boldsymbol{d}}(t+1) \\ &= -\boldsymbol{G}^{-1}\breve{\boldsymbol{d}}(t+1)\end{aligned} \tag{2.19}$$

式中，

$$\boldsymbol{G} = \boldsymbol{A}_2^{\mathrm{H}}\boldsymbol{A}_2 + \frac{\rho}{2}\boldsymbol{I}_{2N-1} \tag{2.20}$$

$$\breve{\boldsymbol{d}}(t+1) = \frac{1}{2}(\boldsymbol{\lambda}(t) - \rho\breve{z}(t+1)) \tag{2.21}$$

令 $\boldsymbol{F}_1$ 表示快速傅里叶变换 (fast Fourier transform, FFT) 矩阵 $\boldsymbol{F}$ 去除第一列后余下的各列组成的矩阵，则 $\boldsymbol{F}_1^{\mathrm{H}}\boldsymbol{F}_1 = N\boldsymbol{I}_{N-1}$。进一步，有

$$\begin{aligned}\boldsymbol{G} &= \left[\boldsymbol{F}_1 - \sqrt{N}\boldsymbol{I}_N\right]^{\mathrm{H}}\left[\boldsymbol{F}_1 - \sqrt{N}\boldsymbol{I}_N\right] + \frac{\rho}{2}\boldsymbol{I}_{2N-1} \\ &= \begin{bmatrix} \boldsymbol{F}_1^{\mathrm{H}}\boldsymbol{F}_1 & -\sqrt{N}\boldsymbol{F}_1^{\mathrm{H}} \\ -\sqrt{N}\boldsymbol{F}_1 & N\boldsymbol{I}_N \end{bmatrix} + \frac{\rho}{2}\boldsymbol{I}_{2N-1} \\ &= \begin{bmatrix} \left(N + \frac{\rho}{2}\right)\boldsymbol{I}_{N-1} & -\sqrt{N}\boldsymbol{F}_1^{\mathrm{H}} \\ -\sqrt{N}\boldsymbol{F}_1 & \left(N + \frac{\rho}{2}\right)\boldsymbol{I}_N \end{bmatrix}\end{aligned} \tag{2.22}$$

基于矩阵求逆引理 [27-28]，矩阵 $\boldsymbol{G}$ 的逆可表示为

$$\begin{aligned}&\boldsymbol{G}^{-1} \\ &= \begin{bmatrix} \left((N+\frac{\rho}{2})\boldsymbol{I}_{N-1} - \frac{N}{N+\frac{\rho}{2}}\boldsymbol{F}_1^{\mathrm{H}}\boldsymbol{F}_1\right)^{-1} & \frac{\sqrt{N}}{N+\frac{\rho}{2}}\boldsymbol{F}_1\left(\left(N+\frac{\rho}{2}\right)\boldsymbol{I}_{N-1} - \frac{N}{N+\frac{\rho}{2}}\boldsymbol{F}_1^{\mathrm{H}}\boldsymbol{F}_1\right)^{-1} \\ \frac{\sqrt{N}}{N+\frac{\rho}{2}}\boldsymbol{F}_1^{\mathrm{H}}\left(\left(N+\frac{\rho}{2}\right)\boldsymbol{I}_N - \frac{N}{N+\frac{\rho}{2}}\boldsymbol{F}_1\boldsymbol{F}_1^{\mathrm{H}}\right)^{-1} & \left(\left(N+\frac{\rho}{2}\right)\boldsymbol{I}_N - \frac{N}{N+\frac{\rho}{2}}\boldsymbol{F}_1\boldsymbol{F}_1^{\mathrm{H}}\right)^{-1} \end{bmatrix} \\ &= \begin{bmatrix} \frac{4N+2\rho}{4N\rho+\rho^2}\boldsymbol{I}_{N-1} & \frac{\sqrt{N}}{N+\frac{\rho}{2}}\boldsymbol{F}_1^{\mathrm{H}}\left(\frac{4N\rho+\rho^2}{4N+2\rho}\boldsymbol{I}_N + \frac{2N}{2N+\rho}\boldsymbol{1}_N\boldsymbol{1}_N^{\mathrm{T}}\right)^{-1} \\ \frac{4\sqrt{N}}{4N\rho+\rho^2}\boldsymbol{F}_1 & \left(\frac{4N\rho+\rho^2}{4N+2\rho}\boldsymbol{I}_N + \frac{2N}{2N+\rho}\boldsymbol{1}_N\boldsymbol{1}_N^{\mathrm{T}}\right)^{-1} \end{bmatrix}\end{aligned} \tag{2.23}$$

考虑到式 (2.24) 和式 (2.25)：

$$\boldsymbol{F}\boldsymbol{F}^{\mathrm{H}} = \mathbf{1}_N\mathbf{1}_N^{\mathrm{T}} + \boldsymbol{F}_1^{\mathrm{H}}\boldsymbol{F}_1 = N\boldsymbol{I}_N \tag{2.24}$$

$$\boldsymbol{F}_1^{\mathrm{H}}(\mathbf{1}_N\mathbf{1}_N^{\mathrm{T}}) = \mathbf{F}_1^{\mathrm{H}}(N\boldsymbol{I}_N - \boldsymbol{F}_1^{\mathrm{H}}\boldsymbol{F}_1)_1 = N\boldsymbol{F}_1^{\mathrm{H}} - \boldsymbol{F}_1^{\mathrm{H}}\boldsymbol{F}_1\boldsymbol{F}_1^{\mathrm{H}} = N\boldsymbol{F}_1^{\mathrm{H}} - N\boldsymbol{I}_{N-1}\boldsymbol{F}_1^{\mathrm{H}} = \mathbf{0}_{N-1} \tag{2.25}$$

则式 (2.23) 所描述矩阵第 1 行第 2 列的子矩阵具有式 (2.26) 所示的形式：

$$\begin{aligned}
&\frac{\sqrt{N}}{N+\dfrac{\rho}{2}}\boldsymbol{F}_1^{\mathrm{H}}\left(\frac{4N\rho+\rho^2}{4N+2\rho}\boldsymbol{I}_N + \frac{2N}{2N+\rho}\mathbf{1}_N\mathbf{1}_N^{\mathrm{T}}\right)^{-1} \\
=&\frac{\sqrt{N}}{N+\dfrac{\rho}{2}}\boldsymbol{F}_1^{\mathrm{H}}\left(\left(\frac{4N\rho+\rho^2}{4N+2\rho}\boldsymbol{I}_N\right)^{-1}\right. \\
&\left. - \frac{\dfrac{2N}{2N+\rho}\left(\dfrac{4N\rho+\rho^2}{4N+2\rho}\boldsymbol{I}_N\right)^{-1}\mathbf{1}_N\mathbf{1}_N^{\mathrm{T}}\left(\dfrac{4N\rho+\rho^2}{4N+2\rho}\boldsymbol{I}_N\right)^{-1}}{1+\dfrac{2N}{2N+\rho}\mathbf{1}_N^{\mathrm{T}}\left(\dfrac{4N\rho+\rho^2}{4N+2\rho}\boldsymbol{I}_N\right)^{-1}\mathbf{1}_N}\right) \\
=&\frac{\sqrt{N}}{N+\dfrac{\rho}{2}}\boldsymbol{F}_1^{\mathrm{H}}\left(\frac{4N+2\rho}{4N\rho+\rho^2}\boldsymbol{I}_N - \frac{8N}{(2N+\rho)(4N\rho+\rho^2)}\mathbf{1}_N\mathbf{1}_N^{\mathrm{T}}\right) \\
=&\frac{4\sqrt{N}}{4N\rho+\rho^2}\boldsymbol{F}_1^{\mathrm{H}}
\end{aligned} \tag{2.26}$$

因此，矩阵 $\boldsymbol{G}$ 的逆具有式 (2.27) 所示的形式：

$$\boldsymbol{G}^{-1} = \begin{bmatrix} \dfrac{4N+2\rho}{4N\rho+\rho^2}\boldsymbol{I}_{N-1} & \dfrac{4\sqrt{N}}{4N\rho+\rho^2}\boldsymbol{F}_1^{\mathrm{H}} \\ \dfrac{4\sqrt{N}}{4N\rho+\rho^2}\boldsymbol{F}_1^{\mathrm{H}} & \dfrac{4N+2\rho}{4N\rho+\rho^2}\boldsymbol{I}_N - \dfrac{8N}{(2N+\rho)(4N\rho+\rho^2)}\mathbf{1}_N\mathbf{1}_N^{\mathrm{T}} \end{bmatrix} \tag{2.27}$$

进一步，将向量 $\breve{\boldsymbol{d}}(t+1)$ 进行式 (2.28) 所示的划分：

$$\breve{\boldsymbol{d}}(t+1) = \begin{bmatrix} \boldsymbol{d}_1(t+1) \\ \boldsymbol{d}_2(t+1) \end{bmatrix} \tag{2.28}$$

式中，$\boldsymbol{d}_1(t+1)$ 和 $\boldsymbol{d}_2(t+1)$ 分别为向量 $\breve{\boldsymbol{d}}(t+1)$ 的前 $(N-1)$ 个和后 N 个元素

构成的两个列向量。因此，$-\boldsymbol{G}^{-1}\breve{\boldsymbol{d}}(t+1)$ 具有式 (2.29) 的形式：

$$
\begin{aligned}
&-\boldsymbol{G}^{-1}\breve{\boldsymbol{d}}(t+1)\\
&=\left[\begin{array}{c}
\dfrac{4N+2\rho}{4N\rho+\rho^2}\boldsymbol{d}_1(t+1)+\dfrac{4\sqrt{N}}{4N\rho+\rho^2}\boldsymbol{F}_1^{\mathrm{H}}\boldsymbol{d}_2(t+1)\\
\dfrac{4\sqrt{N}}{4N\rho+\rho^2}\boldsymbol{F}_1\boldsymbol{d}_1(t+1)+\dfrac{4N+2\rho}{4N\rho+\rho^2}\boldsymbol{d}_2(t+1)\\
-\dfrac{8N}{(2N+\rho)(4N\rho+\rho^2)}\mathbf{1}_N\times(\mathbf{1}_N^{\mathrm{T}}\boldsymbol{d}_2(t+1))
\end{array}\right]
\end{aligned}
\tag{2.29}
$$

再由于式 (2.30) 和式 (2.31)：

$$
\boldsymbol{F}^{\mathrm{H}}\boldsymbol{d}_2(t+1)=\left[\begin{array}{cc}\mathbf{1}_N & \boldsymbol{F}_1\end{array}\right]^{\mathrm{H}}\boldsymbol{d}_2(t+1)=\left[\begin{array}{c}\mathbf{1}_N^{\mathrm{T}}\\ \boldsymbol{F}_1^{\mathrm{H}}\end{array}\right]\boldsymbol{d}_2(t+1)=\left[\begin{array}{c}\mathbf{1}_N^{\mathrm{T}}\boldsymbol{d}_2(t+1)\\ \boldsymbol{F}_1^{\mathrm{H}}\boldsymbol{d}_2(t+1)\end{array}\right]
\tag{2.30}
$$

$$
\boldsymbol{F}_1\boldsymbol{d}_1(t+1)=\left[\begin{array}{cc}\mathbf{1}_N & \boldsymbol{F}_1\end{array}\right]\left[\begin{array}{c}0\\ \boldsymbol{d}_1(t+1)\end{array}\right]=\boldsymbol{F}\left[\begin{array}{c}0\\ \boldsymbol{d}_1(t+1)\end{array}\right]
\tag{2.31}
$$

因此,式 (2.29) 中的部分计算可以用式 (2.30) 和式 (2.31) 代替,即 $\boldsymbol{F}_1^{\mathrm{H}}\boldsymbol{d}_2(t+1)$ 可以通过对 $\boldsymbol{d}_2(t+1)$ 进行 FFT[29-31] 去掉首元素后获得；$\boldsymbol{F}_1^{\mathrm{H}}\mathbf{d}_1(t+1)$ 可以通过对向量 $\left[0\quad \boldsymbol{d}_1^{\mathrm{T}}(t+1)\right]^{\mathrm{T}}$ 进行 FFT 后得到。

步骤 3 更新拉格朗日乘子：

$$
\boldsymbol{\lambda}(t+1)=\boldsymbol{\lambda}(t)+\rho\left(\breve{\boldsymbol{y}}(t+1)-\breve{\boldsymbol{z}}(t+1)\right)
\tag{2.32}
$$

步骤 4 判断终止条件是否满足，包括是否达到最大的迭代次数 T、一致性约束误差是否已小于等于给定的阈值 ε，即 $\left\|\breve{\boldsymbol{y}}(t+1)-\breve{\boldsymbol{z}}(t+1)\right\|\leqslant\varepsilon$。若满足则终止循环，输出 $\boldsymbol{x}=[1\ z_1(t+1)\cdots z_{N-1}(t+1)]^{\mathrm{T}}$；若不满足，$t=t+1$，转入步骤 1。

2.2.2 任意频谱恒模波形设计算法推导

除了以上低旁瓣自相关函数需求外，实际应用中还需要考虑发射波形 $\boldsymbol{x}$ 的频谱仅能占用指定的频谱区域。借助滤波器的概念，即发射波形 $\boldsymbol{x}$ 可占用频段即为波形的通带，而避开其他无线电业务占用的频段即为波形的阻带。将整个频谱区域划分为 N 个均匀的频率格点，其中 P 个频点位于通带，而 S 个频点位于阻带，即 $N=P+S$。令 $\tilde{\boldsymbol{f}}_p$ 表示第 p 个通带频点的傅里叶变换向量，$p=1,2,\cdots,P$，其

功率谱满足 $(1-r)\alpha \leqslant \boldsymbol{x}^{\mathrm{H}}\tilde{\boldsymbol{f}}_p\tilde{\boldsymbol{f}}_p^{\mathrm{H}}\boldsymbol{x} \leqslant (1+r)\alpha$，$\alpha$ 为未知的比例调控变量，r 为给定的通带波动常量。令 $\hat{\boldsymbol{f}}_s$ 表示第 s 个阻带频点的傅里叶变换向量，$s=1,2,\cdots,S$，其功率谱满足 $\boldsymbol{x}^{\mathrm{H}}\hat{\boldsymbol{f}}_s\hat{\boldsymbol{f}}_s^{\mathrm{H}}\boldsymbol{x} \leqslant \eta\alpha$，$\eta$ 为给定的阻带旁瓣层。这里未给出 α 的原因在于：不同于无幅度约束的波形，恒模波形导致自由度损失因而很难给出合适的频谱模板，所以这里仅给出由 r、η 所决定的频谱形状。在保证形状的基础上，由 α 来调控整个频谱的收放比例。在任意频谱恒模波形设计问题中，可能存在许多 α 均满足这样的频谱形状。考虑探测波形在其他无线电业务所占用的频段上的实际功率不宜过大，本章考虑以最小化 α 为目标函数，并根据帕塞瓦尔定理及频点频谱约束，获得比例因子的先验区域 $\alpha \in [\alpha_L, \alpha_U]$。基于以上，任意频谱恒模波形设计问题可描述为式 (2.33) 所示的形式：

$$
\begin{aligned}
&\min_{\boldsymbol{x},\alpha}\ \alpha \\
&\text{s.t.}\ |x_n| = 1, \quad n = 0,1,\cdots,N-1 \\
&\quad (1-r)\alpha \leqslant \boldsymbol{x}^{\mathrm{H}}\tilde{\boldsymbol{f}}_p\tilde{\boldsymbol{f}}_p^{\mathrm{H}}\boldsymbol{x} \leqslant (1+r)\alpha, \quad p = 1,2,\cdots,P \\
&\quad \boldsymbol{x}^{\mathrm{H}}\hat{\boldsymbol{f}}_s\hat{\boldsymbol{f}}_s^{\mathrm{H}}\boldsymbol{x} \leqslant \eta\alpha, \quad s = 1,2,\cdots,S \\
&\quad \alpha \in [\alpha_L, \alpha_U]
\end{aligned}
\tag{2.33}
$$

显然，式 (2.33) 为非凸优化问题：双边约束及恒模约束。此外，约束集中 $N=P+S$ 频点处的频谱约束均是波形变量 $\boldsymbol{x}$ 的函数，因此耦合在一起不易求解。为实现解耦，本章考虑引入式 (2.34) 和式 (2.35) 所示的辅助变量进行约束集的解耦：

$$
v_p = \tilde{\boldsymbol{f}}_p^{\mathrm{H}}\boldsymbol{x}, \quad p = 1,2,\cdots,P \tag{2.34}
$$

$$
w_s = \hat{\boldsymbol{f}}_s^{\mathrm{H}}\boldsymbol{x}, \quad s = 1,2,\cdots,S \tag{2.35}
$$

这样，式 (2.33) 可描述为式 (2.36) 所示的问题：

$$
\begin{aligned}
&\min_{\boldsymbol{x},\alpha}\ \alpha \\
&\text{s.t.}\ |x_n| = 1, \quad n = 0,1,\cdots,N-1 \\
&\quad (1-r)\alpha \leqslant |v_p|^2 \leqslant (1+r)\alpha, \quad p = 1,2,\cdots,P \\
&\quad |w_s|^2 \leqslant \eta\alpha, \quad s = 1,2,\cdots,S \\
&\quad v_p = \tilde{\boldsymbol{f}}_p^{\mathrm{H}}\boldsymbol{x}, \quad p = 1,2,\cdots,P
\end{aligned}
$$

$$\begin{aligned}&w_s=\hat{\boldsymbol{f}}_s^{\mathrm{H}}\boldsymbol{x},\quad s=1,2,\cdots,S\\&\alpha\in[\alpha_L,\alpha_U]\end{aligned}\tag{2.36}$$

基于式 (2.36)，考虑 ADMM 可实现对优化变量的分割，即在不同的步骤中优化不同的变量。因此，这里考虑仅将和辅助变量相关的等式约束转移到拉格朗日函数中，形成式 (2.37) 所示的特殊的拉格朗日函数：

$$\begin{aligned}\mathcal{L}_\rho(\boldsymbol{x},\alpha,v_p,w_s,\lambda_{1,p},\lambda_{2,s})=\alpha&+\sum_{p=1}^{P}\mathrm{Re}\left\{\lambda_{1,p}(v_p-\tilde{\boldsymbol{f}}_p^{\mathrm{H}}\boldsymbol{x})\right\}+\sum_{p=1}^{P}\frac{\rho}{2}\left|v_p-\tilde{\boldsymbol{f}}_p^{\mathrm{H}}\boldsymbol{x}\right|^2\\&+\sum_{s=1}^{S}\mathrm{Re}\left\{\lambda_{2,s}\left(w_s-\hat{\boldsymbol{f}}_s^{\mathrm{H}}\boldsymbol{x}\right)\right\}+\sum_{s=1}^{S}\frac{\rho}{2}\left|w_s-\hat{\boldsymbol{f}}_s^{\mathrm{H}}\boldsymbol{x}\right|^2\\\text{s.t.}\ &|x_n|=1,\quad n=0,1,\cdots,N-1\\&(1-r)\alpha\leqslant|v_p|^2\leqslant(1+r)\alpha,\quad p=1,2,\cdots,P\\&|w_s|^2\leqslant\eta\alpha,\quad s=1,2,\cdots,S\\&\alpha\in[\alpha_L,\alpha_U]\end{aligned}\tag{2.37}$$

采用 ADMM 进行迭代，求解式 (2.37) 描述的问题。

步骤 0 初始化 $\{\alpha(0),v_p(0),w_s(0),\lambda_{1,p}(0),\lambda_{2,s}(0)\}$，迭代次数 $t=0$，最大迭代次数 T，一致性约束误差上限 ε。

步骤 1 求解式 (2.38)，确定 $\boldsymbol{x}(t+1)$：

$$\begin{aligned}&\min_{\boldsymbol{x}}\ \mathcal{L}_\rho(\boldsymbol{x},\alpha(t),v_p(t),w_s(t),\lambda_{1,p}(t),\lambda_{2,s}(t))\\&\text{s.t.}\ \ |x_n|=1,\quad n=0,1,\cdots,N-1\end{aligned}\tag{2.38}$$

忽略常数项，式 (2.38) 可简化为式 (2.39) 所示的优化问题：

$$\begin{aligned}&\min_{\boldsymbol{x}}\ \boldsymbol{x}^{\mathrm{H}}\boldsymbol{R}\boldsymbol{x}+\boldsymbol{g}^{\mathrm{H}}(t+1)\boldsymbol{x}+\boldsymbol{x}^{\mathrm{H}}\boldsymbol{g}(t+1)\\&\text{s.t.}\ \ |x_n|=1,\quad n=0,1,\cdots,N-1\end{aligned}\tag{2.39}$$

式中，$\boldsymbol{g}(t+1)$ 可以写为式 (2.40) 所示的形式：

$$\boldsymbol{g}(t+1)=-\frac{\rho}{2}\sum_{p=1}^{P}\left(v_p+\frac{\lambda_{1,p}}{\rho}\right)\tilde{\boldsymbol{f}}_p-\frac{\rho}{2}\sum_{s=1}^{S}\left(w_s+\frac{\lambda_{2,s}}{\rho}\right)\hat{\boldsymbol{f}}_s\tag{2.40}$$

考虑到 $\boldsymbol{R}=\dfrac{\rho}{2}\sum\limits_{p=1}^{P}\tilde{\boldsymbol{f}}_p\tilde{\boldsymbol{f}}_p^{\mathrm{H}}+\dfrac{\rho}{2}\sum\limits_{s=1}^{S}\hat{\boldsymbol{f}}_s\hat{\boldsymbol{f}}_{\mathrm{s}}^{\mathrm{H}}=N\boldsymbol{I}_{2N}$,因此式 (2.39) 等价为式 (2.41) 所示的问题：

$$\begin{aligned}&\min_{\boldsymbol{x}}\ \boldsymbol{g}^{\mathrm{H}}(t+1)\boldsymbol{x}+\boldsymbol{x}^{\mathrm{H}}\boldsymbol{g}(t+1)\\&\text{s.t.}\ \ |x_n|=1,\quad n=0,1,\cdots,N-1\end{aligned}\tag{2.41}$$

从而可以得到式 (2.42)：

$$\boldsymbol{x}(t+1)=-\mathrm{e}^{\mathrm{j}\angle(\boldsymbol{g}(t+1))}\tag{2.42}$$

步骤 2　求解式 (2.43)，确定 $\alpha(t+1)$、$v_p(t+1)$、$w_s(t+1)$：

$$\begin{aligned}\min_{\alpha,v_p,w_s}\ &\alpha+\sum_{p=1}^{P}\mathrm{Re}\left\{\lambda_{1,p}(t)\left(v_p-\tilde{\boldsymbol{f}}_p^{\mathrm{H}}\boldsymbol{x}(t+1)\right)\right\}+\sum_{p=1}^{P}\frac{\rho}{2}\left|v_p-\tilde{\boldsymbol{f}}_p^{\mathrm{H}}\boldsymbol{x}(t+1)\right|^2\\&+\sum_{s=1}^{S}\mathrm{Re}\left\{\lambda_{2,s}(t)\left(w_s-\hat{\boldsymbol{f}}_{\mathrm{s}}^{\mathrm{H}}\boldsymbol{x}(t+1)\right)\right\}+\sum_{s=1}^{S}\frac{\rho}{2}\left|w_s-\hat{\boldsymbol{f}}_{\mathrm{s}}^{\mathrm{H}}\boldsymbol{x}(t+1)\right|^2\\\text{s.t.}\ \ &(1-r)\alpha\leqslant|v_p|^2\leqslant(1+r)\alpha,\quad p=1,2,\cdots,P\\&|w_s|^2\leqslant\eta\alpha,\quad s=1,2,\cdots,S\\&\alpha\in[\alpha_L,\alpha_U]\end{aligned}\tag{2.43}$$

去除常数项，式 (2.43) 可简化为式 (2.44) 所示的优化问题：

$$\begin{aligned}\min_{\alpha,v_p,w_s}\ &\alpha+\sum_{p=1}^{P}\frac{\rho}{2}\left|v_p-\tilde{v}_p(t+1)\right|^2+\sum_{s=1}^{S}\frac{\rho}{2}\left|w_s-\tilde{w}_s(t+1)\right|^2\\\text{s.t.}\ \ &(1-r)\alpha\leqslant|v_p|^2\leqslant(1+r)\alpha,\quad p=1,2,\cdots,P\\&|w_s|^2\leqslant\eta\alpha,\quad s=1,2,\cdots,S\\&\alpha\in[\alpha_L,\alpha_U]\end{aligned}\tag{2.44}$$

式中，$\tilde{v}_p(t+1)$ 表示为式 (2.45) 的形式，$\tilde{w}_s(t+1)$ 表示为式 (2.46) 的形式：

$$\tilde{v}_p(t+1)=\tilde{\boldsymbol{f}}_p^{\mathrm{H}}\boldsymbol{x}(t+1)-\frac{1}{\rho}\lambda_{1,p}(t),\quad p=1,2,\cdots,P\tag{2.45}$$

$$\tilde{w}_s(t+1)=\hat{\boldsymbol{f}}_s^{\mathrm{H}}\boldsymbol{x}(t+1)-\frac{1}{\rho}\lambda_{2,s}(t),\quad s=1,2,\cdots,S\tag{2.46}$$

式中，约束 $(1-r)\alpha \leqslant |v_p|^2 \leqslant (1+r)\alpha, p=1,2,\cdots,P$ 和 $|w_s|^2 \leqslant \eta\alpha, s=1,2,\cdots,S$ 均与 α 有关，耦合在一起。

这里考虑借鉴代数二元一次方程组中“消元”的思想，把变量 v_p 和 w_s 均表示为 α 的函数，进行约束集的分离与简约。

当 α 给定时，最优的 $v_p(t+1)$ 和 $w_s(t+1)$ 可表示为式 (2.47) 和式 (2.48) 的形式：

$$v_p(t+1)=\begin{cases}\sqrt{(1+r)\alpha}\mathrm{e}^{\mathrm{j}\angle(\tilde{v}_p(t+1))}, & |\tilde{v}_p(t+1)| \geqslant \sqrt{(1+r)\alpha}\\ \sqrt{(1-r)\alpha}\mathrm{e}^{\mathrm{j}\angle(\tilde{v}_p(t+1))}, & |\tilde{v}_p(t+1)| \leqslant \sqrt{(1-r)\alpha}\\ \tilde{v}_p(t+1), & \text{其他}\end{cases} \tag{2.47}$$

$$w_s(t+1)=\begin{cases}\sqrt{\eta\alpha}\quad \mathrm{e}^{\mathrm{j}\angle(\tilde{w}_s(t+1))}, & |\tilde{w}_s(t+1)| \geqslant \sqrt{\eta\alpha}\\ \tilde{w}_s(t+1), & \text{其他}\end{cases} \tag{2.48}$$

此时，式 (2.44) 的第 2 项和第 3 项具有式 (2.49) 和式 (2.50) 所示的形式：

$$|v_p-\tilde{v}_p(t+1)|^2=\begin{cases}\left(\sqrt{(1+r)\alpha}-|\tilde{v}_p(t+1)|\right)^2, & |\tilde{v}_p(t+1)| \geqslant \sqrt{(1+r)\alpha}\\ \left(\sqrt{(1-r)\alpha}-|\tilde{v}_p(t+1)|\right)^2, & |\tilde{v}_p(t+1)| \leqslant \sqrt{(1-r)\alpha}\\ 0, & \text{其他}\end{cases} \tag{2.49}$$

$$|w_s-\tilde{w}_s(t+1)|^2=\begin{cases}(\sqrt{\eta\alpha}-|\tilde{w}_s(t+1)|)^2, & |\tilde{w}_s(t+1)| \geqslant \sqrt{\eta\alpha}\\ 0, & \text{其他}\end{cases} \tag{2.50}$$

便于简化描述，定义 3 个单位阶跃函数，如式 (2.51)~ 式 (2.53) 所示：

$$S_1(\tilde{v}_p(t+1),(1+r)\alpha)=\begin{cases}1, & |\tilde{v}_p(t+1)| \geqslant \sqrt{(1+r)\alpha}\\ 0, & \text{其他}\end{cases} \tag{2.51}$$

$$S_2(\tilde{v}_p(t+1),(1-r)\alpha)=\begin{cases}1, & |\tilde{v}_p(t+1)| \leqslant \sqrt{(1-r)\alpha}\\ 0, & \text{其他}\end{cases} \tag{2.52}$$

$$S_3(\tilde{w}_s(t+1),\eta\alpha)=\begin{cases}1, & |\tilde{w}_s(t+1)| \geqslant \sqrt{\eta\alpha}\\ 0, & \text{其他}\end{cases} \tag{2.53}$$

这样可将式 (2.44) 转换为单变量 α 的优化问题，如式 (2.54) 所示：

$$\min_{\alpha}\ \alpha+\sum_{p=1}^{P}\frac{\rho}{2}S_1(\tilde{v}_p(t+1),(1+r)\alpha)\left(\sqrt{(1+r)\alpha}-|\tilde{v}_p(t+1)|\right)^2$$

$$
\begin{aligned}
&+\sum_{p=1}^{P}\frac{\rho}{2}S_2(\tilde{v}_p(t+1),(1-r)\alpha)\left(\sqrt{(1-r)\alpha}-|\tilde{v}_p(t+1)|\right)^2\\
&+\sum_{s=1}^{S}\frac{\rho}{2}S_3(\tilde{w}_s(t+1),\eta\alpha)(\sqrt{\eta\alpha}-|\tilde{w}_s(t+1)|)^2\\
&\text{s.t. } \alpha\in[\alpha_L,\alpha_U]
\end{aligned}
\tag{2.54}
$$

事实上，式 (2.54) 的目标函数是一个关于变量 α 的分段函数。分段函数的具体形式取决于 3 个单位阶跃函数的取值。为解决式 (2.54) 描述的问题，从 $\left\{\dfrac{|\tilde{v}_p(t+1)|^2}{1+r},\dfrac{|\tilde{v}_p(t+1)|^2}{1-r},\dfrac{|\tilde{w}_s(t+1)|^2}{\eta}\right\}$ 中选择落于区间 $\alpha\in(\alpha_L,\alpha_U)$ 的取值。不失一般性，假设落入开区间 (α_L,α_U) 且按升序排列的转折点为 $\{\alpha_1(t+1),\alpha_2(t+1),\cdots,\alpha_K(t+1)\}$，则可以把闭区间 $[\alpha_L,\alpha_U]$ 划分为 $[\alpha_L,\alpha_1(t+1)],[\alpha_1(t+1),\alpha_2(t+1)],\cdots,[\alpha_K(t+1),\alpha_U]$。对于第 k 个子区间，$\alpha\in[\alpha_{k-1}(t+1),\alpha_k(t+1)]$，3 个单位阶跃函数具有确定的取值，此时容易得出目标函数具有式 (2.55) 所示的形式：

$$
A_k\alpha+B_k\sqrt{\alpha}+C_k,\quad k=1,2,\cdots,K+1 \tag{2.55}
$$

式中，

$$
\begin{aligned}
A_k=&1+\frac{\rho}{2}\sum_{p=1}^{P}S_1\left(\tilde{v}_p(t+1),(1+r)\alpha\right)(1+r)\\
&+\frac{\rho}{2}\sum_{p=1}^{P}S_2\left(\tilde{v}_p(t+1),(1-r)\alpha\right)(1-r)\\
&+\frac{\rho}{2}\sum_{s=1}^{S}S_3\left(\tilde{w}_s(t+1),\eta\alpha\right)\eta
\end{aligned}
\tag{2.56}
$$

$$
\begin{aligned}
B_k=&-\rho\sum_{p=1}^{P}S_1\left(\tilde{v}_p(t+1),(1+r)\alpha\right)|\tilde{v}_p(t+1)|\sqrt{1+r}\\
&-\rho\sum_{p=1}^{P}S_2\left(\tilde{v}_p(t+1),(1-r)\alpha\right)|\tilde{v}_p(t+1)|\sqrt{1-r}\\
&-\rho\sum_{s=1}^{S}S_3\left(\tilde{w}_s(t+1),\eta\alpha\right)|\tilde{w}_s(t+1)|\sqrt{\eta}
\end{aligned}
\tag{2.57}
$$

$$
\begin{aligned}
C_k =& \frac{\rho}{2}\sum_{p=1}^{P} S_1\left(\tilde{v}_p(t+1),(1+r)\alpha\right)\left|\tilde{v}_p(t+1)\right|^2 \\
&+ \frac{\rho}{2}\sum_{p=1}^{P} S_2\left(\tilde{v}_p(t+1),(1-r)\alpha\right)\left|\tilde{v}_p(t+1)\right|^2 \\
&+ \frac{\rho}{2}\sum_{s=1}^{S} S_3\left(\tilde{w}_s(t+1),\eta\alpha\right)\left|\tilde{w}_s(t+1)\right|^2
\end{aligned} \tag{2.58}
$$

容易发现，式 (2.55) 为一特殊的一元二次多项式。此时，该区间局部最小值的变量取值如式 (2.59) 所示：

$$
\hat{\varepsilon}_k = \begin{cases}
\dfrac{B_k^2}{4A_k^2}, & -\dfrac{B_k}{2A_k} \in [\|\alpha_{k-1}(t+1)\|, \|\alpha_k(t+1)\|] \\
\alpha_k(t+1), & A_k + \dfrac{B_k}{2\sqrt{\alpha_{k-1}(t+1)}} < 0, A_k + \dfrac{B_k}{2\sqrt{\alpha_k(t+1)}} < 0 \\
\alpha_{k-1}(t+1), & A_k + \dfrac{B_k}{2\sqrt{\alpha_{k-1}(t+1)}} > 0, A_k + \dfrac{B_k}{2\sqrt{\alpha_k(t+1)}} > 0
\end{cases} \tag{2.59}
$$

且局部极小值如 (2.60) 所示：

$$
W_k = \begin{cases}
C_k - \dfrac{B_k^2}{4A_k}, & -\dfrac{B_k}{2A_k} \in [\|\alpha_{k-1}(t+1)\|, \|\alpha_k(t+1)\|] \\
A_k\alpha_k(t+1) + B_k\sqrt{\alpha_k(t+1)} + C_k, & A_k + \dfrac{B_k}{2\sqrt{\alpha_{k-1}(t+1)}} < 0, A_k + \dfrac{B_k}{2\sqrt{\alpha_k(t+1)}} < 0 \\
A_k\alpha_{k-1}(t+1) + B_k\sqrt{\alpha_{k-1}(t+1)} + C_k, & A_k + \dfrac{B_k}{2\sqrt{\alpha_{k-1}(t+1)}} > 0, A_k + \dfrac{B_k}{2\sqrt{\alpha_k(t+1)}} > 0
\end{cases} \tag{2.60}
$$

然后，从所有 $(K+1)$ 个局部最小值中挑出全局最小值。不失一般性，假设全局最小值为 $W_i = \min\{W_1, W_2, \cdots, W_{K+1}\}$，则可以得到：

$$
\alpha(t+1) = \hat{\varepsilon}_i \tag{2.61}
$$

步骤 3 更新拉格朗日乘子。

$$
\lambda_{1,p}(t+1) = \lambda_{1,p}(t) + \rho\left(v_p(t+1) - \tilde{\boldsymbol{f}}_p^{\mathrm{H}}\boldsymbol{x}(t+1)\right), \quad p = 1, 2, \cdots, P \tag{2.62}
$$

$$
\lambda_{2,s}(t+1) = \lambda_{2,s}(t) + \rho\left(w_s(t+1) - \hat{\boldsymbol{f}}_s^{\mathrm{H}}\boldsymbol{x}(t+1)\right), \quad s = 1, 2, \cdots, S \tag{2.63}
$$

步骤 4　判断终止条件是否满足，包括是否达到最大的迭代次数 T、一致性约束误差是否已小于等于给定的阈值 γ，即 $\left|v_p(t+1)-\tilde{\boldsymbol{f}}_p^{\mathrm{H}}\boldsymbol{x}(t+1)\right|\leqslant\gamma$ 或 $\left|w_s(t+1)-\hat{\boldsymbol{f}}_s^{\mathrm{H}}\boldsymbol{x}(t+1)\right|\leqslant\gamma$。若满足则终止循环，输出 $\boldsymbol{x}(t+1)$；若不满足，$t=t+1$，转入步骤 1。

2.3　仿真实验

本节通过计算机仿真来评估 2.2 节所提方法的特性。2.3.1 小节和 2.3.2 小节分别考虑了平谱周期和平谱非周期波形设计问题，而 2.3.3 小节考虑任意频谱波形设计问题。

2.3.1　平谱周期波形仿真实验

本小节考虑设计码长 $N=128$ 个的脉冲形式自相关函数周期波形设计问题。步长取为 $\rho=0.1$，最大迭代次数 $T=200000$ 次作为停止准则。周期循环新算法 (PeCAN)[11]、最小化积分旁瓣电平 (MISL) 方法 [13] 及拉格朗日规划神经网络 (LPNN)[14] 用于比较。对于所有算法，500 组伪随机码序列用于 500 次蒙特卡洛运行的初始化。对于每个算法，得到 500 组波形序列后，计算其归一化自相关函数值，即 $20\lg(|\tilde{r}_k|/N)$。图 2.1、图 2.2、图 2.3 和图 2.4 分别给出了 PeCAN 方法、MISL 方法、LPNN 方法及本章所提 ADMM 所设计波形的归一化自相关层。除此之外，计算 4 种方法所获得的 500 个自相关函数的平均值，如图 2.5 所示。从 500 组波形里挑选具有最小峰值旁瓣的自相关函数作为最优波形的自相关层，如图 2.6 所示。为进一步评估旁瓣波动特性，本小节也统计了 500 组自相关函数的峰值旁瓣层 (去除 0 延迟自相关函数 $\tilde{r}_0$) 的分布情况，如表 2.1 所示。此外，统计了 4 种方法的运行时间，如表 2.2 所示。

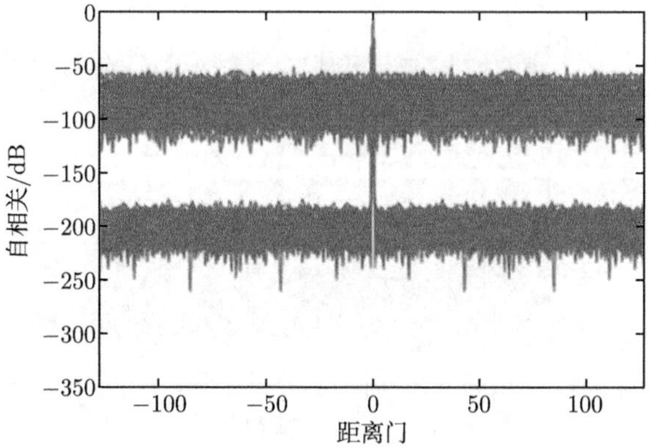

图 2.1　PeCAN 所设计波形的归一化自相关层

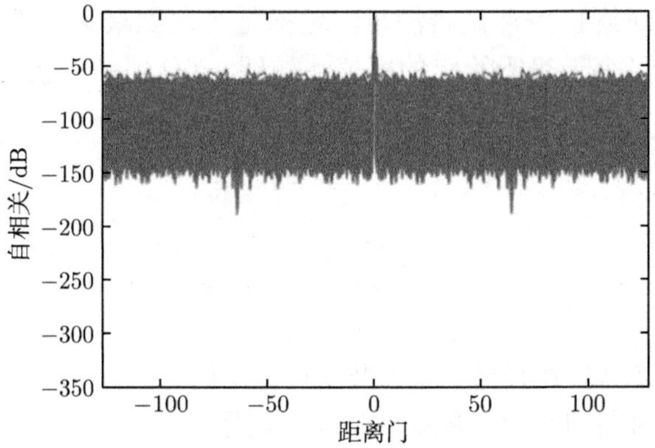

图 2.2　MISL 方法所设计波形的归一化自相关层

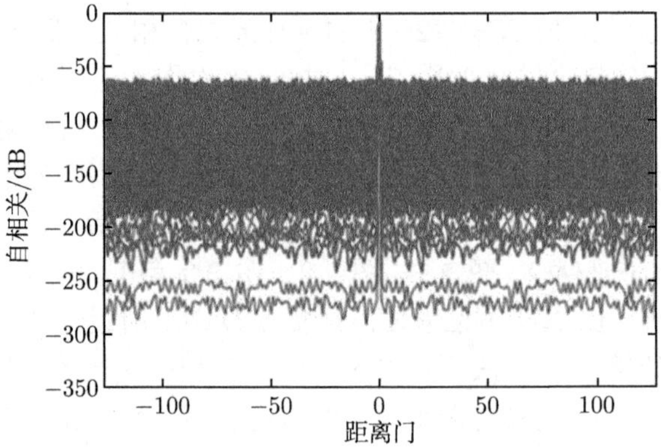

图 2.3　LPNN 方法所设计波形的归一化自相关层

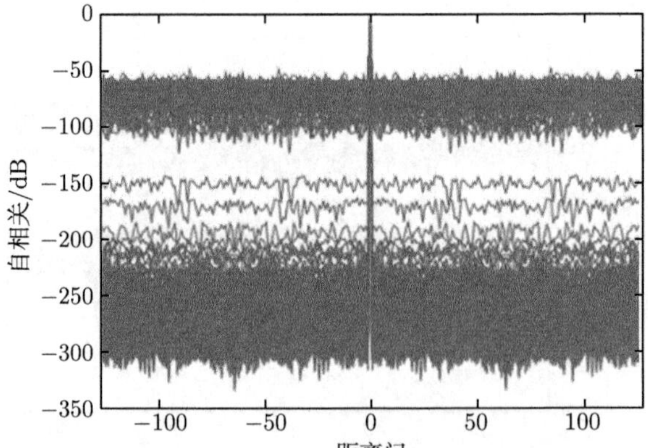

图 2.4　ADMM 所设计波形的归一化自相关层

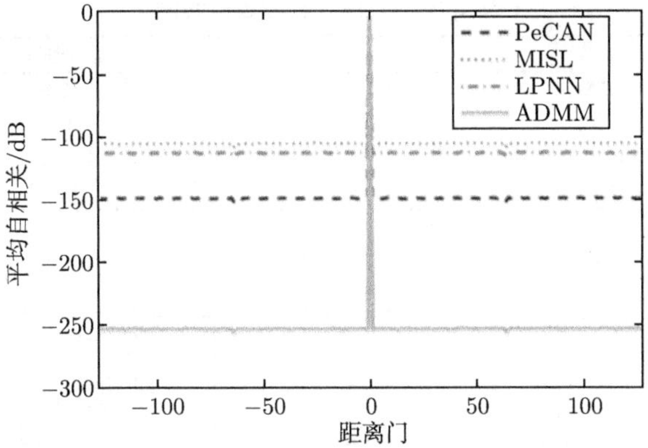

图 2.5 4 种方法所获得波形的平均自相关层

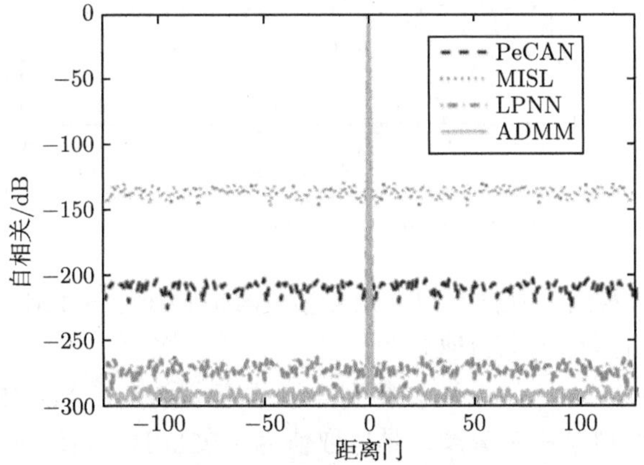

图 2.6 4 种方法所获得的最优波形的自相关层

表 2.1 旁瓣层分布情况

方法	自相关/dB						
	<−300	[−300,−250)	[−250,−200)	[−200,−150)	[−150,−100)	[−100,−50)	⩾ −50
PeCAN	0,0	0,0	157,3	121,275	8,3	214,218	0,1
MISL	0,0	0,0	0,0	0,0	295,248	205,252	0,0
LPNN	0,0	2,1	7,5	45,30	223,205	223,259	0,0
ADMM	0,0	409,369	23,71	3,4	1,1	54,54	0,1

注：表中数值按照 (a,b) 的格式展示，其中 a 代表统计平均值，b 代表峰值。

进一步，本小节对运行所产生的波形之间的独立性进行测试。这里把归一化的互相关层作为评价标准。对于每一个方法，随机挑选 10 组波形，然后计算两两波形之间的互相关并挑选峰值互相关层，这样总共可得到 45 个峰值互相关层，如图 2.7 所示。

表 2.2 4 种方法的运行时间

方法	运行时间/s
PeCAN	11.92
MISL	1.36
LPNN	6893.41
ADMM	13.27

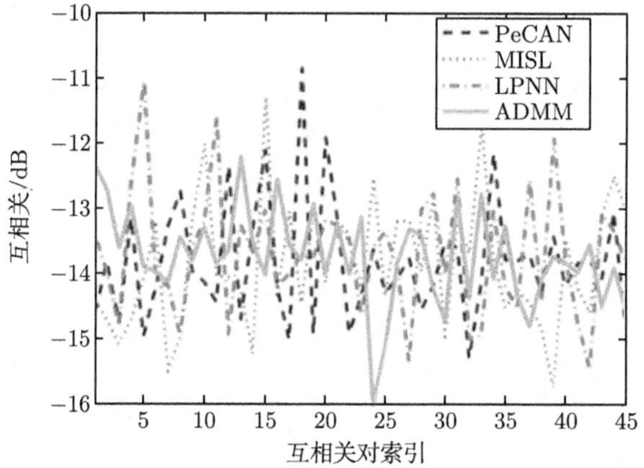

图 2.7 10 组波形序列的峰值互相关层

从图 2.7 可以看出，所有的归一化互相关峰值均小于 −10dB，意味着这 4 种方法所产生的序列具有一定的独立性。

从图 2.6、图 2.7 和表 2.2 可以得到如下结论：①基于 ADMM 所产生的波形序列具有最小的平均自相关旁瓣，具体取值为 −253dB。高达 81.8%的序列平均旁瓣均低于 −250dB。此外，高达 73.8%的序列峰值旁瓣低于 −250dB。基于以上统计结果，可以得出这 4 种方法中 ADMM 是最好的。②就复杂度而言，MISL 方法最高效，ADMM 和 PeCAN 次之，而 LPNN 方法的计算复杂度过高。③就峰值旁瓣电平而言，ADMM 产生的最佳波形的峰值旁瓣可以低至 −285dB，如图 2.6 所示。④从图 2.7 可以看出，ADMM 获得最大互相关层是最小的，低至 −12.19dB，这也意味着 ADMM 所设计的波形序列具有更好的独立性。

2.3.2 平谱非周期波形仿真实验

本小节考虑设计码长 $N = 128$ 个的非周期恒模波形。采用和第一个实验相同的参数配置。将式 (2.11) 按照式 (2.12)∼ 式 (2.32) 中描述的方法执行，即可完成非周期恒模波形设计任务，也将 CAN[10] 与 MISL 方法 [13] 进行了比较。500 次独立初始化可获得 500 组波形，计算其自相关函数并进行归一化和平均值计算，结果如图 2.8 所示。此外，图 2.9 给出了三种方法的 500 组波形的平均功率谱比较。

分别从 500 组序列中选择具有最小峰值旁瓣的序列进行了比较。ADMM、MISL 方法、CAN 的峰值旁瓣分别为 −23.93dB、−31.20dB、−31.39dB。从实验结果可以看出：①这几个方法提供的设计都不能获得理想化的平谱，而且它们的自相关函数旁瓣均高于相应的周期波形设计部分。主要原因在于非周期平谱设计中用 N 个变量来应对 $2N$ 个频点上的平谱约束，自由度有限，因此无法达到真正的平谱。②就自相关函数旁瓣而言，本章的平谱非周期波形设计方法其辅助变量和波形序列完全满足恒模约束，最终获得波形性能不如 MISL 方法和 CAN。

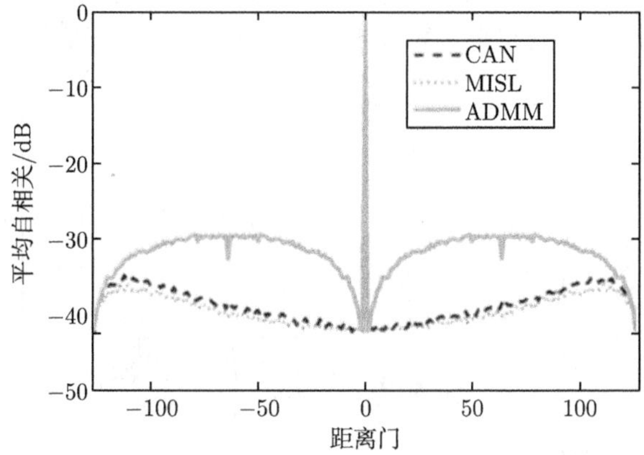

图 2.8　500 组波形归一化自相关函数平均值比较

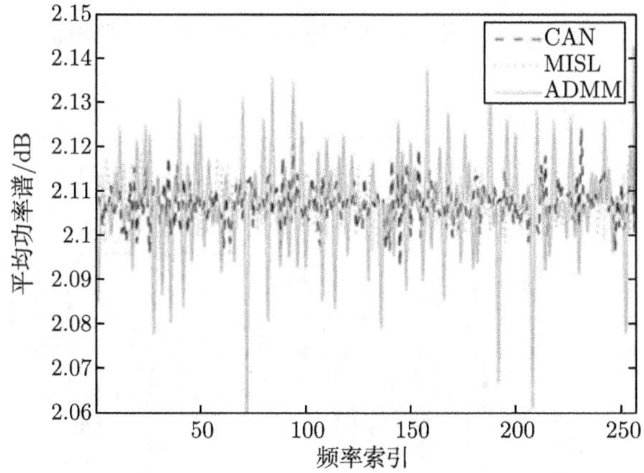

图 2.9　500 组波形平均功率谱比较

2.3.3　任意频谱恒模波形仿真实验

本小节考虑雷达和通信系统频谱共存的问题 [32]。雷达采样率为 810kHz，脉冲周期为 200μs, 这意味着周期序列的周期 $N = 162$。雷达信号的阻带为 [0.0000,

0.0617]、[0.0988, 0.2469]、[0.2593, 0.2840]、[0.3086, 0.3827]、[0.4074, 0.4938]、[0.5185, 0.5556] 及 [0.9383, 1.0000]，余下部分为雷达波形可占用频段。本章提出的任意频谱恒模波形设计算法中，参数设置如下：$\rho = 0.1$，$T = 50000$ 次，$r = 0.2\text{dB}$，$\eta = 0.01\text{dB}$。Shape 方法和 LPNN 方法用于比较。注意没有考虑 MISL 方法用于比较的原因在于该方法无法施加严格的功率谱形状约束。最后，设计得到的波形序列的功率谱及自相关函数分别如图 2.10 和图 2.11 所示。从以上结果可以看出：①本章提出的方法可以充分满足频谱限制，而 Shape 方法不能很好地控制旁瓣层 [5,12]，LPNN 方法 [14] 需要精心设计权值才能达到更低的旁瓣，并且以更大的通带波动为代价；②所有这些方法均具有相当的自相关旁瓣层。

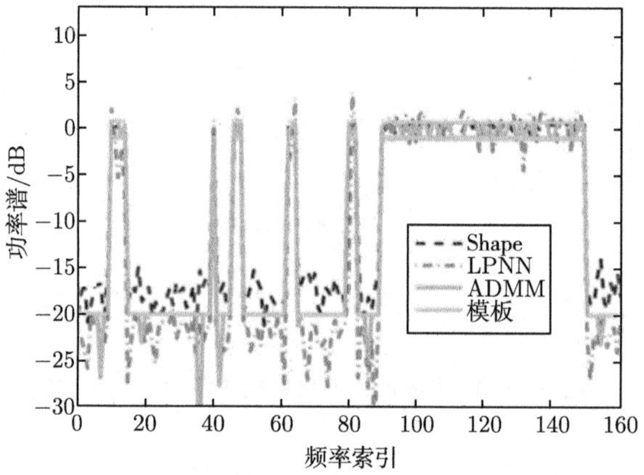

图 2.10　3 种方法获得的波形的功率谱以及模板

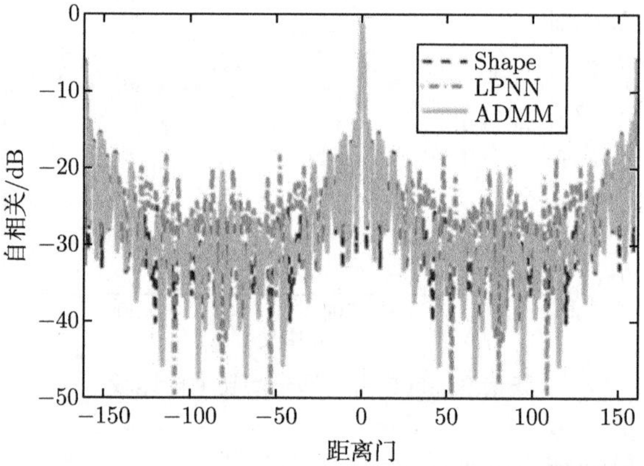

图 2.11　3 种方法获得的波形的自相关函数

最后，本章方法对通带波动及旁瓣层的影响进行了测试。考虑三种情况，通带波动及旁瓣层参数设置如下：$(r,\eta) = (0.05,-15)$dB、$(0.2,-20)$dB、$(0.45,-25)$dB。图 2.12 给出了不同参数下 ADMM 获得波形的功率谱形状比较，图 2.13 展示了相应的自相关层比较。从结果可以看出：①本章所提出的 ADMM 均能满足这三种情况对应的功率谱形状约束；②为了达到更低的旁瓣层，则需要以更大的通带波动为代价；③这三种情况所获得波形的自相关层差异不大；④就任意功率谱波形设计而言，所获得的波形的峰值自相关旁瓣电平不如平谱周期和非周期波形设计，原因在于指定的功率谱形状约束消耗了波形变量的自由度，导致自相关性能有限。

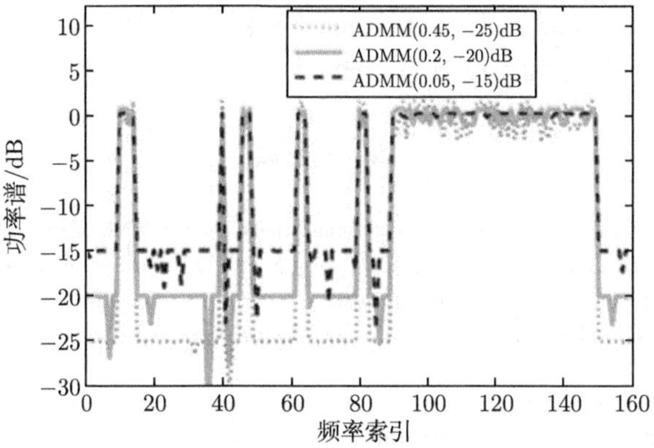

图 2.12　不同参数下 ADMM 获得波形的功率谱形状比较

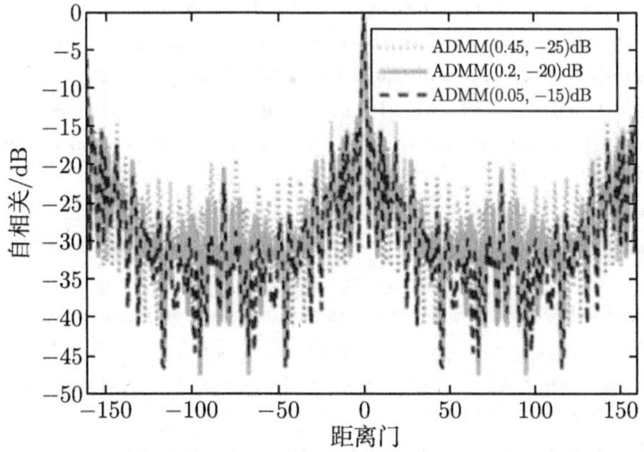

图 2.13　不同参数下 ADMM 获得波形的自相关层比较

2.4 本章小结

本章提出了两种包含平谱特性的恒模波形设计方法。为设计具有平谱特性的恒模波形，本章分裂目标函数为一次项和二次项。通过引入辅助变量将恒模约束施加到目标函数中的一次项部分，便于通过目标函数分离 ADMM 框架进行优化。对于任意频谱恒模波形设计问题，本章引入辅助变量解耦约束集中的复杂约束，同时引入单位阶跃函数以及“消元”思想转换原问题为单变量分段函数的优化问题，最后通过约束集分离与简约 ADMM 框架进行优化。

下一步的研究将聚焦于波形设计的硬件实现，包括功放、幅度噪声、相位噪声、任意波形产生器及 AD 位数等因素。

参考文献

[1] LI J, STOICA P. MIMO Radar Signal Processing[M]. Hoboken: Wiley Press, 2009.

[2] GINI F, MAIO A D, PATTON L K. Waveform Design and Diversity for Advanced Radar[M]. London: Institution of Engineering and Technology, 2012.

[3] WICKS M, MOKOLE E, BLUNT S, et al. Principles of Waveform Diversity and Design[M]. Raleigh: Science and Technology Publishing, 2011.

[4] HE H, LI J, STOICA P. Waveform Design for Active Sensing Systems: A Computational Approach[M]. Cambridge: Cambridge University Press, 2012.

[5] ROWE W, STOICA P, LI J. Spectrally constrained waveform design[J]. IEEE Signal Processing Magazine, 2014,157(3):157-162.

[6] MACKENZIE A B, DASILVA L A. Application of signal processing to addressing wireless data demand[J]. IEEE Signal Processing Magazine, 2012,29(6):166-168.

[7] GRIFFITHS H, COHEN L, WATTS S, et al. Radar spectrum engineering and maganement: Technical and regulatory issues[J]. Proceedings of the IEEE, 2015, 103(1):85-102.

[8] AUBRY A, MAIO A D, PIEZZO M, et al. Radar waveform design in a spectrally crowded environment via nonconvex quadratic optimization[J]. IEEE Transactions on Aerospace and Electronic Systems, 2014, 50(2):1138-1152.

[9] AUBRY A, MAIO A D, HUANG Y, et al. A new radar waveform design algorithm with improved feasibility for spectral coexistence[J]. IEEE Transactions on Aerospace and Electronic Systems, 2015, 51(2):1029-1038.

[10] STOICA P, HE H, LI J. New algorithms for designing unimodular sequences with good correlation properties[J]. IEEE Transactions on Signal Processing, 2009, 57(4):1415-1425.

[11] STOICA P, HE H, LI J. On designing sequences with impulse-like periodic correlation[J]. IEEE Signal Processing Letters, 2009, 16(8):703-706.

[12] LIANG J L, XU L, LI J, et al. On designing the transmission and reception of multistatic continuous active sonar systems[J]. IEEE Transactions on Aerospace and Electronic Systems, 2014, 50(1):285-299.

[13] SONG J, BABU P, PALOMAR D P. Optimization methods for designing sequences with low autocorrelation sidelobes[J]. IEEE Transactions on Signal Processing, 2015, 63(15): 3998-4009.

[14] LIANG J L, SO H C, LEUNG C S, et al. Waveform design with unit modulus and spectral shape constraints via Lagrange programming neural network[J]. IEEE Journal of Selected Topics in Signal Processing, 2015, 9(8):1377-1386.

[15] ZHANG S, CONSTANTINIDES A G. Lagrange programming neural networks[J]. IEEE Transactions on Circuits and Systems-II. Analog and Digital Signal Processing, 1992,39(7): 441-452.

[16] CUI G, LI H, RANGASWAMY M. MIMO radar waveform design with constant modulus and similarity constraints[J]. IEEE Transactions on Signal Processing, 2014, 62(2): 343-353.

[17] ALDAYEL O, MONGA V, RANGASWAMY M. SQR: Successive QCQP refinement for MIMO radar waveform design under practical constraints[C]. 2015 49th Asilomar Conference on Signals, Systems and Computers, Pacific Grove, USA, 2015: 85-89.

[18] KOCABAS S E, ATALAR A. Binary sequences with low aperiodic autocorrelation for synchronization purposes[J]. IEEE Communications Letters, 2003, 7(1):36-38.

[19] BORWEIN P, FERGUSON R. Polyphase sequences with low autocorrelation[J]. IEEE Transactions on Information Theory, 2005, 51(4):1564-1567.

[20] WANG G H, LU Y L. Sparse frequency transmit waveform design with soft power constraint by using PSO algorithm[C]. 2008 IEEE Radar Conference, Rome, Italy, 2008: 1-4.

[21] GABAY D. Applications of the Method of Multipliers to Variational Inequalities, Augmented Lagrangina Methods: Applications to the Solution of Boundary-Value Problems[M]. Amsterdam: SIAM Joural on Optimization, 1983.

[22] ECKSTEIN J, BERTSEKAS D P. On the Douglas-Rachford splitting method and the proximal point algorithm algorithm for maximal monotone operators[J]. Mathematical Programming, 1992, 55:293-318.

[23] HONG M, LUO Z Q, RAZAVIYAYN M. Convergence analysis of alternating direction method of multipliers for a family of nonconvex problems[C]. 2015 IEEE International Conference on Acoustics, Speech and Signal Processing (ICASSP), South Brisbane, Australia, 2015: 3836-3840.

[24] BOYD S, VANDENBERGHE L. Convex Optimization[M]. Cambridge: Cambridge University Press, 2004.

[25] BERTSEKAS D P. Constrained Optimization and Lagrange Multiplier Methods[M]. New York: Academic, 1982.

[26] LIANG J L, SO H C, LI J, et al. Unimodular sequence design based on alternating direction method of multipliers[J]. IEEE Transactions on Signal Processing, 2016, 64(20):5367-5381.

[27] HOTELLING H. Some new methods in matrix calculation[J]. The Annals of Mathematical Statistics, 1943, 14(1): 1-34.

[28] HOTELLING H. Further points on matrix calculation and simultaneous equations[J]. The Annals of Mathematical Statistics, 1943, 14:440-441.

[29] COOLEY J W, TUKEY J W. An algorithm for the machine calculation of complex Fourier series[J]. Mathematics of Computation, 1965,19:297-301.

[30] WINOGRAD S. On computing the discrete Fourier transform[J]. Mathematics of Computation,1978, 32(141):175-199.

[31] RADER C M. Discrete Fourier transforms when the number of data samples is prime[J]. Proceedings of the IEEE, 1968,56(6):1107-1108.

[32] LEONG H, SAWE B. Channel availability for east coast high frequency surface wave radar systems[C]. Technical Report DREO TR 2001-104, Ottawa, Canada, 2001: 49.

第 3 章　最小旁瓣波束图合成

降低雷达发射波束图的峰值旁瓣，可抑制雷达杂波，而控制波束图主瓣波纹可保障雷达系统对目标检测的鲁棒性 (特别是当目标的方向不精确已知时)[1-3]。因此，本章提出了实现多输入多输出 (multiple input multiple output, MIMO) 雷达的最小旁瓣波束图设计的新准则，即最大化功率分配比设计 (max transmit power ratio design, MTPD) 准则和主瓣纹波约束下的最小波束图峰值旁瓣设计 (main-lobe ripple control, MRC) 准则，并基于 ADMM 框架推导了 MTPD 算法和 MRC 算法。

3.1　引　言

波形设计是集中式 MIMO 雷达系统中的一项重要技术。与传统的相控阵雷达不同，集中式 MIMO 雷达通过发射波形的多样性增加了传输的自由度，集中式 MIMO 雷达系统拥有更好的参数估计效果，增强了空间分辨率 [1,4-6]。

一般来说，MIMO 雷达波形设计问题可分为两类。第一类是联合设计发射波形和接收滤波器，以达到最大输出信噪比 [7-8]，可以增强目标检测性能，抑制信号相关干扰；第二类是设计具有理想发射波束模式的 MIMO 雷达波形来控制辐射功率分布。第二类，也分为两个子类。一个可能的解决方案是采用两步法设计具有理想发射波束模式的 MIMO 雷达波形。首先，通过选择波形协方差矩阵实现发射波束图 [2,5,9-12]；其次，推导出传输波形，得到协方差矩阵 [5,13-14]。

由于 MIMO 雷达发射波束图与发射波形的协方差矩阵密切相关，文献 [5] 和 [15] 提出了几种波束设计指标，通过优化波形协方差矩阵来匹配或近似所需的发射波束图。为提高 MIMO 雷达系统的参数估计精度和分辨率，在上述匹配度量的基础上增加惩罚项，即目标反射回雷达系统的信号的互相关项。此外，文献 [2] 通过使主瓣区和旁瓣区综合波束水平的差值最大化，提出了最小旁瓣波束设计问题。

除了峰值旁瓣电平 (PSL) 外，在实际应用中还考虑了另一个度量，即主瓣波纹，以提高雷达系统的鲁棒性，特别是在目标方向不确定的情况下。文献 [11] 提出了直接或间接控制主瓣纹波的方法，通过选择正定矩阵，推导了 MIMO 雷达发射波束图设计与常规有限脉冲响应滤波器设计之间的关系，以获得系统成本最小的理想波束图。为了减少计算量，文献 [9] 推导了一种无约束的发射波束图算法，文献 [10] 则利用了快速傅里叶变换。

鲁棒波束图设计的方法也引起了人们的关注。在文献 [16] 中，考虑了旁瓣区和主瓣区导向矢量的不确定性，并将其引入到设计问题中。此外，文献 [17] 还导出了鲁棒波束图设计的一般框架。文献 [12]、[18]~[21]，以及其中的参考文献给出了其他 MIMO 雷达发射波束设计方法。

通过解决上述问题得到协方差矩阵，剩下的任务是从协方差矩阵合成实际约束下的传输波形，如可以使用恒模 (constant module, CM) 或峰值平均功率比进行约束 [22-24]。文献 [5] 使用二进制移位键控编码，文献 [13] 则利用循环算法来合成 CM 波形，其他相关文献也涉及此类内容 [12,14]。

然而，文献 [5] 与文献 [13] 的方法存在近似误差，特别是在旁瓣抑制、纹波控制和深度零陷等应用中 [14]。另一种解决方案是直接设计发射波形以实现所需的发射波束图。文献 [25] 中，直接波形设计问题被表述为半定松弛规划问题。文献 [26] 中，提出了一种连续闭合技术来设计 CM 波形。此外，文献 [27] 采用交替方向法来实现所需的波束图。然而，这些直接设计只关注最小化合成波束图与期望波束图之间的均方误差，而很少关注发射波束图的 PSL 抑制和主瓣纹波约束。

因此，现有的 MIMO 雷达最小旁瓣波束图设计方法，属于间接法存在拟合误差，难以实现真正意义上的最小旁瓣波束图。针对最小旁瓣 MIMO 雷达波束图设计问题缺乏行之有效的直接法，本章将就此问题展开介绍。

3.2　最小旁瓣波束图设计准则

为了便于讨论和表述，将角度区域划分为三个离散的栅格集 $\varTheta$、$\varOmega$ 和 $\varPhi$，分别称之为波束图主瓣、旁瓣和过渡带。其中，主瓣和旁瓣集分别由 M 个和 S 个方位角网格组成，即 $\varTheta=\{\theta_m\}_{m=1}^{M}$ 和 $\varOmega=\{\vartheta_s\}_{s=1}^{S}$。根据窄带 MIMO 雷达波束图表达式，可得

$$P(\theta)=\boldsymbol{a}(\theta)\sum_{n=1}^{N}\boldsymbol{x}^{\mathrm{H}}(n)\boldsymbol{x}(n)\boldsymbol{a}^{\mathrm{H}}(\theta)=\boldsymbol{x}^{\mathrm{H}}\boldsymbol{A}(\theta)\boldsymbol{A}^{\mathrm{H}}(\theta)\boldsymbol{x} \tag{3.1}$$

式中，$\boldsymbol{A}(\theta)=\boldsymbol{I}_N\otimes\boldsymbol{a}(\theta)\in\mathbb{C}^{LN\times N}$；$\boldsymbol{x}=\left[\boldsymbol{x}^{\mathrm{T}}(1),\boldsymbol{x}^{\mathrm{T}}(2),\cdots,\boldsymbol{x}^{\mathrm{T}}(N)\right]^{\mathrm{T}}\in\mathbb{C}^{LN\times 1}$。

3.2.1　MTPD 准则

与文献 [2] 提出的最小旁瓣设计法不同，本章将波束主瓣最小电平 (minimum mainlobe level, MML) 和波束图峰值旁瓣电平 (peak sidelobe level, PSL) 作为参考点，并以最大化两者的比为目标函数，提出式 (3.2) 所示的 MTPD 准则：

$$\max_{\boldsymbol{x}}\ \frac{\min\limits_{\theta_m\in\varTheta}\left\|\boldsymbol{A}^{\mathrm{H}}\left(\theta_m\right)\boldsymbol{x}\right\|_2^2}{\max\limits_{\vartheta_s\in\varOmega}\left\|\boldsymbol{A}^{\mathrm{H}}\left(\vartheta_s\right)\boldsymbol{x}\right\|_2^2}$$

$$\text{s.t.} \ \ |x(\bar{n})| = \xi, \ \bar{n} = 1, 2, \cdots, LN \tag{3.2}$$

式中，ξ 为给定的常数 (如 $\xi = 1$)。

MTPD 准则的物理意义可由图 3.1 来解释。一方面，当雷达系统要求具备最大的作用距离时需要雷达波束图主瓣的辐射功率足够大，即最大化潜在目标方向上的最小辐射功率 (即波束图 MML：$\min\limits_{\theta_m \in \Theta} \left\| \boldsymbol{A}^{\mathrm{H}}(\theta_m)\boldsymbol{x} \right\|_2^2$)；另一方面，雷达波束图还需具有超低峰值旁瓣电平以降低旁瓣区域强散射体回波对雷达系统性能的影响，即最小化潜在强散射体方向上的最大辐射功率 (即波束图 PSL：$\max\limits_{\vartheta_s \in \Omega} \left\| \boldsymbol{A}^{\mathrm{H}}(\vartheta_s)\boldsymbol{x} \right\|_2^2$)；此外，由波形恒模约束 $|x(\bar{n})| = \xi, \bar{n} = 1, 2, \cdots, LN$ 可知，波形满足能量约束 $\boldsymbol{x}^{\mathrm{H}}\boldsymbol{x} = LN$。因此，MTPD 准则相当于在总辐射能量给定的情况下最大化信杂比设计。通过上述模型的优化设计，可以有效地使雷达功率集中于主瓣方位，且同时使得旁瓣方位的峰值功率最小化。

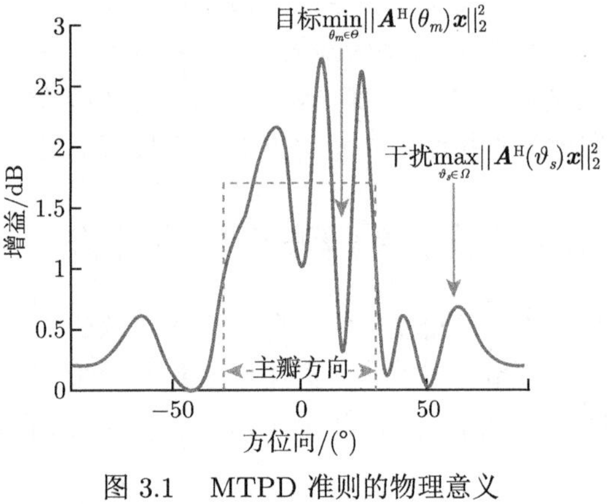

图 3.1 MTPD 准则的物理意义

由于分子和分母都是 $\boldsymbol{x}$ 的二次函数，优化问题式 (3.2) 是一个复杂且耦合的二次分式问题 (quadratic fractional problem, QFP)。此外，恒模约束 $|x(\bar{n})| = \xi, \forall \bar{n} = 1, 2, \cdots, LN$ 进一步增加了求解优化问题式 (3.2) 的难点。3.3.1 小节中首先推导了式 (3.2) 中优化问题的等价问题，然后根据 ADMM 框架发展了低复杂度的优化算法求解优化问题式 (3.2)。

3.2.2 MRC 准则

当目标方向不精确时 (即目标可能在主瓣的任意方位)，通常需要波束图具有较小的主瓣波纹以提高雷达系统对目标检测的鲁棒性 (具体来说，对于所有 $\theta_m \in \Theta$，主瓣区域的发射功率应满足 $d - \varepsilon_r \leqslant \left\| \boldsymbol{A}^{\mathrm{H}}(\theta_m)\boldsymbol{x} \right\|^2 \leqslant d + \varepsilon_r$，其中 ε_r 为波纹项，d 为主瓣电平)。波形的恒模约束 $|x(\bar{n})| = \xi, \bar{n} = 1, 2, \cdots, LN$ 使得波形满

足能量约束 $\boldsymbol{x}^{\mathrm{H}}\boldsymbol{x}=LN$，这通常会导致波束图主瓣电平 d 难以确定 (数学优化的角度表现为波束图主瓣的波纹约束和波形的恒模约束使得问题的可行域为空集)。为避免此问题，文献 [3] 在其模型中舍去了能量约束 (详细信息请参见文献 [3] 的式 (16) 和式 (17))，这虽然满足了波束图的主瓣波纹要求，但不能满足实际雷达应用需求。与文献 [3] 不同，这里将波形的幅度视为变量 (可视为波束图匹配模型中的缩放因子，见文献 [2] 的式 (19))，具体表述为 $x(\bar{n})=\xi \mathrm{e}^{\mathrm{j}\angle x(\bar{n})}, \bar{n}=1,2,\cdots,LN$。根据式 (3.2)，可得

$$P(\theta)=\xi^{2}\left(\mathrm{e}^{\mathrm{j}\angle \boldsymbol{x}}\right)^{\mathrm{H}} \boldsymbol{A}(\theta)\boldsymbol{A}^{\mathrm{H}}(\theta)\mathrm{e}^{\mathrm{j}\angle \boldsymbol{x}} \tag{3.3}$$

显然，ξ 与比例因子有关，可以用来避免比例失配问题。此外，将波形幅度 ξ 设为变量的另外一个优点是，雷达主瓣电平 d 的大小可根据雷达方程、目标的电磁特性及大致距离范围确定，因此上述模型可解释为在主瓣辐射电平大致给定的情况下，ξ 的值为雷达波形的最小幅度值 (即雷达辐射的最小能量应不小于 $\xi^{2}LN$)。

基于以上分析和讨论，本小节提出以下 MRC 设计问题：

$$\begin{aligned}
&\min_{\xi,\boldsymbol{x}}\ \max_{\vartheta_s\in\Omega}\left\|\boldsymbol{A}^{\mathrm{H}}\left(\vartheta_s\right)\boldsymbol{x}\right\|_2^2\\
&\text{s.t.}\ \ d-\varepsilon_r\leqslant\left\|\boldsymbol{A}^{\mathrm{H}}\left(\theta_m\right)\boldsymbol{x}\right\|_2^2\leqslant d+\varepsilon_r,\theta_m\in\Theta\\
&\qquad |x(\bar{n})|=\xi,\quad \bar{n}=1,2,\cdots,LN
\end{aligned} \tag{3.4}$$

上述优化问题中的双边二次约束和恒模约束形成了一个非凸的可行集合，所以式 (3.4) 中优化问题也是非凸的。3.4.2 小节将基于 ADMM 给出高效的优化方法求解此非凸问题。

3.3　算法推导及算法性能分析

针对式 (3.2) 和式 (3.4) 中的设计问题，本节推导它们的求解算法，分别命名为 MTPD 算法和 MRC 算法。为简化符号表述，本节将 $\boldsymbol{A}(\vartheta_s)$ 和 $\boldsymbol{A}(\theta_m)$ 分别简写为 $\boldsymbol{A}_s$ 和 $\boldsymbol{A}_m$。

3.3.1　MTPD 算法推导

优化问题式 (3.2) 的最大难点在于目标函数为波形 $\boldsymbol{x}$ 的二次分式函数，分子分母是耦合的，为解耦分子和分母引入两个边界变量，即 PSL 变量 η 和 MML 变量 ε，将式 (3.2) 表述为式 (3.5) 所示的等价优化问题：

$$\begin{aligned}
&\max_{\boldsymbol{x},\varepsilon,\eta}\ \frac{\varepsilon}{\eta}\\
&\text{s.t.}\ \ |x(\bar{n})|=1,\quad \bar{n}=1,2,\cdots,LN
\end{aligned}$$

$$\begin{aligned}&\left\|\boldsymbol{\Lambda}_s^{\mathrm{H}}\boldsymbol{x}\right\|_2^2\leqslant\eta,\quad s=1,2,\cdots,S\\&\left\|\boldsymbol{\Lambda}_m^{\mathrm{H}}\boldsymbol{x}\right\|_2^2\geqslant\varepsilon,\quad m=1,2,\cdots,M\end{aligned}\tag{3.5}$$

然后，引入对数函数分离式 (3.5) 的分式目标函数中的 ε 和 η，得到式 (3.6) 所示的形式：

$$\min_{\boldsymbol{x},\varepsilon,\eta}-\lg\left(\frac{\varepsilon}{\eta}\right)\Rightarrow\min_{\boldsymbol{x},\varepsilon,\eta}(\lg\eta-\lg\varepsilon)\tag{3.6}$$

显然,通过上述等价变换,复杂的分式目标函数被简化为 $\lg\eta-\lg\varepsilon$。但是,变量 $\boldsymbol{x}$ 受限于复杂的恒模约束 $|x(\bar{n})|=1$ 和二次不等式约束 $\left\|\boldsymbol{\Lambda}_s^{\mathrm{H}}\boldsymbol{x}\right\|_2^2\leqslant\eta$、$\left\|\boldsymbol{\Lambda}_m^{\mathrm{H}}x\right\|_2^2\geqslant\varepsilon$。为了处理这两类约束并简化优化问题，引入辅助变量 $\boldsymbol{y}_s$ 和 $\boldsymbol{z}_m$ 以及等式约束 $\boldsymbol{y}_s=\boldsymbol{\Lambda}_s^{\mathrm{H}}\boldsymbol{x}$ 和 $\boldsymbol{z}_m=\boldsymbol{\Lambda}_m^{\mathrm{H}}\boldsymbol{x}$，其中 $s=1,2,\cdots,S$，$m=1,2,\cdots,M$，将优化问题式 (3.5) 等价地写为式 (3.7)：

$$\begin{aligned}&\min_{\boldsymbol{x},\varepsilon,\eta,\{\boldsymbol{y}_s\},\{\boldsymbol{z}_m\}}-\lg\left(\frac{\varepsilon}{\eta}\right)\\&\text{s.t.}\quad |x(\bar{n})|=1,\bar{n}=1,2,\cdots,LN\\&\qquad\ \boldsymbol{y}_s=\boldsymbol{\Lambda}_s^{\mathrm{H}}\boldsymbol{x},\|\boldsymbol{y}_s\|_2^2\leqslant\eta,\ s=1,2,\cdots,S\\&\qquad\ \boldsymbol{z}_m=\boldsymbol{\Lambda}_m^{\mathrm{H}}\boldsymbol{x},\|\boldsymbol{z}_m\|_2^2\geqslant\varepsilon,\ m=1,2,\cdots,M\end{aligned}\tag{3.7}$$

显然，问题式 (3.5) 中变量 $\boldsymbol{x}$ 只与线性等式约束和恒模约束相关，而辅助变量 $\boldsymbol{y}_s$ 和 $\boldsymbol{z}_m$ 只受限于不等式约束 $\|\boldsymbol{y}_s\|_2^2\leqslant\eta$ 和 $\|\boldsymbol{z}_m\|_2^2\geqslant\varepsilon$, 其中 $s=1,2,\cdots,S$, $m=1,2,\cdots,M$。可以看到，通过等价变换后不等式约束 $\|\boldsymbol{y}_s\|_2^2\leqslant\eta$ 和 $\|\boldsymbol{z}_m\|_2^2\geqslant\varepsilon$ 只在确定 $\boldsymbol{y}_s(s=1,2,\cdots,S)$ 和 $\boldsymbol{z}_m(m=1,2,\cdots,M)$ 起作用，而恒模约束 $|x(\bar{n})|=1,\bar{n}=1,2,\cdots,LN$ 只在确定 $\boldsymbol{x}$ 时起作用。下面基于 ADMM 框架建立式 (3.7) 对应的增广拉格朗日函数 [28]：

$$\begin{aligned}&\mathcal{L}_\rho\left(\boldsymbol{x},\boldsymbol{y}_s,\eta,\boldsymbol{z}_m,\varepsilon,\boldsymbol{\lambda}_s,\boldsymbol{\nu}_m\right)\\&=\lg\left(\frac{\eta}{\varepsilon}\right)+\frac{\rho}{2}\sum_{s=1}^{S}\left(\left\|\boldsymbol{y}_s-\boldsymbol{\Lambda}_s^{\mathrm{H}}\boldsymbol{x}+\boldsymbol{\lambda}_s\right\|_2^2-\|\boldsymbol{\lambda}_s\|_2^2\right)\\&\quad+\frac{\rho}{2}\sum_{m=1}^{M}\left(\left\|\boldsymbol{z}_m-\boldsymbol{\Lambda}_m^{\mathrm{H}}\boldsymbol{x}+\boldsymbol{\nu}_m\right\|_2^2-\|\boldsymbol{\nu}_m\|_2^2\right)\end{aligned}\tag{3.8}$$

式中,$\rho>0$,为步长因子;$\boldsymbol{\lambda}_s\in\mathbb{C}^{N\times1}$;$\boldsymbol{\nu}_m\in\mathbb{C}^{N\times1}$;$s=1,2,\cdots,S$,$m=1,2,\cdots,M$ 为 (比例缩放后的) 对偶变量 [28]。根据 ADMM，通过式 (3.9)~ 式 (3.13) 中的更

新规则来确定式 (3.8) 中的变量 $\{\boldsymbol{x},\boldsymbol{y}_s,\eta,\boldsymbol{z}_m,\varepsilon,\boldsymbol{\lambda}_s,\boldsymbol{\nu}_m\}$ 的解：

$$\begin{aligned}&\boldsymbol{x}^{t+1}:=\arg\min_{\boldsymbol{x}}\mathcal{L}_\rho\left(\boldsymbol{x},\boldsymbol{y}_s^t,\eta^t,\boldsymbol{z}_m^t,\varepsilon^t,\boldsymbol{\lambda}_s^t,\boldsymbol{\nu}_m^t\right)\\&\text{s.t. }|x(\bar{n})|=1,\bar{n}=1,2,\cdots,LN\end{aligned}\tag{3.9}$$

$$\begin{aligned}&\left\{\boldsymbol{y}_s^{t+1},\eta^{t+1}\right\}:=\arg\min_{\{\boldsymbol{y}_s\},\eta}\mathcal{L}_\rho\left(\boldsymbol{x}^{t+1},\boldsymbol{y}_s,\eta,\boldsymbol{z}_m^t,\varepsilon^t,\lambda_s^t,\boldsymbol{\nu}_m^t\right)\\&\text{s.t. }\|\boldsymbol{y}_s\|_2^2\leqslant\eta,s=1,2,\cdots,S\end{aligned}\tag{3.10}$$

$$\begin{aligned}&\left\{\boldsymbol{z}_m^{t+1},\varepsilon^{t+1}\right\}:=\arg\min_{\{\boldsymbol{z}_m\},\varepsilon}\mathcal{L}_\rho\left(\boldsymbol{x}^{t+1},\boldsymbol{y}_s^t,\eta^t,\boldsymbol{z}_m,\varepsilon,\boldsymbol{\lambda}_s^t,\boldsymbol{\nu}_m^t\right)\\&\text{s.t. }\|\boldsymbol{z}_m\|_2^2\geqslant\varepsilon,m=1,2,\cdots,M\end{aligned}\tag{3.11}$$

$$\boldsymbol{\lambda}_s^{t+1}:=\boldsymbol{\lambda}_s^t+\boldsymbol{y}_s^{t+1}-\boldsymbol{\Lambda}_s^{\mathrm{H}}\boldsymbol{x}^{t+1},s=1,2,\cdots,S\tag{3.12}$$

$$\boldsymbol{\nu}_m^{t+1}:=\boldsymbol{\nu}_m^t+\boldsymbol{z}_m^{t+1}-\boldsymbol{A}_m^{\mathrm{H}}\boldsymbol{x}^{t+1},m=1,2,\cdots,M\tag{3.13}$$

式中，t 表示迭代次数。

显然，通过如式 (3.9)~ 式 (3.13) 的等价变换和 ADMM 优化框架，式 (3.2) 中复杂的优化问题被分裂为多个简单的子问题。其中，第一步 $\boldsymbol{x}$ 的更新子问题如式 (3.9)，只受限于恒模约束，而 $\boldsymbol{y}_s$、η 的更新子问题如式 (3.10)，$\boldsymbol{z}_m$、ε 的更新子问题如式 (3.11)，只受限于不等式约束。最后两步如式 (3.12) 和式 (3.13) 是对偶变量 $\boldsymbol{\lambda}_s$、$\boldsymbol{\nu}_m$ 的更新规则 (详见文献 [28])。另外，对于每个 s 和 m，$\boldsymbol{y}_s$ 和 $\boldsymbol{z}_m$ 可独立进行更新，而 $\boldsymbol{\lambda}_s$、$\boldsymbol{\nu}_m$ 的更新可以根据式 (3.12) 和式 (3.13) 并行计算。

1. 式 (3.9) 中求解子问题

当 $\left\{\boldsymbol{y}_s^t,\eta^t,\boldsymbol{z}_m^t,\varepsilon^t,\boldsymbol{\lambda}_s^t,\boldsymbol{\nu}_m^t\right\}$ 给定时，忽略式 (3.9) 中的常数项，该优化问题可写为式 (3.14) 所示的形式：

$$\begin{aligned}&\min_{\boldsymbol{x}}\sum_{s=1}^{S}\left\|\boldsymbol{u}_s^t-\boldsymbol{\Lambda}_s^{\mathrm{H}}\boldsymbol{x}\right\|_2^2+\sum_{m=1}^{M}\left\|\boldsymbol{h}_m^t-\boldsymbol{A}_m^{\mathrm{H}}\boldsymbol{x}\right\|_2^2\\&\text{s.t. }|x(\bar{n})|=1,\bar{n}=1,2,\cdots,LN\end{aligned}\tag{3.14}$$

式中，$\boldsymbol{u}_s^t=\boldsymbol{y}_s^t+\boldsymbol{\lambda}_s^t,\forall s=1,2,\cdots,S;\boldsymbol{h}_m^t=\boldsymbol{z}_m^t+\boldsymbol{\nu}_m^t,\forall m=1,2,\cdots,M$。

定义 $\boldsymbol{A}_{M+s}=\boldsymbol{\Lambda}_s,\boldsymbol{h}_{M+s}^t=\boldsymbol{u}_s^t,\forall s=1,2,\cdots,S$，式 (3.14) 中优化问题可写为式 (3.15) 所示紧凑且简单的形式：

$$\min_{\boldsymbol{x}}\sum_{p=1}^{P}\left\|\boldsymbol{h}_p^t-\boldsymbol{A}_p^{\mathrm{H}}\boldsymbol{x}\right\|_2^2$$

$$\text{s.t. } |x(\bar{n})| = 1,\ \bar{n} = 1, 2, \cdots, LN \tag{3.15}$$

式中，$P = M + S$。

式 (3.15) 是 NP-难的恒模二次规划 (unimodular quadratic program, UQP)[29-30]。与现有基于半正定松弛法 (semi-definite relaxation, SDR) 和迭代最小化法 [30] 不同，为求解上述优化问题，如图 3.2 所示，引入相位辅助变量 $\boldsymbol{\phi} = [\phi(1), \phi(2), \cdots, \phi(LN)]^{\mathrm{T}}$ 来简化优化问题式 (3.15) 中的取模运算符 (即恒模约束 $|x(\bar{n})| = 1$)，如式 (3.16) 所示：

$$\min_{\boldsymbol{x},\boldsymbol{\phi}} \sum_{p=1}^{P} \left\| \boldsymbol{h}_p^t - \boldsymbol{A}_p^{\mathrm{H}} \boldsymbol{x} \right\|_2^2$$

$$\text{s.t. } \boldsymbol{x} = \mathrm{e}^{\mathrm{j}\boldsymbol{\phi}} \tag{3.16}$$

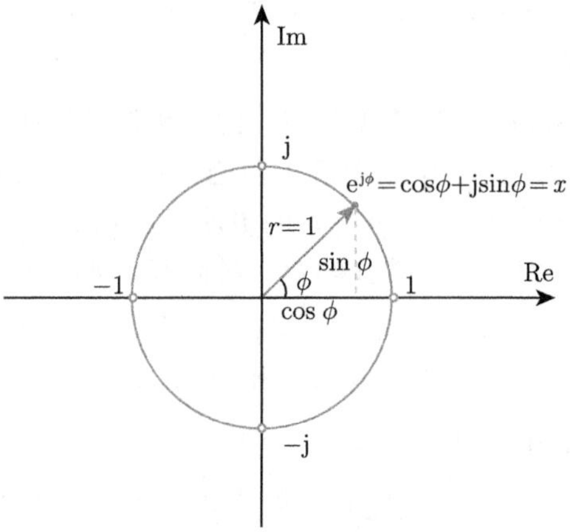

图 3.2 恒模约束

通过上述变换，复杂且非光滑的模约束被替换为光滑的等式约束。根据 ADMM 框架，建立式 (3.17) 所示的增广拉格朗日函数：

$$\mathcal{L}_\alpha(\boldsymbol{\phi}, \boldsymbol{x}, \boldsymbol{\gamma}) = \sum_{p=1}^{P} \left\| \boldsymbol{h}_p^t - \boldsymbol{A}_p^{\mathrm{H}} \boldsymbol{x} \right\|_2^2 + \frac{\alpha}{2} \left(\left\| \boldsymbol{x} - \mathrm{e}^{\mathrm{j}\boldsymbol{\phi}} + \boldsymbol{\gamma} \right\|_2^2 - \|\boldsymbol{\gamma}\|_2^2 \right) \tag{3.17}$$

式中，$\alpha > 0$；$\boldsymbol{\gamma} \in \mathbb{C}^{LN\times 1}$；$\alpha$ 和 $\boldsymbol{\gamma}$ 分别为步长因子和对偶变量。然后，依据 ADMM 框架，通过求解式 (3.18)$\sim$ 式 (3.20) 所示的子问题来获得 (3.16) 的解：

$$\boldsymbol{\phi}^{i+1} = \arg\min_{\boldsymbol{\phi}} \mathcal{L}_\alpha \left(\boldsymbol{\phi}, \boldsymbol{x}^i, \boldsymbol{\gamma}^i \right) \tag{3.18}$$

$$\boldsymbol{x}^{i+1}=\arg\min_{\boldsymbol{x}}\mathcal{L}_{\alpha}\left(\boldsymbol{\phi}^{i+1},\boldsymbol{x},\boldsymbol{\gamma}^{i}\right) \tag{3.19}$$

$$\boldsymbol{\gamma}^{i+1}=\boldsymbol{\gamma}^{i}+\boldsymbol{x}^{i+1}-\mathrm{e}^{\mathrm{j}\boldsymbol{\phi}^{i+1}} \tag{3.20}$$

式中，i 表示迭代次数。

定义 $\boldsymbol{b}^i=\boldsymbol{x}^i+\boldsymbol{\gamma}^i$，并忽略常数项，式 (3.18) 中子问题可写为式 (3.21) 的形式：

$$\min_{\boldsymbol{\phi}}\left\|\boldsymbol{b}^i-\mathrm{e}^{\mathrm{j}\phi}\right\|_2^2 \tag{3.21}$$

那么，式 (3.18) 的解如式 (3.22) 所示：

$$\boldsymbol{\phi}^{i+1}=\angle\boldsymbol{b}^i \tag{3.22}$$

令 $\hat{\boldsymbol{x}}^i=\mathrm{e}^{\mathrm{j}\boldsymbol{\phi}^{i+1}}-\gamma^i$，并忽略式 (3.19) 中的常数项，可得

$$\min_{\boldsymbol{x}}\sum_{p=1}^{P}\left\|\boldsymbol{h}_p^t-\boldsymbol{A}_p^{\mathrm{H}}\boldsymbol{x}\right\|_2^2+\frac{\alpha}{2}\left\|\boldsymbol{x}-\hat{\boldsymbol{x}}^i\right\|_2^2 \tag{3.23}$$

定理 3.1　优化问题式 (3.23) 的解，如式 (3.24) 所示：

$$x^{i+1}=\left(\boldsymbol{I}\otimes\boldsymbol{Z}_{\alpha}^{-1}\right)\boldsymbol{q} \tag{3.24}$$

式中，$\boldsymbol{Z}_{\alpha}=\sum\limits_{p=1}^{P}\boldsymbol{a}\left(\theta_p\right)\boldsymbol{a}^{\mathrm{H}}\left(\theta_p\right)+\dfrac{\alpha}{2}\boldsymbol{I}\in\mathbb{C}^{L\times L}$；$\boldsymbol{q}=\sum\limits_{p=1}^{P}\boldsymbol{A}_p\boldsymbol{h}_p^t+\widehat{\boldsymbol{x}}^i$。

证明　令式 (3.23) 对 $\boldsymbol{x}$ 的一阶导数等于零，可得

$$\boldsymbol{x}=\boldsymbol{B}^{-1}\boldsymbol{q} \tag{3.25}$$

式中，$\boldsymbol{B}=\sum\limits_{p=1}^{P}\boldsymbol{A}_p\boldsymbol{A}_p^{\mathrm{H}}+\dfrac{\alpha}{2}\boldsymbol{I}_{LN}$。

根据 Kronecker 积的特性 $((\boldsymbol{A}\otimes\boldsymbol{Q})(\boldsymbol{C}\otimes\boldsymbol{D})=(\boldsymbol{AC})\otimes(\boldsymbol{QD})\boldsymbol{A}\otimes(\boldsymbol{Q}\pm\boldsymbol{C})=\boldsymbol{A}\otimes\boldsymbol{Q}\pm\boldsymbol{A}\otimes\boldsymbol{C}$，$(\boldsymbol{A}\otimes\boldsymbol{Q})^{-1}=\boldsymbol{A}^{-1}\otimes\boldsymbol{Q}^{-1})$[31]，可得

$$\begin{aligned}\boldsymbol{B}&=\sum_{p=1}^{P}\left(\left(\boldsymbol{I}_N\otimes\boldsymbol{a}\left(\theta_p\right)\right)\left(\boldsymbol{I}_N\otimes\boldsymbol{a}\left(\theta_p\right)\right)^{\mathrm{H}}\right)+\boldsymbol{I}_N\otimes\frac{\alpha}{2}\boldsymbol{I}\\&=\boldsymbol{I}_N\otimes\sum_{p=1}^{P}\left(\boldsymbol{a}\left(\theta_p\right)\boldsymbol{a}^{\mathrm{H}}\left(\theta_p\right)\right)+\boldsymbol{I}_N\otimes\frac{\alpha}{2}\boldsymbol{I}_L\end{aligned}$$

$$
\begin{aligned}
&= \boldsymbol{I}_N \otimes \left(\sum_{p=1}^{P} \left(\boldsymbol{a}\left(\theta_p\right) \boldsymbol{a}^{\mathrm{H}}\left(\theta_p\right) \right) + \frac{\alpha}{2} \boldsymbol{I}_L \right) \\
&= \boldsymbol{I}_N \otimes \boldsymbol{Z}_\alpha
\end{aligned} \tag{3.26}
$$

则可得 $\boldsymbol{B}^{-1} = \boldsymbol{I}_N \otimes \boldsymbol{Z}_\alpha^{-1}$。证毕。

算法 3.1 总结了上述求解步骤。

算法 3.1 子问题式 (3.9) 的解

算法输入: $\{\boldsymbol{u}_p^t\}$, 步长:α, 迭代停止残差: ζ, 最大迭代次数 I.

初始化: $\boldsymbol{\phi}^0$,$\boldsymbol{\gamma}^0$,$i=0$

1: while $\left\| x^i - \mathrm{e}^{\mathrm{j}\phi^i} \right\| > \zeta$ and $i < I$ do

2: 根据式 (3.22) 更新 $\boldsymbol{\phi}$

3: 根据式 (3.24) 更新 $\boldsymbol{x}$

4: 根据式 (3.20) 更新 $\boldsymbol{\gamma}$

5: $i = i + 1$

6: end while

算法输出: 雷达波形向量 $\boldsymbol{x}^{i+1}$.

针对 NP-难的恒模二次优化问题式 (3.15)，本章基于 ADMM 将其分裂成两个非常简单的子问题，即式 (3.18) 和式 (3.19)。从求解步骤式 (3.21)~ 式 (3.24) 可以看到，分裂后的子问题的求解也极为简单，只需简单的取相位操作和无约束的二次优化问题的求解。定理 3.5 将证明上述算法的收敛性能。

2. *求解子问题式* (3.10)

忽略式 (3.10) 中的常数项，可得

$$
\begin{aligned}
&\min_{\{\boldsymbol{y}_s\},\eta} \ \lg\eta + \frac{\rho}{2}\sum_{s=1}^{S} \left\| \boldsymbol{y}_s - \hat{\boldsymbol{y}}_s^t \right\|_2^2 \\
&\text{s.t.} \ \ \left\| \boldsymbol{y}_s \right\|_2^2 \leqslant \eta, s = 1, 2, \cdots, S
\end{aligned} \tag{3.27}
$$

式中，$\hat{\boldsymbol{y}}_s^t = \boldsymbol{\varLambda}_s^{\mathrm{H}} \boldsymbol{x}^{t+1} - \boldsymbol{\lambda}_s^t, s = 1, 2, \cdots, S$。

由于约束 $\left\| \boldsymbol{y}_s \right\|^2 \leqslant \eta$ 的存在，优化问题式 (3.27) 中变量 η 和 $\boldsymbol{y}_s$ 相互耦合。当 η^{t+1} 给定时，变量 $\boldsymbol{y}_s^{t+1}$ 可由式 (3.28) 所述的优化问题确定：

$$
\begin{aligned}
&\min_{\boldsymbol{y}_s} \ \left\| \boldsymbol{y}_s - \hat{\boldsymbol{y}}_s^t \right\|_2^2 \\
&\text{s.t.} \ \left\| \boldsymbol{y}_s \right\|_2^2 \leqslant \eta^{t+1}, s = 1, 2, \cdots, S
\end{aligned} \tag{3.28}
$$

定理 3.2　优化问题式 (3.28) 的解如式 (3.29) 所示：

$$\boldsymbol{y}_s^{t+1} = \begin{cases} \sqrt{\eta^{t+1}} \dfrac{\hat{\boldsymbol{y}}_s^t}{\|\hat{\boldsymbol{y}}_s^s\|_2}, & \|\hat{\boldsymbol{y}}_s^t\|_2 > \sqrt{\eta^{t+1}} \\ \hat{\boldsymbol{y}}_s^t, & \text{其他} \end{cases} \tag{3.29}$$

另外，当 $\vartheta_{\bar{s}}$ 被设置成深度为 ι 的零陷或者凹槽时，$\boldsymbol{y}_{\bar{s}}^{t+1}$ 的最优解如式 (3.30) 所示：

$$\boldsymbol{y}_{\bar{s}}^{t+1} = \begin{cases} \sqrt{\iota} \dfrac{\hat{\boldsymbol{y}}_{\bar{s}}^t}{\|\hat{\boldsymbol{y}}_{\bar{s}}^t\|_2}, & \|\hat{\boldsymbol{y}}_{\bar{s}}^t\|_2 > \sqrt{\iota} \\ \hat{\boldsymbol{y}}_{\bar{s}}^t, & \text{其他} \end{cases} \tag{3.30}$$

证明　展开式 (3.28) 的目标函数，可得

$$\left\|\boldsymbol{y}_s - \hat{\boldsymbol{y}}_s^t\right\|_2^2 = \|\boldsymbol{y}_s\|_2^2 - 2\|\boldsymbol{y}_s\|_2 \left\|\hat{\boldsymbol{y}}_s^t\right\|_2 \mathrm{Re}\left\langle \frac{\boldsymbol{y}_s}{\|\boldsymbol{y}_s\|_2}, \frac{\hat{\boldsymbol{y}}_s^t}{\|\hat{\boldsymbol{y}}_s^t\|_2} \right\rangle + \left\|\hat{\boldsymbol{y}}_s^t\right\|_2^2 \tag{3.31}$$

根据向量内积的特性，可知 $\mathrm{Re}\left\langle \dfrac{\boldsymbol{y}_s}{\|\boldsymbol{y}_s\|_2}, \dfrac{\hat{\boldsymbol{y}}_s^t}{\|\hat{\boldsymbol{y}}_s^t\|_2} \right\rangle$ 最大值在式 (3.32) 处取得

$$\frac{\boldsymbol{y}_s}{\|\boldsymbol{y}_s\|_2} = \frac{\hat{\boldsymbol{y}}_s^t}{\|\hat{\boldsymbol{y}}_s^t\|_2} \tag{3.32}$$

将式 (3.32) 代入式 (3.31)，可得

$$\left\|\boldsymbol{y}_s - \hat{\boldsymbol{y}}_s^t\right\|_2^2 = \|\boldsymbol{y}_s\|_2^2 - 2\|\boldsymbol{y}_s\|_2 \left\|\hat{\boldsymbol{y}}_s^t\right\|_2 + \left\|\hat{\boldsymbol{y}}_s^t\right\|_2^2 \tag{3.33}$$

加上约束条件 $\|\boldsymbol{y}_s\|_2^2 \leqslant \eta^{t+1}$，优化问题式 (3.28) 等价为

$$\begin{aligned} &\min_{\|\boldsymbol{y}_s\|_2} \ \left(\|\boldsymbol{y}_s\|_2 - \left\|\hat{\boldsymbol{y}}_s^t\right\|_2\right)^2 \\ &\text{s.t.} \ \ 0 < \|\boldsymbol{y}_s\|_2 \leqslant \sqrt{\eta^{t+1}} \end{aligned} \tag{3.34}$$

显然，如果 $\left\|\hat{\boldsymbol{y}}_s^t\right\|_2 > \sqrt{\eta^{t+1}}$，则 $\|\boldsymbol{y}_s\|_2 = \sqrt{\eta^{t+1}}$，否则 $\|\boldsymbol{y}_s\|_2 = \left\|\hat{\boldsymbol{y}}_s^t\right\|_2$。结合式 (3.33) 可得解。证毕。

下面结合式 (3.29) 的结论求解优化问题式 (3.27)。将式 (3.29) 代入式 (3.27) 的目标函数中，可得式 (3.35) 所示的优化问题：

$$\min_{\eta} f(\eta) \tag{3.35}$$

式中，$f(\eta)=\lg\eta+\dfrac{\rho}{2}\sum\limits_{s=1}^{S}w_s\left(\sqrt{\eta}-\left\|\hat{\boldsymbol{y}}_s^t\right\|_2\right)^2$。其中，如果 $\left\|\hat{\boldsymbol{y}}_s^t\right\|_2\leqslant\sqrt{\eta}$，那么 $w_s=0$，否则 $w_s=1$。

令 $[\hat{\eta}_0,\hat{\eta}_1,\cdots,\hat{\eta}_K]$ 表示集合 $\left\{\left\|\hat{\boldsymbol{y}}_1^t\right\|_2,\left\|\hat{\boldsymbol{y}}_2^t\right\|_2,\cdots,\left\|\hat{\boldsymbol{y}}_S^t\right\|_2\right\}$ 中元素的升序数列，其中 $K\leqslant S$(去掉重复数据)，式 (3.35) 可表示为式 (3.36) 所示的分段函数优化问题：

$$\min_{\eta}f(\eta)=\min_{\eta}\left\{f_k(\eta)\mid\hat{\eta}_{k-1}\leqslant\sqrt{\eta}\leqslant\hat{\eta}_k,k=1,2,\cdots,K\right\}\tag{3.36}$$

式中，$f_k(\eta)=\lg\eta+\dfrac{\rho}{2}\sum\limits_{n=k}^{K}(\sqrt{\eta}-\hat{\eta}_n)^2$，其定义域 $\eta\in[\hat{\eta}_{k-1},\hat{\eta}_k]$。

注意到 $f_k(\eta)$ 函数的第一项 $\lg\eta$ 是凹函数，而第二项 $\dfrac{\rho}{2}\sum\limits_{n=k}^{K}(\sqrt{\eta}-\hat{\eta}_n)^2$ 是凸函数，因此函数 $f_k(\eta)$ 是非凸函数 [32]。为求解上述非凸问题，通过引入辅助变量 $\mu=\sqrt{\eta}(\mu>0)$ 将第 k 个分段函数 $f_k(\eta)$ 转换成 μ 的函数，如式 (3.37) 所示：

$$f_k(\mu)=2\lg\mu+\frac{\rho}{2}\sum_{n=k}^{K}\mu^2-\rho\sum_{n=k}^{K}\hat{\eta}_n\mu+\frac{\rho}{2}\sum_{n=k}^{K}\hat{\eta}_n^2\tag{3.37}$$

式 (3.37) 函数的一阶和三阶导数分别为式 (3.38) 和式 (3.39)：

$$f_k'(\mu)=2\mu^{-1}+\rho\sum_{n=k}^{K}\mu-\rho\sum_{n=k}^{K}\hat{\eta}_n\tag{3.38}$$

$$f_k'''(\mu)=4\mu^{-3}>0\tag{3.39}$$

由于三阶导数 $f_k'''(\mu)>0$ 和一阶导数 $f_k'(\mu)$ 在区间 $\mu\in[\hat{\eta}_{k-1},\hat{\eta}_k]$ 是凸函数，为了获得 $f_k(\mu)$ 的最小值，可令 $f_k(\mu)$ 等于 0，如式 (3.40) 所示：

$$a\mu^2+b\mu+c=0\tag{3.40}$$

式中，$a=\sum\limits_{n=k}^{K}\rho$；$b=-\rho\sum\limits_{n=k}^{K}\hat{\eta}_n$；$c=2$。式 (3.40) 的两个实根 (分别用 v_1 和 v_2 表示) 分别为

$$v_1=\frac{-b-\sqrt{b^2-4ac}}{2a}\tag{3.41}$$

$$v_2 = \frac{-b+\sqrt{b^2-4ac}}{2a} \tag{3.42}$$

因此，第 k 个分段函数 $f_k(\mu)$ 在区间 $\mu \in [\hat{\eta}_{k-1}, \hat{\eta}_k]$ 上的最小函数值可以由以下几种情况确定。

(1) 如果 $b^2-4ac \leqslant 0$(函数 $f_k(\mu)$ 无实根) 或者 $b^2-4ac>0(v_1 \leqslant v_2 \leqslant \hat{\eta}_{k-1} \leqslant \hat{\eta}_k$ 或 $\hat{\eta}_{k-1} \leqslant \hat{\eta}_k \leqslant v_1 \leqslant v_2)$，函数 $f_k(\mu)$ 在区间 $[\hat{\eta}_{k-1}, \hat{\eta}_k]$ 上为单调增函数，函数 $f_k(\mu)$ 的最小值在 $\mu_k = \hat{\eta}_{k-1}$ 处取得。

(2) 如果 $b^2-4ac>0$ 且 $v_1 \leqslant \hat{\eta}_{k-1} \leqslant v_2 \leqslant \hat{\eta}_k$，函数 $f_k(\mu)$ 在区间 $[\hat{\eta}_{k-1}, \hat{\eta}_k]$ 上为单调递减函数，$f_k(\mu)$ 的最小函数值在 $\mu_k = \hat{\eta}_k$ 处取得。

(3) 如果 $b^2-4ac>0$ 且 $v_1 \leqslant \hat{\eta}_{k-1} \leqslant v_2 \leqslant \hat{\eta}_k$，函数 $f_k(\mu)$ 在区间 $[\hat{\eta}_{k-1}, v_2]$ 上是单调递减函数，而在区间 $[v_2, \hat{\eta}_k]$ 上为单调递增函数，函数 $f_k(\mu)$ 的最小值在 $\mu_k = v_2$ 处取得。

(4) 如果 $b^2-4ac>0$ 且 $\hat{\eta}_{k-1} \leqslant v_1 \leqslant v_2 \leqslant \hat{\eta}_k$，函数 $f_k(\mu)$ 在区间 $[\hat{\eta}_{k-1}, v_1] \cup [v_2, \hat{\eta}_k]$ 上单调递增而在区间 $[v_1, v_2]$ 上单调递减，因此函数的最小值在 $\mu_k = \arg\min\limits_{\mu} \{f_k(\hat{\eta}_{k-1}), f_k(v_2)\}$ 处取得。

(5) 其他情况 (即 $b^2-4ac>0$ 且 $\hat{\eta}_{k-1} \leqslant v_1 \leqslant \hat{\eta}_k \leqslant v_2$)，函数 $f_k(\mu)$ 在区间 $[\hat{\eta}_{k-1}, v_1]$ 上为单调递增函数，而在区间 $[v_1, \hat{\eta}_k]$ 上为单调递减函数，函数的最小值在 $\mu_k = \arg\min\limits_{\mu} \{f_k(\hat{\eta}_{k-1}), f_k(\hat{\eta}_k)\}$ 处取得。

通过将上述情况获得的最优的 μ_k 代入式 (3.36) 可得式 (3.35) 潜在的局部最小值 (用 $f_k(\mu_k)$ 表示)，然后 η^{t+1} 的最优值即为 K 个分段函数中最小函数值对应的 μ_k，如式 (3.43) 所示：

$$\eta^{t+1} = \left(\arg\min_{\mu_k} \{f_1(\mu_1), f_2(\mu_2), \cdots, f_K(\mu_K)\}\right)^2 \tag{3.43}$$

将式 (3.43) 代入式 (3.29) 中，可求得 $\{\boldsymbol{y}_s^{t+1}\}$。

3. 求解子问题式 (3.11)

忽略式 (3.11) 中的常数项，可得

$$\begin{aligned} \min_{\{\boldsymbol{z}_m\},\varepsilon} \quad & -\lg\varepsilon + \frac{\rho}{2}\sum_{m=1}^{M} \left\|\boldsymbol{z}_m - \hat{\boldsymbol{z}}_m^t\right\|_2^2 \\ \text{s.t.} \quad & \left\|\boldsymbol{z}_m\right\|_2^2 \geqslant \varepsilon, m=1,2,\cdots,M \end{aligned} \tag{3.44}$$

式中，$\hat{\boldsymbol{z}}_m^t = \boldsymbol{A}_m^{\mathrm{H}}\boldsymbol{x}^{t+1} - \boldsymbol{\nu}_m^t, \forall m = 1, 2, \cdots, M$；变量 ε 与变量 $\{\boldsymbol{z}_m\}$ 相互耦合。当 ε^{t+1} 给定时，最优 $\boldsymbol{z}_m^{t+1}$ 由式 (3.45) 确定：

$$\begin{aligned}&\min_{\boldsymbol{z}_m} \ \left\|\boldsymbol{z}_m - \hat{\boldsymbol{z}}_m^t\right\|_2^2 \\ &\text{s.t.} \ \ \|\boldsymbol{z}_m\|_2^2 \geqslant \varepsilon^{t+1}, m = 1, 2, \cdots, M\end{aligned} \tag{3.45}$$

根据定理 3.2，可得优化问题式 (3.45) 的解为

$$\boldsymbol{z}_m^{t+1} = \begin{cases} \hat{\boldsymbol{z}}_m^t, & \left\|\hat{\boldsymbol{z}}_m^t\right\|_2 > \sqrt{\varepsilon^{t+1}} \\ \sqrt{\varepsilon^{t+1}}\dfrac{\hat{\boldsymbol{z}}_m^t}{\left\|\hat{\boldsymbol{z}}_m^t\right\|_2}, & \text{其他} \end{cases} \tag{3.46}$$

将式 (3.46) 代入式 (3.44) 可得如式 (3.47) 的只含变量 ε 的优化问题：

$$\min_{\varepsilon} g(\varepsilon) \tag{3.47}$$

式中，$g(\varepsilon) = -\lg\varepsilon + \dfrac{\rho}{2}\sum_{m=1}^{M}\hat{w}_m\left(\sqrt{\varepsilon} - \left\|\hat{\boldsymbol{z}}_m^t\right\|_2\right)^2$。如果 $\left\|\hat{\boldsymbol{z}}_m^t\right\|_2 \geqslant \sqrt{\varepsilon}$，那么 $\hat{w}_m = 0$，否则 $\hat{w}_m = 1$。

令 $[\epsilon_0, \epsilon_1, \cdots, \epsilon_K]$ 为集合 $\left\{\left\|\hat{\boldsymbol{z}}_1^t\right\|_2, \left\|\hat{\boldsymbol{z}}_2^t\right\|_2, \cdots, \left\|\hat{\boldsymbol{z}}_M^t\right\|_2\right\}$ 中元素的升序数列，其中 $K \leqslant M$(去掉重复元素)，优化问题式 (3.47) 可表述为式 (3.48) 所示的分段函数：

$$g(\varepsilon) = \left\{g_k(\varepsilon) \mid \epsilon_{k-1} \leqslant \sqrt{\varepsilon} \leqslant \epsilon_k, k = 1, 2, \cdots, K\right\} \tag{3.48}$$

式中，$g_k(\varepsilon) = -\lg\varepsilon + \dfrac{\rho}{2}\sum_{n=1}^{k}\left(\sqrt{\varepsilon} - \epsilon_n\right)^2$，其定义域为 $[\epsilon_{k-1}, \epsilon_k]$。由于 $-\lg\varepsilon$ 和 $\dfrac{\rho}{2}\sum_{n=1}^{k}\left(\sqrt{\varepsilon} - \epsilon_n\right)^2$ 均为 ε 的凸函数，优化问题式 (3.48) 为凸函数 [32]。为去掉该优化问题中的根号，引入新变量 $\varsigma = \sqrt{\varepsilon}$，并将第 k 个分段函数 $g_k(\varepsilon)$ 表示为 ς 的函数，如式 (3.49) 所示：

$$g_k(\varsigma) = -2\lg\varsigma + \frac{\rho}{2}\sum_{n=1}^{k}\varsigma^2 - \rho\sum_{n=1}^{k}\epsilon_n\varsigma + \frac{\rho}{2}\sum_{n=1}^{k}\epsilon_n^2 \tag{3.49}$$

令式 (3.49) 的一阶导数等于 0，即 $g_k'(\varsigma) = 0$，可得

$$\bar{a}_k\varsigma^2 + \bar{b}_k\varsigma + \bar{c}_k = 0 \tag{3.50}$$

式中，$\varsigma > 0$；$\bar{a}_k = \rho\sum_{n=1}^{k} 1 > 0$；$\bar{b}_k = -\rho\sum_{n=1}^{k} \grave{o}_n < 0$；$\bar{c}_k = -2$。显然，$-4\bar{a}_k\bar{c}_k > 0$，式 (3.50) 的非负实根为 $\zeta_1 = \dfrac{-\bar{b}_k + \sqrt{\bar{b}_k^2 - 4\bar{a}_k\bar{c}_k}}{2\bar{a}_k}$。

根据 $g_k(\varsigma)$ 的凸性和其一阶导数，可知函数 $g'_k(\varsigma)$ 在区间 $\zeta \in [\grave{o}_{k-1}, \grave{o}_k]$ 上为单调函数。因此，定义在 $\zeta \in [\grave{o}_{k-1}, \grave{o}_k]$ 区间上的第 k 段分段函数的最小值可由下面三个情况确定。

(1) 如果 $g'_k(\epsilon_{k-1}) > 0$，函数 $g_k(\varsigma)$ 的最小值在 $\omega_k = \epsilon_{k-1}$ 处取得。

(2) 如果 $g'_k(\grave{o}_k) < 0$，函数 $g_k(\varsigma)$ 的最小值在 $\omega_k = \grave{o}_k$ 处取得。

(3) 如果 $g'_k(\grave{o}_{k-1}) < 0$ 且 $g'_k(\grave{o}_k) > 0$, 函数 $g_k(\varsigma)$ 的最小值在 $\omega_k = \varsigma_1$ 处取得。

将 ω_k 代入式 (3.48)，可获得 k 个分段函数的潜在最小值 (表示为 $g_k(\omega_k)$)。通过从 K 个分段函数值的局部最小值中选择选出使得目标函数全局最小的变量值赋给 ε^{t+1}，可得优化问题式 (3.48) 的全局最优解，如式 (3.51) 所示：

$$\varepsilon^{t+1} = \left(\arg\min_{\omega_k}\left\{g_1(\omega_1), g_2(\omega_2), \cdots, g_K(\omega_K)\right\}\right)^2 \tag{3.51}$$

最后，将式 (3.51) 代入式 (3.46) 可求得 $\left\{\boldsymbol{z}_m^{t+1}\right\}$。

算法 3.2 总结了上述 MTPD 算法。

算法 3.2　MTPD 算法

算法输入: 算法步长 ρ，最大迭代次数 T_0，迭代停止残差 $\bar{\iota}$，波束主瓣范围 Θ 和旁瓣范围 Ω.

初始化: $\left\{\boldsymbol{y}_s^0\right\}, \left\{\boldsymbol{z}_m^0\right\}, \left\{\boldsymbol{\lambda}_s^0\right\}, \left\{\boldsymbol{\nu}_m^0\right\}, t = 0$

1: while $\left|\varepsilon^{t+1} - \varepsilon^t\right| > \bar{\iota}$ and $t < T_0$ do

2: 通过算法 1 获得 x^{t+1}

3: 根据式 (3.43)、式 (3.29) 或式 (3.30) 分别确定 η^{t+1} 和 y_s^{t+1}

根据式 (3.51) 和式 (3.46) 分别确定 ε^{t+1} 和 $\left\{z_m^{t+1}\right\}$

4: 根据式 (3.12) 和式 (3.13) 更新 $\left\{\lambda_s^{t+1}\right\}$ 和 $\left\{\nu_m^{t+1}\right\}$

5: $i = i + 1$

6: end while

算法输出: 雷达波形向量 $\boldsymbol{x}$.

3.3.2　MRC 算法推导

优化问题式 (3.4) 的目标函数中 max 运算符是非光滑的，因此引入边界型变量 η 来简化该优化问题的目标函数，并将其写为如式 (3.52) 的等价优化问题：

$$\min_{\xi, \boldsymbol{x}, \eta} \eta$$

$$
\begin{aligned}
\text{s.t. } & |x(\bar{n})| = \xi, \quad \bar{n} = 1,2,\cdots,LN \\
& \left\|\boldsymbol{\Lambda}_s^{\mathrm{H}}\boldsymbol{x}\right\|_2^2 \leqslant \eta, s = 1,2,\cdots,S \\
& d - \varepsilon_r \leqslant \left\|\boldsymbol{A}_m^{\mathrm{H}}\boldsymbol{x}\right\|_2^2 \leqslant d + \varepsilon_r, m = 1,2,\cdots,M
\end{aligned} \tag{3.52}
$$

式中，$\boldsymbol{x}$ 受限于不等式约束 $\left\|\boldsymbol{\Lambda}_s^{\mathrm{H}}\boldsymbol{x}\right\|_2^2 \leqslant \eta$、双边二次约束 $d-\varepsilon_r \leqslant \left\|\boldsymbol{A}_m^{\mathrm{H}}\boldsymbol{x}\right\|_2^2 \leqslant d+\varepsilon_r$ 和恒模约束 $|x(\bar{n})| = \xi$。

为此，引入辅助变量 $\{\boldsymbol{g}_s\}$ 和 $\{\boldsymbol{w}_m\}$，将优化问题式 (3.52) 转换为式 (3.53) 所示的等价形式：

$$
\begin{aligned}
\min_{\xi,\boldsymbol{x},\{\boldsymbol{g}_s\},\eta,\{\boldsymbol{w}_m\}} \quad & \eta \\
\text{s.t.} \quad & \boldsymbol{g}_s = \boldsymbol{\Lambda}_s^{\mathrm{H}}\boldsymbol{x}, \|\boldsymbol{g}_s\|_2^2 \leqslant \eta, s = 1,2,\cdots,S \\
& \boldsymbol{w}_m = \boldsymbol{A}_m^{\mathrm{H}}\boldsymbol{x}, d - \varepsilon_r \leqslant \|\boldsymbol{w}_m\|_2^2 \leqslant d + \varepsilon_r, m = 1,2,\cdots,M \\
& |x(\bar{n})| = \xi, \bar{n} = 1,2,\cdots,LN
\end{aligned} \tag{3.53}
$$

可以看到，转换后的优化问题中不等式约束只在确定 $\{\boldsymbol{g}_s\}$ 和 $\{\boldsymbol{w}_m\}$ 时起作用，而恒模约束和等式约束只在确定 $\boldsymbol{x}$ 时起作用。与 MTPD 算法相似，首先构建优化问题式 (3.53) 的增广拉格朗日函数，如式 (3.54) 所示：

$$
\begin{aligned}
\mathcal{L}_\beta\left(\xi, \boldsymbol{x}, \boldsymbol{g}_s, \eta, \boldsymbol{w}_m, \boldsymbol{\lambda}_s, \boldsymbol{\nu}_m\right) = & \eta + \frac{\beta}{2}\sum_{s=1}^{S}\left(\left\|\boldsymbol{g}_s - \boldsymbol{\Lambda}_s^{\mathrm{H}}\boldsymbol{x} + \boldsymbol{\lambda}_s\right\|_2^2 - \|\boldsymbol{\lambda}_s\|_2^2\right) \\
& + \frac{\beta}{2}\sum_{m=1}^{M}\left(\left\|\boldsymbol{w}_m - A_m^{\mathrm{H}}\boldsymbol{x} + \boldsymbol{\nu}_m\right\|_2^2 - \|\boldsymbol{\nu}_m\|_2^2\right)
\end{aligned} \tag{3.54}
$$

式中，$\boldsymbol{\lambda}_s \in \mathbb{C}^{N\times 1}, \forall s = 1,2,\cdots,S$ 和 $\boldsymbol{\nu}_m \in \mathbb{C}^{N\times 1}, \forall m = 1,2,\cdots,M$ 为对偶变量；$\beta > 0$，为步长因子。

根据 ADMM 框架，用式 (3.55)~ 式 (3.59) 的步骤来确定变量 $\{\xi, \boldsymbol{x}, \boldsymbol{g}_s, \eta, \boldsymbol{w}_m, \boldsymbol{\lambda}_s, \boldsymbol{\nu}_m\}$。

$$
\begin{aligned}
& \left\{\boldsymbol{x}^{t+1}, \xi^{t+1}\right\} := \arg\min_{\boldsymbol{x},\xi} \mathcal{L}_\beta\left(\xi, \boldsymbol{x}, \boldsymbol{g}_s^t, \eta^t, \boldsymbol{w}_m^t, \boldsymbol{\lambda}_s^t, \boldsymbol{\nu}_m^t\right) \\
& \text{s.t. } |x(\bar{n})| = \xi, \bar{n} = 1,2,\cdots,LN
\end{aligned} \tag{3.55}
$$

$$
\left\{\boldsymbol{g}_s^{t+1}, \eta^{t+1}\right\} := \arg\min_{\{\boldsymbol{g}_s\},\eta} \mathcal{L}_\beta\left(\xi^{t+1}, \boldsymbol{x}^{t+1}, \boldsymbol{g}_s, \eta, \boldsymbol{w}_m^t, \boldsymbol{\lambda}_s^t, \boldsymbol{\nu}_m^t\right)
$$

$$\text{s.t. } \|\boldsymbol{g}_s\|_2^2 \leqslant \eta, s=1,2,\cdots,S \tag{3.56}$$

$$\boldsymbol{w}_m^{t+1} := \arg\min_{\{\boldsymbol{w}_m\}} \mathcal{L}_\beta\left(\xi^{t+1}, \boldsymbol{x}^{t+1}, \boldsymbol{g}_s^t, \eta^t, \boldsymbol{w}_m, \boldsymbol{\lambda}_s^t, \boldsymbol{\nu}_m^t\right)$$

$$\text{s.t. } d-\varepsilon_r \leqslant \|\boldsymbol{w}_m\|_2^2 \leqslant d+\varepsilon_r, m=1,2,\cdots,M \tag{3.57}$$

$$\boldsymbol{\lambda}_s^{t+1} := \boldsymbol{\lambda}_s^t + \boldsymbol{g}_s^{t+1} - \boldsymbol{\Lambda}_s^{\mathrm{H}}\boldsymbol{x}^{t+1}, s=1,2,\cdots,S \tag{3.58}$$

$$\boldsymbol{\nu}_m^{t+1} := \boldsymbol{\nu}_m^t + \boldsymbol{w}_m^{t+1} - A_m^{\mathrm{H}}\boldsymbol{x}^{t+1}, m=1,2,\cdots,M \tag{3.59}$$

式 (3.55)~ 式 (3.59) 循环迭代至达到停止条件，返回优化问题式 (3.53) 的最优解。从上述步骤可以看出，ADMM 将复杂的优化问题式 (3.4) 分裂成独立的子问题式 (3.55)~ 式 (3.57)，其中式 (3.55)、式 (3.56) 和式 (3.57) 分别受限于恒模约束，二次不等式约束和双边约束。另外，对于每个 s 和 m，变量 $\{\boldsymbol{g}_s\}$ 和 $\{\boldsymbol{w}_m\}$ 的更新步骤可并行进行计算。

下面详细推导式 (3.55)~ 式 (3.59)。

1. 求解子问题式 (3.55)

定义 $\boldsymbol{A}_{M+s}=\boldsymbol{\Lambda}_s$，$\boldsymbol{w}_{M+s}^t=\boldsymbol{g}_s^t$，$\boldsymbol{\nu}_{M+s}^t=\boldsymbol{\lambda}_s^t$，$\forall s=1,2,\cdots,S$，$\boldsymbol{u}_p^t=\boldsymbol{w}_p^t+\boldsymbol{\nu}_p^t$，$\forall p=1,2,\cdots,P$，$P=M+S$。舍去式 (3.55) 中的常数项可得

$$\min_{\xi,\boldsymbol{x}} \sum_{p=1}^{P}\left\|\boldsymbol{u}_p^t - \boldsymbol{A}_p^{\mathrm{H}}\boldsymbol{x}\right\|_2^2$$

$$\text{s.t. } |x(\bar{n})|=\xi, \bar{n}=1,2,\cdots,LN \tag{3.60}$$

优化问题式 (3.60) 与优化问题式 (3.15) 具有相同的形式，类似于优化问题式 (3.15) 的求解，引入相位辅助变量 $\phi=[\phi(1),\phi(2),\cdots,\phi(LN)]^{\mathrm{T}}$ 将恒模约束 $|x(\bar{n})|=\xi$, $\bar{n}=1,2,\cdots,LN$ 写为 $\boldsymbol{x}=\xi\mathrm{e}^{\mathrm{j}\boldsymbol{\phi}}$ 的形式。于是，优化问题式 (3.60) 可等价地表述为如式 (3.61) 无须求模运算的优化问题：

$$\min_{\xi,\boldsymbol{\phi},\boldsymbol{x}} \sum_{p=1}^{P}\left\|\boldsymbol{u}_p^t - \boldsymbol{A}_p^{\mathrm{H}}\boldsymbol{x}\right\|_2^2$$

$$\text{s.t. } \boldsymbol{x}=\xi\mathrm{e}^{\mathrm{j}\boldsymbol{\phi}} \tag{3.61}$$

优化问题式 (3.61) 对应的增广的拉格朗日函数如式 (3.62) 所示：

$$\mathcal{L}_\varphi(\xi,\boldsymbol{\phi},\boldsymbol{x},\boldsymbol{\kappa}) = \sum_{p=1}^{P}\left\|\boldsymbol{u}_p^t - \boldsymbol{A}_p^{\mathrm{H}}\boldsymbol{x}\right\|_2^2 + \frac{\varphi}{2}\left(\left\|\boldsymbol{x}-\xi\mathrm{e}^{\mathrm{j}\boldsymbol{\phi}}+\boldsymbol{\kappa}\right\|_2^2 - \|\boldsymbol{\kappa}\|_2^2\right) \tag{3.62}$$

式中，$\boldsymbol{\kappa} \in \mathbb{C}^{LN\times 1}$，为对偶变量；$\varphi > 0$，为步长因子。

根据 ADMM，通过式 (3.63)∼ 式 (3.65) 获得优化问题式 (3.60) 的解：

$$\left\{\boldsymbol{\phi}^{i+1}, \xi^{i+1}\right\} = \arg\min_{\phi,\xi} \mathcal{L}_{\varphi}\left(\boldsymbol{\phi}, \xi, \boldsymbol{x}^{i}, \boldsymbol{\kappa}^{i}\right) \tag{3.63}$$

$$\boldsymbol{x}^{i+1} := \arg\min_{\boldsymbol{x}} \mathcal{L}_{\varphi}\left(\boldsymbol{\phi}^{i+1}, \xi^{i+1}, \boldsymbol{x}, \boldsymbol{\kappa}^{i}\right) \tag{3.64}$$

$$\boldsymbol{\kappa}^{i+1} := \boldsymbol{\kappa}^{i} + \boldsymbol{x}^{i+1} - \xi^{i+1}\mathrm{e}^{\mathrm{j}\boldsymbol{\phi}^{i+1}} \tag{3.65}$$

定义 $\boldsymbol{b}^{i} = \boldsymbol{x}^{i} + \boldsymbol{\kappa}^{i}$，并忽略式 (3.63) 中的常数项可得

$$\min_{\boldsymbol{\phi},\xi} \left\|\boldsymbol{b}^{i} - \xi\mathrm{e}^{\mathrm{j}\boldsymbol{\phi}}\right\|_2^2 \tag{3.66}$$

显然，式 (3.66) 中 $\boldsymbol{\phi}$ 独立于 ξ，且其最优值由 b^i 的相位唯一确定，如式 (3.67) 所示：

$$\boldsymbol{\phi}^{i+1} = \angle\boldsymbol{b}^{i} \tag{3.67}$$

将式 (3.67) 代入式 (3.66) 可得式 (3.68) 所示的只与变量 ξ 有关的优化问题：

$$\min_{\xi} \left\|\boldsymbol{b}^{i} - \xi\mathrm{e}^{\mathrm{j}\boldsymbol{\phi}^{i+1}}\right\|_2^2 = \min_{\xi} \breve{a}\xi^2 + \breve{b}\xi + \breve{c} \tag{3.68}$$

式中，$\breve{a} = LN > 0$；$\breve{b} = -2\sum_{l=1}^{LN}\left|b^{i}(l)\right| < 0$；$\breve{c} = \left\|\boldsymbol{b}^{i}\right\|_2^2$。无约束优化问题式 (3.68) 是 ξ 的二次函数，因此易得式 (3.68) 的最优解如式 (3.69) 所示：

$$\xi^{i+1} = -\frac{\breve{b}}{2\breve{a}} \tag{3.69}$$

定义 $\hat{\boldsymbol{x}}^{i} = \xi^{i+1}\mathrm{e}^{\mathrm{j}\boldsymbol{\phi}^{i+1}} - \boldsymbol{\kappa}^{i}$，优化问题式 (3.64) 可写为式 (3.70)：

$$\min_{\boldsymbol{x}} \sum_{p=1}^{P}\left\|\boldsymbol{u}_p^t - \boldsymbol{A}_p^{\mathrm{H}}\boldsymbol{x}\right\|_2^2 + \frac{\varphi}{2}\left\|\boldsymbol{x} - \hat{\boldsymbol{x}}^{i}\right\|_2^2 \tag{3.70}$$

根据定理 3.1，优化问题式 (3.70) 的解为

$$\boldsymbol{x}^{i+1} = \left(\boldsymbol{I}_N \otimes \boldsymbol{Z}_{\varphi}^{-1}\right)\boldsymbol{s} \tag{3.71}$$

式中，$\boldsymbol{Z}_{\varphi} = \sum_{p=1}^{P}\boldsymbol{a}\left(\theta_p\right)\boldsymbol{a}^{\mathrm{H}}\left(\theta_p\right) + \frac{\varphi}{2}\boldsymbol{I}_L \in \mathbb{C}^{L\times L}$；$\boldsymbol{s} = \sum_{p=1}^{P}\boldsymbol{A}_p\boldsymbol{u}_p^t + \hat{\boldsymbol{x}}^{i}$。

算法 3.3 总结了求解子问题式 (3.55) 的步骤。

算法 3.3　求解式 (3.55)

算法输入: $\left\{\boldsymbol{u}_p^t\right\}$，步长 φ，迭代残差 ζ，最大迭代次数 I.

初始化: $\boldsymbol{\phi}^0, \boldsymbol{\kappa}^0, i=0$

1: while $\left\|x^i-\xi^i \mathrm{e}^{\mathrm{j}\boldsymbol{\phi}^i}\right\|>\zeta$and $i<I$ do

2: 根据式 (3.67) 和式 (3.69) 分别更新获得 $\boldsymbol{\phi}^{i+1}$ 和 ξ^{i+1}

3: 根据式 (3.71) 更新 $\boldsymbol{x}^{i+1}$

4: 根据式 (3.65) 更新 $\boldsymbol{\kappa}^{i+1}$

5: $i=i+1$

6: end while

算法输出: 雷达波形向量 $\boldsymbol{x}^{i+1}$.

2. 求解子问题式 (3.56)

定义 $\hat{\boldsymbol{g}}_s^t=\boldsymbol{\Lambda}_s^{\mathrm{H}} \boldsymbol{x}^{t+1}-\boldsymbol{\lambda}_s^t, \forall s=1,2, \cdots, S$，并忽略式 (3.56) 中的常数项，可得

$$
\begin{aligned}
& \min _{\{\boldsymbol{g}_s\}, \eta} \eta+\frac{\beta}{2} \sum_{s=1}^S\left\|\boldsymbol{g}_s-\hat{\boldsymbol{g}}_s^t\right\|_2^2 \\
& \text { s.t. }\ \left\|\boldsymbol{g}_s\right\|_2^2 \leqslant \eta, s=1,2, \cdots, S
\end{aligned} \tag{3.72}
$$

式中，变量 η 和变量 $\boldsymbol{g}_s$ 相互耦合。然而，当 η^{t+1} 给定时，优化问题式 (3.72) 等价为

$$
\begin{aligned}
& \min _{\boldsymbol{g}_s}\ \left\|\boldsymbol{g}_s-\hat{\boldsymbol{g}}_s^t\right\|_2^2 \\
& \text { s.t. }\ \left\|\boldsymbol{g}_s\right\|_2^2 \leqslant \eta^{t+1}, s=1,2, \cdots, S
\end{aligned} \tag{3.73}
$$

根据定理 3.2，$\boldsymbol{g}_s^{t+1}$ 的最优值为

$$
\boldsymbol{g}_s^{t+1}=\begin{cases}\sqrt{\eta^{t+1}} \dfrac{\hat{\boldsymbol{g}}_s^t}{\left\|\hat{\boldsymbol{g}}_s^t\right\|_2}, & \left\|\hat{\boldsymbol{g}}_s^t\right\|_2>\sqrt{\eta^{t+1}} \\ \hat{\boldsymbol{g}}_s^t, & \text{其他}\end{cases} \tag{3.74}
$$

另外，当 ϑ_s 被设置成深度为 ι 的零陷或者凹槽时，$\boldsymbol{g}_s^{t+1}$ 的最优解为

$$
\boldsymbol{g}_s^{t+1}=\begin{cases}\sqrt{\iota} \dfrac{\hat{\boldsymbol{g}}_s^t}{\left\|\hat{\boldsymbol{g}}_s^t\right\|_2}, & \left\|\hat{\boldsymbol{g}}_s^t\right\|_2>\sqrt{\iota} \\ \hat{\boldsymbol{g}}_s^t, & \text{其他}\end{cases} \tag{3.75}
$$

将式 (3.74) 代入式 (3.72) 得式 (3.76) 所示的优化问题：

$$\min_{\eta}\ p(\eta) \tag{3.76}$$

式中，$p(\eta)=\eta+\frac{\beta}{2}\sum_{s=1}^{S}\bar{w}_s\left(\sqrt{\eta}-\left\|\hat{\boldsymbol{g}}_s^t\right\|_2\right)^2$。如果 $\left\|\hat{\boldsymbol{g}}_s^t\right\|_2<\sqrt{\eta}$，$\bar{w}_s=0$，否则 $\bar{w}_s=1$。

令 $[u_0,u_1,\cdots,u_K]$ 表示为集合 $\left\{\left\|\hat{\boldsymbol{g}}_1^t\right\|_2,\left\|\hat{\boldsymbol{g}}_2^t\right\|_2,\cdots,\left\|\hat{\boldsymbol{g}}_S^t\right\|_2\right\}$ 中去除重复元素的升序数列 $(K\leqslant S)$，那么 $p(\eta)$ 可表述为式 (3.77) 所示分段函数的形式：

$$p(\eta)=\{p_k(\eta)\mid u_{k-1}\leqslant\sqrt{\eta}\leqslant u_k,k=1,2,\cdots,K\} \tag{3.77}$$

式中，$p_k(\eta)=\eta+\frac{\beta}{2}\sum_{k}^{K}(\sqrt{\eta}-u_k)^2$，其定义域为 $[u_{k-1},u_k]$。

展开第 k 个分段函可得

$$p_k(\eta)=a_k\eta+b_k\sqrt{\eta}+c_k \tag{3.78}$$

式中，$a_k=1+\frac{\beta}{2}\sum_{l=k}^{K}1$；$b_k=-\beta\sum_{l=k}^{K}u_l$；$c_k=\frac{\beta}{2}\sum_{l=k}^{K}u_l^2$；$\sqrt{\eta}\in[u_{k-1},u_k]$。

显然，$p_k(\eta)$ 的稳定点为 $-\frac{b_k}{2a_k}$，第 k 个分段函数 (定义域为 $[u_{k-1},u_k]$) 的最小值点 $\tilde{\eta}_k$ 可以由以下几个情况确定：

(1) 如果 $-\frac{b_k}{2a_k}\leqslant u_{k-1}\leqslant u_k$，最优 $\tilde{\eta}_k=u_{k-1}$；

(2) 如果 $u_{k-1}\leqslant-\frac{b_k}{2a_k}\leqslant u_k$，最优 $\tilde{\eta}_k=-\frac{b_k}{2a_k}$；

(3) 如果 $u_{k-1}\leqslant u_k\leqslant-\frac{b_k}{2a_k}$，最优 $\tilde{\eta}_k=u_k$。

优化问题式 (3.76) 等价为式 (3.79) 所示的优化问题：

$$\begin{aligned}&\min_{\eta}\ \{p_1(\eta),p_2(\eta),\cdots,p_K(\eta)\}\\&\text{s.t.}\ \ u_0\leqslant\sqrt{\eta}\leqslant u_K\end{aligned} \tag{3.79}$$

将 $\tilde{\eta}_k$ 代入式 (3.78)，可得第 k 个分段函数 $p_k\left(\tilde{\eta}_k\right)$ 的最小函数值。根据式 (3.79)，可以用式 (3.80) 的方式确定 η^{t+1}：

$$\eta^{t+1}=\left(\arg\min_{\tilde{\eta}_k}\left\{p_1\left(\tilde{\eta}_1\right),p_2\left(\tilde{\eta}_2\right),\cdots,p_K\left(\tilde{\eta}_K\right)\right\}\right)^2 \tag{3.80}$$

当 η^{t+1} 通过式 (3.80) 确定后，可根据式 (3.75) 确定 $\{\boldsymbol{g}_s^{t+1}\}$。

3. 求解子问题式 (3.57)

令 $\hat{\boldsymbol{w}}_m^t=\boldsymbol{A}_m^{\mathrm{H}}\boldsymbol{x}^{t+1}-\boldsymbol{\nu}_m^t, m=1,2,\cdots,M$，并舍去式 (3.57) 中的常数项，可得

$$
\begin{aligned}
&\min_{\boldsymbol{w}_m}\left\|\boldsymbol{w}_m-\hat{\boldsymbol{w}}_m^t\right\|_2^2\\
&\text{s.t. } d-\varepsilon_r\leqslant\|\boldsymbol{w}_m\|_2^2\leqslant d+\varepsilon_r, m=1,2,\cdots,M
\end{aligned}
\tag{3.81}
$$

根据定理 3.2，可得最优 $\boldsymbol{w}_m^{t+1}$，如式 (3.82) 所示：

$$
\boldsymbol{w}_m^{t+1}=\begin{cases}
\sqrt{d+\varepsilon_r}\dfrac{\hat{\boldsymbol{w}}_m^t}{\left\|\hat{\boldsymbol{w}}_m^t\right\|_2}, & \left\|\hat{\boldsymbol{w}}_m^t\right\|_2>\sqrt{d+\varepsilon_r}\\
\sqrt{d-\varepsilon_r}\dfrac{\hat{\boldsymbol{w}}_m^t}{\left\|\hat{\boldsymbol{w}}_m^t\right\|_2}, & \left\|\hat{\boldsymbol{w}}_m^t\right\|_2<\sqrt{d-\varepsilon_r}\\
\hat{\boldsymbol{w}}_m^t, & \text{其他}
\end{cases}
\tag{3.82}
$$

算法 3.4 总结了上述 MRC 算法。

算法 3.4　MRC 算法

算法输入：步长因子 β，迭代停止条件 $\bar{\iota}$ 和最大迭代次数 T_0，主瓣参考点 d，主瓣波纹 ε_r，主瓣区域 Θ，旁瓣区域 Ω.

初始化：$\{\boldsymbol{y}_s^0\},\{\boldsymbol{z}_m^0\},\{\boldsymbol{\lambda}_s^0\},\{\boldsymbol{\nu}_s^0\},t=0$

1: while $\left|\eta^{t+1}-\eta^t\right|>\bar{\iota}$ and $t<T_0$ do

2: 通过算法 3.3 获得 $\boldsymbol{x}^{t+1}$

3: 根据式 (3.75)、式 (3.74) 或式 (3.80) 分别确定 $\{\boldsymbol{g}_s^{t+1}\}$ 和 η^{t+1}；根据式 (3.82) 确定 $\{\boldsymbol{w}_m^{t+1}\}$

4: 根据式 (3.58) 和式 (3.59) 更新 $\{\boldsymbol{\lambda}_s^{t+1}\}$ 和 $\{\boldsymbol{\nu}_m^{t+1}\}$

5: $t=t+1$

6: end while

算法输出：雷达波形向量 $\boldsymbol{x}$.

3.3.3　算法收敛性分析

一般来说，如果优化问题是凸函数，ADMM 可以保证全局收敛 [28]；当优化问题非凸函数时，相应收敛性的理论证明仍是一个有待研究的课题 [33-35]。虽然下列定理 3.3 和定理 3.4 表明，所提算法生成的序列在一些温和的条件下收敛，但它们仍然对提出的算法的可靠性提供了一些保证 [35]。

定理 3.3[34]　令 $\left\{\boldsymbol{x}^t, \boldsymbol{y}_s^t, \eta^t, \boldsymbol{z}_m^t, \boldsymbol{\lambda}_s^t, \boldsymbol{\nu}_m^t, \varepsilon^t\right\}$ 为 MTPD 算法，即步骤式 (3.9)～式 (3.13)，在 $\rho > 0$ 的情况下所产生的点集。假设 $\lim\limits_{t\to\infty}\left(\boldsymbol{\nu}_m^{t+1} - \boldsymbol{\nu}_m^t\right) = \boldsymbol{0}$，$\lim\limits_{t\to\infty}\left(\boldsymbol{\lambda}_s^{t+1} - \boldsymbol{\lambda}_s^t\right) = \boldsymbol{0}$，那么存在极限点 $\{\boldsymbol{x}^\star, \boldsymbol{y}_s^\star, \eta^\star, \boldsymbol{z}_m^\star, \boldsymbol{\lambda}_s^\star, \nu_m^\star, \varepsilon^\star\}$，且该极限点为优化问题式 (3.7) 的最优解。

证明 [35]　因为 $\lim\limits_{t\to\infty}\left(\boldsymbol{\nu}_m^{t+1} - \boldsymbol{\nu}_m^t\right) = \boldsymbol{0}$，$\lim\limits_{t\to\infty}\left(\boldsymbol{\lambda}_s^{t+1} - \boldsymbol{\lambda}_s^t\right) = \boldsymbol{0}$，$\rho > 0$，根据式 (3.9)～ 式 (3.10)，可得式 (3.83)～ 式 (3.84) 所示的结论：

$$\lim_{t\to\infty}\left(\boldsymbol{y}_s^{t+1} - \boldsymbol{A}_s^{\mathrm{H}}\boldsymbol{x}^{t+1}\right) = \boldsymbol{0}, s = 1, 2, \cdots, S \tag{3.83}$$

$$\lim_{t\to\infty}\left(\boldsymbol{z}_m^{t+1} - \boldsymbol{A}_m^{\mathrm{H}}\boldsymbol{x}^{t+1}\right) = \boldsymbol{0}, m = 1, 2, \cdots, M \tag{3.84}$$

另外，由于 $\boldsymbol{x}$ 在恒模约束下 (该约束形成了一个有界的闭集)，且存在稳定点 $\boldsymbol{x}^\star$ 满足 $\lim\limits_{t\to\infty}\boldsymbol{x}^t = \boldsymbol{x}^\star$($\star$ 表示假设存在某个 x 值不需要更改)。根据式 (3.83)，$\left\{\boldsymbol{x}^t\right\}$ 有界，不等式如式 (3.85) 成立：

$$\begin{cases} \left\|\boldsymbol{y}_s^t\right\|_2 \leqslant \left\|\boldsymbol{y}_s^t - \boldsymbol{A}_s^{\mathrm{H}}\boldsymbol{x}^t\right\|_2 + \left\|\boldsymbol{A}_s^{\mathrm{H}}\boldsymbol{x}^t\right\|_2, s = 1, 2, \cdots, S \\ \left\|\boldsymbol{z}_m^t\right\|_2 \leqslant \left\|\boldsymbol{z}_m^t - \boldsymbol{A}_m^{\mathrm{H}}\boldsymbol{x}^t\right\|_2 + \left\|\boldsymbol{A}_m^{\mathrm{H}}\boldsymbol{x}^t\right\|_2, m = 1, 2, \cdots, M \end{cases} \tag{3.85}$$

可得序列 $\left\{\boldsymbol{y}_s^t\right\}$ 和 $\left\{\boldsymbol{z}_m^t\right\}$ 也有界。因此，存在稳定点 $\{(\boldsymbol{y}_s^\star, \boldsymbol{z}_m^\star, \boldsymbol{x}^\star)\}$ 满足：

$$\lim_{t\to\infty}\left\{\left(\boldsymbol{y}_s^t, \boldsymbol{z}_m^t, \boldsymbol{x}^t\right)\right\} = \{(\boldsymbol{y}_s^\star, \boldsymbol{z}_m^\star, \boldsymbol{x}^\star)\} \tag{3.86}$$

另外，根据式 (3.10)、式 (3.11) 和式 (3.86) 可知，序列 $\left\{\eta^t\right\}$ 和 $\left\{\varepsilon^t\right\}$ 也是有界的，且存在稳定点 $\eta^\star$ 和 $\varepsilon^\star$ 分别满足 $\lim\limits_{t\to\infty}\eta^t = \eta^\star$ 和 $\lim\limits_{t\to\infty}\varepsilon^t = \varepsilon^\star$，综上可得

$$\begin{cases} \boldsymbol{0} = \lim\limits_{t\to\infty}\left(\boldsymbol{y}_s^t - \boldsymbol{A}_s^{\mathrm{H}}\boldsymbol{x}^t\right) = \boldsymbol{y}_s^\star - \boldsymbol{A}_s^{\mathrm{H}}\boldsymbol{x}^\star, s = 1, 2, \cdots, S \\ \boldsymbol{0} = \lim\limits_{t\to\infty}\left(\boldsymbol{z}_m^t - \boldsymbol{A}_m^{\mathrm{H}}\boldsymbol{x}^t\right) = \boldsymbol{z}_m^\star - \boldsymbol{A}_m^{\mathrm{H}}\boldsymbol{x}^\star, m = 1, 2, \cdots, M \end{cases} \tag{3.87}$$

证毕。

定理 3.4[35]　令 $\left\{\xi^t, \boldsymbol{x}^t, \boldsymbol{g}_s^t, \eta^t, \boldsymbol{w}_m^t, \boldsymbol{\lambda}_s^t, \boldsymbol{\nu}_m^t\right\}$ 为 MRC 算法，即步骤式 (3.55)～式 (3.59)，在 $\beta > 0$ 情况下所产生的点集。如果 $\lim\limits_{t\to\infty}\left(\boldsymbol{\nu}_m^{t+1} - \boldsymbol{\nu}_m^t\right) = \boldsymbol{0}$，$\lim\limits_{t\to\infty}\left(\boldsymbol{\lambda}_s^{t+1} - \boldsymbol{\lambda}_s^t\right) = \boldsymbol{0}$，那么存在极限点 $\{\xi^\star, \boldsymbol{x}^\star, \boldsymbol{g}_s^\star, \eta^\star, \boldsymbol{w}_m^\star, \boldsymbol{\lambda}_s^\star, \boldsymbol{\nu}_m^\star\}$ 且该极限点为优化问题式 (3.52) 的最优解。

证明　证明可以使用与定理 3.3 的证明中相同的技术得到。

此外，以下定理表明算法 3.3 可以从任意初始点收敛于平稳解集 [34,36]。

定理 3.5[34,36]　对任意 $\varphi > 2\sqrt{2}\left\|\sum_{p=1}^{P}\boldsymbol{A}_p\boldsymbol{A}_p^{\mathrm{H}}\right\|_{\mathrm{F}}$，由算法 3.3 所产生的点集 $\left(\boldsymbol{x}^i,\xi^i,\phi^i,\boldsymbol{\kappa}^i\right)$ 具有如下特性：

(1) 对偶变量以原变量为界，即 $\left\|\boldsymbol{\kappa}^{i+1}-\boldsymbol{\kappa}^i\right\|_2 \leqslant \frac{2}{\varphi}\left\|\sum_{p=1}^{P}\boldsymbol{A}_p\boldsymbol{A}_p^{\mathrm{H}}\right\|_{\mathrm{F}}\left\|\boldsymbol{x}^{i+1}-\boldsymbol{x}^i\right\|_2$；

(2) 增广拉格朗日函数 $\mathcal{L}_{\varphi}\left(\boldsymbol{x}^i,\xi^i,\phi^i,\boldsymbol{\kappa}^i\right)$ 的值随着 $\left\{\boldsymbol{x}^i,\xi^i,\phi^i,\boldsymbol{\kappa}^i\right\}$ 的更新而减小；

(3) 增广拉格朗日函数 $\mathcal{L}_{\varphi}\left(\boldsymbol{x}^i,\xi^i,\phi^i,\boldsymbol{\kappa}^i\right)$ 有下界，且当 $i\to\infty$ 时收敛 $\lim\limits_{i\to\infty}\left\|\boldsymbol{x}^i-\xi^i\mathrm{e}^{\mathrm{j}\phi^i}\right\|_2=0$；

(4) 若 $\{\boldsymbol{x}^\star,\xi^\star,\phi^\star,\boldsymbol{\kappa}^\star\}$ 为序列 $\left\{\boldsymbol{x}^{i+1},\xi^{i+1},\phi^{i+1},\boldsymbol{\kappa}^{i+1}\right\}$ 的极限点，则式 (3.88) 和式 (3.89) 成立。

$$\mathbf{0}\in\nabla f\left(\boldsymbol{x}^\star\right)+\varphi\boldsymbol{\gamma}^\star \tag{3.88}$$

$$\boldsymbol{x}^\star=\xi^\star\phi^\star \tag{3.89}$$

即算法 3.3 的任何极限点都是优化问题式 (3.60) 的稳定解。

证明 [34]　首先证明定理 3.5(1)。联合更新式 (3.64) 和对偶变量更新式 (3.65)，并根据最优性条件可得

$$\begin{aligned}\mathbf{0}&=\nabla_{\boldsymbol{x}}\mathcal{L}_{\varphi}\left(\phi^{i+1},\xi^{i+1},\boldsymbol{x}^{i+1},\boldsymbol{\kappa}^i\right)\\&=\nabla f\left(\boldsymbol{x}^{i+1}\right)+\varphi\left(\boldsymbol{x}^{i+1}-\xi^{i+1}\mathrm{e}^{\mathrm{j}\phi^{i+1}}+\boldsymbol{\kappa}^i\right)\\&=\nabla f\left(\boldsymbol{x}^{i+1}\right)+\varphi\boldsymbol{\kappa}^{i+1}\end{aligned} \tag{3.90}$$

式中，$f(\boldsymbol{x})=\sum_{p=1}^{P}\left\|\boldsymbol{u}_p^t-\boldsymbol{A}_p^{\mathrm{H}}\boldsymbol{x}\right\|_2^2$。另外，由

$$\begin{aligned}&\left\|\nabla f\left(\boldsymbol{x}^{i+1}\right)-\nabla f\left(\boldsymbol{x}^i\right)\right\|_2\\&=\left\|2\sum_{p=1}^{P}\boldsymbol{A}_p\boldsymbol{A}_p^{\mathrm{H}}\boldsymbol{x}^{i+1}-2\sum_{p=1}^{P}\boldsymbol{A}_p\boldsymbol{A}_p^{\mathrm{H}}\boldsymbol{x}^i\right\|_2\\&\leqslant 2\left\|\sum_{p=1}^{P}\boldsymbol{A}_p\boldsymbol{A}_p^{\mathrm{H}}\right\|_{\mathrm{F}}\left\|\boldsymbol{x}^{i+1}-\boldsymbol{x}^i\right\|_2\end{aligned} \tag{3.91}$$

可得式 (3.92) 及式 (3.93)：

$$\boldsymbol{\kappa}^{i+1} = -\frac{1}{\varphi}\nabla f\left(\boldsymbol{x}^{i+1}\right) \tag{3.92}$$

$$\begin{aligned}\left\|\boldsymbol{\kappa}^{i+1}-\boldsymbol{\kappa}^{i}\right\|_2 &= \frac{1}{\varphi}\left\|\nabla f\left(\boldsymbol{x}^{i+1}\right)-\nabla f\left(\boldsymbol{x}^{i}\right)\right\|_2 \\ &\leqslant \frac{2}{\varphi}\left\|\sum_{p=1}^{P}\boldsymbol{A}_p\boldsymbol{A}_p^{\mathrm{H}}\right\|_{\mathrm{F}}\left\|\boldsymbol{x}^{i+1}-\boldsymbol{x}^{i}\right\|_2\end{aligned} \tag{3.93}$$

定理 3.5(1) 得证。

下面证明定理 3.5(2)。增广拉格朗日函数的差值可表述为

$$\begin{aligned}&\mathcal{L}_{\varphi}\left(\boldsymbol{x}^{i+1},\xi^{i+1},\phi^{i+1},\boldsymbol{\kappa}^{i+1}\right)-\mathcal{L}_{\varphi}\left(\boldsymbol{x}^{i},\xi^{i},\phi^{i},\boldsymbol{\kappa}^{i}\right) \\ =&\mathcal{L}_{\varphi}\left(\boldsymbol{x}^{i},\xi^{i+1},\phi^{i+1},\boldsymbol{\kappa}^{i}\right)-\mathcal{L}_{\varphi}\left(\boldsymbol{x}^{i},\xi^{i},\phi^{i},\boldsymbol{\kappa}^{i}\right)+\mathcal{L}_{\varphi}\left(\boldsymbol{x}^{i+1},\xi^{i+1},\phi^{i+1},\boldsymbol{\kappa}^{i+1}\right) \\ &-\mathcal{L}_{\varphi}\left(\boldsymbol{x}^{i+1},\xi^{i+1},\phi^{i+1},\boldsymbol{\kappa}^{i}\right)+\mathcal{L}_{\varphi}\left(\boldsymbol{x}^{i+1},\xi^{i+1},\phi^{i+1},\boldsymbol{\kappa}^{i}\right)-\mathcal{L}_{\varphi}\left(\boldsymbol{x}^{i},\xi^{i+1},\phi^{i+1},\boldsymbol{\kappa}^{i}\right)\end{aligned} \tag{3.94}$$

根据对偶变量更新步骤有

$$\begin{aligned}&\mathcal{L}_{\varphi}\left(\boldsymbol{x}^{i+1},\xi^{i+1},\phi^{i+1},\boldsymbol{\kappa}^{i+1}\right)-\mathcal{L}_{\varphi}\left(\boldsymbol{x}^{i+1},\xi^{i+1},\phi^{i+1},\boldsymbol{\kappa}^{i}\right) \\ =&\varphi\mathrm{Re}\left[\left(\boldsymbol{\kappa}^{i+1}-\boldsymbol{\kappa}^{i}\right)^{\mathrm{H}}\left(\boldsymbol{x}^{i+1}-\xi^{i+1}\mathrm{e}^{\mathrm{j}\phi^{i+1}}\right)\right] \\ \overset{\text{(a)}}{=}&\varphi\left\|\boldsymbol{\kappa}^{i+1}-\boldsymbol{\kappa}^{i}\right\|^2 \\ \overset{\text{(b)}}{\leqslant}&\frac{4}{\varphi}\left\|\sum_{p=1}^{P}A_pA_p^{\mathrm{H}}\right\|_{\mathrm{F}}^2\left\|\boldsymbol{x}^{i+1}-\boldsymbol{x}^{i}\right\|_2^2\end{aligned} \tag{3.95}$$

由式 (3.63) 式中变量 ϕ 和 ξ 的更新可得

$$\mathcal{L}_{\varphi}\left(\boldsymbol{x}^{i},\xi^{i+1},\phi^{i+1},\boldsymbol{\kappa}^{i}\right)-\mathcal{L}_{\varphi}\left(\boldsymbol{x}^{i},\xi^{i},\phi^{i},\boldsymbol{\kappa}^{i}\right)\leqslant 0 \tag{3.96}$$

式 (3.94) 中等号右端第三项的上界为

$$\mathcal{L}_{\varphi}\left(\boldsymbol{x}^{i+1},\xi^{i+1},\phi^{i+1},\boldsymbol{\kappa}^{i}\right)-\mathcal{L}_{\varphi}\left(\boldsymbol{x}^{i},\xi^{i+1},\phi^{i+1},\boldsymbol{\kappa}^{i}\right)$$

$$
\begin{aligned}
&= f\left(\boldsymbol{x}^{i+1}\right)+\frac{\varphi}{2}\left\|\boldsymbol{x}^{i+1}-\xi^{i+1}\mathrm{e}^{\mathrm{j}\phi^{i+1}}+\boldsymbol{\kappa}^{i}\right\|_2^2-f\left(\boldsymbol{x}^{i}\right)-\frac{\varphi}{2}\left\|\boldsymbol{x}^{i}-\xi^{i+1}\mathrm{e}^{\mathrm{j}\phi^{i+1}}+\boldsymbol{\kappa}^{i}\right\|_2^2\\
&\overset{(\mathrm{a})}{=} f\left(\boldsymbol{x}^{i+1}\right)-f\left(\boldsymbol{x}^{i}\right)-\frac{\varphi}{2}\left\|\boldsymbol{x}^{i+1}-\boldsymbol{x}^{i}\right\|_2^2-\varphi\mathrm{Re}\left[\left(\boldsymbol{x}^{i+1}-\xi^{i+1}\mathrm{e}^{\mathrm{j}\phi^{i+1}}+\boldsymbol{\kappa}^{i}\right)^{\mathrm{H}}\left(\boldsymbol{x}^{i}-\boldsymbol{x}^{i+1}\right)\right]\\
&\overset{(\mathrm{b})}{=} f\left(\boldsymbol{x}^{i+1}\right)-f\left(\boldsymbol{x}^{i}\right)-\frac{\varphi}{2}\left\|\boldsymbol{x}^{i+1}-\boldsymbol{x}^{i}\right\|_2^2+\mathrm{Re}\left[\left(\nabla f\left(\boldsymbol{x}^{i+1}\right)\right)^{\mathrm{H}}\left(\boldsymbol{x}^{i}-\boldsymbol{x}^{i+1}\right)\right]\\
&\overset{(\mathrm{c})}{\leqslant} -\frac{\varphi}{2}\left\|\boldsymbol{x}^{i+1}-\boldsymbol{x}^{i}\right\|_2^2
\end{aligned}
\tag{3.97}
$$

式 (3.97) 中 (a) 使用了余弦定理，即 $\|b+c\|_2^2-\|a+c\|_2^2=\|b-a\|_2^2+2\langle a+c,b-a\rangle$，其中 $a=\boldsymbol{x}^{i+1}$，$b=\boldsymbol{x}^{i}$，$c=-\xi^{i+1}\mathrm{e}^{\mathrm{j}\phi^{i+1}}+\boldsymbol{\kappa}^{i}$；(b) 使用了式 (3.92)；(c) 成立是因为 $f(\boldsymbol{x})$ 是凸函数。

由式 (3.90)~ 式 (3.97) 推导可得

$$
\begin{aligned}
&\mathcal{L}_{\varphi}\left(\boldsymbol{x}^{i+1},\xi^{i+1},\boldsymbol{\phi}^{i+1},\boldsymbol{\kappa}^{i+1}\right)-\mathcal{L}_{\varphi}\left(\boldsymbol{x}^{i},\xi^{i},\boldsymbol{\phi}^{i},\boldsymbol{\kappa}^{i}\right)\\
&\leqslant\left(\frac{4\left\|\sum\limits_{p=1}^{P}\boldsymbol{A}_p\boldsymbol{A}_p^{\mathrm{H}}\right\|_{\mathrm{F}}^2}{\boldsymbol{\varphi}}-\frac{\boldsymbol{\varphi}}{2}\right)\left\|\boldsymbol{x}^{i+1}-\boldsymbol{x}^{i}\right\|_2^2
\end{aligned}
\tag{3.98}
$$

式 (3.98) 的结果表明，当 $\varphi>2\sqrt{2}\left\|\sum\limits_{p=1}^{P}\boldsymbol{A}_p\boldsymbol{A}_p^{\mathrm{H}}\right\|_{\mathrm{F}}$ 时，增广拉格朗日函数值 $\mathcal{L}_{\varphi}\left(\boldsymbol{x}^{i},\xi^{i},\boldsymbol{\phi}^{i},\boldsymbol{\kappa}^{i}\right)$ 将随着迭代次数的增加而不断减小。定理 3.5(2) 得证。

最后，证明定理 3.5(3)。增广拉格朗日函数可写为

$$
\begin{aligned}
&\mathcal{L}_{\varphi}\left(\boldsymbol{x}^{i+1},\xi^{i+1},\boldsymbol{\phi}^{i+1},\boldsymbol{\kappa}^{i+1}\right)\\
&= f\left(\boldsymbol{x}^{i+1}\right)+\mathrm{Re}\left[\left(\boldsymbol{\kappa}^{i+1}\right)^{\mathrm{H}}\left(\boldsymbol{x}^{i+1}-\xi^{i+1}\mathrm{e}^{\mathrm{j}\boldsymbol{\phi}^{i+1}}\right)\right]+\frac{\varphi}{2}\left\|\boldsymbol{x}^{i+1}-\xi^{i+1}\mathrm{e}^{\mathrm{j}\boldsymbol{\phi}^{i+1}}\right\|_2^2\\
&\overset{(\mathrm{a})}{=} f\left(\boldsymbol{x}^{i+1}\right)+\mathrm{Re}\left[\left(\nabla f\left(\boldsymbol{x}^{i+1}\right)\right)^{\mathrm{H}}\left(\xi^{i+1}\mathrm{e}^{\mathrm{j}\boldsymbol{\phi}^{i+1}}-\boldsymbol{x}^{i+1}\right)\right]+\frac{\varphi}{2}\left\|\boldsymbol{x}^{i+1}-\xi^{i+1}\mathrm{e}^{\mathrm{j}\boldsymbol{\phi}^{i+1}}\right\|_2^2\\
&\overset{(\mathrm{b})}{\geqslant} f\left(\xi^{i+1}\mathrm{e}^{\mathrm{j}\boldsymbol{\phi}^{i+1}}\right)
\end{aligned}
\tag{3.99}
$$

另外，由于 $f(\boldsymbol{x})\geqslant 0$，结合式 (3.99) 可知定理 3.5(3) 成立。定理 3.5(3) 得证。

根据定理 3.5(2) 和 (3) 的结果，以及 $\varphi>2\sqrt{2}\left\|\sum\limits_{p=1}^{P}\boldsymbol{A}_p\boldsymbol{A}_p^{\mathrm{H}}\right\|_{\mathrm{F}}$，可得式 (3.100)

和式 (3.101)：

$$\lim_{i\to\infty}\left\|\boldsymbol{x}^{i+1}-\boldsymbol{x}^{i}\right\|_2=0 \tag{3.100}$$

$$\lim_{i\to\infty}\left\|\boldsymbol{\kappa}^{i+1}-\boldsymbol{\kappa}^{i}\right\|_2=0 \tag{3.101}$$

更新式 (3.65) 和 $\lim\limits_{i\to\infty}\left\|\boldsymbol{\kappa}^{i+1}-\boldsymbol{\kappa}^{i}\right\|_2=0$ 意味着式 (3.102) 成立：

$$\lim_{i\to\infty}\left\|\boldsymbol{x}^{i}-\xi^{i}\mathrm{e}^{\mathrm{j}\boldsymbol{\phi}^{i}}\right\|_2=0 \tag{3.102}$$

因此，定理 3.5(4) 成立。$\lim\limits_{i\to\infty}\boldsymbol{x}^{i}=\boldsymbol{x}^{\star}$，$\lim\limits_{i\to\infty}\xi^{i}\mathrm{e}^{\mathrm{j}\boldsymbol{\phi}^{i}}=\xi^{\star}\mathrm{e}^{\mathrm{j}\boldsymbol{\phi}^{\star}}$，式 (3.102) 表明式 (3.103) 成立：

$$\boldsymbol{x}^{\star}=\xi^{\star}\mathrm{e}^{\mathrm{j}\boldsymbol{\phi}^{\star}} \tag{3.103}$$

$\lim\limits_{i\to\infty}\boldsymbol{\kappa}^{i}=\boldsymbol{\kappa}^{\star}$ 表明，式 (3.104) 成立：

$$\mathbf{0}\in\nabla f\left(\boldsymbol{x}^{\star}\right)+\varphi\boldsymbol{\kappa}^{\star} \tag{3.104}$$

因此，定理 3.5(5) 得证。

证毕。

3.3.4 算法复杂度分析

本小节将讨论算法 3.1 和算法 3.3 的计算复杂度。从算法 3.1(MTPD 算法式 (3.9) 的第一个更新步骤) 可以看出，计算复杂度主要是矩阵求逆，其复杂度为 $\mathcal{O}\left(L^3\right)$[26]，而其他步骤需要矩阵和向量的乘法。因此，算法 3.1 的总体计算复杂度为 $\mathcal{O}\left(L^3+(I+P)NL\right)$，其中 I 是算法 3.1 的总迭代次数。MTPD 算法其余的更新步骤 (参见式 (3.3)～ 式 (3.6)) 只需要基本的矩阵和向量的乘法，这些步骤的计算复杂度是 $\mathcal{O}(T_0NLP+T_0NP)$，$T_0$ 表示总数迭代。综上所述，MTPD 算法的总体计算复杂度为 $\mathcal{O}\left(L^3+T_0NL(I+2P)+T_0NP\right)$。类似地，算法 3.3(求解式 (3.48)) 的复杂度为 $\mathcal{O}\left(L^3+(I+P)NL\right)$，MRC 算法的其余步骤 (参见式 (3.49)～ 式 (3.52)) 与 MTPD 算法 (参见式 (3.3)～ 式 (3.6)) 相同。因此，MRC 算法的总体计算复杂度是 $\mathcal{O}\left(L^3+T_0NL(I+2P)+T_0NP\right)$。

现有间接法 [2-3,17] 优化波形协方差矩阵 (只与天线数量 L 有关) 需要解决半定规划 (semidefinite programming, SDP)，其计算复杂度为 $\mathcal{O}\left(L^{3.5}\right)$。此外，用于波形集设计的 CA 算法的复杂度为 $\mathcal{O}\left(T_0\left(3L^2N+N^3\right)\right)$[13]。因此，文献 [2]、[3]、[13] 和 [17] 中两步方法的计算复杂度都为 $\mathcal{O}\left(L^{3.5}+T_0\left(3L^2N+N^3\right)\right)$，这意味着本章 MTPD 算法和 MRC 算法复杂度均低于现有间接法，特别是针对大规模恒模 MIMO 雷达波形设计，所提算法的优势突出。

3.4 仿真实验

本节将进行计算机仿真实验，以评估本章算法的性能。在所有实验中，除非另有说明，假设 MIMO 雷达系统的发射机由阵元间距为半波长，阵列天线个数 $L=16$ 的均匀线性阵列构成，并且每个发射信号脉冲由 $N=32$ 个样本组成。停止条件 $\zeta=10^{-8}$ 和最大迭代次数 $I=500$ 次用于 $\boldsymbol{x}$ 更新步骤。此外，算法 3.2 和算法 3.4 的最大迭代次数设置 $T_0=5000$ 次。其他参数，如对偶变量和辅助变量均以随机方式初始化。此外，空间角度区域 $[-90°, 90°]$ 被划分为 $V=181$ 个角度网格，即角度采样间隔为 1°。

3.4.1 MTPD 算法仿真实验

本小节验证 MTPD 算法的性能，并比较了基于半定二次规划合成波形协方差矩阵的最小旁瓣波束图设计算法 [2](称为 $\boldsymbol{R}_{\mathrm{SQP}}$)，最小波束图峰值旁瓣电平设计方法 [17](称为 $\boldsymbol{R}_{\mathrm{PSL}}$，该设计问题为凸问题，因此该方法可以用作最小峰值旁瓣电平波束图设计算法的最佳基准)，以及根据上述方法获得的协方差矩阵产生波形的 CA 算法 [13](分别称为 CA-$\boldsymbol{R}_{\mathrm{PSL}}$ 和 CA-$\boldsymbol{R}_{\mathrm{SQP}}$)。

实验 1: MTPD 算法的收敛性和波形的恒模特性。假设波束主瓣指向 $\theta_0=0°$，波束图旁瓣区域为 $\Omega\in[-90°,-12°]\cup[12°,90°]$

首先验证收敛性能。图 3.3(a) 中显示了选取不同步长因子 ρ 时目标函数值 $-\lg\left(\dfrac{\varepsilon}{\eta}\right)$ 随迭代次数的变化曲线。可以看出，关注步长因子较小时 (如 ρ=0.002)，MTPD 算法收敛较快，但步长因子选取过小会导致目标函数值随着迭代次数增加会有轻微的抖动。从图 3.3(b) 可以看出，这个轻微的抖动并不影响最终的波束图结果，波束图主瓣峰值归一化增益为 0dB，波束图仅在旁瓣有 0.5dB 的差别，主瓣均为 0dB。考虑到算法的收敛速度和稳定性，建议设置步长 $\rho=0.01$。

下面，评估算法 3.1 返回的波形向量 $\boldsymbol{x}$ 的幅度属性。设置停止准则 $\xi=0$，最大迭代次数 $I=2500$ 次，步长 $\alpha=200$(根据定理 3.3 确定) 来更新 $\boldsymbol{x}$，其他参数保持不变。对 MTPD 算法，第 t 次迭代中的 $\boldsymbol{x}$ 更新步骤 (即第 t 次调用算法 3.1)，计算并记录波形模的标准差 (用 $\Delta^t(i)$ 表示，其中 $\Delta^t\in\mathbb{R}^I$，即 $\Delta^t(i)=\mathrm{std}\left(\left|\boldsymbol{x}^i\right|\right)$，$t=1,2,\cdots,T_0$，$i=1,2,\cdots,I$)。图 3.4(a) 展示了 dB 尺度下的 $\left\{\Delta^t\right\}_{t=1}^{T_0}$。可以看到，当迭代次数 i 增加时，波形幅度的标准差 $\Delta^t(i)$ 趋于零，这意味着得到的波形向量 $\boldsymbol{x}$ 始终是恒模的。在接下来的实验中，设置步长 $\alpha=200$。

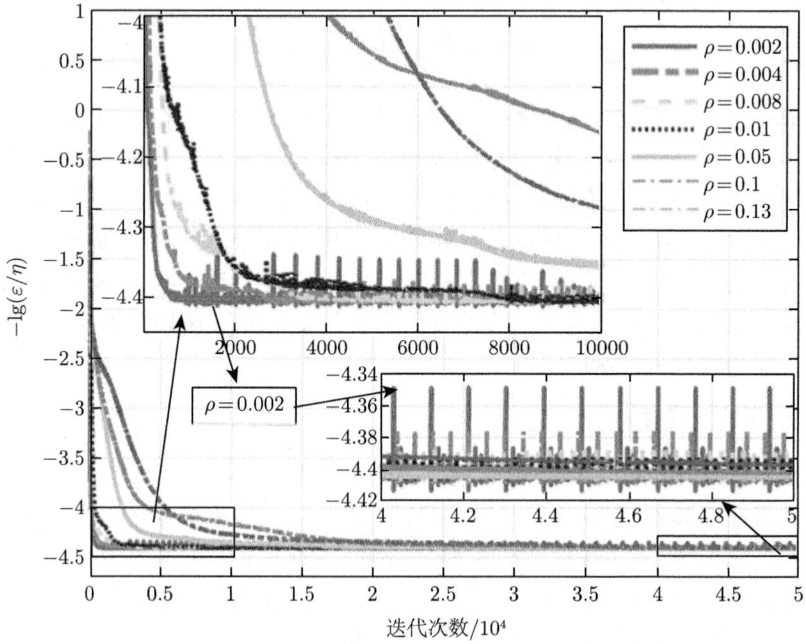

(a) MTPD算法步长因子对收敛的影响

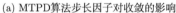

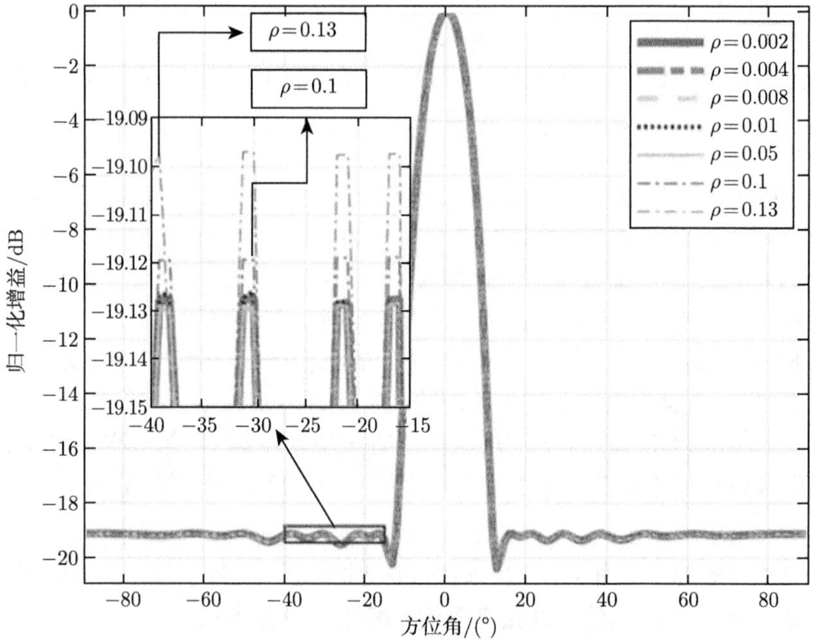

(b) MTPD算法不同步长因子得到的波束图

图 3.3 MTPD 算法在不同步长时的收敛情况和计算结果

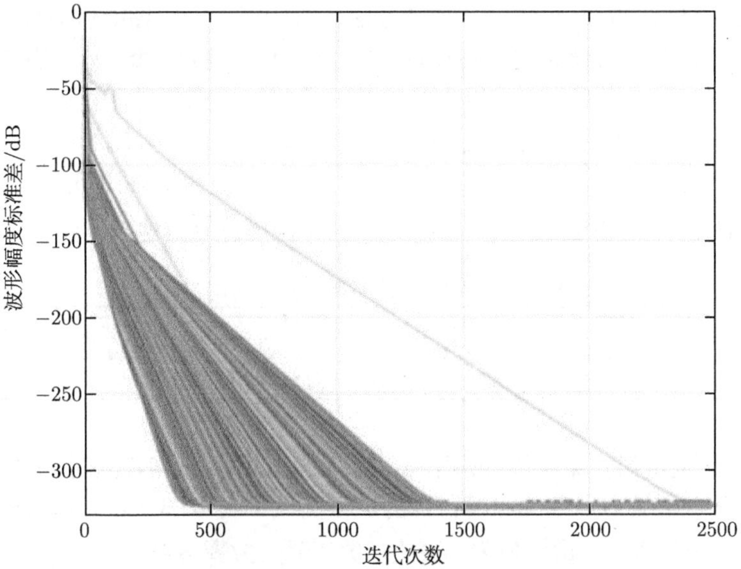

(a) 波形幅度的标准差随内部迭代次数的变化情况

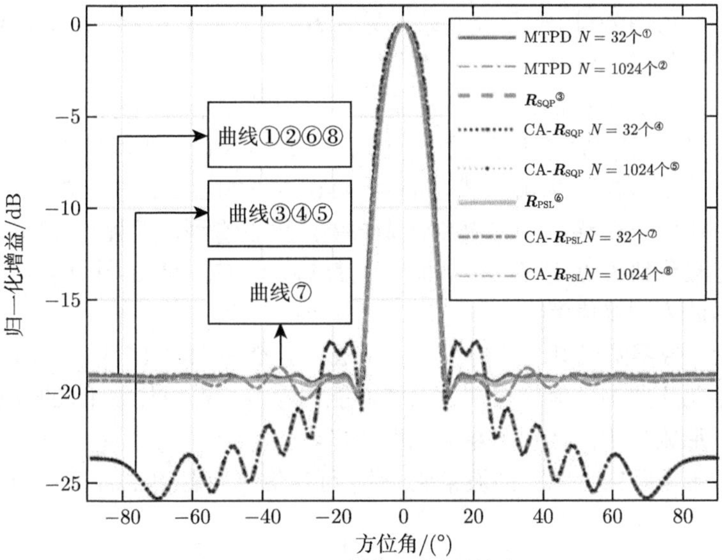

(b) 不同算法波束图结果

图 3.4　MTPD 算法波形特性及对比

图 3.4(b) 中绘制了不同算法在 dB 尺度下的归一化后的波束图结果，其中包括所提 MTPD 算法在 $N=32$ 个和 $N=1024$ 个下的结果，$\boldsymbol{R}_{\mathrm{SQP}}$、CA-$\boldsymbol{R}_{\mathrm{SQP}}$、$\boldsymbol{R}_{\mathrm{PSL}}$ 及 CA-$\boldsymbol{R}_{\mathrm{PSL}}$。另外，表 3.1 中给出了五种算法的运行时间。从图 3.4(b) 中可以看出，所提 MTPD 算法的波束图性能与最优协方差矩阵 $\boldsymbol{R}_{\mathrm{PSL}}$ 非常接近，且

相比于 CA-$\boldsymbol{R}_{\mathrm{SQP}}$ 和 CA-$\boldsymbol{R}_{\mathrm{PSL}}$，本章方法具有较低的波束图峰值旁瓣。此外，从表 3.1 可以看出，当设计波形码长较大时 (如 $N = 1024$ 个) 基于协方差矩阵的方法用时基本保持不变，而基于 CA 算法合成波形的运行时间显著上升。相比之下，本章所提 MTPD 算法的运行时间并没有显著增加，且远小于 CA-$\boldsymbol{R}_{\mathrm{SQP}}$ 和 CA-$\boldsymbol{R}_{\mathrm{PSL}}$ 的运行时间，这表明所提算法适用于大规模波形设计问题，且不同于文献 [2] 和 [17] 中提的两步策略，本章所提算法可以直接合成雷达波形。

表 3.1　实验 1 中各算法运行时间对比 (单位: s)

N/个	MTPD	$\boldsymbol{R}_{\mathrm{PSL}}$	CA-$\boldsymbol{R}_{\mathrm{PSL}}$	$\boldsymbol{R}_{\mathrm{SQP}}$	CA-$\boldsymbol{R}_{\mathrm{SQP}}$
32	22.73	2.23	2.97	2.30	3.09
1024	89.56	2.23	170.16	2.30	175.26

实验 2: 宽主瓣波束图设计。当 MIMO 雷达工作于搜索模式时，通常需要雷达的波束图具有宽主瓣以均匀照射目标的潜在区域 [21]。因此，本实验考虑如下宽主瓣波束图合成问题：主瓣区域为 $\Theta \in [-20°, 20°]$，旁瓣区域为 $\Omega \in [-90°, -28°] \cup [28°, 90°]$。图 3.5(a) 给出了波束图设计结果，可以看到，本章所提算法的波束图具有更低的波束图旁瓣 (非常接近最优基准 $\boldsymbol{R}_{\mathrm{PSL}}$)，而 CA-$\boldsymbol{R}_{\mathrm{SQP}}$ 和 CA-$\boldsymbol{R}_{\mathrm{PSL}}$ 所合成的波束图都具有较高波束图旁瓣。

实验 3: 多波束波束图设计。当雷达同时跟踪多个目标时，通常需要发射多波束 [21]。因此，本实验考虑了这样一个场景，即波束图主瓣区域为 $[-55°, -35°]$、$[-10°, 10°]$、$[35°, 55°]$，旁瓣区域为 $\Omega \in [-90°, -51°] \cup [-29°, -16°] \cup [16°, 29°] \cup [51°, 90°]$　图 3.5(b) 绘制了波束图合成结果，可以看到，所提 MTPD 算法波束图非常接近最优协方差矩阵结果，而 CA-$\boldsymbol{R}_{\mathrm{SQP}}$ 和 CA-$\boldsymbol{R}_{\mathrm{PSL}}$ 由于存在拟合误差，具有较高的波束图峰值旁瓣。

实验 4: 带零陷或者凹口的波束图合成。若空间方向 $\{\vartheta_{\bar{s}}\}_{\bar{s}=1}^{\bar{S}}$ 存在强散射体干扰，为避免这些强散射体对雷达系统性能的影响，在设计波束图时应在空间方向 $\{\vartheta_{\bar{s}}\}_{\bar{s}=1}^{\bar{S}}$ 形成特定的波束图零陷或者凹口。

为实现带零陷或者凹口的波束图 [13]，可在优化问题中添加式 (3.105) 所示的约束条件：

$$\boldsymbol{x}^{\mathrm{H}} \boldsymbol{A}\left(\vartheta_{\bar{s}}\right) \boldsymbol{A}^{\mathrm{H}}\left(\vartheta_{\bar{s}}\right) \boldsymbol{x} \leqslant \iota, \bar{s} = 1, 2, \cdots, \bar{S} \tag{3.105}$$

式中，ι 表示波束图零陷或凹口的深度 (该优化问题依然可以利用算法 3.2 或算法 3.4 有效求解)。本实验中假设有两个 -40dB 的波束图零陷分别位于 $\vartheta_1 = -60°$、$\vartheta_2 = 35°$，其主瓣区域和旁瓣区域分别为 $[-8°, 8°]$ 和 $[-90°, -17°] \cup [17°, 90°]$。图 3.5(c) 绘制了未归一化的波束图结果，以便观察波束图的零陷情况，可以看到，所提方法达到指定的波束图零陷深度，满足设计要求。CA-$\boldsymbol{R}_{\mathrm{SQP}}$ 获得的零

陷深度分别为 −17.160dB 和 −8.409dB，CA-$\boldsymbol{R}_{\text{PSL}}$ 的零陷深度为 −13.68dB 和 −16.00dB，都比预设的零陷深度要高。另外，从图 3.5(c) 还可以看出，所提算法的波束图旁瓣比 $\boldsymbol{R}_{\text{SQP}}$ 更低，这也体现了 MTPD 算法的优越性。

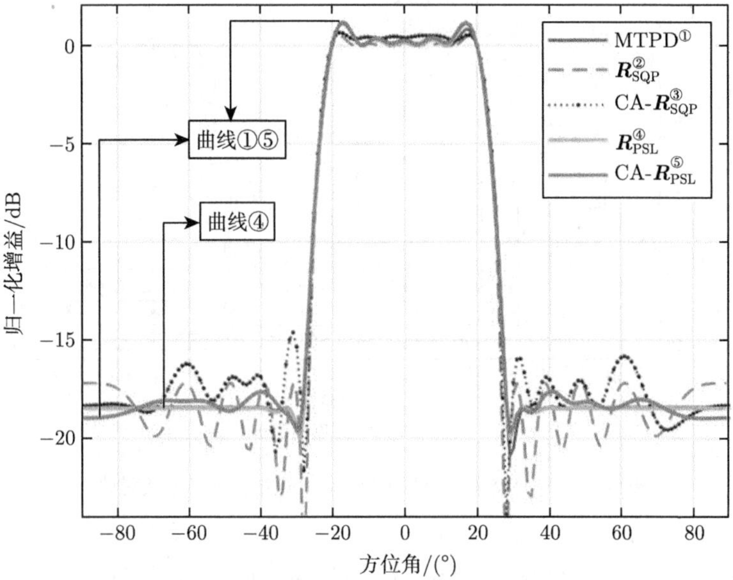

(a) 实验2中的宽主瓣波束图设计结果（归一化）

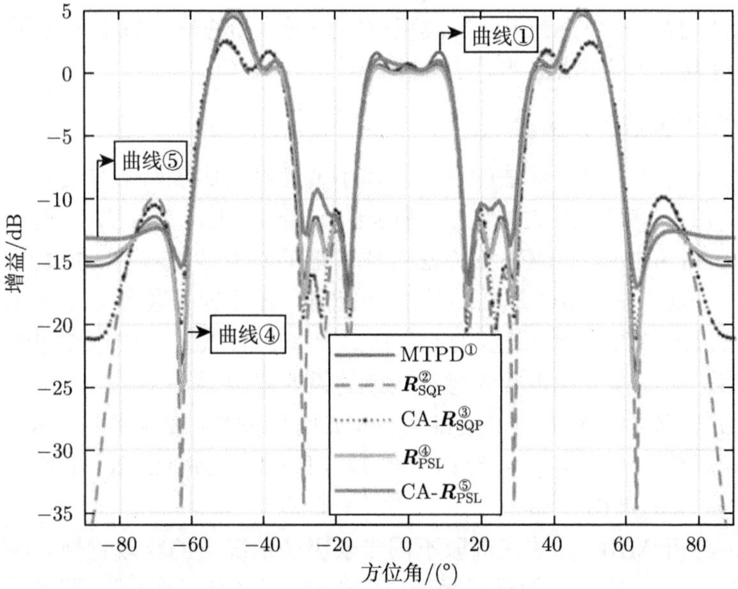

(b) 实验3中波束图设计结果

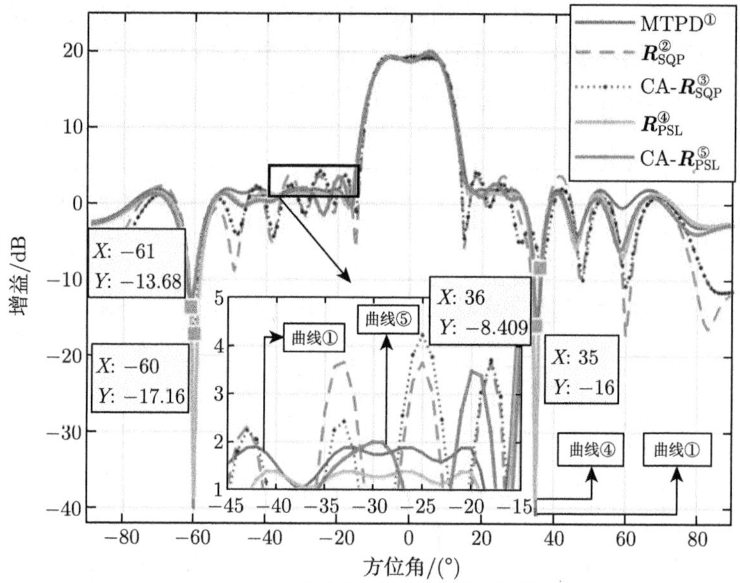

(c) 实验4中波束图设计结果

图 3.5 不同需求下 MTPD 算法的波束图结果及对比

图 3.4(b)∼ 图 3.5(c) 的实验结果表明：① 通过比较合成结果，不难发现两步法存在不可忽略的逼近误差；② MTPD 算法得到的波束图可以很好地近似文献 [17] 中由最优协方差矩阵 $\boldsymbol{R}_{\mathrm{PSL}}$ 的波束图结果；③在所对比的方法 (CA -$\boldsymbol{R}_{\mathrm{SQP}}$ 和 CA -$\boldsymbol{R}_{\mathrm{PSL}}$) 中，MTPD 在波束图零陷形成和峰值旁瓣电平方面是最好的；④ 就复杂度要求而言，MTPD 算法最低。

3.4.2 MRC 算法仿真实验

本小节将验证 MRC 算法的性能。本小节还将对比了两个重要的波束图主瓣波纹控制方法，即间接波纹控制 (indirect ripple control，IRC) 和直接波纹控制 (direct ripple control，DRC) 的方法合成波形的协方差矩阵 [3](通过凸优化 SDP 技术求解，可以用作 MRC 算法的基准)。此外，还比较了通过 CA 根据协方差矩阵优化恒模波形的波束图，表示为 CA-IRC 和 CA-DRC。对于窄波束设计问题没有纹波约束，因此本节中主要考虑宽波束的设计问题。

实验 5: 收敛性和波形的恒模特性。本实验考虑宽主瓣波束图合成，即主瓣区域和旁瓣区域分别为 $\Theta \in [-15°, 15°]$ 和 $\Omega \in [-90°, -26°] \cup [26°, 90°]$。另外，令 $d = 0\mathrm{dB}$，$\varepsilon_r = 0.02\mathrm{dB}$。

首先，分析 MRC 算法在选取不同步长因子情况下的收敛特性。图 3.6 显示了不同步长因子 β 情况下的目标函数值随迭代次数的变化曲线。另外，图 3.7(a) 展示了相应的波束图结果 (图 3.7(b) 显示了波束图主瓣区域放大)。仿真结果表明，选择较小步长因子时 MRC 算法收敛较快，步长因子过小会导致波束图主瓣不能满足约束 (图 3.7(b))。可以看出，对于 MRC 算法而言，$\beta \geqslant 0.8$ 是一个合适的选择。

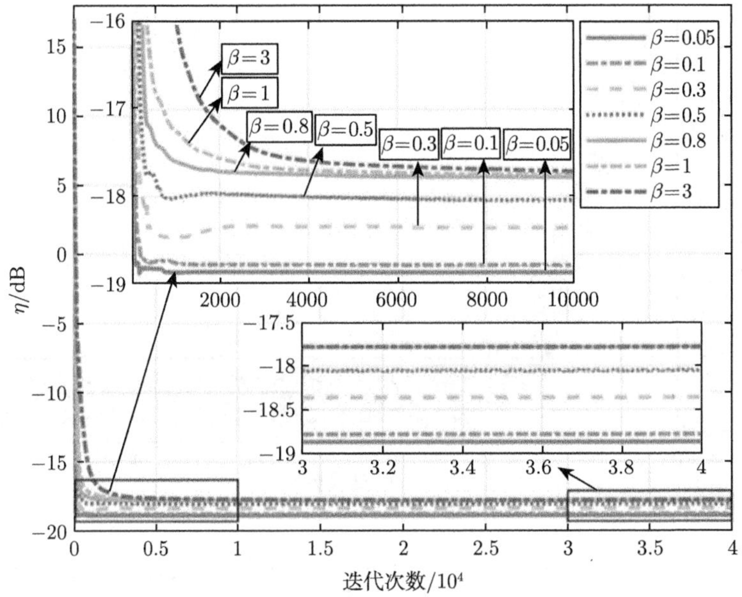

图 3.6　步长因子对 MRC 算法收敛性的影响

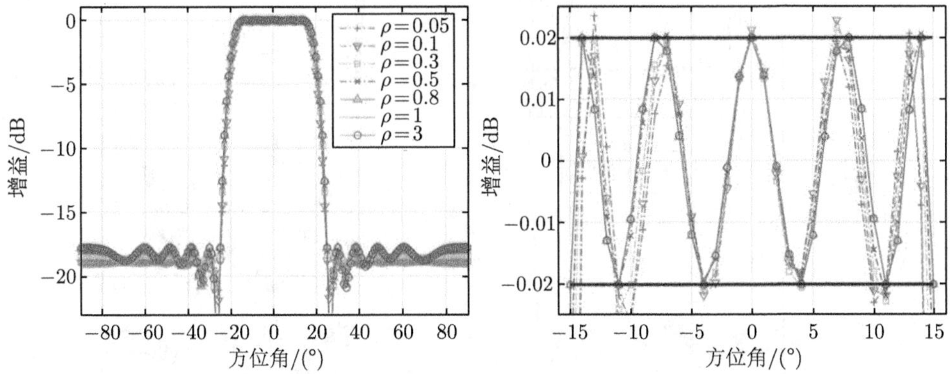

(a) 实验5中不同步长因子MRC 算法获得的波束图结果　　(b) 波束图主瓣区域放大

图 3.7　不同步长对 MRC 算法波束图结果的影响

下面检验由 MRC 算法所产生的波形的恒模特性。算法 3.3 的步长 α=200(根据定理 3.3 确定)，I=500 次，ξ=0，保持其他算法参数不变。类似于实验 1，计算波形的模的标准差 $\{\Delta^t\}_{t=1}^{T_0}$ 并将其绘制在图 3.8(a)(dB 尺度) 中，可以看到，经过大约 350 次迭代后波形可以达到恒模。

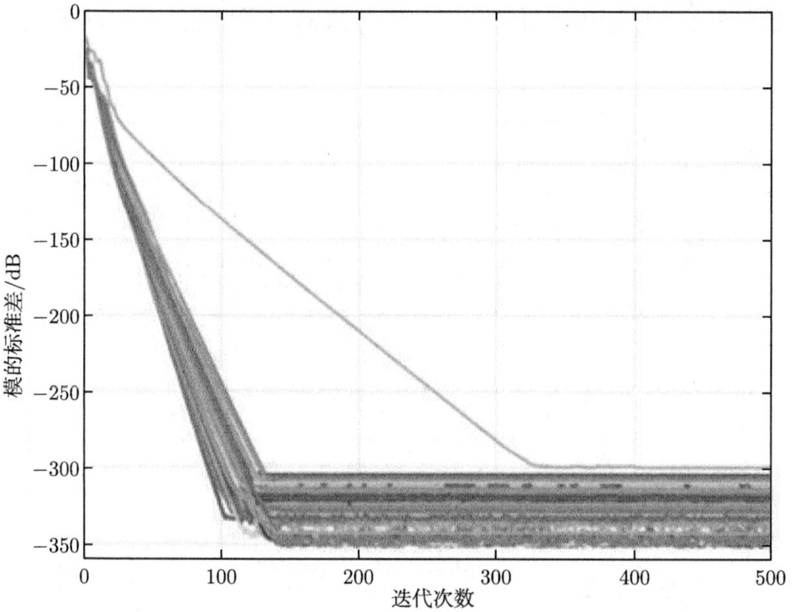

(a) MRC算法波形模的标准差随迭代次数的变化情况

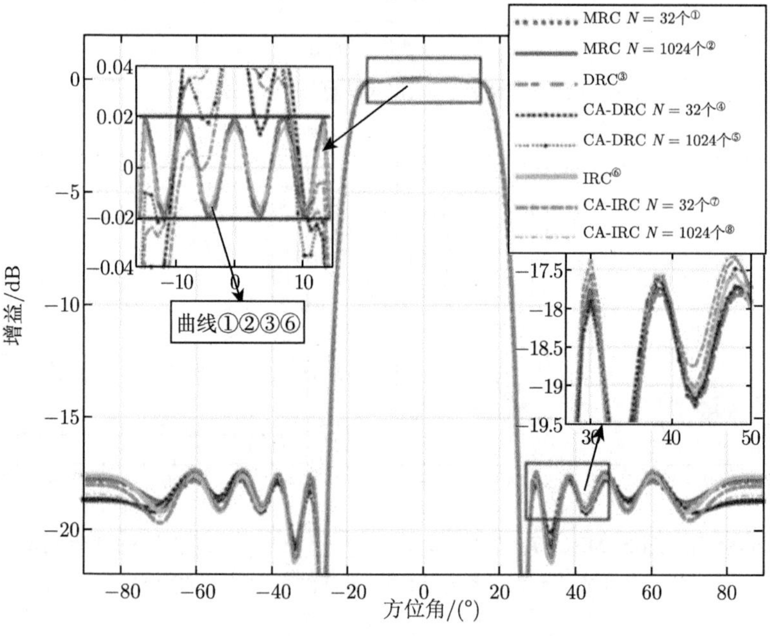

(b) 实验5中的宽主瓣波束图设计结果

图 3.8　实验 5 中 MRC 算法的宽主瓣波束图设计结果及对比

图 3.8(b) 显示了不同码长情况下的 MRC 算法 ($\beta = 0.8$)、IRC、DRC、CA-DRC 和 CA-IRC 的波束图设计结果。另外，放大的主瓣区域和局部旁瓣区域也被绘制在图 3.8(b) 的空白区域。此外，表 3.2 列出了所有算法的运行时间。从图 3.8(b) 可看出，本章提出的 MRC 算法和 DRC 算法可以精确控制主瓣纹波。由于间接法存在逼近误差，CA (CA-DRC 和 CA-IRC) 得到的波形集的波束图不能达到主瓣纹波要求且波束图峰值旁瓣较高。此外，表 3.2 的结果表明，对于 $N = 32$ 个，MRC、CA-DRC 和 CA-IRC 算法的计算时间差异不显著。然而，对于大规模恒模波形设计问题 (如 $N = 1024$ 个)，MRC 算法比两步法 (CA-DRC 和 CA-IRC) 要快得多。后续实验中设置 $\beta = 0.8$，$\alpha = 200$。

表 3.2 实验 5 中各算法运行时间对比 (单位: s)

N/个	MRC	DRC	CA-DRC	IRC	CA-IRC
32	5.58	5.41	5.67	5.10	5.47
1024	65.68	5.41	99.03	5.10	101.24

实验 6: 多主瓣波束图设计。在某些情况下，感兴趣的目标可能有不同的 RCS，此时 MIMO 雷达系统在小 RCS 目标的方向的辐射功率应该更大，以对不同 RCS 的目标具有相同的探测能力 [21]。因此，本实验考虑了多波束模式设计问题，其中两个主瓣区域分别为 $\Theta_1 \in [-48^\circ, -32^\circ]$ 和 $\Theta_2 \in [27^\circ, 43^\circ]$。此外，旁瓣区域为 $\Omega \in [-90^\circ, -56^\circ] \cup [-24^\circ, 19^\circ] \cup [51^\circ, 90^\circ]$。另外，两个波束的主瓣参数分别为 $d_1 = 10\text{dB}, \varepsilon_1 = 0.2\text{dB}$ 和 $d_2 = 7\text{dB}, \varepsilon_2 = 0.1\text{dB}$。图 3.9(a) 显示了波束图设计结果，图 3.9(b) 显示了波束图的主瓣放大区域 (Θ_1, Θ_2) 和旁瓣区域 $([-20^\circ, 20^\circ])$。

此实验结果表明，虽然 DRC 算法合成的协方差矩阵的波束图准确地满足纹波约束，但由协方差矩阵得到的波形 (CA-DRC) 的波束图不再满足纹波约束；与 DRC 方法相似，本章 MRC 算法可以精确地控制波束图主瓣纹波电平和旁瓣峰值电平。

实验 7: 带零陷的波束图设计。本实验考虑带零陷的波束设计问题，实验中假设在 $\vartheta_1 = 55^\circ$ 需要设置一个 -40dB 的零陷深度，在 $\bar{\Omega} \in [-50^\circ, -45^\circ]$ 处设置一个 -40dB 的波束图凹口。另外，主瓣区域和旁瓣区域分别设置为 $[-10^\circ, 10^\circ]$ 和 $[-90^\circ, -21^\circ] \cup [21^\circ, 90^\circ]$。此外，设置了 d= 0dB 和 ε=0.02 dB。从图 3.9(c) 中的结果可以看出，MRC 算法得到的波束图电平与 DRC 非常接近。然而，从协方差矩阵 (DRC 和 IRC) 中得到的波形 (CA-DRC 和 CA-IRC) 的波束图不再满足纹波约束。另外，两步法的零陷深度 (分别为 -34.35 dB 和 -28.90dB) 也不满足设计要求。

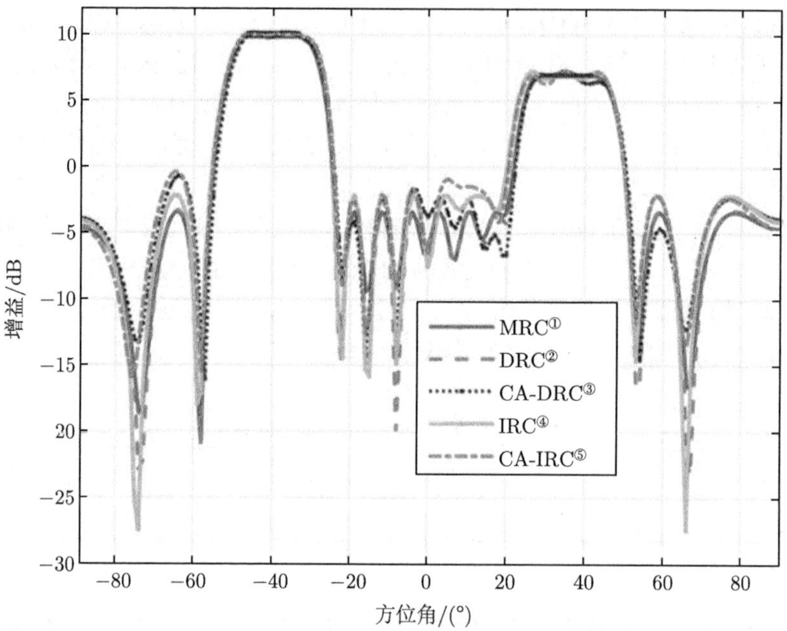

(a) 实验6中多主瓣波束图设计结果

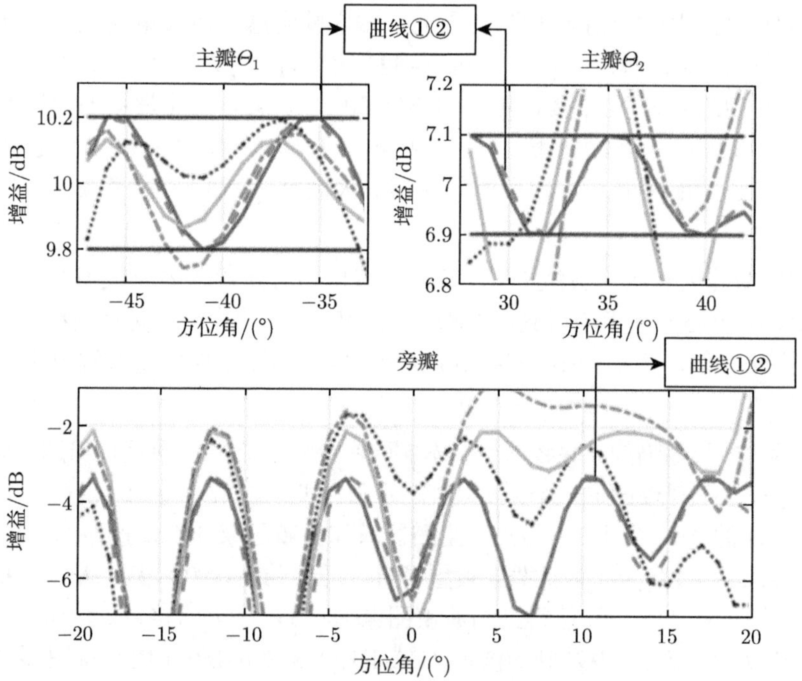

(b) 实验6中波束图的主瓣和旁瓣放大部分

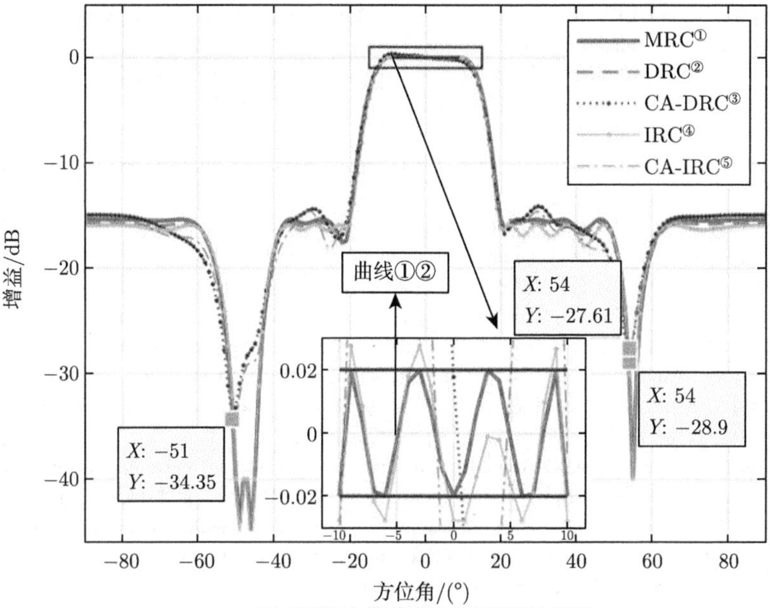

(c) 实验7中带零陷的波束图设计结果

图 3.9　不同需求下 MRC 算法波束图设计结果及对比

3.5　本 章 小 结

本章提出了两个直接设计恒模波形实现 MIMO 雷达最小峰值旁瓣波束图设计新方法：一个为最大化功率分配比设计，而另一个可以在精确控制主瓣纹波的同时最小化波束图峰值旁瓣；根据 ADMM 提出了 MTPD 算法和 MRC 算法。仿真实验表明，所提算法在波束图峰值旁瓣抑制、纹波控制和零陷形成方面均优于间接法。

参 考 文 献

[1] LI J, STOICA P. MIMO Radar Signal Processing[M]. Hoboken: Wiley Press, 2009.

[2] STOICA P, LI J, XIE Y. On probing signal design for MIMO radar[J]. IEEE Transactions on Signal Processing, 2007, 55(8): 4151-4161.

[3] HUA G, ABEYSEKERA S S. MIMO radar transmit beampattern design with ripple and transition band control[J]. IEEE Transactions on Signal Processing, 2013, 61(11): 2963-2974.

[4] LI J, STOICA P. MIMO radar with colocated antennas[J]. IEEE Signal Processing Magazine, 2007, 24(5): 106-114.

[5] FUHRMANN D R, SAN ANTONIO G. Transmit beamforming for MIMO radar systems using signal cross-correlation[J]. IEEE Transactions on Aerospace and Electronic Systems, 2008, 44(1): 171-186.

[6] LI H, HIMED B. Transmit subaperturing for MIMO radars with co-located antennas[J]. IEEE Journal of Selected Topics in Signal Processing, 2010, 4(1): 55-65.

[7] KARBASI S M, AUBRY A, MAIO A D, et al. Robust transmit code and receive filter design for extended targets in clutter[J]. IEEE Transactions on Signal Processing, 2015, 63(8): 1965-1976.

[8] CUI G, LI H, RANGASWAMY M. MIMO radar waveform design with constant modulus and similarity constraints[J]. IEEE Transactions on Signal Processing, 2014, 62(2): 343-353.

[9] AHMED S, THOMPSON J S, PETILLOT Y R, et al. Unconstrained synthesis of covariance matrix for MIMO radar transmit beampattern[J]. IEEE Transactions on Signal Processing, 2011, 59(8): 3837-3849.

[10] LIPOR J, AHMED S, ALOUINI M S. Fourier-based transmit beampattern design using MIMO radar[J]. IEEE Transactions on Signal Processing, 2014, 62(9): 2226-2235.

[11] HUA G, ABEYSEKERA S S. MIMO radar transmit beampattern designwith ripple and transition band control[J]. IEEE Transactions on Signal Processing, 2013, 61(11): 2963-2974.

[12] AHMED S, ALOUINI M. A survey of correlated waveform design formultifunction software radar[J]. IEEE Aerospace and Electronic Systems magazine, 2016, 31(3): 19-31.

[13] STOICA P, LI J, ZHU X. Waveform synthesis for diversity-based transmit beampattern design[J]. IEEE Transactions on Signal Processing, 2008, 56(6): 2593-2598.

[14] JARDAK S, AHMED S, ALOUINI M S. Generation of correlated finite alphabet waveforms using Gaussian random variables[J]. IEEE Transactions on Signal Processing, 2014, 62(17): 4587-4596.

[15] FUHRMANN D R, ANTONIO G S. Transmit beamforming for MIMO radar systems using partial signal correlation[C]. Conference Record of the Thirty-Eighth Asilomar Conference on Signals, Systems and Computers, Pacific Grove, USA, 2004: 295-299.

[16] SHARIATI N, ZACHARIAH D, BENGTSSON M. Minimum sidelobe beampattern design for MIMO radar systems: A robust approach[C]. 2014 IEEE International Conference on Acoustics, Speech and Signal Processing (ICASSP), Florence, Italy, 2014: 5312-5316.

[17] AUBRY A, MAIO A D, HUANG Y. MIMO radar beampattern design via PSL/ISL optimization[J]. IEEE Transactions on Signal Processing, 2016, 64(15): 3955-3967.

[18] AHMED S, ALOUINI M S. MIMO radar transmit beampattern design without synthesising the covariance matrix[J]. IEEE Transactions on Signal Processing, 2014, 62(9): 2278-2289.

[19] ZHANG X, HE Z, RAYMAN B L, et al. MIMO radar transmit beampattern matching design[J]. IEEE Transactions on Signal Processing, 2015, 63(8): 2049-2056.

[20] AHMED S, ALOUINI M S. MIMO-radar waveform covariance matrix for high SINR and low side-lobe levels[J]. IEEE Transactions on Signal Processing, 2014, 62(8): 2056-2065.

[21] CHENG Z F, ZHAO Y B, LI H, et al. Sparse representation framework for MIMO radar transmit beampattern matching design[J]. IEEE Transactions on Aerospace and Electronic Systems, 2017, 53(1): 520-529.

[22] HE H, LI J, STOICA P. Waveform Design for Active Sensing Systems: A Computational Approach[M]. Cambridge: Cambridge University Press, 2012.

[23] LIANG J L, SO H C, LI J, et al. Unimodular sequence design based on alternating direction method of multipliers[J]. IEEE Transactions on Signal Processing, 2016, 64(20): 5367-5381.

[24] LIANG J L, SO H C, LEUNG C S, et al. Waveform design with unit modulus and spectral shape constraints via Lagrange programming neural network[J]. IEEE Journal on Selected Topics in Signal Processing, 2015, 9(8): 1377-1386.

[25] IMANI S, NAYEBI M M, GHORASHI S. Transmit signal design in co-located MIMO radar without covariance matrix optimization[J]. IEEE Transactions on Aerospace and Electronic Systems, 2017, 53(5): 2178-2186.

[26] ALDAYEL O, MONGA V, RANGASWAMY M. Tractable transmit MIMO beampattern design under a constant modulus constraint[J]. IEEE Transactions on Signal Processing, 2017, 65(10): 2588-2599.

[27] CHENG Z, HE Z, ZHANG S, et al. Constant modulus waveform design for MIMO radar transmit beampattern[J]. IEEE Transactions on Signal Processing, 2017, 65(18): 4912-4923.

[28] BOYD S, PARIKH N, CHU E, et al. Distributed optimization and statistical learning via the alternating direction method of multipliers[J]. Foundations and Trends in Machine Learning, 2011, 3(1): 1-122.

[29] SOLTANALIAN M, STOICA P. Designing unimodular codes via quadratic optimization[J]. IEEE Transactions on Signal Processing, 2014, 62(5): 1221-1234.

[30] CUI G, YU X, FOGLIA G, et al. Quadratic optimization with similarity constraint for unimodular sequence synthesis[J]. IEEE Transactions on Signal Processing, 2017, 65(18): 4756-4769.

[31] GOLUB G H, VAN LOAN C F. Matrix Computations[M]. Maryland: Johns Hopkins University Press, 2012.

[32] BOYD S, VANDENBERGHE L. Convex Optimization[M]. Cambridge: Cambridge University Press, 2004.

[33] HONG M, LUO Z Q. On the linear convergence of the alternating direction method of multipliers[J]. Mathematical Programming, 2017, 162(1): 165-199.

[34] HONG M, LUO Z Q, RAZAVIYAYN M. Convergence analysis of alternating direction method of multipliers for a family of nonconvex problems[J]. SIAM Journal on Optimization, 2016, 26(1): 337-364.

[35] WEN Z, YANG C, LIU X, et al. Alternating direction methods for classical and ptychographic phase retrieval[J]. Inverse Problems, 2012, 28(11): 115010.

[36] WANG Y, YIN W, ZENG J. Global convergence of ADMM in nonconvex nonsmooth optimization[J]. Journal of Scientific Computing, 2019, 78(1): 29-63.

第 4 章　宽带 MIMO 雷达波束图合成

针对复杂电磁环境下宽带 MIMO 雷达发射波束图设计问题，本章将构造已知干扰频谱范围情况下的波束匹配优化模型和已知干扰频谱范围及方向情况下的最小峰值旁瓣波束优化模型。此外，本章将结合 ADMM 和上界函数最小化 (MM) 算法的优点，推导 Majorization-ADMM(M-ADMM) 和 Proximal-ADMM(P-ADMM)，用于上述复杂非凸非线性优化模型的求解。最后，通过数值仿真实验验证所提算法的有效性。

4.1　引　　言

雷达面临的电磁环境越来越复杂和拥挤，从空域来看雷达面临的电磁干扰可能来自于某个方向，而从频域来看雷达面临的电磁干扰可能来自于某些频段。MIMO 雷达发射波束图设计可从空域上降低某一方向的干扰对雷达的威胁，为保障 MIMO 雷达系统在复杂电磁环境下的探测和跟踪性能，在满足发射波束图设计要求的同时，雷达波形还需具有良好的频谱兼容性 [1]。一个提升雷达探测波形频谱兼容性的方法是在设计雷达发射波形时让波形的频谱在其他系统/干扰已经占据的频带上形成指定频谱零陷/凹口 [2]。虽然许多方法在设计雷达波形时考虑了频谱约束 [1-5]，但忽略了发射波束图的合成。针对在频谱密集环境下工作的宽带 MIMO 雷达系统缺乏有效的波束合成算法，本章将就此问题展开讨论。

4.2　谱约束下的宽带 MIMO 雷达波束图

设集中式 MIMO 雷达系统由 L 个天线组成，如图 4.1 所示，令 $\bar{x}_l \triangleq [x_l(1), x_l(2), \cdots, x_l(\bar{N})]^{\mathrm{T}}$ 为发射信号 $x_l(t)$ 的 Q 采样向量，其中 $\bar{N} = Q\lfloor \bar{\tau}/T \rfloor$，$T_s = 1/B$ 表示采样周期，则有

$$y_l(q) = \sum_{n=1}^{N} x_l(n)\mathrm{e}^{-\mathrm{j}2\pi\frac{(n-1)q}{N}} = \boldsymbol{x}_l^{\mathrm{T}}\boldsymbol{f}_q, q = -N/2, -N/2+1, \cdots, 0, \cdots, N/2-1 \tag{4.1}$$

其中①，

$$\boldsymbol{x}_l = \left[x_l(1), x_l(2), \cdots, x_l(\bar{N}), \overbrace{0, 0, 0, \cdots, 0}^{N-\bar{N}}\right]^{\mathrm{T}} \in \mathbb{C}^{N\times 1} \tag{4.2}$$

$$\boldsymbol{f}_q = \left[1, \mathrm{e}^{-\mathrm{j}2\pi\frac{q}{N}}, \cdots, \mathrm{e}^{-\mathrm{j}2\pi\frac{(N-1)q}{N}}\right]^{\mathrm{T}} \in \mathbb{C}^{N\times 1} \tag{4.3}$$

从而，宽带 MIMO 雷达波束图可表示为②

$$P_{m,q} = \left|\boldsymbol{a}_{m,q}^{\mathrm{H}}\boldsymbol{y}_q\right|^2 = \left|\boldsymbol{a}_{m,q}^{\mathrm{H}}\boldsymbol{X}\boldsymbol{f}_q\right|^2 \tag{4.4}$$

式中，$\boldsymbol{y}_q = [y_1(q), y_2(q), \cdots, y_L(q)]^{\mathrm{T}}$；$\boldsymbol{X} = [\boldsymbol{x}_1, \boldsymbol{x}_2, \cdots, \boldsymbol{x}_L]^{\mathrm{T}} \in \mathbb{C}^{L\times N}$；$\boldsymbol{a}_{m,q} \triangleq \boldsymbol{a}(\theta_m, q/NT_s)$。

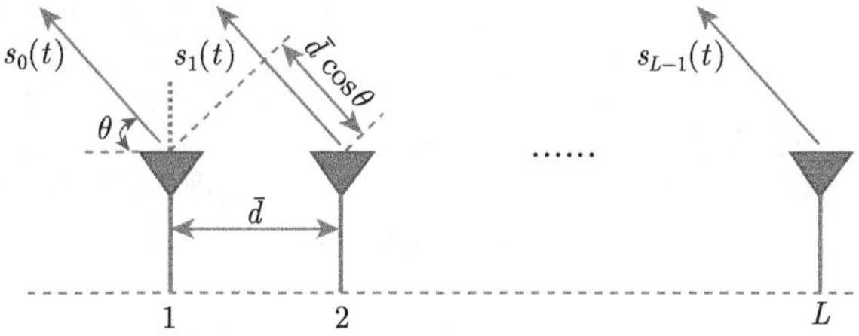

图 4.1　匀直线阵示意图

实际情况下，射频电路中的功率放大器对最大输入电压有限制，发射波形的模须进行归一化，这意味着波形幅度的最大值 (或峰值功率) 必须受到限制。因此，通常波形设计需添加峰值均功比 (peak-to-average power ratio, PAR) 约束 [4,7-8]，但 PAR 约束仅限制了发射波形的峰值功率和平均功率 [9]，这可能导致发射效率低 (波形的幅度具有很大的动态范围)。为了提高传输效率，本节为 MIMO 雷达的探测波形设计引入了以下动态范围比 (dynamic range ratio，DRR) 约束 [10]：

$$\mathrm{DRR}(\boldsymbol{x}) = \frac{\max\limits_n |x_n|}{\min\limits_n |x_n|} \leqslant \zeta \tag{4.5}$$

① 由于在宽带 MIMO 的波束图设计中对采样后的频点控制，因此获得的波形的波束图可能在其他频率点无法满足要求。据作者所知，所有用于宽带 MIMO 波束图案的现有方法都存在此问题，并且它们使用波形长度 $\bar{N}$ 为频率的采样数量。为解决此问题，一种解决方案是增加频率采样点，但波形代码长度也会增加 [6]。本章通过将其余分量限制为零来简单地保持实际波形长度不变，即将波形长度设置为 N，其中最后的 $N-\bar{N}$ 码被限制为 0。通过这样的改变可以有 N 个频率样本，但保持波形代码长度 $\bar{N}$ 不变。

② 此处设置 $N = Q\lfloor\bar{\tau}/T\rfloor$，即让 $\boldsymbol{x}_l \triangleq [x_l(1), x_l(2), \cdots, x_l(\bar{N})]^{\mathrm{T}}$ 是 $x_l(t)$ 的 Q 倍采样向量，较大的 N 可以实现更好的频谱抑制 [6]。

可以看出，PAR 和 DRR 都比恒模 (CM) 约束更具有概括性，这是因为 CM 约束只是 PAR 和 DRR 的特例 (即 ζ=1 时，PAR 和 DRR 约束即为 CM 约束)①。

为降低通道内的主要用户 (如卫星、无线电、电视) 造成的干扰，宽频带 MIMO 雷达探测波形的频谱受限 [1,4,11]。从式 (4.4) 可以看出，宽带传输波束模式依赖于空间角度和频率，每个 q 和 θ_m 的功率分布可以设计探测波形来控制。图 4.2 展示了两个不同的应用场景示意图。

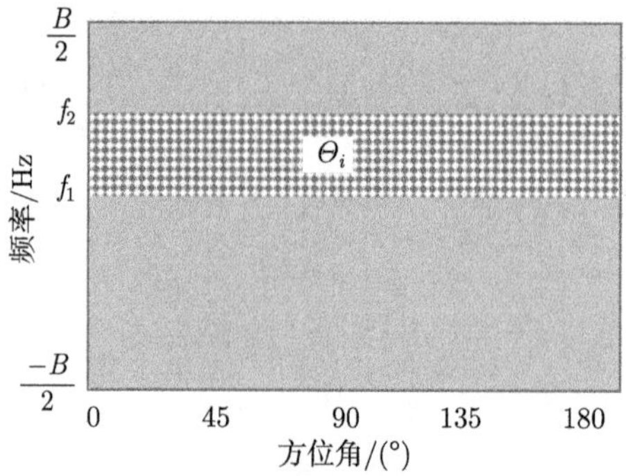

(a) 已知干扰频谱范围的波束合成

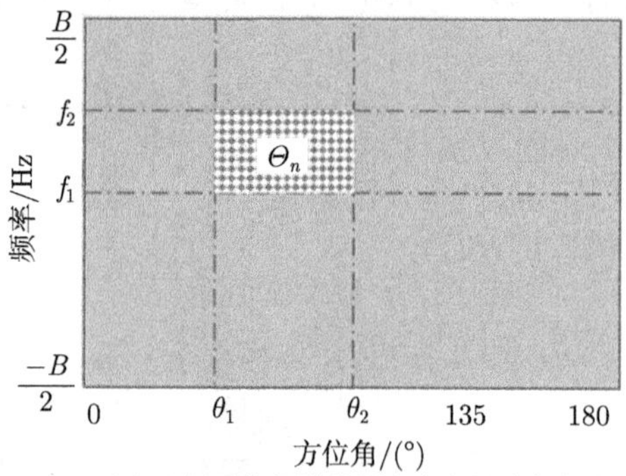

(b) 已知干扰频谱范围和方向的波束合成

图 4.2 本节所关注的两个应用场景示意图

在图 4.2(a) 中，频段 $[f_1, f_2]$ 被信道中的另一个用户占用，因此需对发射波形 $\boldsymbol{X}$ 施加以下频谱约束以减少干扰：

$$\left\|\boldsymbol{X}\boldsymbol{f}_q\right\|_2^2 \leqslant \xi, \forall q \in \Theta_i \tag{4.6}$$

式中，ξ 表示用户确定的零陷深度，Θ_i 表示频段 $[f_1, f_2]$ 的离散网格点集 (参见图 4.2(a) 中的网格点区域)。

此外，如果通道中用户的空间方向范围 $[\theta_1, \theta_2]$ 也先验已知，则可在设计中施加以下约束减少干扰：

$$\left|\boldsymbol{a}_{m,q}^{\mathrm{H}}\boldsymbol{X}\boldsymbol{f}_q\right|^2 \leqslant \xi, \forall\{m, q\} \in \Theta_n \tag{4.7}$$

图 4.2(b) 中的 Θ_n 表示波束图零陷的离散网格点集，其只包含干扰的频谱带宽和干扰空间方向。

4.2.1 波束图匹配设计

针对干扰的频谱范围已知这种情况，本小节考虑以下波形设计模型实现波束图的匹配：

---

① 因 PAR 和 DRR 约束基于采样信号，文献 [12] 和 [13] 研究表明，当 $Q = 4$ 时可精确获得具有相同 PAR 值的离散信号所对应的连续时间信号。

$$
\begin{aligned}
\min_{\boldsymbol{X}} \ & \sum_{m=1}^{M} \sum_{\substack{q=-N/2,\\ q\notin\Theta_i}}^{N/2-1} W_{m,q}\left|D_{m,q}-\left|\boldsymbol{a}_{m,q}^{\mathrm{H}}\boldsymbol{X}\boldsymbol{f}_q\right|\right|^2 \\
\text{s.t.} \ & \left\|\boldsymbol{X}\boldsymbol{f}_q\right\|_2^2 \leqslant \xi, \forall q\in\Theta_i \\
& \mathrm{MC}\left(\boldsymbol{X}_{l,:}\right) \leqslant \zeta_l, \forall l
\end{aligned} \tag{4.8}
$$

式中，$W_{m,q}\geqslant 0$，表示第 m 个方向和第 q 个频点所对应的权重；$D_{m,q}$ 表示波束图模板 ($D_{m,q}=1,\forall\{m,q\}\in\Theta_m$；$D_{m,q}=1,\forall\{m,q\}\in\Theta_m$，其中 Θ_m 表示离散网格点集)，$\mathrm{MC}\left(\boldsymbol{X}_{l,:}\right)\leqslant\zeta_l$ 表示模约束 (modulus constraint, MC)，即 PAR 或 DRR 约束，$\zeta_l\geqslant 1$ 是第 l 个波形的 PAR 或 DRR 阈值。MC 和目标函数中的求模运算使得式 (4.8) 呈现非凸非光滑特点，难以求解。为此，4.3 节将推导 M-ADMM[14] 求解该复杂优化问题。

4.2.2　最小旁瓣发射波束图设计

类似于窄带 MIMO 雷达波束图设计问题，实际应用中目标方向可能并不确切得知。因此，本小节也要求宽带 MIMO 雷达波束图主瓣满足 $d-\varepsilon\leqslant\left|\boldsymbol{a}_{m,q}^{\mathrm{H}}\boldsymbol{X}\boldsymbol{f}_q\right|\leqslant d+\varepsilon$，其中 d 和 $\varepsilon(d<\varepsilon)$ 分别表示主瓣电平和主瓣波纹项。此外，为降低雷达杂波对雷达检测性能的影响 [15-18]，该设计以最小化波束图峰值旁瓣为目标函数。针对干扰方向和频率范围已知的情况，本小节构造如下优化模型：

$$
\begin{aligned}
\min_{\boldsymbol{X}} \ & \max_{\{m,q\}\in\Theta_s} \left|\boldsymbol{a}_{m,q}^{\mathrm{H}}\boldsymbol{X}\boldsymbol{f}_q\right| \\
\text{s.t.} \ & d-\varepsilon\leqslant\left|\boldsymbol{a}_{m,q}^{\mathrm{H}}\boldsymbol{X}\boldsymbol{f}_q\right|\leqslant d+\varepsilon, \forall\{m,q\}\in\Theta_m \\
& \left|\boldsymbol{a}_{m,q}^{\mathrm{H}}\boldsymbol{X}\boldsymbol{f}_q\right|^2\leqslant\xi, \forall\{m,q\}\in\Theta_n \\
& \mathrm{MC}\left(\boldsymbol{X}_{l,:}\right)\leqslant\zeta_l, \forall l
\end{aligned} \tag{4.9}
$$

式中，Θ_s 和 Θ_m 分别为束图旁瓣和主瓣的离散网格点集。式 (4.9) 也非凸 (由于 MC 和波纹约束 $d-\varepsilon\leqslant\left|\boldsymbol{a}_{m,q}^{\mathrm{H}}\boldsymbol{X}\boldsymbol{f}_q\right|\leqslant d+\varepsilon$ 形成了一个非凸的可行集)。另外，该优化问题的目标函数是非光滑的 (因为目标函数中的 max 运算和取模操作)。4.4 节将推导式 (4.9) 的等价近似问题，并推导 P-ADMM 进行求解。

4.3　M-ADMM 推导和复杂度分析

本节首先根据 MM 框架 [19] 构造了式 (4.8) 目标函数的上界函数，其次应用 ADMM 的更新规则并行处理约束优化问题。

展开式 (4.8) 的目标函数，可得

$$\sum_{m=1}^{M}\sum_{\substack{q=-N/2,\\ q\notin\Theta_i}}^{N/2-1} W_{m,q}\left(\left|\boldsymbol{a}_{m,q}^{\mathrm{H}}\boldsymbol{X}\boldsymbol{f}_q\right|^2-2D_{m,q}\left|\boldsymbol{a}_{m,q}^{\mathrm{H}}\boldsymbol{X}\boldsymbol{f}_q\right|+(D_{m,q})^2\right) \tag{4.10}$$

可以看到，式 (4.10) 中第二个求模项 $-2D_{m,q}\left|\boldsymbol{a}_{m,q}^{\mathrm{H}}\boldsymbol{X}\boldsymbol{f}_q\right|$ 是非光滑且凹的，导致了式 (4.8) 的目标函数的非光滑和非凸性。根据柯西–施瓦茨 (Cauchy-Schwarz) 不等式 $\left|\boldsymbol{x}^{\mathrm{H}}\boldsymbol{x}^{(t)}\right|\geqslant \mathrm{Re}\left[\boldsymbol{x}^{\mathrm{H}}\boldsymbol{x}^{(t)}\right]$[14,20] 和 $D_{m,q}\geqslant 0,\forall\{m,q\}$，可得

$$\begin{aligned}
&\left|D_{m,q}-\left|\boldsymbol{a}_{m,q}^{\mathrm{H}}\boldsymbol{X}\boldsymbol{f}_q\right|\right|^2\\
\leqslant&\left|\boldsymbol{a}_{m,q}^{\mathrm{H}}\boldsymbol{X}\boldsymbol{f}_q\right|^2-2\mathrm{Re}\left[\boldsymbol{f}_q^{\mathrm{H}}\boldsymbol{X}^{\mathrm{H}}\boldsymbol{a}_{m,q}z_{m,q}^{(t)}\right]+(D_{m,q})^2\\
=&\left|\boldsymbol{a}_{m,q}^{\mathrm{H}}\boldsymbol{X}\boldsymbol{f}_q-z_{m,q}^{(t)}\right|^2
\end{aligned} \tag{4.11}$$

式中，$z_{m,q}^{(t)}=D_{m,q}\dfrac{\boldsymbol{a}_{m,q}^{\mathrm{H}}\boldsymbol{X}^{(t)}\boldsymbol{f}_q}{\left|\boldsymbol{a}_{m,q}\boldsymbol{X}^{(t)}\boldsymbol{f}_q\right|}=D_{m,q}\mathrm{e}^{\mathrm{j}\angle\left(\boldsymbol{a}_{m,q}^{\mathrm{H}}\boldsymbol{X}^{(t)}\boldsymbol{f}_q\right)}$ 且当 $\boldsymbol{X}=\boldsymbol{X}^{(t)}$ 时等式成立。根据 MM 思想，式 (4.10) 和式 (4.11) 意味着可以迭代求解以下优化问题来获得式 (4.8) 的解：

$$\begin{aligned}
\min_{\boldsymbol{X}}\ &\sum_{m=1}^{M}\sum_{q=-N/2,q\notin\Theta_i}^{N/2-1} W_{m,q}\left|\boldsymbol{a}_{m,q}^{\mathrm{H}}\boldsymbol{X}\boldsymbol{f}_q-z_{m,q}^{(t)}\right|^2\\
\text{s.t.}\ &\left\|\boldsymbol{X}\boldsymbol{f}_q\right\|_2^2\leqslant\xi,\forall q\in\Theta_i\\
&\mathrm{MC}\left(\boldsymbol{X}_{l,:}\right)\leqslant\zeta_l,\forall l
\end{aligned} \tag{4.12}$$

可以看出，式 (4.12) 的目标函数是关于 $\boldsymbol{X}$ 的二次函数，是凸的且光滑的。为了进一步简化式 (4.12)，引入了线性等式约束 $\boldsymbol{y}_q=\boldsymbol{X}\boldsymbol{f}_q, q=-N/2,-N/2+1,\cdots,N/2-1$，将式 (4.12) 转化为如下等价的优化问题：

$$\begin{aligned}
\min_{\boldsymbol{X},\{\boldsymbol{y}_q\}_{q=-\frac{N}{2}}^{\frac{N}{2}-1}}\ &\sum_{m=1}^{M}\sum_{q=-N/2,q\notin\Theta_i}^{N/2-1} W_{m,q}\left|\boldsymbol{a}_{m,q}^{\mathrm{H}}\boldsymbol{y}_q-z_{m,q}^{(t)}\right|^2\\
\text{s.t.}\ &\boldsymbol{y}_q=\boldsymbol{X}\boldsymbol{f}_q,q=-N/2,-N/2+1,\cdots,N/2-1\\
&\left\|\boldsymbol{y}_q\right\|_2^2\leqslant\xi,\forall q\in\Theta_i\\
&\mathrm{MC}\left(\boldsymbol{X}_{l,:}\right)\leqslant\zeta_l,\forall l
\end{aligned} \tag{4.13}$$

显然，辅助变量 $\{\boldsymbol{y}_q\}_{q=-N/2}^{N/2-1}$ 是相互独立的，这意味着式 (4.13) 的目标函数相对于每个 q 也是独立的。

下面根据 ADMM，建立如下增广拉格朗日函数：

$$\begin{aligned}\mathcal{L}_{\rho,\left\{z_{m,q}^{(t)}\right\}}\left(\boldsymbol{X},\{\boldsymbol{y}_q,\boldsymbol{\lambda}_i\}\right)=&\sum_{m=1}^{M}\sum_{q=-N/2,q\notin\Theta_i}^{N/2-1}W_{m,q}\left|\boldsymbol{a}_{m,q}^{\mathrm{H}}\boldsymbol{y}_q-z_{m,q}^{(t)}\right|^2\\&+\frac{\rho}{2}\sum_{q=-N/2}^{N/2-1}\left(\left\|\boldsymbol{y}_q-\boldsymbol{X}\boldsymbol{f}_q+\boldsymbol{\lambda}_q\right\|_2^2-\left\|\boldsymbol{\lambda}_q\right\|_2^2\right)\end{aligned}\tag{4.14}$$

式中，$\rho\geqslant 0$，为惩罚参数；$\{\boldsymbol{\lambda}_q\}$ 为对偶变量。基于上述讨论，在 ADMM 框架下，本节提出 M-ADMM 来确定 $\boldsymbol{X},\{\boldsymbol{y}_q,\boldsymbol{\lambda}_q\}$(算法 4.1)。

算法 4.1　M-ADMM

算法输入：$\boldsymbol{D}$，$\boldsymbol{W}$，$\boldsymbol{X}^{(0)}$，$\{\boldsymbol{y}_q\}$，$\{\boldsymbol{\lambda}_q\}$，$\zeta_l$。停止残差 ε，$t=0$，Θ_i.

1：while $\sum\limits_{q=-N/2}^{N/2-1}\left\|\boldsymbol{y}_q^{(t)}-\boldsymbol{y}_q^{(t-1)}\right\|_2\Big/N>\varepsilon$do

2：Majorization 步骤：

$$z_{m,q}^{(t)}=D_{m,q}\mathrm{e}^{\mathrm{j}\angle\left(\boldsymbol{a}_{m,q}^{\mathrm{H}}\boldsymbol{X}^{(t)}\boldsymbol{f}_q\right)}\tag{4.15}$$

3：ADMM 步骤：

$$\begin{aligned}&\boldsymbol{X}^{(t+1)}=\arg\min_{\boldsymbol{X}}\mathcal{L}_{\rho,\left\{z_{m,q}^{(t)}\right\}}\left(\boldsymbol{X},\left\{\boldsymbol{y}_q^{(t)},\boldsymbol{\lambda}_q^{(t)}\right\}\right)\\&\text{s.t. }\mathrm{MC}\left(\boldsymbol{X}_{l,:}\right)\leqslant\zeta_l,\forall l\end{aligned}\tag{4.16}$$

$$\begin{aligned}&\left\{\boldsymbol{y}_q^{(t+1)}\right\}=\arg\min_{\{\boldsymbol{y}_q\}}\mathcal{L}_{\rho,\left\{z_{m,q}^{(t)}\right\}}\left(\boldsymbol{X}^{(t+1)},\left\{\boldsymbol{y}_q,\boldsymbol{\lambda}_q^{(t)}\right\}\right)\\&\text{s.t. }\|\boldsymbol{y}_q\|_2^2\leqslant\xi,\forall q\in\Theta_i\end{aligned}\tag{4.17}$$

$$\boldsymbol{\lambda}_q^{(t+1)}=\boldsymbol{\lambda}_q^{(t)}+\boldsymbol{y}_q^{(t+1)}-\boldsymbol{X}^{(t+1)}\boldsymbol{f}_q,\forall q\tag{4.18}$$

4：$t=t+1$

5：end while

算法输出:$\boldsymbol{X}=\boldsymbol{X}^{(t+1)}$.

不同于 WBFIT 算法 [1] 将式 (4.8) 分为两个独立问题进行求解，M-ADMM 通过对偶变量更新步骤式 (4.18) 收集等式约束残差 ($\left\|\boldsymbol{y}_q-\boldsymbol{X}\boldsymbol{f}_q\right\|$)，然后将残差分发到最小化步骤式 (4.16) 和式 (4.17) 中。这个“收集”和“分发”过程使 M-ADMM 比 WBFIT 算法有更高的精度，同时保持相当的计算复杂度。此外，$\boldsymbol{X}$

的每一行都可以以并行方式计算 (参见 4.4.1 小节和 4.4.2 小节)。

定理 4.1 表明 M-ADMM 生成的序列是收敛的。

定理 4.1 令序列 $\{\boldsymbol{X}^{(t+1)},\{\boldsymbol{y}_q^{(t+1)},\boldsymbol{\lambda}_q^{(t+1)},z_{m,q}^{(t+1)}\}\}$ 表示由算法 M-ADMM 步骤,即式 (4.15)∼ 式 (4.18) 所产生的序列,其中 $\boldsymbol{A}_q=[\boldsymbol{a}_{1,q},\boldsymbol{a}_{2,q},\cdots,\boldsymbol{a}_{M,q}],\forall q,\boldsymbol{B}_q=\boldsymbol{A}_q\mathrm{Diag}(\boldsymbol{W}_{:,q})\boldsymbol{A}_q^{\mathrm{H}},\forall q$。那么，对于 $\rho>\dfrac{1}{2}\max\limits_q\left\{2\overline{M}_q,\sqrt{8\overline{M}_q+\overline{M}_q^2}-\overline{M}_q\right\}_{q=-N/2}^{N/2-1}$,下面的结论成立。

(1) 拉格朗日函数的值在每次迭代时减小，即

$$
\begin{aligned}
&\mathcal{L}_{\rho,\{z_{m,q}^{(t)}\}}\left(\boldsymbol{X}^{(t+1)},\{\boldsymbol{y}_q^{(t+1)},\boldsymbol{\lambda}_q^{(t+1)}\}\right)-\mathcal{L}_{\rho,\{z_{m,q}^{(t)}\}}\left(\boldsymbol{X}^{(t)},\{\boldsymbol{y}_q^{(t)},\boldsymbol{\lambda}_q^{(t)}\}\right)\\
&\leqslant\sum_{q=-N/2}^{N/2-1}\left(\frac{\overline{M}_q}{\rho}-\frac{\overline{M}_q+\rho}{2}\right)\left\|\boldsymbol{y}_q^{(t+1)}-\boldsymbol{y}_q^{(t)}\right\|_2^2
\end{aligned}\tag{4.19}
$$

(2)$\mathcal{L}_{\rho,\{z_{m,q}^{(t)}\}}(\boldsymbol{X},\{\boldsymbol{y}_q,\boldsymbol{\lambda}_q\})$ 有下界，且当 $t\to\infty$ 时收敛。

(3) 任何极限点，即 $\{\boldsymbol{X}^\star,\{\boldsymbol{y}_q^\star,\boldsymbol{\lambda}_q^\star,z_{m,q}^\star\}\}\triangleq\lim\limits_{t\to\infty}\{\boldsymbol{X}^{(t)},\{\boldsymbol{y}_q^{(t)},\boldsymbol{\lambda}_q^{(t)},z_{m,q}^{(t)}\}\}$，都是式 (4.14) 的一个稳定解,且其满足 $\boldsymbol{y}_q^\star=\boldsymbol{X}^\star\boldsymbol{f}_q,q=-N/2,-N/2+1,\cdots,N/2-1$，以及

$$
|D_{m,q}-|\,\boldsymbol{a}_{m,q}^{\mathrm{H}}\boldsymbol{X}^\star\boldsymbol{f}_q\|^2=\left|\boldsymbol{a}_{m,q}^{\mathrm{H}}\boldsymbol{X}^\star\boldsymbol{f}_q-z_{m,q}^\star\right|^2,\forall\{m,q\}\tag{4.20}
$$

另外，$\boldsymbol{X}^\star$ 为式 (4.8) 的一个稳定解。下面给出式 (4.16) 和式 (4.17) 的求解。

4.3.1 推导步骤 1

当 $\{\boldsymbol{y}_q^{(t)},\boldsymbol{\lambda}_q^{(t)}\}$ 给定，忽略式 (4.16) 中的常数项并整理可得

$$
\begin{aligned}
&\min_{\boldsymbol{X}}\ \left\|\boldsymbol{Y}\boldsymbol{F}^{\mathrm{H}}/N-\boldsymbol{X}\right\|_{\mathrm{F}}^2\\
&\text{s.t.}\ \ \mathrm{MC}\left(\boldsymbol{X}_{l,:}\right)\leqslant\zeta_l,\forall l
\end{aligned}\tag{4.21}
$$

式中，$\boldsymbol{Y}\triangleq\left[\boldsymbol{y}_{-N/2}^{(t)}+\boldsymbol{\lambda}_{-N/2}^{(t)},\cdots,\boldsymbol{y}_{N/2-1}^{(t)}+\boldsymbol{\lambda}_{N/2-1}^{(t)}\right]\in\mathbb{C}^{L\times N}$；$\boldsymbol{F}\triangleq[\boldsymbol{f}_{-N/2},\cdots,\boldsymbol{f}_{N/2-1}]\in\mathbb{C}^{N\times N}$。式 (4.21) 可以被分离为如下 L 个独立的优化子问题：

$$
\begin{aligned}
&\min_{\boldsymbol{x}_l}\ \|\boldsymbol{x}_l-\bar{\boldsymbol{y}}_l\|_2^2\\
&\text{s.t.}\ \mathrm{MC}\left(\boldsymbol{x}_l\right)\leqslant\zeta_l,l=1,2,\cdots,L
\end{aligned}\tag{4.22}
$$

式中，$\boldsymbol{x}_l$ 和 $\bar{\boldsymbol{y}}_l$ 分别表示 $\boldsymbol{X}_{:,1:\bar{N}}$ 和 $\overline{\boldsymbol{Y}}=\overline{\overline{\boldsymbol{Y}}}_{:,1:\bar{N}}$　$\left(\overline{\overline{\boldsymbol{Y}}}=\boldsymbol{Y}\boldsymbol{F}^{\mathrm{H}}/N\right)$ 的第 l 行。下面将分别推导在 PAR 和 DRR 约束下式 (4.22) 的求解过程。

由于式 (4.22) 独立于每个 $\boldsymbol{x}_l$，式 (4.20) 中的子问题可以相同的方式并行求解。为简单起见，在下面的推导中去掉了 $\boldsymbol{x}_l$、$\bar{\boldsymbol{y}}_l$ 和 ζ_l 中的下标 l。

在 PAR 约束下，式 (4.22) 可表述为

$$\begin{aligned}\min_{x}\quad & \|\boldsymbol{x}-\bar{\boldsymbol{y}}\|_2^2\\ \text{s.t.}\quad & |x_n|^2/\|\boldsymbol{x}\|_2^2\leqslant\zeta/N,\forall n\end{aligned}\tag{4.23}$$

当 $\mathrm{PAR}(\bar{\boldsymbol{y}})\leqslant\zeta$ 时，式 (4.23) 的解为 $\boldsymbol{x}=\bar{\boldsymbol{y}}$；其他情况根据以下方法确定式 (4.23) 的解。

式 (4.23) 中的关键点在于复杂且耦合的二次分数约束 $|x_n|^2/\|\boldsymbol{x}\|_2^2\leqslant\zeta/N$。为了处理这些约束，本小节引入辅助变量 $h_n=x_n/\|\boldsymbol{x}\|_2$ 并将式 (4.23) 转换为

$$\begin{aligned}\min_{\|\boldsymbol{x}\|_2,\boldsymbol{h}}\quad & \big\|\|\boldsymbol{x}\|_2\boldsymbol{h}-\bar{\boldsymbol{y}}\big\|_2^2\\ \text{s.t.}\quad & |h_n|^2\leqslant\zeta/N,\forall n\\ & \boldsymbol{h}^{\mathrm{H}}\boldsymbol{h}=1\end{aligned}\tag{4.24}$$

展开目标函数并忽略常数项，可得

$$\begin{aligned}\min_{\boldsymbol{h},\|\boldsymbol{x}\|_2}\quad & \|\boldsymbol{x}\|_2^2-2\|\boldsymbol{x}\|_2\mathrm{Re}\left[\boldsymbol{h}^{\mathrm{H}}\bar{\boldsymbol{y}}\right]\\ \text{s.t.}\quad & |h_n|^2\leqslant\zeta/N,\forall n\\ & \boldsymbol{h}^{\mathrm{H}}\boldsymbol{h}=1\end{aligned}\tag{4.25}$$

显然，耦合的二次分式约束等价于约束条件 $|h_n|^2\leqslant\zeta/N$ 和 $\boldsymbol{h}^{\mathrm{H}}\boldsymbol{h}=1$，这简化了要解决的问题。不难看出，如果已知最优 $\boldsymbol{h}$，则最优 $\|\boldsymbol{x}\|_2$ 为 $\mathrm{Re}\left[\boldsymbol{h}^{\mathrm{H}}\bar{\boldsymbol{y}}\right]$。

由此可知，$\boldsymbol{h}$ 的最优解只与 $\bar{\boldsymbol{y}}$ 的方向有关，因此式 (4.25) 等价于：

$$\begin{aligned}\min_{\boldsymbol{h}}\quad & -\mathrm{Re}\left[\boldsymbol{h}^{\mathrm{H}}\bar{\boldsymbol{y}}\right]\\ \text{s.t.}\quad & |h_n|^2\leqslant\zeta/N,\forall n\\ & \boldsymbol{h}^{\mathrm{H}}\boldsymbol{h}=1\end{aligned}\tag{4.26}$$

式 (4.26) 中的优化问题可以用 Nearest-Vector 算法 [21] 求解。当 $\boldsymbol{h}$ 确定后，可得 $\boldsymbol{x}^{(t+1)}=\left[\mathrm{Re}\left[\boldsymbol{h}^{\mathrm{H}}\bar{\boldsymbol{y}}\right]\boldsymbol{h};0\right]\in\mathbb{C}^{N\times1}$。

在 DRR 约束下，式 (4.22) 可表述为

$$\begin{aligned}&\min_{\boldsymbol{x}} \ \|\boldsymbol{x}-\bar{\boldsymbol{y}}\|_2^2\\&\text{s.t.}\ \max_n |x_n| \leqslant \zeta \min_n |x_n|\end{aligned} \tag{4.27}$$

当 $\mathrm{PAR}(\bar{\boldsymbol{y}}) \leqslant \zeta$ 时，最优 $\boldsymbol{x}=\bar{\boldsymbol{y}}$；其他情况根据如下步骤求解式 (4.27)。由于 DRR 约束，式 (4.27) 也是非凸的。这种非凸性很容易验证，如当 $\zeta=1$ 时，DRR 约束退化为恒模约束，而恒模约束不是凸集。为求解此问题，引入辅助变量 β，并将式 (4.27) 转换为

$$\begin{aligned}&\min_{\boldsymbol{x},\beta} \ \|\boldsymbol{x}-\bar{\boldsymbol{y}}\|_2^2\\&\text{s.t.}\ \beta \leqslant |x_n| \leqslant \zeta\beta, \forall n\end{aligned} \tag{4.28}$$

式中，复变量 $\boldsymbol{x}$ 的最优相位与 $\bar{\boldsymbol{y}}$ 相同，即

$$\angle \boldsymbol{x} = \angle \bar{\boldsymbol{y}} \tag{4.29}$$

将式 (4.29) 代入式 (4.28)，令 $\boldsymbol{r}=|\boldsymbol{x}|$，$\boldsymbol{s}=|\bar{\boldsymbol{y}}|$，可得到如下实值优化问题：

$$\begin{aligned}&\min_{\boldsymbol{r},\beta} \ \|\boldsymbol{r}-\boldsymbol{s}\|_2^2\\&\text{s.t.}\ \beta \leqslant r_n \leqslant \zeta\beta, \forall n\end{aligned} \tag{4.30}$$

式 (4.30) 中的优化问题为凸优化问题，可以用 Karush-Kuhn-Tucker(KKT) 理论来求解。式 (4.30) 的拉格朗日函数为

$$\mathcal{L}(\boldsymbol{r},\beta,\boldsymbol{\lambda},\boldsymbol{\mu}) = \|\boldsymbol{r}-\boldsymbol{s}\|_2^2 + \boldsymbol{\lambda}^{\mathrm{T}}(\beta 1 - \boldsymbol{r}) + \boldsymbol{\mu}^{\mathrm{T}}(\boldsymbol{r} - \zeta\beta 1) \tag{4.31}$$

假设 $\{\boldsymbol{r}^\star, \beta^\star\}$ 和 $\{\boldsymbol{\lambda}^\star, \boldsymbol{\mu}^\star\}$ 分别为式 (4.31) 的原变量和对偶变量的最优值，那么根据 KKT 理论最优性条件，可得

$$0 = 2\left(r_n^\star - s_n\right) - \lambda_n^\star + \mu_n^\star, \forall n \tag{4.32}$$

$$0 = \left(\boldsymbol{\lambda}^\star\right)^{\mathrm{T}} \mathbf{1} - \zeta \left(\boldsymbol{\mu}^\star\right)^{\mathrm{T}} \mathbf{1} \tag{4.33}$$

$$0 = \lambda_n^\star \left(\beta^\star - r_n^\star\right), \lambda_n^\star \geqslant 0, \forall n \tag{4.34}$$

$$0 = \mu_n^\star \left(r_n^\star - \zeta\beta^\star\right), \mu_n^\star \geqslant 0, \forall n \tag{4.35}$$

因为 $\lambda_n^\star$ 和 $\mu_n^\star$ 对应于互斥约束的拉格朗日乘子，所以 $\lambda_n^\star$ 或 $\mu_n^\star$ 其中一个值应为 0[22]，可有如下三种情况：

(1) 如果 $\lambda_n^\star=0$，$\mu_n^\star>0$。式 (4.35) 和式 (4.32) 表明，$r_n^\star=\zeta\beta^\star$，$\mu_n^\star=2\left(s_n-\zeta\beta^\star\right)>0$；

(2) 如果 $\lambda_n^\star>0$，$\mu_n^\star=0$。式 (4.34) 和式 (4.32) 表明，$r_n^\star=\beta^\star$，$\lambda_n^\star=2\left(\beta^\star-s_n\right)>0$；

(3) 如果 $\lambda_n^\star=0$，$\mu_n^\star=0$。式 (4.32) 表明，$r_n^\star=s_n$。

结合以上情况，可得

$$r_n^\star=\begin{cases}\zeta\beta^\star, & \zeta\beta^\star<s_n\\ \beta^\star, & \beta^\star>s_n\\ s_n, & \text{其他}\end{cases}\tag{4.36}$$

和

$$\begin{cases}\lambda_n^\star=0,\mu_n^\star=2\left(s_n-\zeta\beta^\star\right), & \beta^\star<s_n/\zeta\\ \lambda_n^\star=2\left(\beta^\star-s_n\right),\mu_n^\star=0, & \beta^\star>s_n\\ \lambda_n^\star=0,\mu_n^\star=0, & \text{其他}\end{cases}\tag{4.37}$$

基于以上分析，算法 4.2 中总结了求解式 (4.27) 的算法流程。

算法 4.2　求解式 (4.27)

算法输入：$\boldsymbol{s}=|\bar{\boldsymbol{y}}|$ 和 ζ.

1：令 $[\alpha_1,\alpha_2,\cdots,\alpha_K]$ 表示集合 $\left\{\{s_n\}_{n=1}^N,\max\{s_n\}+1\right\}$ 的升序数列

2：for $k=1:K$ do

3：定义索引集合 $\mathcal{S}_{k1}=\{n\mid s_n\geqslant\zeta\alpha_k,\forall n\}$，and $\mathcal{S}_{k3}=\{n\mid s_n\leqslant\alpha_k,\forall n\}$

4：根据式 (4.33) 和式 (4.37)，可得

$$0=\left(\boldsymbol{\lambda}^\star\right)^{\mathrm{T}}\mathbf{1}-\zeta\left(\boldsymbol{\mu}^\star\right)^{\mathrm{T}}\mathbf{1}=\sum_{n\in\mathcal{S}_{k3}}2\left(\beta^\star-s_n\right)-\zeta\sum_{n\in\mathcal{S}_{k1}}2\left(s_n-\zeta\beta^\star\right)$$

其解为 $\beta_k^\star=\dfrac{\sum\limits_{n\in\mathcal{S}_{k3}}s_n+\zeta\sum\limits_{n\in\mathcal{S}_{k1}}s_n}{\mathrm{Card}\left(\mathcal{S}_{k3}\right)+\zeta^2\mathrm{Card}\left(\mathcal{S}_{k1}\right)}$

5：if $\beta_k^\star\in\left(\alpha_k/\zeta,\alpha_k\right)$ then

6：最优的 $r_n^\star$ 可根据式 (4.36) 确定；BREAK

7：end if

8：end for

算法输出:$\boldsymbol{x}^{(t+1)}=\left[\boldsymbol{r}^\star\odot\mathrm{e}^{\mathrm{j}\angle\bar{\boldsymbol{y}}};\mathbf{0}\right]\in\mathbb{C}^{N\times1}$.

4.3.2　推导步骤 2

当 $\left\{\boldsymbol{X}^{(t+1)},\left\{\boldsymbol{\lambda}_q^{(t)}\right\}\right\}$ 给定时，忽略式 (4.17) 中的常数项，可得以下无约束子问题：

$$\min_{\boldsymbol{y}_q}\boldsymbol{y}_q^{\mathrm{H}}\left(\boldsymbol{B}_q+\frac{\rho}{2}\boldsymbol{I}\right)\boldsymbol{y}_q-2\mathrm{Re}\left[\boldsymbol{y}_q^{\mathrm{H}}\bar{\boldsymbol{b}}_q\right],\forall q\notin\Theta_i\tag{4.38}$$

式中，$\bar{\boldsymbol{b}}_q = \boldsymbol{A}_q\bar{\boldsymbol{w}}_q^{(t)} + \rho/2\left(\boldsymbol{X}^{(t+1)}\boldsymbol{f}_q - \boldsymbol{\lambda}_q^{(t)}\right)$，$\bar{\boldsymbol{w}}_q^{(t)} = \left[W_{1,q}z_{1,q}^{(t)}, W_{2,q}z_{2,q}^{(t)}, \cdots, W_{M,q}z_{M,q}^{(t)}\right]^{\mathrm{T}}$。式 (4.38) 是每个 $q \notin \Theta_i$ 的无约束二次优化问题，其解为

$$\boldsymbol{y}_q^{(t+1)} = \left(\boldsymbol{B}_q + \rho/2\boldsymbol{I}\right)^{-1}\bar{\boldsymbol{b}}_q, \forall q \notin \Theta_i \tag{4.39}$$

此外，当 $q \in \Theta_i$ 时，式 (4.17) 可写为

$$\begin{aligned}&\min_{\boldsymbol{y}_q} \left\|\boldsymbol{y}_q - \tilde{\boldsymbol{y}}_q^{(t)}\right\|_2^2\\&\text{s.t.}\quad \|\boldsymbol{y}_q\|_2^2 \leqslant \xi, \forall q \in \Theta_i\end{aligned} \tag{4.40}$$

式中，$\tilde{\boldsymbol{y}}_q^{(t)} = \boldsymbol{X}^{(t+1)}\boldsymbol{f}_q + \boldsymbol{\lambda}_q^{(t)}$。式 (4.40) 的解为

$$\boldsymbol{y}_q^{(t+1)} = \begin{cases}\sqrt{\xi}\dfrac{\tilde{\boldsymbol{y}}_q^{(t)}}{\left\|\tilde{\boldsymbol{y}}_q^{(t)}\right\|_2}, & \left\|\tilde{\boldsymbol{y}}_q^{(t)}\right\|_2 \geqslant \sqrt{\xi}\\ \tilde{\boldsymbol{y}}_q^{(t)}, & \text{其他}\end{cases} \tag{4.41}$$

式 (4.39) 和式 (4.41) 表明，$\boldsymbol{y}_q^{(t+1)}, \forall q$ 可以并行求解。

4.3.3 M-ADMM 计算复杂度分析

本小节分析 M-ADMM 的计算复杂度。对式 (4.16) 的求解中需矩阵和矩阵的乘法，可由 FFT 实现，其复杂度为 $\mathcal{O}(LN\lg N)$。M-ADMM 的第二个更新步骤式 (4.17) 需要计算 $\boldsymbol{B}_q((\boldsymbol{B}_q + \rho/2\boldsymbol{I})^{-1}, \forall q \notin \Theta_i$，在算法运行中 $\boldsymbol{B}_q$ 是不变的，因此只需要计算 $\boldsymbol{B}_q$ 和 $(\boldsymbol{B}_q + \rho/2\boldsymbol{I})^{-1}$ 一次) 和矩阵向量乘法，因此该步骤的复杂度是 $\mathcal{O}\left(L^2M + NL^3\right) + \mathcal{O}\left(NL^2\right)$。综上，M-ADMM 的总体复杂度为 $\mathcal{O}\left(L^2M + NL^3 + \bar{T}_1\left(\bar{N}L^2 + L\bar{N} + LN\lg N\right)\right)$，其中 $\bar{T}_1$ 表示迭代的总次数。

4.4 P-ADMM 推导和复杂度分析

由于有 MC、波纹约束 $d - \varepsilon \leqslant \left|\boldsymbol{a}_{m,q}^{\mathrm{H}}\boldsymbol{X}\boldsymbol{f}_q\right|$ 及目标函数中的 max 操作，式 (4.9) 是非凸非光滑的。为简化该优化问题，引入边界类型的辅助变量 η 和等式约束 $v_{m,q} = \boldsymbol{a}_{m,q}^{\mathrm{H}}\boldsymbol{X}\boldsymbol{f}_q, \forall\{m,q\} \in \varPhi$ 中，其中 $\varPhi = \{\Theta_m, \Theta_s, \Theta_n\}$，将式 (4.9) 等价写为

$$\begin{aligned}&\min_{\eta, \boldsymbol{x}, \{v_{m,q}\}} \quad \eta\\&\text{s.t.}\quad v_{m,q} = \boldsymbol{a}_{m,q}^{\mathrm{H}}\boldsymbol{X}\boldsymbol{f}_q, \forall\{m,q\} \in \varPhi\end{aligned}$$

$$
\begin{aligned}
& |v_{m,q}| \leqslant \eta, \forall\{m,q\} \in \Theta_s \\
& d-\varepsilon \leqslant |v_{m,q}| \leqslant d+\varepsilon, \forall\{m,q\} \in \Theta_m \\
& |v_{m,q}|^2 \leqslant \xi, \forall\{m,q\} \in \Theta_n \\
& \mathrm{MC}\left(\boldsymbol{X}_{l,:}\right) \leqslant \zeta_l, \forall l
\end{aligned} \tag{4.42}
$$

可以看到，引入 $\{v_{m,q}\}$ 和 η 后，非凸 MC 和波纹约束相互独立，且式 (4.42) 的目标函数变得平滑。

这里不直接处理式 (4.42)，而是关注以下近端调节问题 [22-23]：

$$
\begin{aligned}
\min_{\eta,\boldsymbol{X},\{v_{m,q},\tilde{v}_{m,q}\}} \quad & \eta+\frac{1}{2\gamma}\sum_{\{m,q\}\in\varPhi}|v_{m,q}-\tilde{v}_{m,q}|^2 \\
\text{s.t.} \quad & v_{m,q}=\boldsymbol{a}_{m,q}^{\mathrm{H}}\boldsymbol{X}\boldsymbol{f}_q, \forall\{m,q\}\in\varPhi \\
& |v_{m,q}| \leqslant \eta, \forall\{m,q\} \in \Theta_s \\
& d-\varepsilon \leqslant |v_{m,q}| \leqslant d+\varepsilon, \forall\{m,q\} \in \Theta_m \\
& |v_{m,q}|^2 \leqslant \xi, \forall\{m,q\} \in \Theta_n \\
& \mathrm{MC}\left(\boldsymbol{X}_{l,:}\right) \leqslant \zeta_l, \forall l.
\end{aligned} \tag{4.43}
$$

式中，权衡参数 γ 控制了近端操作符映射到目标函数 η 的最小值的范围，即 $\arg\min\limits_{v_{m,q}}\left(\eta+\dfrac{1}{2\gamma}\sum\limits_{\{m,q\}\in\varPhi}|v_{m,q}-\tilde{v}_{m,q}|^2\right)$。更多细节见文献 [22] 的 1.2 节。

由于 $\eta+\dfrac{1}{2\gamma}\sum\limits_{\{m,q\}\in\varPhi}|v_{m,q}-\tilde{v}_{m,q}|^2 \geqslant \eta$ 且当 $v_{m,q}=\tilde{v}_{m,q}$ 成立，式 (4.43) 是式 (4.42) 的上界优化问题 (详见文献 [18] 中的第 Ⅱ-A 和 Ⅳ-D 节)。这里通过求解式 (4.43) 来获得式 (4.42) 的解有两个原因：

(1) 所添加的二次项 $\dfrac{1}{2\gamma}\sum\limits_{\{m,q\}\in\varPhi}|v_{m,q}-\tilde{v}_{m,q}|^2 \geqslant 0$ 可以改善算法的收敛性 (详见文献 [22] 的定理 2)。

(2) 式 (4.43) 对 $\tilde{v}_{m,q}, \forall\{m,q\}\in\varPhi$ 有一个简单的最小二乘形式，其解很容易导出为

$$
\tilde{v}_{m,q}^{(t+1)}=v_{m,q}^{(t)}, \forall\{m,q\}\in\varPhi \tag{4.44}
$$

当算法收敛时，式 (4.44) 表明二次项趋近于零，即 $\left|v_{m,q}^{(t+1)}-\tilde{v}_{m,q}^{(t+1)}\right| \to 0$，此时式 (4.43) 退化为式 (4.42)。

式 (4.43) 所对应的拉格朗日函数为

$$\mathcal{L}_\rho\left(\eta, \boldsymbol{X}, \{v_{m,q}, \tilde{v}_{m,q}, \upsilon_{m,q}\}\right) = \eta + \frac{1}{2\gamma}\sum_{\{m,q\}\in\varPhi}\left|v_{m,q} - \tilde{v}_{m,q}\right|^2 + \frac{\rho}{2}\left(\left|v_{m,q} - \boldsymbol{a}_{m,q}^{\mathrm{H}}\boldsymbol{X}\boldsymbol{f}_q + \upsilon_{m,q}\right|^2 - \left|\upsilon_{m,q}\right|^2\right) \tag{4.45}$$

式中，$\rho > 0$，为步长因子；$\{\upsilon_{m,q}\}$ 为对偶变量。本节基于 ADMM 提出 P-ADMM(算法 4.3)，以求解式 (4.45)。

算法 4.3　P-ADMM

算法输入：初始化：波束图模板 $\boldsymbol{D}$，权重 $\boldsymbol{W}$，$\left\{v_{m,q}^{(0)}\right\}$，对偶变量 $\left\{\upsilon_{m,q}^{(0)}\right\}$，离散集 $\{\varTheta_s, \varTheta_n, \varTheta_m\}$。停止准则 ε，$t = 0$.

1：while $\sum\limits_{\varepsilon\{m,q\}}\left|v_{m,q}^{(t)} - v_{m,q}^{(t-1)}\right|^2 \Big/ N > \varepsilon$do

2：近端评估步骤

$$\tilde{v}_{m,q}^{(t+1)} := \arg\min_{\tilde{v}_{m,q}} \frac{1}{2\gamma}\left|v_{m,q}^{(t)} - \tilde{v}_{m,q}\right|^2, \forall\{m,q\}\in\varPhi \tag{4.46}$$

3：ADMM 步骤

$$\begin{aligned}&\left\{\boldsymbol{X}^{(t+1)}\right\} := \arg\min_{\boldsymbol{X}} \mathcal{L}_\rho\left(\eta^{(t)}, \boldsymbol{X}, \left\{v_{m,q}^{(t)}, \tilde{v}_{m,q}^{(t+1)}, \upsilon_{m,q}^{(t)}\right\}\right)\\ &\text{s.t. } \mathrm{MC}\left(\boldsymbol{X}_{l,:}\right) \leqslant \zeta, \forall l\end{aligned} \tag{4.47}$$

$$\begin{aligned}&\left\{\eta^{(t+1)}, v_{m,q}^{(t+1)}\right\} := \arg\min_{\eta,\{v_{m,q}\}} \mathcal{L}_\rho\left(\eta, \boldsymbol{X}^{(t+1)}, \left\{v_{m,q}, \tilde{v}_{m,q}^{(t+1)}, \upsilon_{m,q}^{(t)}\right\}\right)\\ &\text{s.t. } |v_{m,q}| \leqslant \eta, \forall\{m,q\}\in\varTheta_s\\ &|v_{m,q}|^2 \leqslant \xi, \forall\{m,q\}\in\varTheta_n\\ &d - \varepsilon \leqslant |v_{m,q}| \leqslant d + \varepsilon, \forall\{m,q\}\in\varTheta_m\end{aligned} \tag{4.48}$$

$$\upsilon_{m,q}^{(t+1)} = \upsilon_{m,q}^{t} + v_{m,q}^{(t+1)} - \boldsymbol{a}_{m,q}^{\mathrm{H}}\boldsymbol{X}^{(t+1)}\boldsymbol{f}_q \tag{4.49}$$

4：$t = t + 1$

5：end while

算法输出：MIMO 雷达探测波形 $\boldsymbol{X} = \boldsymbol{X}^{(t+1)}$.

定理 4.2 表明 P-ADMM 生成的序列是收敛的。

定理 4.2　令 $\boldsymbol{X}^{(t)}, \left\{v_{m,q}^{(t)}, \tilde{v}_{m,q}^{(t)}, \upsilon_{m,q}^{(t)}\right\}$ 表示由 P-ADMM 步骤式 (4.46)~式 (4.49) 所产生的序列，那么，对于任何 $\rho\gamma \geqslant 1$，以下结论成立。

(1)AL 有下界，并且 $\mathcal{L}_\rho\left(\eta^{(t)}, \boldsymbol{X}^{(t)}, \left\{v_{m,q}^{(t)}, \tilde{v}_{m,q}^{(t)}, \upsilon_{m,q}^{(t)}\right\}\right)$ 的值在每次迭代时减小，当 $t\to\infty$ 时算法收敛，即

$$\mathcal{L}_\rho\left(\eta^{(t+1)}, \boldsymbol{X}^{(t+1)}, \left\{v_{m,q}^{(t+1)}, \tilde{v}_{m,q}^{(t+1)}, \upsilon_{m,q}^{(t+1)}\right\}\right) \geqslant 0 \tag{4.50}$$

和

$$\begin{aligned}&\mathcal{L}_\rho\left(\eta^{(t+1)}, \boldsymbol{X}^{(t+1)}, \left\{v_{m,q}^{(t+1)}, \tilde{v}_{m,q}^{(t+1)}, \upsilon_{m,q}^{(t+1)}\right\}\right) - \mathcal{L}_\rho\left(\eta^{(t)}, \boldsymbol{X}^{(t)}, \left\{v_{m,q}^{(t)}, \tilde{v}_{m,q}^{(t)}, \upsilon_{m,q}^{(t)}\right\}\right)\\ \leqslant& \sum_{\{m,q\}\in\varPhi}\left(\tilde{\rho}\left|v_{m,q}^{(t+1)} - v_{m,q}^{(t)}\right|^2 - \frac{1}{2\gamma}\left|v_{m,q}^{(t)} - v_{m,q}^{(t-1)}\right|^2\right)\end{aligned} \tag{4.51}$$

(2) 任何极限点，即

$$\left\{\boldsymbol{X}^\star, \left\{v_{m,q}^\star, \tilde{v}_{m,q}^\star, \upsilon_{m,q}^\star\right\}\right\} \triangleq \lim_{t\to\infty}\left\{\boldsymbol{X}^{(t)}, \left\{v_{m,q}^{(t)}, \tilde{v}_{m,q}^{(t)}, \upsilon_{m,q}^{(t)}\right\}\right\}$$

均为式 (4.45) 的解，且 $v_{m,q}^\star = \boldsymbol{a}_{m,q}^{\mathrm{H}}\boldsymbol{X}^\star\boldsymbol{f}_q, \forall\{m,q\} \in \varPhi, \mathcal{L}_\rho\left(\eta^{(t+1)}, \boldsymbol{X}^{(t+1)},\right.$ $\left.\left\{v_{m,q}^{(t+1)}, \tilde{v}_{m,q}^{(t+1)}, \upsilon_{m,q}^{(t+1)}\right\}\right) \geqslant 0$。另外，$\boldsymbol{X}^\star$ 为式 (4.11) 的解。

4.4.1 推导算法 4.3 中的 ADMM 步骤

忽略式 (4.47) 中的常数项，可得

$$\begin{aligned}\min_{\boldsymbol{X}}\ & \sum_{\{m,q\}\in\varPhi}\left|\tilde{z}_{m,q} - \boldsymbol{a}_{m,q}^{\mathrm{H}}\boldsymbol{X}\boldsymbol{f}_q\right|^2\\ \text{s.t. }& \mathrm{MC}\left(\boldsymbol{X}_{l,:}\right) \leqslant \zeta_l, \forall l\end{aligned} \tag{4.52}$$

式中，$\tilde{z}_{m,q} = v_{m,q}^{(t)} + \upsilon_{m,q}^{(t)}$。由于式 (4.52) 与式 (4.12) 具有相同的形式，可以使用 4.3 节推导的 M-ADMM 有效求解①。

定义 $\bar{z}_{m,q} = \dfrac{\gamma\rho\left(\boldsymbol{a}_{m,q}^{\mathrm{H}}\boldsymbol{X}^{(t+1)}\boldsymbol{f}_q - \upsilon_{m,q}^{(t)}\right) + v_{m,q}^{(t)}}{\rho\gamma + 1}$，并忽略式 (4.48) 中的常数项，可得

$$\begin{aligned}\min_{\eta,\{v_{m,q}\}}\ & \eta + \frac{\rho\gamma+1}{2\gamma}\sum_{\{m,q\}\in\varPhi}\left|v_{m,q} - \bar{z}_{m,q}\right|^2\\ \text{s.t. }& \left|v_{m,q}\right| \leqslant \eta, \forall\{m,q\}\in\varTheta_s\\ & \left|v_{m,q}\right|^2 \leqslant \xi, \forall\{m,q\}\in\varTheta_n\\ & d-\varepsilon \leqslant \left|v_{m,q}\right| \leqslant d+\varepsilon, \forall\{m,q\}\in\varTheta_m\end{aligned} \tag{4.53}$$

---

① 式 (4.52) 中的 $\tilde{z}_{m,q}$ 为常量，因此在利用 M-ADMM 求解式 (4.52) 时，无需 “Majorization” 步骤。

由式 (4.53) 可以看到，第一个、第二个和第三个约束分别施加在 Θ_s、Θ_n 和 Θ_m 上，因此可以根据 Θ_s、Θ_n 和 Θ_m 将式 (4.53) 划分为三个子问题。

(1) 当 $\{m,n\} \in \Theta_n$ 时，式 (4.53) 的解为

$$v_{m,q}^{(t+1)} = \begin{cases} \sqrt{\xi}\mathrm{e}^{\mathrm{j}\angle\bar{z}_{m,q}}, & |\bar{z}_{m,q}| > \sqrt{\xi} \\ \bar{z}_{m,q}, & \text{其他} \end{cases} \tag{4.54}$$

(2) 当 $\{m,n\} \in \Theta_m$ 时，式 (4.53) 的解为

$$v_{m,q}^{(t+1)} = \begin{cases} (d-\varepsilon)\mathrm{e}^{\mathrm{j}\angle\bar{z}_{m,q}}, & d > |\bar{z}_{m,q}| + \varepsilon \\ (d+\varepsilon)\mathrm{e}^{\mathrm{j}\angle\bar{z}_{m,q}}, & d < |\bar{z}_{m,q}| - \varepsilon \\ \bar{z}_{m,q}, & \text{其他} \end{cases} \tag{4.55}$$

(3) 当 $\{m,n\} \in \Theta_s$ 时，式 (4.53) 可写为

$$\begin{aligned} \min_{\eta,\{v_{m,q}\}} \quad & \eta + \frac{\rho\gamma+1}{2\gamma} \sum_{\{m,q\}\in\Theta_s} (v_{m,q} - \bar{z}_{m,q})^2 \\ \text{s.t.} \quad & 0 \leqslant |v_{m,q}| \leqslant \eta, \forall \{m,q\} \in \Theta_s \end{aligned} \tag{4.56}$$

容易验证 $v_{m,q}$ 的最优相位为

$$\angle v_{m,q} = \angle \bar{z}_{m,q}, \forall \{m,q\} \in \Theta_s \tag{4.57}$$

定义 $r_{m,q} = |v_{m,q}|, s_{m,q} = |\bar{z}_{m,q}|, \forall \{m,q\} \in \Theta_s$，并将式 (4.57) 代入式 (4.56)，可得如下实数优化问题：

$$\begin{aligned} \min_{\eta,\{r_{m,q}\}} \quad & \eta + \frac{\bar{\rho}}{2} \sum_{\{m,q\}\in\Theta_s} (r_{m,q} - s_{m,q})^2 \\ \text{s.t.} \quad & 0 \leqslant r_{m,q} \leqslant \eta, \forall \{m,q\} \in \Theta_s \end{aligned} \tag{4.58}$$

式中，$\bar{\rho} = (\rho\gamma+1)/\gamma$。类似于式 (4.30)，这里利用 KKT 理论求解式 (4.58)，式 (4.58) 的拉格朗日函数为

$$\mathcal{L}(\eta, \{r_{m,q}, \lambda_{m,q}, \mu_{m,q}\}) = \eta + \sum_{\{m,q\}\in\Theta_s} \left(\frac{\bar{\rho}}{2} (r_{m,q} - s_{m,q})^2 + (r_{m,q} - \eta) - \mu_{m,q} r_{m,q} \right) \tag{4.59}$$

式中，$\{\lambda_{m,q}\}$ 和 $\{\mu_{m,q}\}$ 分别为变量 $\{r_{m,q}\}$ 上下界所对应的拉格朗日乘子。令 $\{r_{m,q}^{\star}\}$ 和 $\{\mu_{m,q}^{\star}, \lambda_{m,q}^{\star}\}$ 分别为原始最优解和拉格朗日乘子的最优解，类似于式 (4.31)～式 (4.36) 的分析，可得

$$\forall\{m,q\} \in \Theta_s, r_{m,q}^{\star} = \begin{cases} \eta^{\star}, & \eta^{\star} < s_{m,q} \\ s_{m,q}, & \text{其他} \end{cases} \tag{4.60}$$

结合式 (4.57) 和式 (4.60)，算法 4.4 总结了求解式 (4.56) 的求解步骤。

算法 4.4　当 $\{m,n\} \in \Theta_s$ 时求解式 (4.53)

算法输入：$\{s_{m,q} \mid (m,q) \in \Theta_s\}$.

1：令 $[\tilde{s}_1, \tilde{s}_2, \cdots, \tilde{s}_K]$ 表示集合 $\{s_{m,q} \mid (m,q) \in \Theta_s\}$ 的升序数列

2：for $k = 1 : K$ do

3：获取索引集合 $v_{m,q}^{(t+1)} = r_{m,q}^{\star} \mathrm{e}^{\mathrm{j}\angle \bar{z}_{m,q}}, \{m,q\} \in \Theta_s$

4：计算 $\eta_k^{\star} = \dfrac{\sum_{(m,q)\in\mathcal{S}_k} s_{m,q} - 1/\bar{\rho}}{\mathrm{Card}\,(\mathcal{S}_k)}$

5：if $0 < \eta_k^{\star} \leqslant \tilde{s}_k$then

6：$\eta^{\star} = \eta_k^{\star}$，并根据式 (4.58) 确定 $r_{m,q}^{\star}$；BREAK

7：end if

8：end for

算法输出：最优 $v_{m,q}^{(t+1)} = r_{m,q}^{\star} \mathrm{e}^{\mathrm{j}\angle \bar{z}_{m,q}}, \{m,q\} \in \Theta_s$.

4.4.2　P-ADMM 计算复杂度分析

P-ADMM 的第一个更新步骤式 (4.47) 使用 M-ADMM 进行优化，而 P-ADMM 的第二个更新步骤式 (4.48) 只需要标量乘法，复杂度为 $\mathcal{O}(NLM)$。因此，P-ADMM 的整体复杂度为 $\mathcal{O}\left(NL^3 + L^2M\right) + \mathcal{O}\left(\bar{T}_2\left(\bar{T}\left(\bar{N}L^2 + L\bar{N} + LN\lg N\right) + NLM\right)\right)$，其中 $\bar{T}_1$ 和 $\bar{T}_2$ 分别表示 M-ADMM 和 P-ADMM 的总迭代次数。

4.5　关键定理证明

4.5.1　M-ADMM 步骤相关结论暨定理 4.1 证明

证明包括三个步骤。首先，证明由 M-ADMM 生成的序列使得增广拉格朗日函数值随迭代次数 t 增加而减小；其次，证明增广拉格朗日函数是有下界的 [24-25]；最后，利用上述结果，证明由 M-ADMM 生成的任何极限点都是问题的平稳解。

(1) 首先，证明增广拉格朗日函数值，即 $\mathcal{L}_{\rho,\left\{z_{m,q}^{(t)}\right\}}\left(\boldsymbol{X}^{(t)}, \left\{\boldsymbol{y}_q^{(t)}, \boldsymbol{\lambda}_q^{(t)}\right\}\right)$，随迭代次数 t 增加而减小。为简化符号表述，令 $g\left(\{\boldsymbol{y}_q\}\right)$ 表示 $g\left(\{\boldsymbol{y}_q\}_{-N/2\leqslant q\leqslant N/2-1}\right)$，令 $g\left(\boldsymbol{y}_{\tilde{q}}^{(t+1)}, \left\{\boldsymbol{y}_{q,q\neq\tilde{q}}^{(t)}\right\}\right)$ 表示 $g\left(\boldsymbol{y}_{\tilde{q}}^{(t+1)}, \left\{\boldsymbol{y}_q^{(t)}\right\}_{-N/2\leqslant q\leqslant N/2-1, q\neq\tilde{q}}\right)$，将增广拉格朗日函数简写为 $\mathcal{L}\left(\boldsymbol{X}^{(t)}, \left\{\boldsymbol{y}_q^{(t)}, \boldsymbol{\lambda}_q^{(t)}\right\}\right)$。两次迭代增广拉格朗日函数值的差为

$$\mathcal{L}\left(\boldsymbol{X}^{(t+1)}, \left\{\boldsymbol{y}_q^{(t+1)}, \boldsymbol{\lambda}_q^{(t+1)}\right\}\right) - \mathcal{L}\left(\boldsymbol{X}^{(t)}, \left\{\boldsymbol{y}_q^{(t)}, \boldsymbol{\lambda}_q^{(t)}\right\}\right)$$

$$
\begin{aligned}
&=\mathcal{L}\left(\boldsymbol{X}^{(t+1)},\left\{\boldsymbol{y}_q^{(t)},\boldsymbol{\lambda}_q^{(t)}\right\}\right)-\mathcal{L}\left(\boldsymbol{X}^{(t)},\left\{\boldsymbol{y}_q^{(t)},\boldsymbol{\lambda}_q^{(t)}\right\}\right)\\
&\quad+\mathcal{L}\left(\boldsymbol{X}^{(t+1)},\left\{\boldsymbol{y}_q^{(t+1)},\boldsymbol{\lambda}_q^{(t)}\right\}\right)-\mathcal{L}\left(\boldsymbol{X}^{(t+1)},\left\{\boldsymbol{y}_q^{(t)},\boldsymbol{\lambda}_q^{(t)}\right\}\right)\\
&\quad+\mathcal{L}\left(\boldsymbol{X}^{(t+1)},\left\{\boldsymbol{y}_q^{(t+1)},\boldsymbol{\lambda}_q^{(t+1)}\right\}\right)-\mathcal{L}\left(\boldsymbol{X}^{(t+1)},\left\{\boldsymbol{y}_q^{(t+1)},\boldsymbol{\lambda}_q^{(t)}\right\}\right)
\end{aligned}\tag{4.61}
$$

根据式 (4.16) 中的 $\boldsymbol{X}$ 更新步骤，可得

$$
\mathcal{L}\left(\boldsymbol{X}^{(t+1)},\left\{\boldsymbol{y}_q^{(t)},\boldsymbol{\lambda}_q^{(t)}\right\}\right)-\mathcal{L}\left(\boldsymbol{X}^{(t)},\left\{\boldsymbol{y}_q^{(t)},\boldsymbol{\lambda}_q^{(t)}\right\}\right)\leqslant 0 \tag{4.62}
$$

当 $\boldsymbol{X}^{(t+1)}=\boldsymbol{X}^{(t)}$ 时，式 (4.62) 成立。

根据式 (4.14) 可得

$$
\nabla_{\boldsymbol{y}_q}^2\mathcal{L}\left(\boldsymbol{X}^{(t+1)},\left\{\boldsymbol{y}_q,\boldsymbol{\lambda}_q^{(t)}\right\}\right)=2\boldsymbol{B}_q+\rho\boldsymbol{I} \tag{4.63}
$$

式中，$\boldsymbol{B}_q=\boldsymbol{A}_q\mathrm{Diag}\left(\boldsymbol{w}_q\right)\boldsymbol{A}_q^{\mathrm{H}}$(详见式 (4.38))，容易证明：

$$
\rho\boldsymbol{I}\leqslant\nabla_{\boldsymbol{y}_q}^2\mathcal{L}\left(\boldsymbol{X}^{(t)},\left\{\boldsymbol{y}_q,\boldsymbol{\lambda}_q^{(t)}\right\}\right)\leqslant\left(\|2\boldsymbol{B}_q\|_{\mathrm{F}}^2+\rho\right)\boldsymbol{I},\forall\boldsymbol{y}_q\in\mathbb{C}^{L\times 1} \tag{4.64}
$$

即 $L\left(\boldsymbol{X}^{(t)},\left\{\boldsymbol{y}_q,\boldsymbol{\lambda}_q^{(t)}\right\}\right)$ 相对于变量 $\boldsymbol{y}_q$ 是严格凸函数 [21]。因此，根据更新步骤式 (4.17) 可得

$$
\begin{aligned}
&\mathcal{L}\left(\boldsymbol{X}^{(t+1)},\left\{\boldsymbol{y}_q^{(t)},\boldsymbol{\lambda}_q^{(t)}\right\}\right)-\mathcal{L}\left(\boldsymbol{X}^{(t+1)},\left\{\boldsymbol{y}_q^{(t+1)},\boldsymbol{\lambda}_q^{(t)}\right\}\right)\\
\geqslant&\sum_{q=-N/2}^{N/2-1}\left(\nabla_{\boldsymbol{y}_q}^{\mathrm{H}}L_\rho\left(\boldsymbol{X}^{(t+1)},\left\{\boldsymbol{y}_q^{(t+1)},\boldsymbol{\lambda}_q^{(t)}\right\}\right)\left(\boldsymbol{y}_q^{(t)}-\boldsymbol{y}_q^{(t+1)}\right)+\frac{\bar{M}_q+\rho}{2}\left\|\boldsymbol{y}_q^{(t+1)}-\boldsymbol{y}_q^{(t)}\right\|_2^2\right)\\
\overset{(a)}{=}&\sum_{q=-N/2}^{N/2-1}\frac{\bar{M}_q+\rho}{2}\left\|\boldsymbol{y}_q^{(t+1)}-\boldsymbol{y}_q^{(t)}\right\|_2^2
\end{aligned}\tag{4.65}
$$

当 $\boldsymbol{y}_q^{(t+1)}=\boldsymbol{y}_q^{(t)},\forall q$ 时式 (4.65) 成立，其中步骤 (a) 利用了 $\{\boldsymbol{y}_q^{(t+1)}\}$ 的最优性，$\bar{M}_q=\|2\boldsymbol{B}_q\|_{\mathrm{F}}^2$。

对偶变量更新步骤式 (4.18) 表明：

$$
\begin{aligned}
&\mathcal{L}\left(\boldsymbol{X}^{(t+1)},\left\{\boldsymbol{y}_q^{(t+1)},\boldsymbol{\lambda}_q^{(t+1)}\right\}\right)-\mathcal{L}\left(\boldsymbol{X}^{(t+1)},\left\{\boldsymbol{y}_q^{(t+1)},\boldsymbol{\lambda}_q^{(t)}\right\}\right)\\
=&\frac{\rho}{2}\sum_{q=-N/2}^{N/2-1}\left(\left\|\boldsymbol{y}_q^{(t+1)}-\boldsymbol{X}^{(t+1)}\boldsymbol{f}_q+\boldsymbol{\lambda}_q^{(t+1)}\right\|_2^2-\left\|\boldsymbol{\lambda}_q^{(t+1)}\right\|_2^2\right.\\
&\left.-\left\|\boldsymbol{y}_q^{(t+1)}-\boldsymbol{X}^{(t+1)}\boldsymbol{f}_q+\boldsymbol{\lambda}_q^{(t)}\right\|_2^2+\left\|\boldsymbol{\lambda}_q^{(t)}\right\|_2^2\right)
\end{aligned}
$$

$$
\begin{aligned}
&=\frac{\rho}{2}\sum_{q=-N/2}^{N/2-1}2\mathrm{Re}\left[\left(\boldsymbol{\lambda}_q^{(t+1)}-\boldsymbol{\lambda}_q^{(t)}\right)^{\mathrm{H}}\left(\boldsymbol{y}_q^{(t+1)}-\boldsymbol{X}^{(t+1)}\boldsymbol{f}_q\right)\right]\\
&=\rho\sum_{q=-N/2}^{N/2-1}\left\|\boldsymbol{\lambda}_q^{(t+1)}-\boldsymbol{\lambda}_q^{(t)}\right\|_2^2
\end{aligned}
\tag{4.66}
$$

由式 (4.64)~ 式 (4.66) 可知，原变量更新步骤式 (4.16) 和式 (4.17) 使增广拉格朗日函数值减小，即 $C_1=\sum\limits_{q=-N/2}^{N/2-1}\frac{M_q+\rho}{2}\left\|\boldsymbol{y}_q^{(t+1)}-\boldsymbol{y}_q^{(t)}\right\|_2^2$，而对偶变量更新步骤式 (4.18) 导致增广拉格朗日函数值增大，即 $C_2=\rho\sum\limits_{q=-N/2}^{N/2-1}\left\|\boldsymbol{\lambda}_q^{(t+1)}-\boldsymbol{\lambda}_q^{(t)}\right\|_2^2$，表明增广拉格朗日函数的单调性取决于 C_1 和 C_2 的关系。下面，证明对偶变量可由原变量限定 $(C_1<C_2)$，即 $\left\|\boldsymbol{\lambda}_q^{(t+1)}-\boldsymbol{\lambda}_q^{(t)}\right\|_2^2\leqslant\frac{M_q}{\rho^2}\left\|\boldsymbol{y}_q^{(t+1)}-\boldsymbol{y}_q^{(t)}\right\|_2^2$。

令 $g\left(\{\boldsymbol{y}_q\}\right)$ 表示式 (4.13) 的目标函数，容易验证函数 $g\left(\{\boldsymbol{y}_q\}\right),\forall\boldsymbol{y}_q$ 满足利普希茨梯度连续，即对于常数 $\bar{M}_q$，可有

$$
\begin{aligned}
&\left\|\nabla_{\boldsymbol{y}_q}g\left(\boldsymbol{y}_q^{(t+1)},\left\{\boldsymbol{y}_{\tilde{q},\tilde{q}\neq q}^{(t)}\right\}\right)-\nabla_{\boldsymbol{y}_q}g\left(\left\{\boldsymbol{y}_q^{(t)}\right\}\right)\right\|_2^2\\
\leqslant&\left\|2\boldsymbol{B}_q\right\|_{\mathrm{F}}^2\left\|\boldsymbol{y}_q^{(t+1)}-\boldsymbol{y}_q^{(t)}\right\|_2^2=\bar{M}_q\left\|\boldsymbol{y}_q^{(t+1)}-\boldsymbol{y}_q^{(t)}\right\|_2^2
\end{aligned}
\tag{4.67}
$$

和 $\left(g\left(\{\boldsymbol{y}_q\}\right),\forall\boldsymbol{y}_q\right.$ 是凸函数)

$$
\begin{aligned}
&g\left(\left\{\boldsymbol{y}_q^{(t)}\right\}\right)-g\left(\left\{\boldsymbol{y}_q^{(t+1)}\right\}\right)-\sum_{q=-N/2}^{N/2-1}\frac{\bar{M}_q}{2}\left\|\boldsymbol{y}_q^{(t)}-\boldsymbol{y}_q^{(t+1)}\right\|_2^2\\
\leqslant&\sum_{q=-N/2}^{N/2-1}\nabla_{\boldsymbol{y}_q}^{\mathrm{H}}g\left(\left\{\boldsymbol{y}_q^{(t+1)}\right\}\right)\left(\boldsymbol{y}_q^{(t)}-\boldsymbol{y}_q^{(t+1)}\right)
\end{aligned}
\tag{4.68}
$$

从式 (4.17) 中 $\left\{\boldsymbol{y}_q^{(t+1)}\right\}$ 的更新和式 (4.18) 中的对偶变量更新，可有如下最优性条件：

$$
\begin{aligned}
\mathbf{0}&=\nabla_{\boldsymbol{y}_q}\mathcal{L}_{\rho,\left\{z_{m,q}^{(t)}\right\}}\left(\boldsymbol{X}^{(t)},\boldsymbol{y}_q^{(t+1)},\left\{\boldsymbol{y}_{\tilde{q},\tilde{q}\neq q}^{(t)}\right\},\left\{\boldsymbol{\lambda}_q^{(t)}\right\}\right)+\partial_{\boldsymbol{y}_q}\sigma_{\widetilde{\mathcal{C}}}\left(\boldsymbol{y}_q^{(t+1)}\right)\\
&=\nabla_{\boldsymbol{y}_q}g\left(\boldsymbol{y}_q^{(t+1)},\left\{\boldsymbol{y}_{\tilde{q},\tilde{q}\neq q}^{(t)}\right\}\right)+\rho\boldsymbol{\lambda}_q^{(t+1)}
\end{aligned}
\tag{4.69}
$$

式中，$\sigma_{\widetilde{\mathcal{C}}}(\boldsymbol{y}_q)$ 表示集合 $\widetilde{\mathcal{C}}=\left\{\boldsymbol{y}_q\middle|\|\boldsymbol{y}_q\|_2^2\leqslant\xi,\forall q\in\Theta_i\right\}$ 的示性函数。式 (4.69) 表明：

$$\boldsymbol{\lambda}_q^{(t+1)}=-1/\rho\nabla_{\boldsymbol{y}_q}g\left(\boldsymbol{y}_q^{(t+1)},\left\{\boldsymbol{y}_{\tilde{q},\tilde{q}\neq q}^{(t)}\right\}\right) \tag{4.70}$$

结合式 (4.67)，可得

$$\begin{aligned}&\left\|\boldsymbol{\lambda}_q^{(t+1)}-\boldsymbol{\lambda}_q^{(t)}\right\|_2^2=1/\rho^2\left\|\nabla_{\boldsymbol{y}_q}g\left(\boldsymbol{y}_q^{(t+1)},\left\{\boldsymbol{y}_{\tilde{q},\tilde{q}\neq q}^{(t)}\right\}\right)-\nabla_{\boldsymbol{y}_q}g\left(\left\{\boldsymbol{y}_{\tilde{q}}^{(t)}\right\}\right)\right\|_2^2\\&\leqslant\bar{M}_q/\rho^2\left\|\boldsymbol{y}_q^{(t+1)}-\boldsymbol{y}_q^{(t)}\right\|_2^2\end{aligned} \tag{4.71}$$

结合式 (4.62)、式 (4.65)、式 (4.66) 和式 (4.71)，可得相邻两次迭代增广拉格朗日函数的差 (式 (4.61)) 为

$$\begin{aligned}&\mathcal{L}\left(\boldsymbol{X}^{(t+1)},\left\{\boldsymbol{y}_q^{(t+1)},\boldsymbol{\lambda}_q^{(t+1)}\right\}\right)-\mathcal{L}\left(\boldsymbol{X}^{(t)},\left\{\boldsymbol{y}_q^{(t)},\boldsymbol{\lambda}_q^{(t)}\right\}\right)\\&\leqslant\sum_{q=-N/2}^{N/2-1}\left(\bar{M}_q/\rho-\left(\bar{M}_q+\rho\right)/2\right)\left\|\boldsymbol{y}_q^{(t+1)}-\boldsymbol{y}_q^{(t)}\right\|_2^2\end{aligned} \tag{4.72}$$

式 (4.72) 表明，当 $\boldsymbol{y}_q^{(t+1)}\neq\boldsymbol{y}_q^{(t)}$ 且 $\dfrac{\bar{M}_q}{\rho}-\dfrac{\bar{M}_q+\rho}{2}<0,\forall q$ 时，即

$$\rho>1/2\max_q\left\{\sqrt{8\bar{M}_q+\bar{M}_q^2}-\bar{M}_q\right\}_{q=-N/2}^{N/2-1} \tag{4.73}$$

M-ADMM 步骤式 (4.16)～ 式 (4.18) 使增广拉格朗日函数的值 $\mathcal{L}_{\rho,\left\{z_{m,q}^{(t)}\right\}}(\boldsymbol{X},\{\boldsymbol{y}_q,\boldsymbol{\lambda}_q\})$ 减小。

定理 4.1 步骤 (1) 证毕。

(2) 下面证明增广拉格朗日函数是有下限的。增广拉格朗日函数，即式 (4.14) 可以表述为

$$\begin{aligned}&\mathcal{L}_{\rho,\left\{z_{m,q}^{(t)}\right\}}\left(\boldsymbol{X}^{(t+1)},\left\{\boldsymbol{y}_q^{(t+1)},\boldsymbol{\lambda}_q^{(t+1)}\right\}\right)=g\left(\left\{\boldsymbol{y}_q^{(t+1)}\right\}\right)\\&+\sum_{q=-N/2}^{N/2-1}\left(\rho\mathrm{Re}\left[\left(\boldsymbol{\lambda}_q^{(t+1)}\right)^{\mathrm{H}}\left(\boldsymbol{y}_q^{(t+1)}-\boldsymbol{X}^{(t+1)}\boldsymbol{f}_q\right)\right]+\frac{\rho}{2}\left\|\boldsymbol{y}_q^{(t+1)}-\boldsymbol{X}^{(t+1)}\boldsymbol{f}_q\right\|_2^2\right)\\&\overset{(a)}{=}g\left(\left\{\boldsymbol{y}_q^{(t+1)}\right\}\right)+\sum_{q=-N/2}^{N/2-1}\frac{\rho}{2}\left\|\boldsymbol{y}_q^{(t+1)}-\boldsymbol{X}^{(t+1)}\boldsymbol{f}_q\right\|_2^2\\&+\sum_{q=-N/2}^{N/2-1}\mathrm{Re}\left[\nabla_{\boldsymbol{y}_q}g\left(\left\{\boldsymbol{y}_q^{(t+1)}\right\}\right)\left(\boldsymbol{X}^{(t+1)}\boldsymbol{f}_q-\boldsymbol{y}_q^{(t+1)}\right)\right]\end{aligned}$$

$$\overset{\text{(b)}}{\geqslant} g\left(\left\{\boldsymbol{X}^{(t+1)}\boldsymbol{f}_q\right\}\right)+\sum_{q=-N/2}^{N/2-1}\frac{\rho-\bar{M}_q}{2}\left\|\boldsymbol{y}_q^{(t+1)}-\boldsymbol{X}^{(t+1)}\boldsymbol{f}_q\right\|_2^2 \tag{4.74}$$

式中，等式 (a) 成立是因为式 (4.70)，不等式 (b) 是因为式 (4.68)，显然 $g\left(\{\boldsymbol{y}_q\}\right)$ 有下界。因此，式 (4.74) 表明，当 $\dfrac{\rho-\bar{M}_q}{2}>0$，即

$$\rho>\max\left\{\bar{M}_q\right\}_{q=-N/2}^{N/2-1} \tag{4.75}$$

时，增广拉格朗日函数 $\mathcal{L}_\rho\left(\boldsymbol{X}^{(t+1)},\left\{\boldsymbol{y}_q^{(t+1)},\boldsymbol{\lambda}_q^{(t+1)}\right\}\right)\geqslant 0$。结合式 (4.73) 和式 (4.75) 可知定理 4.1 步骤 (2) 成立。

(3) 根据式 (4.72)、定理 4.1 步骤 (1) 和步骤 (2)，可得

$$\lim_{t\to\infty}\left\|\boldsymbol{y}_q^{(t+1)}-\boldsymbol{y}_q^{(t)}\right\|_2^2=0 \tag{4.76}$$

根据式 (4.71) 和式 (4.18)，可得

$$\lim_{t\to\infty}\left\|\boldsymbol{\lambda}_q^{(t+1)}-\boldsymbol{\lambda}_q^{(t)}\right\|_2^2=0 \tag{4.77}$$

$$\lim_{t\to\infty}\left\|\boldsymbol{y}_q^{(t+1)}-\boldsymbol{X}^{(t+1)}\boldsymbol{f}_q\right\|_2^2=0 \tag{4.78}$$

式中，$q=-N/2,\cdots,N/2-1$。

式 (4.76)~ 式 (4.78) 表明：

$$\lim_{t\to\infty}\boldsymbol{y}_q^{(t)}=\boldsymbol{y}_q^{\star},\lim_{t\to\infty}\boldsymbol{\lambda}_q^{(t)}=\boldsymbol{\lambda}_q^{\star},\boldsymbol{y}_q^{\star}=\boldsymbol{X}^{\star}\boldsymbol{f}_q,\lim_{t\to\infty}\boldsymbol{X}^{(t)}=\boldsymbol{X}^{\star} \tag{4.79}$$

即任何极限点 $\left\{\boldsymbol{X}^{\star},\left\{\boldsymbol{y}_q^{\star},\boldsymbol{\lambda}_q^{\star}\right\}\right\}$，$\lim\limits_{t\to\infty}\left\{\boldsymbol{X}^{(t)},\left\{\boldsymbol{y}_q^{(t)},\boldsymbol{\lambda}_q^{(t)}\right\}\right\}=\left\{\boldsymbol{X}^{\star},\left\{\boldsymbol{y}_q^{\star},\boldsymbol{\lambda}_q^{\star}\right\}\right\}$ 都为优化问题式 (4.14) 的稳定解。利用 $\lim\limits_{t\to\infty}\boldsymbol{X}^{(t)}=\boldsymbol{X}^{\star}$ 和式 (4.11)，下述结论成立：

$$\lim_{t\to\infty}z_{m,q}^{(t)}=z_{m,q}^{\star}=D_{m,q}\mathrm{e}^{\mathrm{j}\angle\left(\boldsymbol{a}_{m,q}^{\mathrm{H}}\boldsymbol{X}^{\star}\boldsymbol{f}_q\right)} \tag{4.80}$$

以及

$$\left|D_{m,q}-\left|\boldsymbol{a}_{m,q}^{\mathrm{H}}\boldsymbol{X}^{\star}\boldsymbol{f}_q\right|\right|^2=\left|\boldsymbol{a}_{m,q}^{\mathrm{H}}\boldsymbol{X}^{\star}\boldsymbol{f}_q-z_{m,q}^{\star}\right|^2,\forall\{m,q\}$$

因此，$\boldsymbol{X}^{\star}$ 为式 (4.8) 的解。定理 4.1 步骤 (3) 成立。

定理 4.1 证毕。

4.5.2 P-ADMM 步骤相关结论暨定理 4.2 证明

首先，给出下面的分析，这些分析将用于后续的证明。

由式 (4.48) 中的变量 $v_{m,q}$ 的更新，可得

$$\begin{aligned}\mathbf{0} &\in \partial_{v_{m,q}}\mathcal{L}_\rho\left(\eta^{(t+1)},\boldsymbol{X}^{(t+1)},\left\{v_{m,q}^{(t+1)},v_{m,q}^{(t)},\upsilon_{m,q}^{(t)}\right\}\right)+\partial_{v_{m,q}}\sigma_{\mathcal{C}}\left(v_{m,q}^{(t+1)}\right)\\&=1/\gamma\left(v_{m,q}^{(t+1)}-v_{m,q}^{(t)}\right)+\rho\left(v_{m,q}^{(t+1)}-\boldsymbol{a}_{m,q}^{\mathrm{H}}\boldsymbol{X}^{(t+1)}\boldsymbol{f}_q+\upsilon_{m,q}^{(t)}\right)\\&\overset{\text{(a)}}{=}1/\gamma\left(v_{m,q}^{(t+1)}-v_{m,q}^{(t)}\right)+\rho\upsilon_{m,q}^{(t+1)}\end{aligned}\tag{4.81}$$

式中，集合 $\mathcal{C}=\left\{r_{m,q}|d-\varepsilon\leqslant|v_{m,q}|\leqslant d+\varepsilon,\forall\{m,q\}\in\Theta_m;|v_{m,q}|\leqslant\eta^{(t+1)},\forall\{m,q\}\in\Theta_s;|v_{m,q}|\leqslant\xi,\forall\{m,q\}\in\Theta_n\right\}$；等式 (a) 成立是因为式 (4.49)。式 (4.81) 表明：

$$\upsilon_{m,q}^{(t+1)}=-\frac{1}{\rho\gamma}\left(v_{m,q}^{(t+1)}-v_{m,q}^{(t)}\right)\tag{4.82}$$

式 (4.82) 表明：

$$\left|\upsilon_{m,q}^{(t+1)}\right|^2=\frac{1}{\rho^2\gamma^2}\left|v_{m,q}^{(t+1)}-v_{m,q}^{(t)}\right|^2\tag{4.83}$$

下面开始证明定理 4.2。

(1) 证明式 (4.45) 中的增广拉格朗日函数有下界。式 (4.45) 可表述为

$$\begin{aligned}&\mathcal{L}_\rho\left(\eta^{(t+1)},\boldsymbol{X}^{(t+1)},\left\{v_{m,q}^{(t+1)},v_{m,q}^{(t)},\upsilon_{m,q}^{(t+1)}\right\}\right)\\=&\eta^{(t+1)}+\frac{1}{2\gamma}\sum_{\{m,q\}\in\Phi}\left|v_{m,q}^{(t+1)}-v_{m,q}^{(t)}\right|^2\\&+\frac{\rho}{2}\sum_{\{m,q\}\in\Phi}\left(\left|v_{m,q}^{(t+1)}-\boldsymbol{a}_{m,q}^{\mathrm{H}}\boldsymbol{X}^{(t+1)}\boldsymbol{f}_q+\upsilon_{m,q}^{(t+1)}\right|^2-\left|\upsilon_{m,q}^{(t+1)}\right|^2\right)\\\overset{\text{(a)}}{=}&\eta^{(t+1)}+\frac{\rho\gamma-1}{2\rho\gamma^2}\sum_{\{m,q\}\in\Phi}\left|v_{m,q}^{(t+1)}-v_{m,q}^{(t)}\right|^2\\&+\frac{\rho}{2}\sum_{\{m,q\}\in\Phi}\left|v_{m,q}^{(t+1)}-\boldsymbol{a}_{m,q}^{\mathrm{H}}\boldsymbol{X}^{(t+1)}\boldsymbol{f}_q+\upsilon_{m,q}^{(t+1)}\right|^2\end{aligned}\tag{4.84}$$

式中，等式 (a) 成立是因为式 (4.83)。式 (4.84) 表明，当 $\dfrac{\rho\gamma-1}{2\rho\gamma^2}>0$(即 $\rho\gamma>1$) 时，式 (4.45) 中的增广拉格朗日函数有下界，即

$$\mathcal{L}_\rho\left(\eta^{(t+1)},\boldsymbol{X}^{(t+1)},\left\{v_{m,q}^{(t+1)},\tilde{v}_{m,q}^{(t+1)},\upsilon_{m,q}^{(t+1)}\right\}\right)\geqslant0\tag{4.85}$$

(2) 证明增广拉格朗日函数值 $\mathcal{L}_\rho\left(\boldsymbol{X}^{(t)},\left\{v_{m,q}^{(t)},\tilde{v}_{m,q}^{(t)},\upsilon_{m,q}^{(t)}\right\}\right)$ 随着迭代次数的增加而减小。

根据近端调节步骤，即式 (4.46)，可得

$$\begin{aligned}&\mathcal{L}_\rho\left(\eta^{(t)},\boldsymbol{X}^{(t)},\left\{v_{m,q}^{(t)},\tilde{v}_{m,q}^{(t+1)},\upsilon_{m,q}^{(t)}\right\}\right)-\mathcal{L}_\rho\left(\eta^{(t)},\boldsymbol{X}^{(t)},\left\{v_{m,q}^{(t)},\tilde{v}_{m,q}^{(t)},\upsilon_{m,q}^{(t)}\right\}\right)\\&=\frac{1}{2\gamma}\sum_{\{m,q\}\in\varPhi}\left|v_{m,q}^{(t)}-\tilde{v}_{m,q}^{(t+1)}\right|^2-\frac{1}{2\gamma}\sum_{\{m,q\}\in\varPhi}\left|v_{m,q}^{(t)}-\tilde{v}_{m,q}^{(t)}\right|^2\\&\overset{(a)}{=}\frac{1}{2\gamma}\sum_{\{m,q\}\in\varPhi}\left|v_{m,q}^{(t)}-v_{m,q}^{(t)}\right|^2-\frac{1}{2\gamma}\sum_{\{m,q\}\in\varPhi}\left|v_{m,q}^{(t)}-v_{m,q}^{(t-1)}\right|^2\\&=-\frac{1}{2\gamma}\sum_{\{m,q\}\in\varPhi}\left|v_{m,q}^{(t)}-v_{m,q}^{(t-1)}\right|^2\end{aligned}\tag{4.86}$$

式中，等式 (a) 成立是因为式 (4.44)。

根据式 (4.47) 中 $\boldsymbol{X}$ 的更新，可得

$$\mathcal{L}_\rho\left(\eta^{(t)},\boldsymbol{X}^{(t+1)},\left\{v_{m,q}^{(t)},v_{m,q}^{(t)},\upsilon_{m,q}^{(t)}\right\}\right)-\mathcal{L}_\rho\left(\eta^{(t)},\boldsymbol{X}^{(t)},\left\{v_{m,q}^{(t)},v_{m,q}^{(t)},\upsilon_{m,q}^{(t)}\right\}\right)\leqslant 0\tag{4.87}$$

式中，当 $\boldsymbol{X}^{(t)}=\boldsymbol{X}^{(t+1)}$ 时等式成立。

根据式 (4.48) 中变量 $\{\eta,\{v_{m,q}\}\}$ 的更新，可得

$$\begin{aligned}&\mathcal{L}_\rho\left(\eta^{(t+1)},\boldsymbol{X}^{(t+1)},\left\{v_{m,q}^{(t+1)},v_{m,q}^{(t)},\upsilon_{m,q}^{(t)}\right\}\right)-\mathcal{L}_\rho\left(\eta^{(t)},\boldsymbol{X}^{(t+1)},\left\{v_{m,q}^{(t)},v_{m,q}^{(t)},\upsilon_{m,q}^{(t)}\right\}\right)\\&\overset{(a)}{\leqslant}\frac{1}{2\gamma}\sum_{\{m,q\}\in\varPhi}\left|v_{m,q}^{(t+1)}-v_{m,q}^{(t)}\right|^2+\frac{\rho}{2}\sum_{\{m,q\}\in\varPhi}\left|\upsilon_{m,q}^{(t+1)}\right|^2\\&\quad-\frac{\rho}{2}\sum_{\{m,q\}\in\varPhi}\left|\upsilon_{m,q}^{(t)}+v_{m,q}^{(t+1)}-v_{m,q}^{(t+1)}\right|^2\\&\overset{(b)}{=}\frac{1}{2\gamma}\sum_{\{m,q\}\in\varPhi}\left|v_{m,q}^{(t+1)}-v_{m,q}^{(t)}\right|^2+\frac{1}{2\rho\gamma^2}\sum_{\{m,q\}\in\varPhi}\left|v_{m,q}^{(t+1)}-v_{m,q}^{(t)}\right|^2\\&\quad-\frac{\rho}{2}\sum_{\{m,q\}\in\varPhi}\left|\upsilon_{m,q}^{(t)}-v_{m,q}^{(t+1)}-\frac{1}{\rho\gamma}\left(v_{m,q}^{(t+1)}-v_{m,q}^{(t)}\right)\right|^2\\&=\frac{\rho\gamma+1-(\rho\gamma+1)^2}{2\rho\gamma^2}\sum_{\{m,q\}\in\varPhi}\left|v_{m,q}^{(t+1)}-v_{m,q}^{(t)}\right|^2\end{aligned}\tag{4.88}$$

式中，不等式 (a) 成立是因为式 (4.49)，等式 (b) 成立是因为式 (4.82)。根据式 (4.49) 中对偶变量 $\{\upsilon_{m,q}\}$ 的更新，可得

$$\mathcal{L}_\rho\left(\eta^{(t+1)},\boldsymbol{X}^{(t+1)},\left\{v_{m,q}^{(t+1)},v_{m,q}^{(t)},\upsilon_{m,q}^{(t+1)}\right\}\right)-\mathcal{L}_\rho\left(\eta^{(t+1)},\boldsymbol{X}^{(t+1)},\left\{v_{m,q}^{(t+1)},v_{m,q}^{(t)},\upsilon_{m,q}^{(t)}\right\}\right)$$

$$
\begin{aligned}
&\overset{\text{(a)}}{=}\frac{\rho}{2}\sum_{\{m,q\}\in\varPhi}\left(\left|\upsilon_{m,q}^{(t+1)}-\upsilon_{m,q}^{(t)}+\upsilon_{m,q}^{(t+1)}\right|^2-\left|\upsilon_{m,q}^{(t+1)}\right|^2\right)\\
&\quad-\frac{\rho}{2}\sum_{\{m,q\}\in\varPhi}\left(\left|\upsilon_{m,q}^{(t+1)}\right|^2-\left|\upsilon_{m,q}^{(t)}\right|^2\right)\\
&\overset{\text{(b)}}{\leqslant}\frac{\rho}{2}\sum_{\{m,q\}\in\varPhi}\left(4\left|\upsilon_{m,q}^{(t+1)}\right|^2+\left|\upsilon_{m,q}^{(t)}\right|^2-2\left|\upsilon_{m,q}^{(t+1)}\right|^2-\left|\upsilon_{m,q}^{(t)}\right|^2\right)\\
&=\rho\sum_{\{m,q\}\in\varPhi}\left|\upsilon_{m,q}^{(t+1)}\right|^2\overset{\text{(c)}}{=}\frac{1}{\rho\gamma^2}\sum_{\{m,q\}\in\varPhi}\left|\upsilon_{m,q}^{(t+1)}-\upsilon_{m,q}^{(t)}\right|^2
\end{aligned}
\tag{4.89}
$$

式中，等式 (a) 成立是因为式 (4.49)，不等式 (b) 成立是因为 $|a+b|\leqslant|a|+|b|$，等式 (c) 成立是因为式 (4.83)。结合式 (4.44) 和式 (4.86)~ 式 (4.89)，可得

$$
\begin{aligned}
&\mathcal{L}_\rho\left(\eta^{(t+1)},\boldsymbol{X}^{(t+1)},\left\{v_{m,q}^{(t+1)},\tilde{v}_{m,q}^{(t+1)},\upsilon_{m,q}^{(t+1)}\right\}\right)-\mathcal{L}_\rho\left(\eta^{(t)},\boldsymbol{X}^{(t)},\left\{v_{m,q}^{(t)},\tilde{v}_{m,q}^{(t+1)},\upsilon_{m,q}^{(t)}\right\}\right)\\
&\leqslant\sum_{\{m,q\}\in\varPhi}\left(\tilde{\rho}\left|v_{m,q}^{(t+1)}-v_{m,q}^{(t)}\right|^2-\frac{1}{2\gamma}\left|v_{m,q}^{(t)}-v_{m,q}^{(t-1)}\right|^2\right)
\end{aligned}
\tag{4.90}
$$

式中，$\tilde{\rho}=\dfrac{\rho\gamma+1-(\rho\gamma+1)^2+2}{2\rho\gamma^2}$。式 (4.90) 表明，当 $\tilde{\rho}\leqslant 0$(即 $\rho\gamma\geqslant 1$) 时，式 (4.45) 中的增广拉格朗日函数值将随着迭代次数的增加而减小。结合式 (4.85) 和式 (4.90)，可得定理 4.2 步骤 (1) 成立。

(3) 根据式 (4.90) 和步骤 (1)，可知当 $\rho\gamma\geqslant 1$ 时，可得

$$
\lim_{t\to\infty}\left|v_{m,q}^{(t+1)}-v_{m,q}^{(t)}\right|^2=0,\lim_{t\to\infty}\left|v_{m,q}^{(t)}-\tilde{v}_{m,q}^{(t)}\right|^2\to 0
\tag{4.91}
$$

根据对偶更新步骤，即式 (4.49)，可得

$$
\lim_{t\to\infty}\left|\upsilon_{m,q}^{(t+1)}-\upsilon_{m,q}^{(t)}\right|^2=0,\forall\{m,q\}\in\varPhi
\tag{4.92}
$$

和

$$
\lim_{t\to\infty}\left|v_{m,q}^{(t+1)}-\boldsymbol{a}_{m,q}^{\mathrm{H}}\boldsymbol{X}^{(t+1)}\boldsymbol{f}_q\right|^2=0,\forall\{m,q\}\in\varPhi
$$

于是，可有

$$
\lim_{t\to\infty}\left\{\boldsymbol{X}^{(t)},\left\{v_{m,q}^{(t)},\tilde{v}_{m,q}^{(t)},\upsilon_{m,q}^{(t)}\right\}\right\}=\left\{\boldsymbol{X}^{\star},\left\{v_{m,q}^{\star},\tilde{v}_{m,q}^{\star},\upsilon_{m,q}^{\star}\right\}\right\}
\tag{4.93}
$$

综上可知，任何极限点 $\left\{\boldsymbol{X}^{\star},\left\{v_{m,q}^{\star},\tilde{v}_{m,q}^{\star},\upsilon_{m,q}^{\star}\right\}\right\}$ 都是式 (4.45) 的解。

式 (4.91) 表明，当 $\dfrac{1}{2\gamma}\sum\limits_{\{m,q\}\in\varPhi}\left|v_{m,q}^{(t)}-\tilde{v}_{m,q}^{(t)}\right|^2\rightarrow 0$ 时，式 (4.43) 退化为式 (4.42)。因此，$\boldsymbol{X}^*$ 是式 (4.9) 的解，定理 4.2 步骤 (2) 成立。

定理 4.2 证毕。

4.6 仿真实验

本节利用计算机仿真评估 M-ADMM 和 P-ADMM 的算法性能。实验中假设宽带 MIMO 雷达系统的发射天线间距 $\bar{d}=v/(2f_c+B)$、天线个数 $L=16$ 组成的均匀线性阵列。另外，载频、带宽和发射波形的采样分别为 $f_c=1\text{GHz}$、$B=200\text{MHz}$ 和 $\bar{N}=Q\lfloor\bar{\tau}/T_s\rfloor=64\left(\bar{\tau}=8\times10^{-8}\ ,Q=4\right)$[1]。同时，空间方位向 $\theta\in[0°,180°]$ 被离散化为 $M=181$ 个点 (即采样间隔为 1°)①。另外，本节将 $\{\theta_m\}$ 和频率网格点分为三部分，即主瓣 $\varTheta_m$、旁瓣 $\varTheta_s$ 和干扰区域 (零陷或者凹槽)$\varTheta_i(\varTheta_n)$。另外，所设计的波形具有相同的 PAR 或 DRR，即 $\zeta_l=\zeta_{\text{par}},\zeta_l=\zeta_{\text{drr}},\forall l$。

4.6.1 M-ADMM 仿真实验

本小节中，变量 $\left\{\boldsymbol{\lambda}_q^{(0)}\right\}$ 和 $\left\{\boldsymbol{y}_q^{(0)}\right\}$ 的初始值为随机数。

实验 1：收敛性能。本数值实验从波束图性能、频谱零陷深度和探测波形的 PAR/DRR 来验证 M-ADMM 的性能。假设频带 $\varTheta_i\in$[0.9781GHz,0.9875GHz] 被其他用户所占用，感兴趣的目标位于 $\varTheta_m\in[70°,110°]$。另外，设置 $N=4\bar{N}$、$\xi=-50\text{dB}$、$\zeta_{\text{par}}=1$ 和 1.5、$\rho=10000$ 和 20000。图 4.3(a) 和 (b) 分别绘制了目标函数和残差 $\left(\sum\limits_q\left\|\boldsymbol{y}_q^{(t)}-\boldsymbol{y}_q^{(t-1)}\right\|_2/N\right)$ 随迭代次数的变化曲线。$\zeta_{\text{drr}}=1$ 和 1.5。

从图 4.3 中可以看出：

(1) M-ADMM 在上述条件下收敛性良好，惩罚参数越大，目标函数值会略大。

(2) PAR 只约束波形幅度的峰值，而 DRR 约束同时约束波形幅度的峰值和最小值，因此 DRR 约束降低了波束图合成的灵活性。

(3) 与 PAR 约束相比，DRR 约束增加了优化问题的非凸性和难度，这可能是导致图 4.3(b) 中 DRR=1.5、ρ=10000 和 DRR=1.5、ρ=20000 两个实验参数的实验结果明显非单调性的原因。但随着迭代的进行，这两条曲线的下界均在减小，这说明算法是收敛的。

所设计的探测波形的频谱和 PAR 或 DRR 绘制在图 4.3(c) 和 (d) 中。从图 4.3(c) 可以观察到，在不同 PAR 或 DRR 阈值和惩罚参数下，所有设计的

① 有关方位向空间角度采样的细节，有兴趣的读者请参考文献 [26] 的 3.3 节。

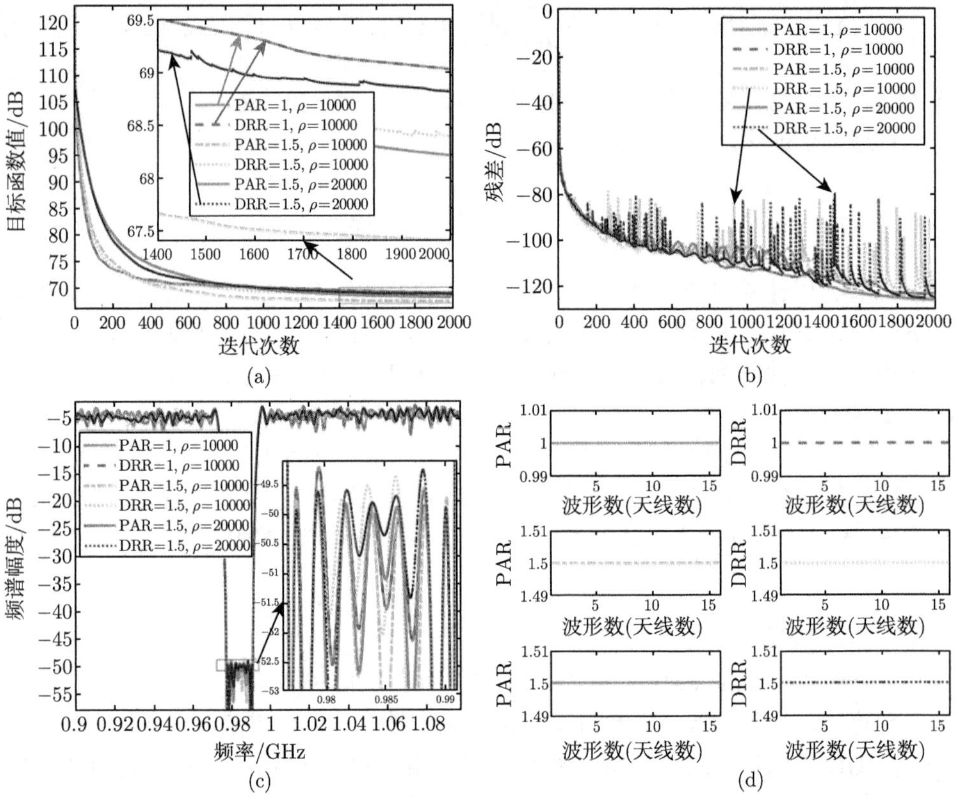

图 4.3　M-ADMM 仿真实验结果

波形频谱都在 Θ_i 频段有期望的缺口，这意味着 M-ADMM 可以很好地控制波束图零陷 (凹槽) 口深度。此外，从图 4.3(d) 可以看出，所有波形都满足 DRR 约束，这表明算法 4.2 的有效性。另外，图 4.4(a)~(d) 分别给出了 $\rho = 1000$、$\zeta_{\text{par}} = 1$ 和 1.5、$\zeta_{\text{drr}} = 1$ 和 1.5 情况下的波束图设计结果 ($M = 10 \times 181, N = 100\bar{N}$)。可以看到，PAR=1 和 DRR=1 时，M-ADMM 具有几乎相同的波束图，而 PAR=1.5 时波束图结果最好，这是因为 PAR 为波束图设计提供了更多的自由度。

实验 2：多主瓣和多干扰情况下的波束图设计。假设不同频段波束图不同，即 $\Theta_{m_1} \in [60^\circ, 70^\circ], \forall f \in [f_c - B/2, f_c], \Theta_{m_2} \in [110^\circ, 130^\circ], \forall f \in (f_c, f_c + B/2]$。另外，干扰频带 (interference frequency range，IFR)$\Theta_i \in \{[0.9281\text{GHz}, 0.9437\text{GHz}], 1.0340\text{GHz}\}$。此外，$N = 100\bar{N}$，$\bar{\rho} = 20000$，$\xi = -40\text{dB}$，算法停止准则为 $\varepsilon = 10^{-6}$。图 4.5 给出了波束图合成结果 ($M = 10 \times 181, N = 100\bar{N}$)。图 4.6 绘制了实验 2 和实验 3 所合成波形的频谱图。表 4.1 列出了式 (4.8) 的目标函数值和算法的运行时间。可以看出，相比于 WBFIT 算法，M-ADMM 具有更好的波束图合成能

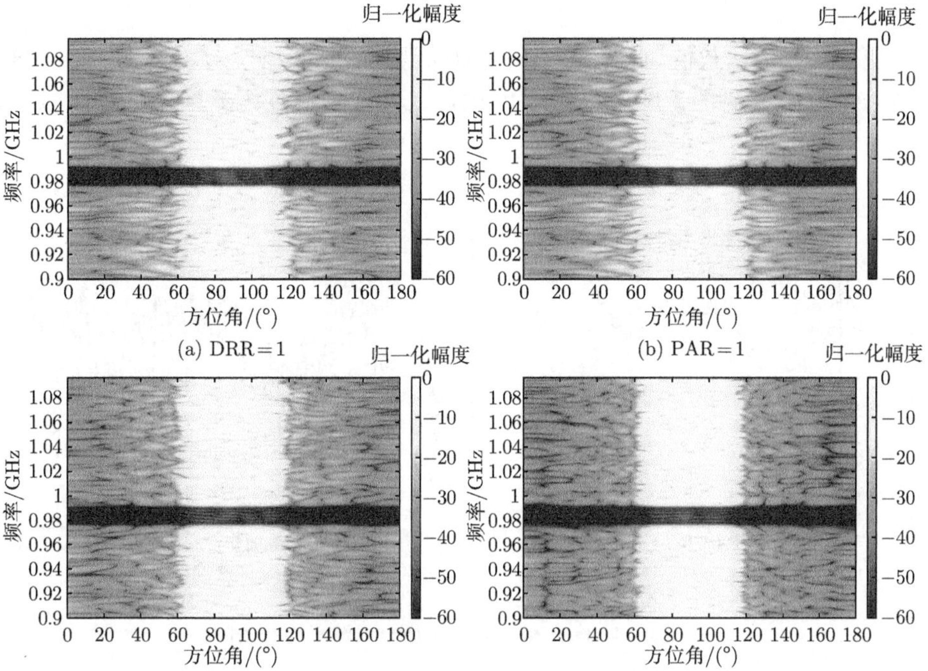

(a) DRR = 1　　(b) PAR = 1

(c) DRR = 1.5　　(d) PAR = 1.5

图 4.4　不同 PAR 和 DRR 情况下的波束图

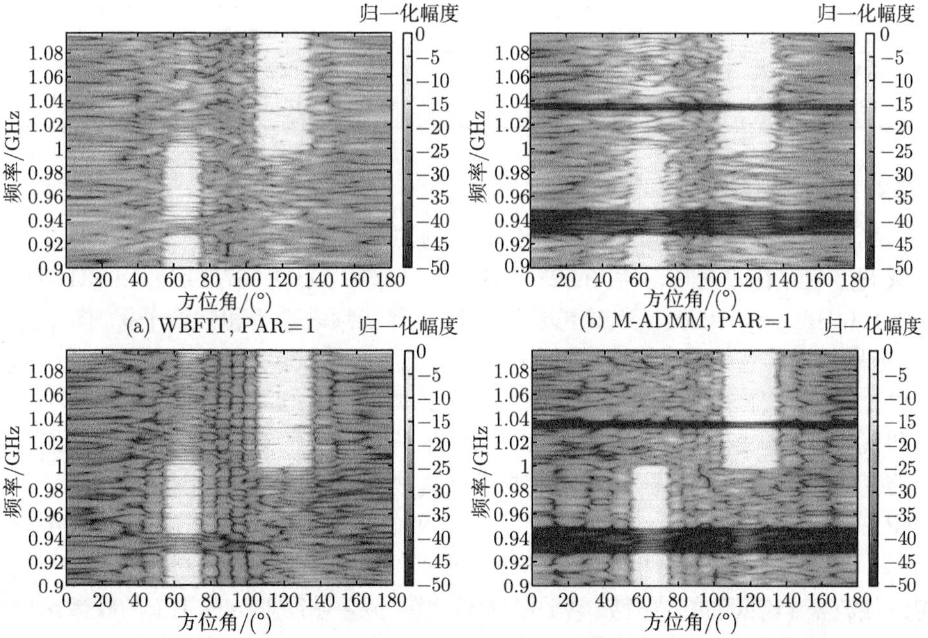

(a) WBFIT, PAR = 1　　(b) M-ADMM, PAR = 1

(c) WBFIT, PAR = 1.5　　(d) M-ADMM, PAR = 1.5

图 4.5　实验 2 中的波束图结果

力和更低的目标函数值。此外，WBFIT 算法得到的谱凹口仅为 −20dB 和 −30dB，而 M-ADMM 得到的谱凹口均为 −40dB，这表明 M-ADMM 算法合成的 MIMO 雷达波形可以很好的抑制有源干扰。

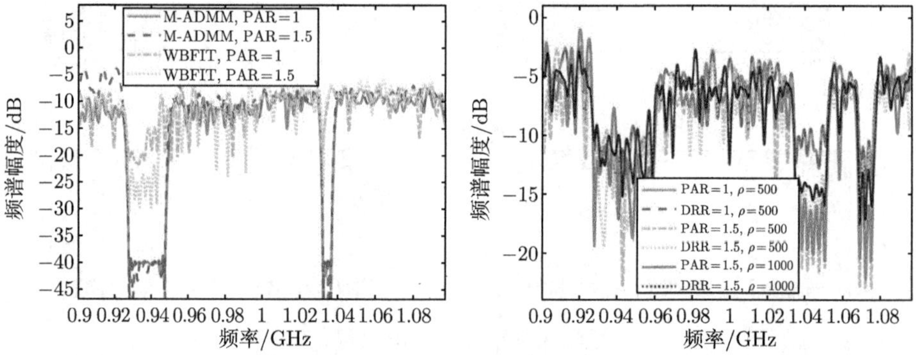

(a)　(b)

图 4.6　实验 2 和实验 3 中所合成波形的频谱图

表 4.1　式 (4.8) 的目标函数值和算法运行时间

算法	PAR=1		PAR=2	
	目标函数值	运行时间/s	目标函数值	运行时间/s
M-ADMM	1104.82	27.74	642.77	33.91
WBFIT	1301.51	2.27	1018.62	1.84

4.6.2　P-ADMM 仿真实验

实验 3：收敛性能评估。本实验假设辐射主瓣区域 $\Theta_m \in [90°, 111°]$，且在主瓣区域 Θ_m 内存在干扰 $\Theta_{n_1} \in [0.9281\text{GHz}, 0.9594\text{GHz}] \cup [1.0375\text{GHz}, 1.0531\text{GHz}] \cup [1.0719\text{GHz}, 1.0781\text{GHz}]$，旁瓣区域 $[35°, 55°]$ 存在频谱干扰和频谱干扰。图 4.7(a)、(b) 分别绘出了在 $N = \bar{N}$、$d = 1$、$\epsilon = 0.3\text{dB}$、$\xi = -40\text{dB}$、ζ_{par} =1 和 1.5、ζ_{drr}= 1 和 1.5、$\gamma = 1$、ρ =1.5 和 3、最大迭代次数 $\bar{T} = 20000$ 次情况下，目标函数值和残差 $\left\|\boldsymbol{V}^{(t)} - \boldsymbol{V}^{(t-1)}\right\|_{\text{F}}$(其中 $\boldsymbol{V}^{(t)}$ 的第 (m, q) 个元素为 $v_{m,q}^{(t)}$) 随算法迭代次数的变化曲线。另外，图 4.6(b) 绘制了探测波形的频谱幅度。图 4.8 绘制了不同 PAR 和 DRR 情况下 ($\rho = 1.5$，$\zeta_{\text{par}} = 1$ 和 1.5，ζ_{drr} =1 和 1.5) 的波束图结果 ($M = 181$,$N = \bar{N}$)。从上述实验结果可看到，当 $\rho = 1.5$ 时，P-ADMM 可以获得最佳波束 (较低的峰值旁瓣电平)，而较大的 ρ 会导致 P-ADMM 的收敛速度较慢。此外，由于干扰取决于角度和频率，所期望的零陷/凹口 (−40dB) 只出现在传输波束图中 (图 4.8)，而波形频谱不具有像 M-ADMM 那样的零陷 (图 4.6(b))。

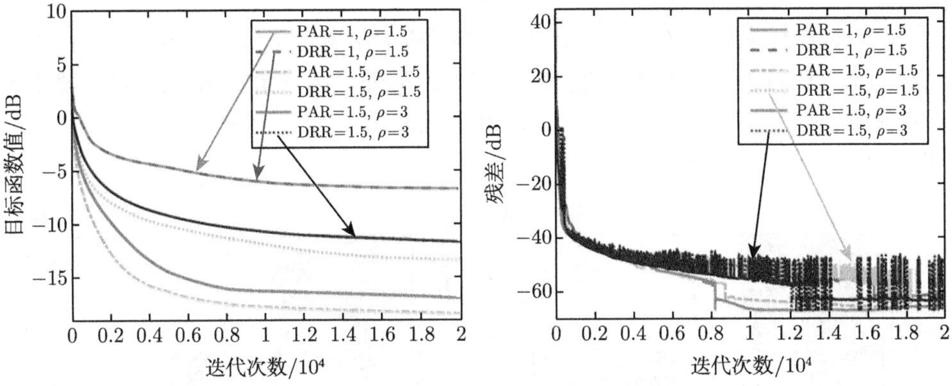

(a) (b)

图 4.7 目标函数值 (a) 和残差 (b) 的迭代收敛情况

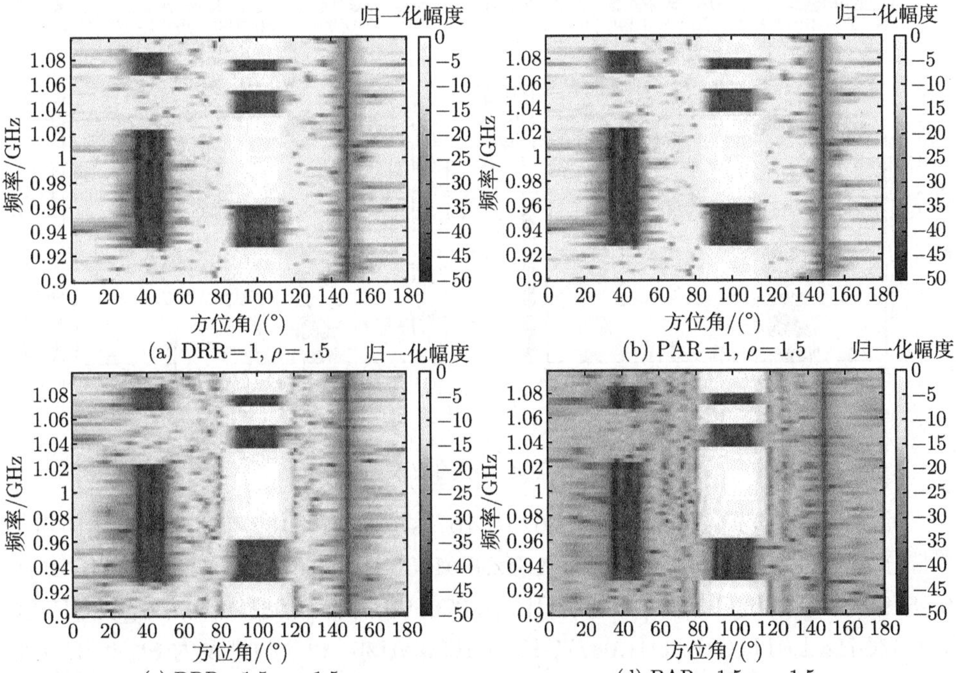

(a) DRR=1, ρ=1.5 (b) PAR=1, ρ=1.5

(c) DRR=1.5, ρ=1.5 (d) PAR=1.5, ρ=1.5

图 4.8 实验 3 中的波束图结果

实验 4：多主瓣和多干扰情况下的波束图设计。本实验中，算法参数 $N = \bar{N}, \gamma = 1, \rho = 1.5, d = 1, \epsilon = 0.3\text{dB}$，停止准则 $\varepsilon = 10^{-6}$。首先，假定两个波束图主瓣为 $\Theta_{m_1} \in [60^\circ, 70^\circ], \forall f \in [f_c - B/2, f_c]$，$\Theta_{m_2} \in [110^\circ, 130^\circ], \forall f \in (f_c, f_c + B/2]$。为降低主瓣干扰，令干扰 $\Theta_{n_1} \in [110^\circ, 130^\circ], \forall f \in [f_c - B/2, f_c]$，$\Theta_{n_2} \in [60^\circ, 70^\circ], \forall f \in (f_c, f_c + B/2]$ 的凹口深度 $\xi = -40\text{dB}$。此外，假设在旁瓣区域 $\Theta_{n_3} \in [25^\circ, 35^\circ]$，$\forall f$ 需设置一个 -40dB 的波束图凹口以抑制旁瓣方向上的

强散射体对雷达系统性能的影响。图 4.9(a) 和 (b) 展示了 $M=181$、$N=\bar{N}$ 和 PAR=1.5、DRR=1.5 情况下的波束图结果。另外，图 4.9(a) 和 (b) 中的波束图峰值旁瓣分别是 -13.72dB 和 -10.15dB，且所有波束图结果均满足主瓣纹波和零陷约束。

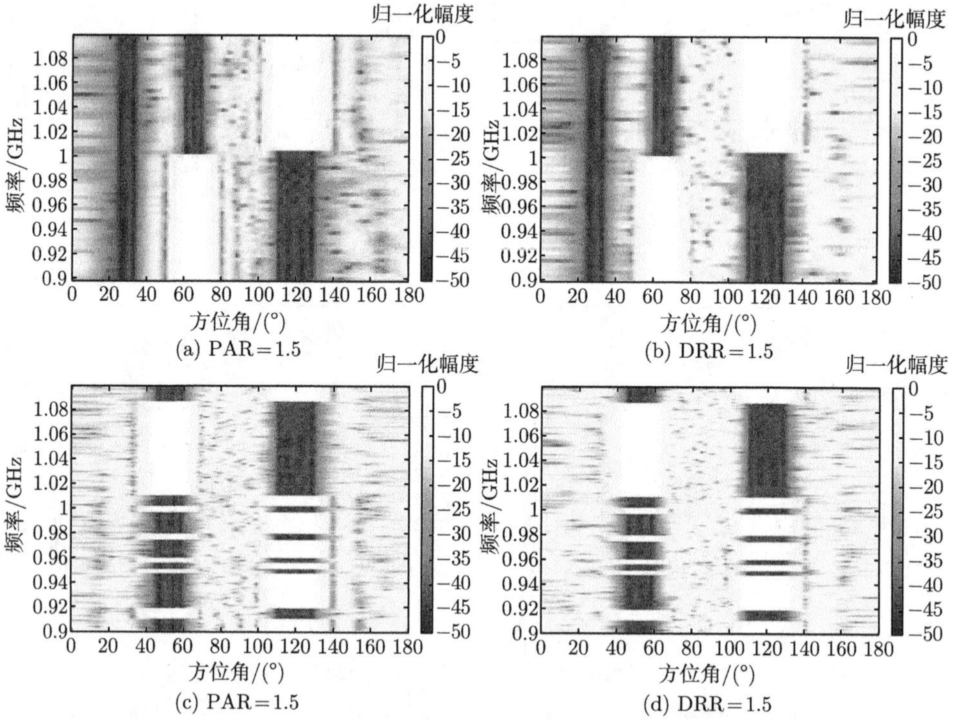

图 4.9 实验 4 中的波束图结果

其次，实验设置 $Q=4$，$\bar{\tau}=2.025\times10^{-7}\text{s}$，即 $\bar{N}=162$ 个，并将雷达所占的谱带分为两部分，即 $\Theta_{n_1}\in[0.9000\text{GHz},0.9123\text{GHz}]\cup[0.9198\text{GHz},0.9494\text{GHz}]\cup[0.9519\text{GHz},0.9568\text{GHz}]\cup[0.9617\text{GHz},0.9765\text{GHz}]\cup[0.9815\text{GHz},0.9988\text{GHz}]\cup[1.0037\text{GHz},1.0111\text{GHz}]\cup[1.0877\text{GHz},1.1000\text{GHz}]$，剩余频带设为 Θ_{n_2}[26]。考虑雷达波束图在频率上有两个正交主波束，即在频带 Θ_{n_2} 上的波束图主瓣 $\Theta_{m_1}\in[45^\circ,60^\circ]$，频带 Θ_{n_1} 的波束图主瓣 $\Theta_{m_2}\in[110^\circ,130^\circ]$，波束图结果 ($M=181$,$N=\bar{N}$) 绘制于图 4.9(c) 和 (d) 中。图 4.9(c) 和 (d) 中的波束图的峰值旁瓣分别为 -11.56dB 和 -8.70dB。

通过以上实验，可得如下结论：

(1)P-ADMM 能够准确地控制波束图主瓣纹波和零陷深度。

(2)P-ADMM 能有效抑制波束图 PSL，并提供近乎平坦的波束图旁瓣。

(3)DRR 约束能有效、直接地控制波形幅度的动态范围，比 PAR 更严格。

实验 5: 高空间和频率采样的波束图合成。由于本章算法都是基于离散采样技术，一个需要回答的问题是，空间角和频率采样为多少时，本章算法设计的波形的波束图在更高空间角和频率采样情况下失真最小。实验中设置 $\zeta_{\text{par}} = 2$, $\bar{N} = 128$ 个, $N = 2\bar{N}$,$\epsilon = 3.5\text{dB}$，其他参数同图 4.8(d)。图 4.10(a)~(c) 绘出了不同 M 和 N 情况下该波形的波束图结果，可以看到，$N = 2\bar{N}$ 所设计的波形的谱兼容性很好 (具有理想的波束图凹口)，相比于 $N = 100\bar{N}$ 时所绘制的波束图结果，后者的波束图仅在主瓣存在轻微的性能损失。此外，相比于图 4.10(a) 的结果，当减小空间角采样时，图 4.10(b) 中的波束图无性能损失，这表明 1° 的空间角采样对于 $L = 16$ 是合理的。

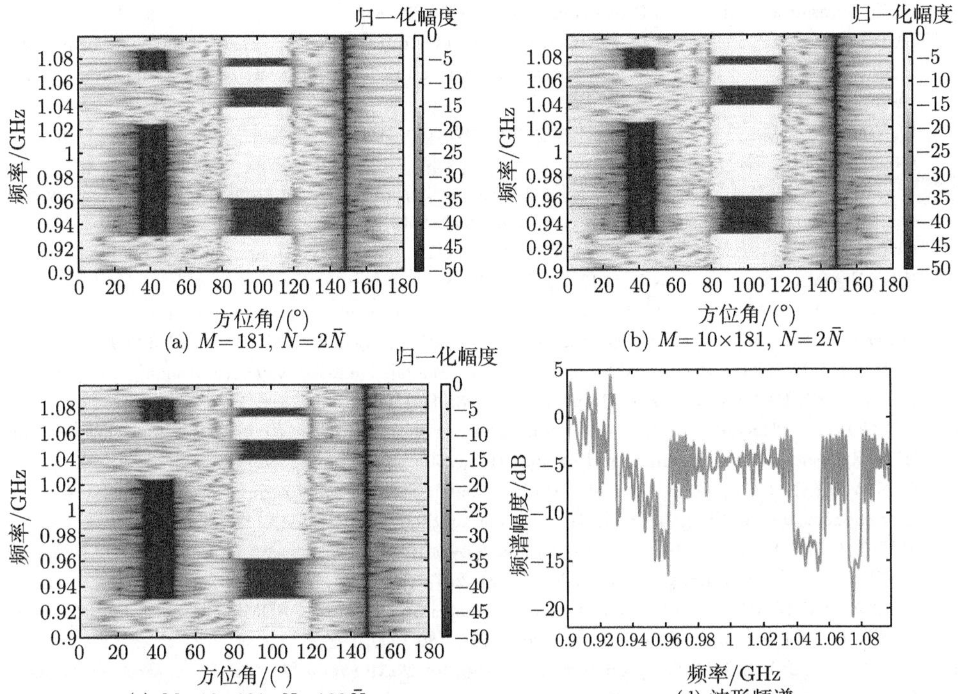

(a) M=181, N=2$\bar{N}$　(b) M=10×181, N=2$\bar{N}$

(c) M=10×181, N=100$\bar{N}$　(d) 波形频谱

图 4.10　实验 5 中 M 和 N 取不同值时的波束图结果和波形频谱

对于 P-ADMM，增加 N 并不一定会获得更好的波束图，这是因为较大的 N 会使需要控制的频率网格点 q 的数量成比例增加。从图 4.10(a)~(c) 可以观察到，$N = 2\bar{N}$ 是一个合理的选择。

4.7 本章小结

本章重点介绍了复杂电磁环境下宽带 MIMO 雷达波束图设计问题，提出了谱约束下的波束图匹配设计和最小旁瓣发射波束图设计准则。为求解相关的非凸非光滑优化问题，提出了 M-ADMM 和 P-ADMM。此外，还给出了算法的收敛性分析。仿真实验表明，所提出的算法在合成具有特定波束图的谱约束探测波形的有效性。

参 考 文 献

[1] GRECO M S, GINI F, STINCO P, et al. Cognitive radars: On the road to reality: Progress thus far and possibilities for the future[J]. IEEE Signal Processing Magazine, 2018, 35(4): 112-125.

[2] GRIFFITHS H, COHEN L, WATTS S, et al. Radar spectrum engineering and management: Technical and regulatory issues[J]. Proceedings of the IEEE, 2014, 103(1): 85-102.

[3] TANG B, LI J. Spectrally constrained MIMO radar waveform design based on mutual information[J]. IEEE Transactions on Signal Processing, 2019, 67(3): 821-834.

[4] AUBRY A, CAROTENUTO V, MAIO A D, et al. Optimization theory-based radar waveform design for spectrally dense environments[J]. IEEE Aerospace and Electronic Systems Magazine, 2016, 31(12): 14-25.

[5] ROWE W, STOICA P, LI J. Spectrally constrained waveform design[J]. IEEE Signal Processing Magazine, 2014, 31(3): 157-162.

[6] HE H, STOICA P, LI J. Wideband MIMO systems: Signal design for transmit beampattern synthesis[J]. IEEE Transactions on Signal Processing, 2011, 59(2): 618-628.

[7] CUI G, FU Y, YU X, et al. Local ambiguity function shaping via unimodular sequence design[J]. IEEE Signal Processing Letters, 2017, 24(7): 977-981.

[8] MAIO A D, HUANG Y, PIEZZO M, et al. Design of optimized radar codes with a peak to average power ratio constraint[J]. IEEE Transactions on Signal Processing, 2011, 59(6): 2683-2697.

[9] PATTON L K, RIGLING B D. Modulus constraints in adaptive radar waveform design[C]. Proceedings of 2008 IEEE Radar Conference, Rome, Italy, 2008: 1-6.

[10] VESCOVO R. Reconfigurability and beam scanning with phase-only control for antenna arrays[J]. IEEE Transactions on Antennas and Propagation, 2008, 56(6):1555-1565.

[11] FAN W, LIANG J L, SO H C, et al. Min-max metric for spectrally compatible waveform design via log-exponential smoothing[J]. IEEE Transactions on Signal Processing, 2020, 68: 1075-1090.

[12] JIANG T, WU Y. An overview: Peak-to-average power ratio reduction techniques for OFDM signals[J]. IEEE Transactions on Broadcasting, 2008, 54(2): 257-268.

[13] TELLAMBURA C. Computation of the continuous-time par of an OFDM signal with BPSK subcarriers[J]. IEEE Communications Letters, 2001, 5(5): 185-187.

[14] STOICA P, LI J, XIE Y. On probing signal design for MIMO radar[J]. IEEE Transactions on Signal Processing, 2007, 55(8): 4151-4161.

[15] MCCLELLAN J H, PARKS T W. A personal history of the parks-mcclellan algorithm[J]. IEEE Signal Processing Magazine, 2005, 22(2): 82-86.

[16] VARGAS R A, SURRUS B C. Iterative design of l_p fir and IIR digital filters[C]. Proceedings of 2009 IEEE 13th Digital Signal Processing Workshop and 5th IEEE Signal Processing Education Workshop, 2009: 468-473.

[17] FAN W, LIANG J L, YU G, et al. MIMO radar waveform design for quasi-equiripple transmit beampattern synthesis via weighted $l(p)$- minimization[J]. IEEE Transactions on Signal Processing, 2019, 67(13): 3397-3411.

[18] SUN Y, BABU P, PALOMAR D P. Majorization-minimization algorithms in signal processing, communications, and machine learning[J]. IEEE Transactions on Signal Processing, 2017, 65(3): 794-816.

[19] HUNTER D R, LANGE K. A tutorial on MM algorithms[J]. The American Statistician, 2004, 58(1): 30-37.

[20] TROPP J A, DHILLON I S, HEATH R W J, et al. Designing structured tight frames via an alternating projection method[J]. IEEE Transactions on Information Theory, 2005, 51(1): 188-209.
[21] BOYD S, VANDENBERGHE L. Convex Optimization[M]. Cambridge: Cambridge University Press, 2004.
[22] PARIKH N, BOYD S. Proximal algorithms[J]. Foundations and Trends in Optimization, 2014, 1(3): 127-239.
[23] POLIQUIN R A, ROCKAFELLAR R T. Prox-regular functions in variational analysis[J]. Transactions of the American Mathematical Society, 1996, 348(5): 1805-1838.
[24] WANG Y, YIN W, ZENG J. Global convergence of ADMM in nonconvex nonsmooth optimization[J]. Journal of Scientific Computing, 2019,78(1): 29-63.
[25] HONG M, LUO Z Q, RAZAVIYAYN M. Convergence analysis of alternating direction method of multipliers for a Family of nonconvex problems[J]. SIAM Journal on Optimization, 2016, 26(1):337-364.
[26] RICHARDS M A. Fundamentals of Radar Signal Processing[M]. 2nd. New York: McGraw-Hill Education, 2013.

第 5 章　精确控制相关性的波形序列集设计

本章提出基于最小化局部积分旁瓣电平 (local integrated sidelobe level,LISL) 和最小化局部峰值旁瓣电平 (local peak sidelobe level，LPSL) 准则的波形序列集设计方法，以满足系统对相关函数精确控制的需求。

5.1　引　　言

具有良好相关特性的波形序列集在雷达 [1-3] 和通信系统中发挥着重要作用，包括 MIMO 雷达系统 [4-5] 和码分多址 (code division multiple access, CDMA) 系统 [6-8]。例如，MIMO 雷达系统通过发射正交波形可以获得更长的阵列虚拟孔径，进而改善探测性能、参数可识别性及分辨率 [9-12]。在序列集设计中，需要同时考虑自相关和互相关特性。一方面，具有良好自相关特性的序列集意味着每个序列与其自身的时移版本几乎不相关，从而可以提高雷达距离压缩中被强目标掩盖的弱目标的检测性能 [13-14]；另一方面，良好的互相关特性意味着当前序列与其他序列的不同时移版本几乎不相关，从而可以降低两两波形之间的相互干扰 [15-18]。

众所周知，序列的自相关函数和功率谱密度函数形成傅里叶变换对，这意味着时域中的零自相关旁瓣等效于频域中的平坦频谱。基于此特性，文献 [19] 和 [20] 分别发展了新的循环算法 (CAN) 和周期 CAN(PeCAN)，可以设计具有低自相关旁瓣的恒模非周期性和周期性序列。此外，文献 [21] 采用上界函数最小化 (MM) 算法最小化积分旁瓣电平 (ISL) 来获得具有良好自相关特性的序列；文献 [22]~[24] 对于不同延迟的相关函数施加不同的权值，使用加权 ISL(weighted ISL, WISL) 准则来设计具有不同权重的低相关序列；文献 [25] 设计了具有良好自相关和互相关特性的互补序列集；文献 [26] 在序列集设计中采用交替方向乘子方法，通过将复杂约束优化问题分解成更易解决的若干子优化问题来予以解决；文献 [27] 根据 Pareto 优化框架，联合考虑峰值旁瓣电平 (PSL) 和 ISL 来设计恒模序列集。虽然上述方法在不同准则下展现出了卓越性能，但是没有考虑实际应用中所需的精确自相关和互相关特性。

本章聚焦设计具有精确控制相关特性的序列集。更准确地说，在序列局部相关函数旁瓣电平满足一定上限的前提下，最小化序列相关函数在关心的局部时延区域的旁瓣电平。为了规避上述问题中存在的非凸和非线性不等式约束，本章引入辅助变量并交替迭代确定不同分组的优化变量 [28-33]。此外，本章还使用一个简化问题来替代相应子问题中的四次多项式目标函数 [34-37]。这些措施可以避免大的矩阵求逆问题、线性化优化问题、分离优化问题中的优化变量，以及容易处理复杂的等式和不等式约束。

5.2 精确控制波形序列的自相关和互相关

本节将构造具有精确控制相关性的单位恒模波形序列集 $\{\boldsymbol{x}_m\}_{m=1}^M$ 设计数学模型。其中，$\boldsymbol{x}_m=[x_m(1),x_m(2),\cdots,x_m(N)]^{\mathrm{T}}$。长度为 N 的非周期性序列 $\boldsymbol{x}_i$ 和 $\boldsymbol{x}_j$ 在时延 k 处的互相关定义为

$$\sum_{n=1}^{N-k}x_i(n+k)x_j^*(n)=\left(\sum_{n=k+1}^{N}x_j(n-k)x_i^*(n)\right)^*$$

$$i,j=1,2,\cdots,M,\quad k=1-N,2-N,\cdots,N-1 \tag{5.1}$$

值得注意的是，在 $i=j$ 时，式 (5.1) 描述的是序列 $\boldsymbol{x}_i$ 的自相关函数。为了评估序列集 $\{\boldsymbol{x}_m\}_{m=1}^M$ 的相关性，通常采用两个常用的指标：积分旁瓣电平 (ISL) 和峰值旁瓣电平 (PSL)，即

$$\mathrm{ISL}=\sum_{k=1-N}^{N-1}\left|\sum_{n=1}^{N-k}x_i(n+k)x_j^*(n)\right|^2 \tag{5.2}$$

$$\mathrm{PSL}=\max\left\{\left|\sum_{n=1}^{N-k}x_i(n+k)x_j^*(n)\right|\right\}_{i=1,j=1,k=1-N}^{M,M,N-1} \tag{5.3}$$

式中，当 $i=j$ 时，不考虑 0 时延自相关，即 $k\neq0$。

为了设计自相关函数和互相关函数具有低旁瓣特性的序列集，文献 [25] 考虑使用如下指标：

$$\varPsi=\sum_{i=1}^{M}\sum_{\substack{k=1-N\\k\neq0}}^{N-1}\left|\sum_{n=1}^{N-k}x_i(n+k)x_i^*(n)\right|^2+\sum_{i=1}^{M}\sum_{\substack{j=1\\j\neq i}}^{M}\sum_{k=1-N}^{N-1}\left|\sum_{n=1}^{N-k}x_i(n+k)x_j^*(n)\right|^2 \tag{5.4}$$

式中，$\sum_{i=1}^{M}\sum_{\substack{k=1-N\\k\neq0}}^{N-1}\left|\sum_{n=1}^{N-k}x_i(n+k)x_i^*(n)\right|^2$ 表示所要设计序列的积分自相关旁瓣电平；

$\sum_{i=1}^{M}\sum_{\substack{j=1\\j\neq i}}^{N-1}\sum_{k=1-N}^{N-1}\left|\sum_{n=1}^{N-k}x_i(n+k)x_j^*(n)\right|^2$ 表示积分互相关旁瓣电平。

然而，式 (5.4) 描述的是序列集的积分自相关旁瓣和积分互相关旁瓣之和，不能精确控制每个时延处的自相关和互相关特性。为此，本章考虑构造基于最小化 ISL 和 PSL 准则来设计具有精确控制的自相关旁瓣电平和互相关电平的恒模序波形列集的优化模型。

5.2.1 精确控制的自相关旁瓣电平的波形序列集优化模型

精确控制的自相关旁瓣电平 (accurately controlled autocorrelation sidelobe levels，ACASL) 的波形序列集优化模型，首先考虑序列集在达到积分自相关旁瓣电平的指定电平前提下，最小化积分互相关旁瓣电平，即

$$
\begin{aligned}
&\min_{\eta_I,\{\boldsymbol{x}_i\}}\ \eta_I\\
&\text{s.t.}\ \sum_{\substack{k=1-N\\k\neq 0}}^{N-1}\left|\sum_{n=1}^{N-k}x_i(n+k)x_j^*(n)\right|^2\leqslant\varepsilon_I,\ i=j\\
&\qquad\sum_{k=1-N}^{N-1}\left|\sum_{n=1}^{N-k}x_i(n+k)x_j^*(n)\right|^2\leqslant\eta_I, i\neq j\\
&\qquad|x_i(n)|=1,\ i,j=1,2,\cdots,M,\ n=1,2,\cdots,N
\end{aligned}\tag{5.5}
$$

式中，积分自相关旁瓣电平 $\varepsilon_I>0$，为用户给定值；η_I 为需要最小化的积分互相关电平。

然而，在一些雷达应用中，如合成孔径雷达 (synthetic aperture radar，SAR) 成像，发射的脉冲相对较长 [10]。对于所有时延来说，ε_I 和 η_I 都很小是不可能和不必要的 [1,23,25]。因此，本节引入最小化局部积分旁瓣电平 (LISL) 准则，即保证时延集合 Ω 及其补集 Ω_1 内的积分自相关旁瓣电平分别限制在用户设定的阈值 ε_{I_Ω} 和 $\varepsilon_{I_{\Omega_1}}$ 以内的前提下，最小化感兴趣的时延集合 Ω 内的积分互相关旁瓣电平。此时，式 (5.5) 可重写为

$$
\begin{aligned}
&\min_{\eta_I,\{\boldsymbol{x}_i\}}\ \eta_I\\
&\text{s.t.}\ \sum_{\substack{k\in\Omega\\k\neq 0}}\left|\sum_{n=1}^{N-k}x_i(n+k)x_j^*(n)\right|^2\leqslant\varepsilon_{I_\Omega},\ i=j
\end{aligned}
$$

$$\sum_{\substack{k_1\in\Omega_1\\k_1\neq 0}}\left|\sum_{n=1}^{N-k_1}x_i(n+k_1)x_j^*(n)\right|^2\leqslant\varepsilon_{I_{\Omega_1}},\ i=j$$

$$\sum_{k\in\Omega}\left|\sum_{n=1}^{N-k}x_i(n+k)x_j^*(n)\right|^2\leqslant\eta_I,\ i\neq j$$

$$x_i(n)|=1,\ i,j=1,2,\cdots,M,\ n=1,2,\cdots,N \tag{5.6}$$

式中，$\Omega\subseteq\{1-N,2-N,\cdots,N-1\}$，为感兴趣的时延集合；$\Omega_1$ 为 Ω 的补集，即 $\Omega+\Omega_1=\{1-N,2-N,\cdots,N-1\}$。注意，时延集合 Ω 内的积分自相关旁瓣电平 ε_{I_Ω} 通常小于时延集合 Ω_1 内的积分自相关旁瓣电平 $\varepsilon_{I_{\Omega_1}}$，这两个参数均由用户给定。

类似地，本小节还引入最小化局部峰值旁瓣电平 (LPSL) 准则，即保证时延集合 Ω 及其补集 Ω_1 内任意一个自相关旁瓣电平限制在用户设定的阈值 ε_{P_Ω} 和 $\varepsilon_{P_{\Omega_1}}$ 以内的前提下，最小化感兴趣的时延集合 Ω 内的任意互相关电平。该准则下的优化问题可描述为

$$\begin{aligned}
&\min_{\eta_P,\{\boldsymbol{x}_i\}}\ \eta_P\\
&\text{s.t.}\quad \left|\sum_{n=1}^{N-k}x_i(n+k)x_j^*(n)\right|^2\leqslant\varepsilon_{P_\Omega},k\neq 0,i=j\\
&\qquad\ \left|\sum_{n=1}^{N-k_1}x_i(n+k_1)x_j^*(n)\right|^2\leqslant\varepsilon_{P_{\Omega_1}},k_1\neq 0,i=j\\
&\qquad\ \left|\sum_{n=1}^{N-k}x_i(n+k)x_j^*(n)\right|^2\leqslant\eta_P,i\neq j\\
&\qquad\ |x_i(n)|=1\\
&\qquad\ i,j=1,2,\cdots,M,\ n=1,2,\cdots,N,\ k\in\Omega,\ k_1\in\Omega_1
\end{aligned} \tag{5.7}$$

式中，ε_{P_Ω} 和 $\varepsilon_{P_{\Omega_1}}$ 分别表示时延集合 Ω 和 Ω_1 内的峰值自相关旁瓣电平；η_P 表示时延集合 Ω 内的峰值互相关旁瓣电平。

5.2.2 精确控制的互相关电平的波形序列集优化模型

为了精确控制互相关电平 (accurately controlled crosscorrelation levels,ACCL) 的波形序列集，即精确控制时延集合 Ω 和 Ω_1 内的积分互相关电平，同时最小化

时延集合 Ω 内的积分自相关旁瓣电平，本小节考虑：

$$
\begin{aligned}
&\min_{\varepsilon_I,\{\boldsymbol{x}_i\}} \ \varepsilon_I \\
&\text{s.t.} \ \sum_{\substack{k\in\Omega\\k\neq 0}}\left|\sum_{n=1}^{N-k} x_i(n+k)x_j^*(n)\right|^2 \leqslant \varepsilon_I, i=j \\
&\quad\ \sum_{k\in\Omega}\left|\sum_{n=1}^{N-k} x_i(n+k)x_j^*(n)\right|^2 \leqslant \eta_{I_\Omega}, i\neq j \\
&\quad\ \sum_{k_1\in\Omega_1}\left|\sum_{n=1}^{N-k_1} x_i(n+k_1)x_j^*(n)\right|^2 \leqslant \eta_{I_{\Omega_1}}, i\neq j \\
&\quad\ |x_i(n)|=1,\ i,j=1,2,\cdots,M,\ n=1,2,\cdots,N
\end{aligned} \tag{5.8}
$$

类似地，如果考虑最小化峰值旁瓣电平，则相应的优化问题可描述为

$$
\begin{aligned}
&\min_{\varepsilon_P,\{\boldsymbol{x}_i\}} \ \varepsilon_P \\
&\text{s.t.} \ \left|\sum_{n=1}^{N-k} x_i(n+k)x_j^*(n)\right|^2 \leqslant \varepsilon_P, k\neq 0, i=j \\
&\quad\ \left|\sum_{n=1}^{N-k} x_i(n+k)x_j^*(n)\right|^2 \leqslant \eta_{P_\Omega}, i\neq j \\
&\quad\ \left|\sum_{n=1}^{N-k_1} x_i(n+k_1)x_j^*(n)\right|^2 \leqslant \eta_{P_{\Omega_1}}, i\neq j \\
&\quad\ |x_i(n)|=1,\ i,j=1,2,\cdots,M,\ n=1,2,\cdots,N,\ k\in\Omega,\ k_1\in\Omega_1
\end{aligned} \tag{5.9}
$$

式中，η_{I_Ω}、$\eta_{I_{\Omega_1}}$、η_{P_Ω}、$\eta_{P_{\Omega_1}}$ 均为用户预先给定的常数；ε_I、ε_P 均为所要最小化的峰值旁瓣电平。

5.3 算法推导和复杂度分析

本节将围绕 5.2 节提出的几种数学模型，推导相应的求解算法。首先，考虑将非周期相关性重写为紧凑形式：

$$
\sum_{n=1}^{N-k} x_i(n+k)x_j^*(n) = \boldsymbol{x}_j^{\mathrm{H}}\boldsymbol{U}_k\boldsymbol{x}_i
$$

$$i, j = 1, 2, \cdots, M,\ k = 1-N, 2-N, \cdots, N-1 \tag{5.10}$$

式中，$\boldsymbol{U}_k$ 为 $N \times N$ 维的选择矩阵，其第 k 个对角线元素为 1，其他位置为 0，如

$$[\boldsymbol{U}_k]_{i,j} = \begin{cases} 1, & j-i=k \\ 0, & j-i \neq k \end{cases} \tag{5.11}$$

此外，$\{\boldsymbol{x}_m\}_{m=1}^{M}$ 可以表示成向量 $\boldsymbol{x}$，即

$$\boldsymbol{x} = [\boldsymbol{x}_1^{\mathrm{T}}, \boldsymbol{x}_2^{\mathrm{T}}, \cdots, \boldsymbol{x}_M^{\mathrm{T}}]^{\mathrm{T}} \tag{5.12}$$

因此，

$$\boldsymbol{x}_m = \boldsymbol{S}_m \boldsymbol{x},\ m = 1, 2, \cdots, M \tag{5.13}$$

式中，$\boldsymbol{S}_m$ 为 $N \times NM$ 维的块选择矩阵，即

$$\boldsymbol{S}_m = [\boldsymbol{0}_{N\times(m-1)N}, \boldsymbol{I}_N, \boldsymbol{0}_{N\times(M-m)N}] \tag{5.14}$$

基于式 (5.13)，式 (5.10) 可重写为

$$\begin{gathered}\sum_{n=1}^{N-k} x_i(n+k)x_j^*(n) = \boldsymbol{x}^{\mathrm{H}} \boldsymbol{S}_j^{\mathrm{H}} \boldsymbol{U}_k \boldsymbol{S}_i \boldsymbol{x} \\ i, j = 1, 2, \cdots, M,\ k = 1-N, 2-N, \cdots, N-1\end{gathered} \tag{5.15}$$

5.3.1 ACASL 的推导

将式 (5.15) 代入式 (5.6)，可得

$$\begin{aligned} &\min_{\eta_I, \boldsymbol{x}}\ \eta_I \\ &\text{s.t.}\ \sum_{\substack{k\in\Omega \\ k\neq 0}} \left|\boldsymbol{x}^{\mathrm{H}} \boldsymbol{S}_j^{\mathrm{H}} \boldsymbol{U}_k \boldsymbol{S}_i \boldsymbol{x}\right|^2 \leqslant \varepsilon_{I_\Omega}, i=j \\ &\qquad \sum_{\substack{k_1\in\Omega_1 \\ k_1\neq 0}} \left|\boldsymbol{x}^{\mathrm{H}} \boldsymbol{S}_j^{\mathrm{H}} \boldsymbol{U}_{k_1} \boldsymbol{S}_i \boldsymbol{x}\right|^2 \leqslant \varepsilon_{I_{\Omega_1}}, i=j \\ &\qquad \sum_{k\in\Omega} \left|\boldsymbol{x}^{\mathrm{H}} \boldsymbol{S}_j^{\mathrm{H}} \boldsymbol{U}_k \boldsymbol{S}_i \boldsymbol{x}\right|^2 \leqslant \eta_I, i\neq j \\ &\qquad |x(n_1)| = 1,\ i, j = 1, 2, \cdots, M,\ n_1 = 1, 2, \cdots, NM \end{aligned} \tag{5.16}$$

值得注意的是，式 (5.16) 的约束集中各约束均为向量 $\boldsymbol{x}$ 的四次多项式不等式约束，而且约束 $\sum\limits_{k\in\Omega} |\boldsymbol{x}^{\mathrm{H}} \boldsymbol{S}_j^{\mathrm{H}} \boldsymbol{U}_k \boldsymbol{S}_i \boldsymbol{x}|^2 \leqslant \eta_I, i \neq j$ 中同时存在变量 η_I 和 $\boldsymbol{x}$，这

些因素导致式 (5.16) 是一个高度非线性和变量耦合的优化问题。为克服上述难点，本小节引入辅助变量 $\{r_{i,j}(k)\}$ 和 $\{r_{j,j}(k_1)\}$，其中 $r_{i,j}(k)=\boldsymbol{x}^{\mathrm{H}}\boldsymbol{S}_j^{\mathrm{H}}\boldsymbol{U}_k\boldsymbol{S}_i\boldsymbol{x}$，$r_{j,j}(k_1)=\boldsymbol{x}^{\mathrm{H}}\boldsymbol{S}_j^{\mathrm{H}}\boldsymbol{U}_{k_1}\boldsymbol{S}_j\boldsymbol{x}$。此时，式 (5.16) 可重写为如下等价问题：

$$
\begin{aligned}
\min_{\eta_I,\boldsymbol{x},\{r_{i,j}(k)\},\{r_{j,j}(k_1)\}} \quad & \eta_I \\
\text{s.t.} \quad & \sum_{\substack{k\in\Omega\\k\neq 0}}|r_{i,j}(k)|^2\leqslant\varepsilon_{I_\Omega},i=j \\
& \sum_{\substack{k_1\in\Omega_1\\k_1\neq 0}}|r_{j,j}(k_1)|^2\leqslant\varepsilon_{I_{\Omega_1}} \\
& \sum_{k\in\Omega}|r_{i,j}(k)|^2\leqslant\eta_I,i\neq j \\
& r_{i,j}(k)=\boldsymbol{x}^{\mathrm{H}}\boldsymbol{S}_j^{\mathrm{H}}\boldsymbol{U}_k\boldsymbol{S}_i\boldsymbol{x} \\
& r_{j,j}(k_1)=\boldsymbol{x}^{\mathrm{H}}\boldsymbol{S}_j^{\mathrm{H}}\boldsymbol{U}_{k_1}\boldsymbol{S}_j\boldsymbol{x} \\
& |x(n_1)|=1,\ i,j=1,2,\cdots,M,\ n_1=1,2,\cdots,NM
\end{aligned}
\tag{5.17}
$$

本小节考虑采用具有良好可分解性和收敛性的 ADMM[28-29,32] 对式 (5.17) 所描述的优化问题进行求解。首先，基于式 (5.17) 构建如下纳入等式约束的增广拉格朗日函数：

$$
\begin{aligned}
&\mathcal{L}_\rho(\eta_I,\boldsymbol{x},\{r_{i,j}(k)\},\{r_{j,j}(k_1)\},\{\lambda_{i,j}(k)\},\{\lambda_{j,j}(k_1)\}) \\
&=\eta_I+\sum_{i=1}^{M}\sum_{j=1}^{M}\sum_{k\in\Omega}\mathrm{Re}\{\lambda_{i,j}(k)\}\times\big(\mathrm{Re}\{r_{i,j}(k)\}-\mathrm{Re}\{\boldsymbol{x}^{\mathrm{H}}\boldsymbol{S}_j^{\mathrm{H}}\boldsymbol{U}_k\boldsymbol{S}_i\boldsymbol{x}\}\big) \\
&\quad+\frac{\rho}{2}\sum_{i=1}^{M}\sum_{j=1}^{M}\sum_{k\in\Omega}\big|\mathrm{Re}\{r_{i,j}(k)\}-\mathrm{Re}\{\boldsymbol{x}^{\mathrm{H}}\boldsymbol{S}_j^{\mathrm{H}}\boldsymbol{U}_k\boldsymbol{S}_i\boldsymbol{x}\}\big|^2 \\
&\quad+\sum_{i=1}^{M}\sum_{j=1}^{M}\sum_{k\in\Omega}\mathrm{Im}\{\lambda_{i,j}(k)\}\times\big(\mathrm{Im}\{r_{i,j}(k)\}-\mathrm{Im}\{\boldsymbol{x}^{\mathrm{H}}\boldsymbol{S}_j^{\mathrm{H}}\boldsymbol{U}_k\boldsymbol{S}_i\boldsymbol{x}\}\big) \\
&\quad+\frac{\rho}{2}\sum_{i=1}^{M}\sum_{j=1}^{M}\sum_{k\in\Omega}\big|\mathrm{Im}\{r_{i,j}(k)\}-\mathrm{Im}\{\boldsymbol{x}^{\mathrm{H}}\boldsymbol{S}_j^{\mathrm{H}}\boldsymbol{U}_k\boldsymbol{S}_i\boldsymbol{x}\}\big|^2 \\
&\quad+\sum_{j=1}^{M}\sum_{k_1\in\Omega_1}\mathrm{Re}\{\lambda_{j,j}(k_1)\}\times\big(\mathrm{Re}\{r_{j,j}(k_1)\}-\mathrm{Re}\{\boldsymbol{x}^{\mathrm{H}}\boldsymbol{S}_j^{\mathrm{H}}\boldsymbol{U}_{k_1}\boldsymbol{S}_j\boldsymbol{x}\}\big)
\end{aligned}
$$

$$
\begin{aligned}
&+\frac{\rho}{2}\sum_{j=1}^{M}\sum_{k_1\in\Omega_1}\left|\mathrm{Re}\{r_{j,j}(k_1)\}-\mathrm{Re}\{\boldsymbol{x}^{\mathrm{H}}\boldsymbol{S}_j^{\mathrm{H}}\boldsymbol{U}_{k_1}\boldsymbol{S}_j\boldsymbol{x}\}\right|^2\\
&+\sum_{j=1}^{M}\sum_{k_1\in\Omega_1}\mathrm{Im}\{\lambda_{j,j}(k_1)\}\times\left(\mathrm{Im}\{r_{j,j}(k_1)\}-\mathrm{Im}\{\boldsymbol{x}^{\mathrm{H}}\boldsymbol{S}_j^{\mathrm{H}}\boldsymbol{U}_{k_1}\boldsymbol{S}_j\boldsymbol{x}\}\right)\\
&+\frac{\rho}{2}\sum_{j=1}^{M}\sum_{k_1\in\Omega_1}\left|\mathrm{Im}\{r_{j,j}(k_1)\}-\mathrm{Im}\{\boldsymbol{x}^{\mathrm{H}}\boldsymbol{S}_j^{\mathrm{H}}\boldsymbol{U}_{k_1}\boldsymbol{S}_j\boldsymbol{x}\}\right|^2
\end{aligned}\tag{5.18}
$$

式中，$\rho>0$，为用户设定的步长；$\lambda_{i,j}(k)$ 和 $\lambda_{j,j}(k_1)$ 分别为对应于约束 $r_{i,j}(k)=\boldsymbol{x}^{\mathrm{H}}\boldsymbol{S}_j^{\mathrm{H}}\boldsymbol{U}_k\boldsymbol{S}_i\boldsymbol{x}$ 和 $r_{j,j}(k_1)=\boldsymbol{x}^{\mathrm{H}}\boldsymbol{S}_j^{\mathrm{H}}\boldsymbol{U}_{k_1}\boldsymbol{S}_j\boldsymbol{x}$ 的拉格朗日乘子。

其次，基于式 (5.18) 实现对式 (5.17) 的迭代求解。迭代步骤如下。

步骤 1　基于给定的 $\boldsymbol{x}^{(t)}$、$\{\lambda_{i,j}^{(t)}(k)\}$、$\{\lambda_{j,j}^{(t)}(k_1)\}$，更新 $\eta_I^{(t+1)}$、$\{r_{i,j}^{(t+1)}(k)\}$、$\{r_{j,j}^{(t+1)}(k_1)\}$。

定义：

$$
\bar{r}_{i,j}^{(t)}(k)=(\boldsymbol{x}^{(t)})^{\mathrm{H}}\boldsymbol{S}_j^{\mathrm{H}}\boldsymbol{U}_k\boldsymbol{S}_i\boldsymbol{x}^{(t)}-\frac{\lambda_{i,j}^{(t)}(k)}{\rho}\tag{5.19}
$$

$$
\bar{r}_{j,j}^{(t)}(k_1)=(\boldsymbol{x}^{(t)})^{\mathrm{H}}\boldsymbol{S}_j^{\mathrm{H}}\boldsymbol{U}_{k_1}\boldsymbol{S}_j\boldsymbol{x}^{(t)}-\frac{\lambda_{j,j}^{(t)}(k_1)}{\rho}\tag{5.20}
$$

则 $\eta_I^{(t+1)}$、$\{r_{i,j}^{(t+1)}(k)\}$、$\{r_{j,j}^{(t+1)}(k_1)\}$ 可以通过求解式 (5.18) 的等价子问题得到：

$$
\begin{aligned}
\min_{\eta_I,\{r_{i,j}(k)\},\{r_{j,j}(k_1)\}}\quad & \eta_I+\frac{\rho}{2}\sum_{i=1}^{M}\sum_{\substack{j=1\\ j\neq i}}^{M}\sum_{k\in\Omega}\left|r_{i,j}(k)-\bar{r}_{i,j}^{(t)}(k)\right|^2\\
&+\frac{\rho}{2}\sum_{\substack{i=1\\ j=i}}^{M}\sum_{\substack{k\in\Omega\\ k\neq 0}}\left|r_{i,j}(k)-\bar{r}_{i,j}^{(t)}(k)\right|^2\\
&+\frac{\rho}{2}\sum_{j=1}^{M}\sum_{\substack{k_1\in\Omega_1\\ k_1\neq 0}}\left|r_{j,j}(k_1)-\bar{r}_{j,j}^{(t)}(k_1)\right|^2\\
\text{s.t.}\quad & \sum_{\substack{k\in\Omega\\ k\neq 0}}|r_{i,j}(k)|^2\leqslant\varepsilon_{I_\Omega},i=j\\
& \sum_{\substack{k_1\in\Omega_1\\ k_1\neq 0}}|r_{j,j}(k_1)|^2\leqslant\varepsilon_{I_{\Omega_1}}
\end{aligned}
$$

$$\sum_{k\in\Omega}|r_{i,j}(k)|^2\leqslant\eta_I,i\neq j \tag{5.21}$$

可以看出，式 (5.21) 中存在大量求和约束 $\left(\text{如}\sum_{k\in\Omega}|r_{i,j}(k)|^2\leqslant\eta_I,i\neq j\right)$。因此，为了计算方便，本小节定义了几个向量 $\boldsymbol{r}_{i,i}$、$\boldsymbol{r}_{j,j}$、$\boldsymbol{r}_{i,j}$，其中 $\boldsymbol{r}_{i,i}$ 是一个由 $\{r_{i,j}(k)\}_{k\neq0,i=j}$ 和 $\{r_{i,j}(k)\}_{k\neq0,i=j}$ 组成的向量，$\boldsymbol{r}_{j,j}$、$\boldsymbol{r}_{i,j}$、$\overline{\boldsymbol{r}}_{i,i}^{(t)}$、$\overline{\boldsymbol{r}}_{j,j}^{(t)}$、$\overline{\boldsymbol{r}}_{i,j}^{(t)}$ 分别由 $\{r_{j,j}(k_1)\}_{k_1\neq0}$、$\{r_{i,j}(k)\}_{i\neq j}$、$\{\bar{r}_{i,i}^{(t)}(k)\}_{k\neq0,i=j}$、$\{\bar{r}_{j,j}^{(t)}(k_1)\}_{k_1\neq0}$、$\{\bar{r}_{i,j}^{(t)}(k)\}_{i\neq j}$ 组成。此时，式 (5.21) 可重写为

$$\begin{aligned}
\min_{\eta_I,\boldsymbol{r}_{i,j},\boldsymbol{r}_{i,i},\boldsymbol{r}_{j,j}}\quad & \eta_I+\frac{\rho}{2}\sum_{i=1}^{M}\sum_{j=1,j\neq i}^{M}\left\|\boldsymbol{r}_{i,j}-\overline{\boldsymbol{r}}_{i,j}^{(t)}\right\|^2\\
& +\frac{\rho}{2}\sum_{i=1}^{M}\left\|\boldsymbol{r}_{i,i}-\overline{\boldsymbol{r}}_{i,i}^{(t)}\right\|^2+\frac{\rho}{2}\sum_{j=1}^{M}\left\|\boldsymbol{r}_{j,j}-\overline{\boldsymbol{r}}_{j,j}^{(t)}\right\|^2\\
\text{s.t.}\quad & \|\boldsymbol{r}_{i,i}\|^2\leqslant\varepsilon_{I_\Omega}\\
& \|\boldsymbol{r}_{j,j}\|^2\leqslant\varepsilon_{I_{\Omega_1}}\\
& \|\boldsymbol{r}_{i,j}\|^2\leqslant\eta_I,i\neq j
\end{aligned} \tag{5.22}$$

式中，约束集中 $\boldsymbol{r}_{i,i}$ 只和 ε_{I_Ω} 有关。因此，针对 $\boldsymbol{r}_{i,i}$ 的优化可以从式 (5.22) 独立出来，并可以得到如下闭合解析解：

$$\boldsymbol{r}_{i,i}^{(t+1)}=\begin{cases}\dfrac{\sqrt{\varepsilon_{I_\Omega}}}{\|\overline{\boldsymbol{r}}_{i,i}^{(t)}\|}\overline{\boldsymbol{r}}_{i,i}^{(t)}, & \|\overline{\boldsymbol{r}}_{i,i}^{(t)}\|\geqslant\sqrt{\varepsilon_{I_\Omega}}\\ \overline{\boldsymbol{r}}_{i,i}^{(t)}, & \text{其他}\end{cases} \tag{5.23}$$

式中，$i=1,2,\cdots,M$。

类似地，$\boldsymbol{r}_{j,j}$ 可获得如下闭合解析解：

$$\boldsymbol{r}_{j,j}^{(t+1)}=\begin{cases}\dfrac{\sqrt{\varepsilon_{I_{\Omega_1}}}}{\|\overline{\boldsymbol{r}}_{j,j}^{(t)}\|}\overline{\boldsymbol{r}}_{j,j}^{(t)}, & \|\overline{\boldsymbol{r}}_{j,j}^{(t)}\|\geqslant\sqrt{\varepsilon_{I_{\Omega_1}}}\\ \overline{\boldsymbol{r}}_{j,j}^{(t)}, & \text{其他}\end{cases} \tag{5.24}$$

式中，$j=1,2,\cdots,M$。

此外，由于在不等式约束 $\|\boldsymbol{r}_{i,j}\|^2\leqslant\eta_I,i\neq j$ 中，η_I 和 $\boldsymbol{r}_{i,j}$ 耦合在一起。一

旦获得了 η_I，优化变量 $\boldsymbol{r}_{i,j}^{(t+1)}$ 可以通过式 (5.25) 获得：

$$\boldsymbol{r}_{i,j}^{(t+1)} = \begin{cases} \dfrac{\sqrt{\eta_I}}{\|\overline{\boldsymbol{r}}_{i,j}^{(t)}\|}\overline{\boldsymbol{r}}_{i,j}^{(t)}, & \|\overline{\boldsymbol{r}}_{i,j}^{(t)}\| \geqslant \sqrt{\eta_I} \\ \overline{\boldsymbol{r}}_{i,j}^{(t)}, & \text{其他} \end{cases} \tag{5.25}$$

式中，$i,j=1,2,\cdots,M$，$i \neq j$。

将式 (5.25) 代入式 (5.22) 进行消元，式 (5.22) 就可以转换为如下单变量 η_I 的优化问题：

$$\min_{\eta_I} \eta_I + \frac{\rho}{2}\sum_{i=1}^{M}\sum_{\substack{j=1\\j\neq i}}^{M}\bar{\omega}_{i,j}^{(t)}\left(\sqrt{\eta_I} - \|\overline{\boldsymbol{r}}_{i,j}^{(t)}\|\right)^2 \tag{5.26}$$

式中，

$$\bar{\omega}_{i,j}^{(t)} = \begin{cases} 1, & \|\overline{\boldsymbol{r}}_{i,j}^{(t)}\| \geqslant \sqrt{\eta_I} \\ 0, & \text{其他} \end{cases} \tag{5.27}$$

可以看出，式 (5.26) 的目标函数本质上是一个关于单变量 η_I 的分段函数，每一个分段函数的具体表达式依赖于单位阶跃函数 $\{\bar{\omega}_{i,j}^{(t)}\}$ 的取值。挑选位于先验区间 $[\eta_0^{(t)},\eta_{L+1}^{(t)}]$ 的 $\{\|\overline{\boldsymbol{r}}_{i,j}^{(t)}\|^2\}_{i\neq j}$，并按升序排列得到集合 $\{\eta_1^{(t)},\cdots,\eta_L^{(t)}\}$，此时先验区间 $[\eta_0^{(t)},\eta_{L+1}^{(t)}]$ 被分割为 $(L+1)$ 个子区间，即 $[\eta_0^{(t)},\eta_1^{(t)}],\cdots,[\eta_L^{(t)},\eta_{L+1}^{(t)}]$。对于第 l 个子区间 $[\eta_{l-1}^{(t)},\eta_l^{(t)}]$，$l=1,2,\cdots,L+1$，式 (5.26) 具有如下形式：

$$\min_{\eta_I}\left(\sqrt{\eta_I} - \bar{\eta}^{(t)}\right)^2 \tag{5.28}$$

式中，

$$\bar{\eta}^{(t)} = \frac{\rho\sum\limits_{i=1}^{M}\sum\limits_{j=1,j\neq i}^{M}\bar{\omega}_{i,j}^{(t)}\left\|\overline{\boldsymbol{r}}_{i,j}^{(t)}\right\|}{2+\rho\sum\limits_{i=1}^{M}\sum\limits_{j=1,j\neq i}^{M}\bar{\omega}_{i,j}^{(t)}} \tag{5.29}$$

引理 5.1　令 $f(x)=(\sqrt{x}-x_0)^2, x\in[a,b]$，则 $[a,b]$ 中的最小值 $\hat{F}$ 和对应的变量值 $\hat{x}$ 可以分别通过如下方式获得：

$$\hat{F} = \begin{cases} 0, & x_0^2 \in [a,b] \\ (\sqrt{b}-x_0)^2, & x_0^2 > b \\ (\sqrt{a}-x_0)^2, & x_0^2 < a \end{cases} \tag{5.30}$$

$$\hat{x}=\begin{cases}x_0^2, & x_0^2\in[a,b]\\ b, & x_0^2>b\\ a, & x_0^2<a\end{cases}\tag{5.31}$$

因此，子区间 $[\eta_{l-1}^{(t)},\eta_l^{(t)}]$ 及相应分段函数的最优变量值 $\hat{\eta}_l$ 和对应的局部最小目标函数值 $\hat{F}_l$ 可以通过引理 5.1 得到。在计算出所有区间的 $(L+1)$ 个局部最小目标函数值后，可以筛选出最小的一个，即 $\bar{F}_{m_1}=\min\{\hat{F}_1,\hat{F}_2,\cdots,\hat{F}_{L+1}\}$，进而可以确定其对应子区间中的最优变量值 $\eta_I^{(t+1)}$：

$$\eta_I^{(t+1)}=\hat{\eta}_{m_1}\tag{5.32}$$

一旦获得了 $\eta_I^{(t+1)}$，$\boldsymbol{r}_{i,j}^{(t+1)}$ 可通过式 (5.25) 计算求得。因此，$\{r_{i,j}^{(t+1)}(k)\}$ 可通过 $\boldsymbol{r}_{i,i}^{(t+1)}$ 和 $\boldsymbol{r}_{i,j}^{(t+1)}$ 获得，$\{r_{j,j}^{(t+1)}(k_1)\}$ 对应于 $\boldsymbol{r}_{j,j}^{(t+1)}$ 的元素[①]。

步骤 2　给定 $\{r_{i,j}^{(t+1)}(k)\}$，$\{r_{j,j}^{(t+1)}(k_1)\}$，$\{\lambda_{i,j}^{(t)}(k)\}$ 和 $\{\lambda_{j,j}^{(t)}(k_1)\}$，$\boldsymbol{x}^{(t+1)}$ 可通过求解式 (5.18) 中仅和 $\boldsymbol{x}$ 有关的子问题来获得：

$$\begin{aligned}\min_{\boldsymbol{x}}\ &\sum_{i=1}^{M}\sum_{j=1}^{M}\sum_{k\in\Omega}\left|\tilde{r}_{i,j}^{(t)}(k)-\boldsymbol{x}^{\mathrm{H}}\boldsymbol{S}_j^{\mathrm{H}}\boldsymbol{U}_k\boldsymbol{S}_i\boldsymbol{x}\right|^2\\ &+\sum_{j=1}^{M}\sum_{k_1\in\Omega_1}\left|\tilde{r}_{j,j}^{(t)}(k_1)-\boldsymbol{x}^{\mathrm{H}}\boldsymbol{S}_j^{\mathrm{H}}\boldsymbol{U}_{k_1}\boldsymbol{S}_j\boldsymbol{x}\right|^2\\ \text{s.t.}\ & x(n_1)|=1,\ n_1=1,2,\cdots,NM\end{aligned}\tag{5.33}$$

式中，

$$\tilde{r}_{i,j}^{(t)}(k)=r_{i,j}^{(t+1)}(k)+\frac{\lambda_{i,j}^{(t)}(k)}{\rho}\tag{5.34}$$

$$\tilde{r}_{j,j}^{(t)}(k_1)=r_{j,j}^{(t+1)}(k_1)+\frac{\lambda_{j,j}^{(t)}(k_1)}{\rho}\tag{5.35}$$

进一步，式 (5.33) 可重写为

$$\begin{aligned}\min_{\boldsymbol{x}}\ &\sum_{i=1}^{M}\sum_{j=1}^{M}\sum_{k\in\Omega}\left|\tilde{r}_{i,j}^{(t)}(k)-\mathrm{vec}(\boldsymbol{x}\boldsymbol{x}^{\mathrm{H}})^{\mathrm{H}}\mathrm{vec}(\boldsymbol{S}_j^{\mathrm{H}}\boldsymbol{U}_k\boldsymbol{S}_i)\right|^2\\ &+\sum_{j=1}^{M}\sum_{k_1\in\Omega_1}\left|\tilde{r}_{j,j}^{(t)}(k_1)-\mathrm{vec}(\boldsymbol{x}\boldsymbol{x}^{\mathrm{H}})^{\mathrm{H}}\mathrm{vec}(\boldsymbol{S}_j^{\mathrm{H}}\boldsymbol{U}_{k_1}\boldsymbol{S}_j)\right|^2\end{aligned}$$

---

① 注：若波形序列具有恒模特性，则有 $\{r_{i,j}^{(t+1)}(0)\}_{i=j}=N$。

$$\text{s.t. } x(n_1)| = 1,\ n_1 = 1, 2, \cdots, NM \tag{5.36}$$

式中，vec(·) 表示矩阵向量化，即由矩阵的所有列按顺序组成的列向量。

忽略常数项，式 (5.36) 等价如下表达式：

$$\begin{aligned}&\min_{\boldsymbol{x}} \operatorname{vec}\left(\boldsymbol{x}\boldsymbol{x}^{\mathrm{H}}\right)^{\mathrm{H}} \boldsymbol{Q}_1 \operatorname{vec}\left(\boldsymbol{x}\boldsymbol{x}^{\mathrm{H}}\right) + \boldsymbol{x}^{\mathrm{H}} \boldsymbol{Q}_2 \boldsymbol{x}\\ &\text{s.t. } x(n_1)| = 1,\ n_1 = 1, 2, \cdots, NM\end{aligned} \tag{5.37}$$

式中，

$$\begin{aligned}\boldsymbol{Q}_1 =& \sum_{i=1}^{M}\sum_{j=1}^{M}\sum_{k\in\Omega} \operatorname{vec}\left(\boldsymbol{S}_j^{\mathrm{H}}\boldsymbol{U}_k\boldsymbol{S}_i\right) \operatorname{vec}\left(\boldsymbol{S}_j^{\mathrm{H}}\boldsymbol{U}_k\boldsymbol{S}_i\right)^{\mathrm{H}}\\ &+ \sum_{j=1}^{M}\sum_{k_1\in\Omega_1} \operatorname{vec}\left(\boldsymbol{S}_j^{\mathrm{H}}\boldsymbol{U}_{k_1}\boldsymbol{S}_j\right) \operatorname{vec}\left(\boldsymbol{S}_j^{\mathrm{H}}\boldsymbol{U}_{k_1}\boldsymbol{S}_j\right)^{\mathrm{H}}\end{aligned} \tag{5.38}$$

$$\begin{aligned}\boldsymbol{Q}_2 =& -\sum_{i=1}^{M}\sum_{j=1}^{M}\sum_{k\in\Omega} \left(\tilde{r}_{i,j}^{(t)}(k)\right)^{\mathrm{H}} \boldsymbol{S}_j^{\mathrm{H}}\boldsymbol{U}_k\boldsymbol{S}_i + \boldsymbol{S}_i^{\mathrm{H}}\boldsymbol{U}_k^{\mathrm{H}}\boldsymbol{S}_j\tilde{r}_{i,j}^{(t)}(k)\\ &- \sum_{j=1}^{M}\sum_{k_1\in\Omega_1} \left(\tilde{r}_{j,j}^{(t)}(k_1)\right)^{\mathrm{H}} \boldsymbol{S}_j^{\mathrm{H}}\boldsymbol{U}_{k_1}\boldsymbol{S}_j + \boldsymbol{S}_j^{\mathrm{H}}\boldsymbol{U}_{k_1}^{\mathrm{H}}\boldsymbol{S}_j\tilde{r}_{j,j}^{(t)}(k_1)\end{aligned} \tag{5.39}$$

容易发现，由于存在 $\boldsymbol{x}$ 的四次多项式和恒模约束，式 (5.37) 是一个高度非线性的非凸优化问题，难以求解。接下来，本小节使用一个简单的线性表达式替换相应子目标函数的四次多项式项，简化问题的求解。

引理 5.2　令 $\boldsymbol{Q}$ 是一个 $N \times N$ 的非负实值矩阵，那么 $\operatorname{Diag}(\boldsymbol{Q}_N\mathbf{1}_N) - \boldsymbol{Q}$ 是一个半正定矩阵。

证明：令 $\boldsymbol{x}$ 是一个任意 $N \times 1$ 的实值向量，则可以获得：

$$\begin{aligned}&\boldsymbol{x}^{\mathrm{T}}\left(\operatorname{Diag}(\boldsymbol{Q}_N\mathbf{1}_N) - \boldsymbol{Q}\right)\boldsymbol{x}\\ =&\sum_i \left(x_i^2 \sum_j Q_{i,j}\right) - \sum_{i,j}\left(x_i Q_{i,j} x_j\right)\\ =&\sum_{i,j}\left(Q_{i,j}x_i^2 - x_i Q_{i,j} x_j\right)\\ =&\sum_{i,j}\left(\frac{1}{2}Q_{i,j}\left(x_i^2 + x_j^2 - 2x_i x_j\right)\right)\end{aligned}$$

$$=\sum_{i,j}\left(\frac{1}{2}Q_{i,j}(x_i-x_j)^2\right)\geqslant 0 \tag{5.40}$$

所以 $\mathrm{Diag}(\boldsymbol{Q}_N\mathbf{1}_N)-\boldsymbol{Q}$ 是一个半正定矩阵，证毕。

根据引理 5.2，很容易看出 $\boldsymbol{Q}_1$ 是一个非负实值对称矩阵且 $\mathrm{Diag}(\boldsymbol{q})-\boldsymbol{Q}_1$ 是一个半正定矩阵。其中，$\boldsymbol{q}=\boldsymbol{Q}_1\mathbf{1}_{N^2M^2}$。那么，式 (5.37) 中的第一项可以在 $\boldsymbol{x}^{(l_1)}$ 处由最大化式 (5.41) 获得 [34]，其中 l_1 是迭代次数。

$$\begin{aligned}
&u_1\left(\boldsymbol{x},\boldsymbol{x}^{(l_1)}\right)\\
=&\mathrm{vec}\left(\boldsymbol{x}\boldsymbol{x}^{\mathrm{H}}\right)^{\mathrm{H}}\mathrm{Diag}(\boldsymbol{q})\mathrm{vec}\left(\boldsymbol{x}\boldsymbol{x}^{\mathrm{H}}\right)\\
&+2\mathrm{Re}\left\{\mathrm{vec}\left(\boldsymbol{x}\boldsymbol{x}^{\mathrm{H}}\right)^{\mathrm{H}}\left(\boldsymbol{Q}_1-\mathrm{Diag}\left(\boldsymbol{q}\right)\right)\mathrm{vec}\left(\boldsymbol{x}^{(l_1)}(\boldsymbol{x}^{(l_1)})^{\mathrm{H}}\right)\right\}\\
&+\mathrm{vec}\left(\boldsymbol{x}^{(l_1)}(\boldsymbol{x}^{(l_1)})^{\mathrm{H}}\right)^{\mathrm{H}}\left(\mathrm{Diag}(\boldsymbol{q})-\boldsymbol{Q}_1\right)\mathrm{vec}\left(\boldsymbol{x}^{(l_1)}(\boldsymbol{x}^{(l_1)})^{\mathrm{H}}\right)
\end{aligned} \tag{5.41}$$

由于 $\boldsymbol{x}$ 的元素都是单位恒模的，很明显式 (5.41) 的等号右侧第一项是一个常数，式 (5.37) 等价于：

$$\begin{aligned}
&\min_{\boldsymbol{x}} 2\mathrm{Re}\left\{\mathrm{vec}\left(\boldsymbol{x}\boldsymbol{x}^{\mathrm{H}}\right)^{\mathrm{H}}\left(\boldsymbol{Q}_1-\mathrm{Diag}(\boldsymbol{q})\right)\mathrm{vec}\left(\boldsymbol{x}^{(l_1)}(\boldsymbol{x}^{(l_1)})^{\mathrm{H}}\right)\right\}+\boldsymbol{x}^{\mathrm{H}}\boldsymbol{Q}_2\boldsymbol{x}\\
&\text{s.t. } |x(n_1)|=1,\ n_1=1,2,\cdots,NM
\end{aligned} \tag{5.42}$$

将 $\boldsymbol{Q}_1$ 代入式 (5.42) 并遵循文献 [25] 中的推导，可以将式 (5.42) 重写为

$$\begin{aligned}
&\min_{\boldsymbol{x}}\ \boldsymbol{x}^{\mathrm{H}}\boldsymbol{Q}^{(l_1)}\boldsymbol{x}\\
&\text{s.t. } |x(n_1)|=1,\ n_1=1,2,\cdots,NM
\end{aligned} \tag{5.43}$$

式中，

$$\boldsymbol{Q}^{(l_1)}=\boldsymbol{R}^{(l_1)}-\boldsymbol{Q}_3*\left(\boldsymbol{x}^{(l_1)}(\boldsymbol{x}^{(l_1)})^{\mathrm{H}}\right)+\boldsymbol{Q}_2 \tag{5.44}$$

$$\begin{aligned}
\boldsymbol{R}^{(l_1)}=&2\sum_{i=1}^{M}\sum_{j=1}^{M}\sum_{k\in\Omega}r_{j,i}^{(l_1)}(-k)\boldsymbol{S}_j^{\mathrm{H}}\boldsymbol{U}_k\boldsymbol{S}_i\\
&+2\sum_{j=1}^{M}\sum_{k_1\in\Omega_1}r_{j,j}^{(l_1)}(-k_1)\boldsymbol{S}_j^{\mathrm{H}}\boldsymbol{U}_{k_1}\boldsymbol{S}_j
\end{aligned} \tag{5.45}$$

$$\begin{aligned}\boldsymbol{Q}_3 = & 2\sum_{i=1}^{M}\sum_{j=1}^{M}\sum_{k\in\Omega}(N-|k|)\boldsymbol{S}_j^{\mathrm{H}}\boldsymbol{U}_k\boldsymbol{S}_i \\ & + 2\sum_{j=1}^{M}\sum_{k_1\in\Omega_1}(N-|k_1|)\boldsymbol{S}_j^{\mathrm{H}}\boldsymbol{U}_{k_1}\boldsymbol{S}_j\end{aligned} \tag{5.46}$$

式中，$*$ 表示阿达马积。

通过选择：

$$\boldsymbol{M}^{(l_1)} = \lambda_{\max}\left(\boldsymbol{Q}^{(l_1)}\right)\boldsymbol{I} \tag{5.47}$$

式 (5.43) 中的目标函数可由式 (5.48) 最大化：

$$\begin{aligned}u_2\left(\boldsymbol{x},\boldsymbol{x}^{(l_1)}\right) = & \boldsymbol{x}^{\mathrm{H}}\boldsymbol{M}^{(l_1)}\boldsymbol{x} + 2\mathrm{Re}\left\{\boldsymbol{x}^{\mathrm{H}}\left(\boldsymbol{Q}^{(l_1)}-\boldsymbol{M}^{(l_1)}\right)\boldsymbol{x}^{(l_1)}\right\} \\ & + (\boldsymbol{x}^{(l_1)})^{\mathrm{H}}\left(\boldsymbol{M}^{(l_1)}-\boldsymbol{Q}^{(l_1)}\right)\boldsymbol{x}^{(l_1)}\end{aligned} \tag{5.48}$$

式中，$\boldsymbol{Q}^{(l_1)}$ 的最大特征值 $\lambda_{\max}$ 可以根据引理 5.3，用矩阵 $\boldsymbol{Q}_3 * \left(\boldsymbol{x}^{(l_1)}(\boldsymbol{x}^{(l_1)})^{\mathrm{H}}\right)$ 的特征值来计算 [22]。

引理 5.3　令 $\boldsymbol{Q}$ 是一个 $N\times N$ 的矩阵，$x\in\mathbb{C}^N$，$|x(n)|=1$，$n=1,2,\cdots,N$，那么 $\boldsymbol{Q}*\left(\boldsymbol{x}\boldsymbol{x}^{\mathrm{H}}\right)$ 和 $\boldsymbol{Q}$ 具有相同的特征值。

忽略常数项后，最大化式 (5.43) 等价于：

$$\begin{aligned}&\min_{\boldsymbol{x}} \mathrm{Re}\left\{\boldsymbol{x}^{\mathrm{H}}\boldsymbol{y}^{(l_1)}\right\} \\ &\text{s.t. } |x(n_1)|=1,\ n_1=1,2,\cdots,NM\end{aligned} \tag{5.49}$$

式中，

$$\boldsymbol{y}^{(l_1)} = \left(\boldsymbol{Q}^{(l_1)}-\boldsymbol{M}^{(l_1)}\right)\boldsymbol{x}^{(l_1)} \tag{5.50}$$

很明显，式 (5.49) 可以分解为 NM 个子问题，对应的解 $x^{(l_1+1)}(n_1)$ 可由式 (5.51) 给出：

$$\boldsymbol{x}^{(l_1+1)}(n_1) = \mathrm{e}^{\mathrm{j}\arg\left(-y^{(l_1)}(n_1)\right)},\ n_1=1,2,\cdots,NM \tag{5.51}$$

式中，$\arg(\cdot)$ 表示复数的相位。

显然，可以通过上述迭代方式获得最优的 $\hat{\boldsymbol{x}}$，即根据式 (5.43)～式 (5.50) 计算 $\boldsymbol{y}^{(l_1)}$，并在每次迭代时通过式 (5.51) 更新 $\hat{\boldsymbol{x}}^{(l_1+1)}$，然后使用最优的 $\hat{\boldsymbol{x}}$ 作为 $\boldsymbol{x}^{(t+1)}$ 的结果：

$$\boldsymbol{x}^{(t+1)} = \hat{\boldsymbol{x}} \tag{5.52}$$

步骤 3　给定 $\{r_{i,j}^{(t+1)}(k)\}$、$\{r_{j,j}^{(t+1)}(k_1)\}$、$\boldsymbol{x}^{(t+1)}$，更新拉格朗日乘子 $\{\lambda_{i,j}^{(t+1)}(k)\}$、$\{\lambda_{j,j}^{(t+1)}(k_1)\}$：

$$\lambda_{i,j}^{(t+1)}(k) = \lambda_{i,j}^{(t)}(k) + \rho\left(r_{i,j}^{(t+1)}(k) - \left(\boldsymbol{x}^{(t+1)}\right)^{\mathrm{H}} \boldsymbol{S}_j \boldsymbol{U}_k \boldsymbol{S}_i \boldsymbol{x}^{(t+1)}\right) \tag{5.53}$$

$$\lambda_{j,j}^{(t+1)}(k_1) = \lambda_{j,j}^{(t)}(k_1) + \rho\left(r_{j,j}^{(t+1)}(k_1) - \left(\boldsymbol{x}^{(t+1)}\right)^{\mathrm{H}} \boldsymbol{S}_j \boldsymbol{U}_{k_1} \boldsymbol{S}_j \boldsymbol{x}^{(t+1)}\right) \tag{5.54}$$

式中，$i,j=1,2,\cdots,M$；$k\in\Omega$；$k_1\in\Omega_1$。

步骤 1~ 步骤 3 重复执行直到达到收敛条件。求解式 (5.6) 的 ACASL 算法总结在算法 5.1 中。

算法 5.1　ACASL 算法求解式 (5.6)

算法输入：波形序列数 M，序列码长 N，感兴趣的延时集合 Ω，精确控制的整体自相关旁瓣电平 ε_{I_Ω} 和 $\varepsilon_{I_{\Omega_1}}$.

初始化：$t=0$，初始化 $\boldsymbol{x}^{(t)}$、$\{\lambda_{i,j}^{(t)}(k)\}$、$\{\lambda_{j,j}^{(t)}(k_1)\}$ 及 ρ

1：$t=0:T$

2：通过式 (5.21)~ 式 (5.32) 更新 $\eta_I^{(t+1)}$、$\{r_{i,j}^{(t+1)}(k)\}$、$\{r_{j,j}^{(t+1)}(k_1)\}$

3：通过式 (5.33)~ 式 (5.52) 更新 $\boldsymbol{x}^{(t+1)}$

4：通过式 (5.53)、式 (5.54) 更新 $\{\lambda_{i,j}^{(t+1)}(k)\}$、$\{\lambda_{j,j}^{(t+1)}(k_1)\}$

算法输出：波形序列集 $\boldsymbol{x}$.

将式 (5.15) 代入式 (5.7)，与最小化峰值旁瓣电平准则相对应的优化问题可描述为

$$\begin{aligned}
\min_{\eta_P,\boldsymbol{x},\{r_{i,j}(k)\},\{r_{j,j}(k_1)\}} \quad & \eta_P \\
\text{s.t.} \quad & \left|\boldsymbol{x}^{\mathrm{H}}\boldsymbol{S}_j^{\mathrm{H}}\boldsymbol{U}_k\boldsymbol{S}_i\boldsymbol{x}\right|^2 \leqslant \varepsilon_{P_\Omega},\ k\neq 0,\ i=j \\
& \left|\boldsymbol{x}^{\mathrm{H}}\boldsymbol{S}_j^{\mathrm{H}}\boldsymbol{U}_{k_1}\boldsymbol{S}_i\boldsymbol{x}\right|^2 \leqslant \varepsilon_{P_{\Omega_1}},\ k_1\neq 0,\ i=j \\
& \left|\boldsymbol{x}^{\mathrm{H}}\boldsymbol{S}_j^{\mathrm{H}}\boldsymbol{U}_k\boldsymbol{S}_i\boldsymbol{x}\right|^2 \leqslant \eta_P,\ i\neq j \\
& |x(n_1)|=1 \\
& i,j=1,2,\cdots,M,\ n_1=1,2,\cdots,NM,\ k\in\Omega,\ k_1\in\Omega_1
\end{aligned} \tag{5.55}$$

同样，引入辅助变量 $\{r_{i,j}(k)\}$ 和 $\{r_{j,j}(k_1)\}$，式 (5.55) 可重写为

$$\begin{aligned}
\min_{\eta_P,\boldsymbol{x},\{r_{i,j}(k)\},\{r_{j,j}(k_1)\}} \quad & \eta_P \\
\text{s.t.} \quad & |r_{i,j}(k)|^2 \leqslant \varepsilon_{P_\Omega},\ k\neq 0,\ i=j
\end{aligned}$$

$$
\begin{aligned}
&|r_{j,j}(k_1)|^2 \leqslant \varepsilon_{P_{\Omega_1}}, k_1 \neq 0 \\
&|r_{i,j}(k)|^2 \leqslant \eta_P, i \neq j \\
&r_{i,j}(k) = \boldsymbol{x}^{\mathrm{H}} \boldsymbol{S}_j^{\mathrm{H}} \boldsymbol{U}_k \boldsymbol{S}_i \boldsymbol{x} \\
&r_{j,j}(k_1) = \boldsymbol{x}^{\mathrm{H}} \boldsymbol{S}_j^{\mathrm{H}} \boldsymbol{U}_{k_1} \boldsymbol{S}_j \boldsymbol{x} \\
&|x(n_1)| = 1 \\
&i,j = 1,2,\cdots,M,\ n_1 = 1,2,\cdots,NM,\ k \in \Omega,\ k_1 \in \Omega_1
\end{aligned} \tag{5.56}
$$

式 (5.56) 和式 (5.57) 的解决方案之间的区别仅在于步骤 1。因此，可以使用以下步骤替换前面提到的步骤 1 来求解式 (5.56)：

$$
\begin{aligned}
\min_{\eta_P,\{r_{i,i}(k)\},\{r_{j,j}(k_1)\},\{r_{i,j}(k)\}} \quad & \eta_P \\
& + \frac{\rho}{2} \sum_{i=1}^{M} \sum_{\substack{j=1 \\ j \neq i}}^{M} \sum_{k \in \Omega} \left| r_{i,j}(k) - \bar{r}_{i,j}^{(t)}(k) \right|^2 \\
& + \frac{\rho}{2} \sum_{i=1}^{M} \sum_{\substack{k \in \Omega \\ k \neq 0}} \left| r_{i,i}(k) - \bar{r}_{i,i}^{(t)}(k) \right|^2 \\
& + \frac{\rho}{2} \sum_{j=1}^{M} \sum_{\substack{k_1 \in \Omega_1 \\ k_1 \neq 0}} \left| r_{j,j}(k_1) - \bar{r}_{j,j}^{(t)}(k_1) \right|^2 \\
\text{s.t.} \quad & |r_{i,i}(k)|^2 \leqslant \varepsilon_{P_\Omega} \\
& |r_{j,j}(k_1)|^2 \leqslant \varepsilon_{P_{\Omega_1}} \\
& |r_{i,j}(k)|^2 \leqslant \eta_P, i \neq j
\end{aligned} \tag{5.57}
$$

因此，$r_{i,i}(k)$ 只与 ε_{P_Ω} 相关，可以通过如下获得：

$$
r_{i,i}^{(t+1)}(k) = \begin{cases} \dfrac{\sqrt{\varepsilon_{P_\Omega}}}{|\bar{r}_{i,i}^{(t)}(k)|} \bar{r}_{i,i}^{(t)}(k), & |\bar{r}_{i,i}^{(t)}(k)| \geqslant \sqrt{\varepsilon_{P_\Omega}} \\ \bar{r}_{i,i}^{(t)}(k), & \text{其他} \end{cases} \tag{5.58}
$$

式中，$i = 1,2,\cdots,M; k \in \Omega, k \neq 0$。

同样，$r_{j,j}(k_1)$ 可通过式 (5.59) 计算：

$$r_{j,j}^{(t+1)}(k_1)=\begin{cases}\dfrac{\sqrt{\varepsilon_{P_{\Omega_1}}}}{|\bar{r}_{j,j}^{(t)}(k_1)|}\bar{r}_{j,j}^{(t)}(k_1), & \bar{r}_{j,j}^{(t)}(k_1)|\geqslant\sqrt{\varepsilon_{P_{\Omega_1}}}\\ \bar{r}_{j,j}^{(t)}(k_1), & \text{其他}\end{cases}\tag{5.59}$$

式中，$j=1,2,\cdots,M;k_1\in\Omega_1,k_1\neq 0$。

此外，由于不等式 $|r_{i,j}(k)|^2\leqslant\eta_P,i\neq j$ 约束中，η_P 和 $\{r_{i,j}(k)\}$ 耦合在一起。一旦获得了 η_P，优化变量 $r_{i,j}^{(t+1)}(k)$ 可由式 (5.60) 获得：

$$r_{i,j}^{(t+1)}(k)=\begin{cases}\dfrac{\sqrt{\eta_P}}{|\bar{r}_{i,j}^{(t)}(k)|}\bar{r}_{i,j}^{(t)}(k), & \bar{r}_{i,j}^{(t)}(k)|\geqslant\sqrt{\eta_P}\\ \bar{r}_{i,j}^{(t)}(k), & \text{其他}\end{cases}\tag{5.60}$$

式中，$i,j=1,2,\cdots,M$，$i\neq j;k\in\Omega$。

将式 (5.60) 代入式 (5.57)，η_P 可以从式 (5.61) 获得：

$$\min_{\eta_P}\eta_P+\frac{\rho}{2}\sum_{i=1}^{M}\sum_{\substack{j=1\\ j\neq i}}^{M}\sum_{k\in\Omega}\tilde{\omega}_{i,j}^{(t)}\left(\eta-|\bar{r}_{i,j}^{(t)}(k)|\right)^2\tag{5.61}$$

式中，

$$\tilde{\omega}_{i,j}^{(t)}=\begin{cases}1, & \bar{r}_{i,j}^{(t)}(k)\geqslant\sqrt{\eta_P}\\ 0, & \text{其他}\end{cases}\tag{5.62}$$

因此，式 (5.61) 可重写为类似等价目标函数：

$$\min_{\eta_P}(\sqrt{\eta_P}-\tilde{\eta}^{(t)})^2\tag{5.63}$$

式中，

$$\tilde{\eta}^{(t)}=\frac{\rho\displaystyle\sum_{i=1}^{M}\sum_{j=1,j\neq i}^{M}\sum_{k\in\Omega}\tilde{\omega}_{i,j}^{(t)}\left|\bar{r}_{i,j}^{(t)}(k)\right|}{2+\rho\displaystyle\sum_{i=1}^{M}\sum_{j=1,j\neq i}^{M}\sum_{k\in\Omega}\tilde{\omega}_{i,j}^{(t)}}\tag{5.64}$$

因此，优化变量 $\eta_P^{(t+1)}$ 可以类似地通过引理 5.1 和式 (5.32) 来计算得到，$\{r_{i,j}^{(t+1)}(k)\}$ 由式 (5.58) 和式 (5.60) 给出，$\{r_{j,j}^{(t+1)}(k_1)\}$ 是通过 (5.59) 获得的。

基于以上步骤 1 的替换，求解式 (5.7) 的 ACASL 算法总结在算法 5.2 中。

算法 5.2　ACASL 算法求解式 (5.7)

算法输入：波形序列数 M，序列码长 N，感兴趣的延时集 Ω，精确控制自相关旁瓣电平 ε_{P_Ω} 和 $\varepsilon_{P_{\Omega_1}}$.

初始化：$t=0$，初始化 $\boldsymbol{x}^{(t)}$、$\{\lambda_{i,j}^{(t)}(k)\}$、$\{\lambda_{j,j}^{(t)}(k_1)\}$ 及 ρ

1：$t=0:T$

2: 通过式 (5.57)～ 式 (5.60), 式 (5.30)～ 式 (5.32) 更新 $\eta_P^{(t+1)}$、$\{r_{i,j}^{(t+1)}(k)\}$、$\{r_{j,j}^{(t+1)}(k_1)\}$

3：通过式 (5.33)～ 式 (5.52) 更新 $\boldsymbol{x}^{(t+1)}$

4：通过式 (5.53)、式 (5.54) 更新 $\{\lambda_{i,j}^{(t+1)}(k)\}$、$\{\lambda_{j,j}^{(t+1)}(k_1)\}$

算法输出：波形序列集 $\boldsymbol{x}$.

5.3.2　ACCL 的求解算法

将式 (5.15) 代入式 (5.8) 和式 (5.9)，并引入辅助变量 $\{r_{i,j}(k)\}$ 和 $\{r_{i,j}(k_1)\}$ 可得

$$
\begin{aligned}
\min_{\varepsilon_I,\boldsymbol{x},\{r_{i,j}(k)\},\{r_{i,j}(k_1)\}_{i\neq j}} \quad & \varepsilon_I \\
\text{s.t.} \quad & \sum_{\substack{k\in\Omega\\ k\neq 0}} |r_{i,j}(k)|^2 \leqslant \varepsilon_I, i=j, \\
& \sum_{k\in\Omega} |r_{i,j}(k)|^2 \leqslant \eta_{I_\Omega}, i\neq j \\
& \sum_{k_1\in\Omega_1} |r_{i,j}(k_1)|^2 \leqslant \eta_{I_{\Omega_1}}, i\neq j \\
& r_{i,j}(k) = \boldsymbol{x}^{\mathrm{H}}\boldsymbol{S}_j^{\mathrm{H}}\boldsymbol{U}_k\boldsymbol{S}_i\boldsymbol{x} \\
& r_{i,j}(k_1) = \boldsymbol{x}^{\mathrm{H}}\boldsymbol{S}_j^{\mathrm{H}}\boldsymbol{U}_{k_1}\boldsymbol{S}_i\boldsymbol{x} \\
& |x(n_1)| = 1,\ i,j=1,2,\cdots,M,\ n_1=1,2,\cdots,NM
\end{aligned}
\tag{5.65}
$$

$$
\begin{aligned}
\min_{\varepsilon_P,\boldsymbol{x},\{r_{i,j}(k)\},\{r_{i,j}(k_1)\}_{i\neq j}} \quad & \varepsilon_P \\
\text{s.t.} \quad & |r_{i,j}(k)|^2 \leqslant \varepsilon_P, k\neq 0, i=j \\
& |r_{i,j}(k)|^2 \leqslant \eta_{P_\Omega}, i\neq j \\
& |r_{i,j}(k_1)|^2 \leqslant \eta_{P_{\Omega_1}}, i\neq j \\
& r_{i,j}(k) = \boldsymbol{x}^{\mathrm{H}}\boldsymbol{S}_j^{\mathrm{H}}\boldsymbol{U}_k\boldsymbol{S}_i\boldsymbol{x} \\
& r_{i,j}(k_1) = \boldsymbol{x}^{\mathrm{H}}\boldsymbol{S}_j^{\mathrm{H}}\boldsymbol{U}_{k_1}\boldsymbol{S}_i\boldsymbol{x}
\end{aligned}
$$

$$|x(n_1)| = 1, i, j = 1, 2, \cdots, M,\ n_1 = 1, 2, \cdots, NM$$
$$k \in \Omega,\ k_1 \in \Omega_1 \tag{5.66}$$

为了获得最优序列，式 (5.65) 和式 (5.66) 可以分别通过类似于算法 5.1 和算法 5.2 的方式求解。

5.3.3 算法复杂度分析

值得注意的是，式 (5.6) 和式 (5.7) 之间的差异在于不同的约束，很明显，式 (5.7) 的约束比式 (5.6) 的约束更复杂，体现在计算复杂度和运行时间方面。

本小节评估算法 5.1 中描述的 ACASL 算法所需的计算复杂度。对于步骤 1 和步骤 3，它们的计算复杂度为 $\mathcal{O}\{M^2N(N^2+MN^2+2)(\mathrm{Card}(\Omega)(M-1)+\mathrm{Card}(\Omega_1))\}$，其中，$\mathrm{Card}(\Omega)$ 表示 Ω 中元素的数量。此外，步骤 2 每次迭代复杂度为 $\mathcal{O}\{M^2N(N^2+MN^2)(\mathrm{Card}(\Omega)(M-1)+\mathrm{Card}(\Omega_1))+2M^2N^2\}$。尽管由于遇到大量非凸和高度非线性的不等式约束，本算法相比其他算法需要更多的运行时间，但所提出的算法可以设计具有精确控制的相关电平的波形序列集。因此，将在以下部分重点放在比较分析所获得波形序列集的相关函数特性，而不是运行时间。

由于交替方向乘子法的收敛性在所提出的方法中起着重要作用，可以通过检查目标值是否趋于稳定或通过为 T 设置足够大的最大迭代次数 (如 $T=1000$ 次用于以下实验)。

5.4 仿真实验

本节将给出几个仿真实验来评估所提出的波形序列集设计方法的性能，即该序列集在感兴趣的时延区域内的自相关和互相关特性。

本节考虑生成序列码长 $N=128$ 个和波形序列数 $M=2$ 的非周期恒模序列集。设定时延集合 $\Omega=\{-40,-39,\cdots,40\}$，步长 $\rho=0.1$。初始序列集 x 是用 $\left\{\mathrm{e}^{\mathrm{j}2\pi\theta_{n_1}}\right\}_{n_1=1}^{NM}$ 随机生成，其中，$\{\theta_{n_1}\}_{n_1=1}^{NM}$ 是均匀分布在 $[0,1]$ 上的独立随机变量。

5.4.1 ACASL 方法仿真实验

本小节将应用 ACASL 方法设计一组具有积分自相关旁瓣电平 $\varepsilon_{I_\Omega}=1.311$ (-60dB $\times$ 80) 和 $\varepsilon_{I_{\Omega_1}}=9.015\times10^3$($-25$dB $\times$ 174) 的序列集。对于最小化峰值旁瓣准则，设置 $\varepsilon_{P_\Omega}=1.638\times10^{-2}$ (-60dB) 和 $\varepsilon_{P_{\Omega_1}}=51.811$($-25$dB)。为了评估算法的优劣，本章所提方法和同类型的几种方法，即新加权循环算法 (weighted cyclic algorithm-new，WeCAN)[23]、迭代直接搜索 (iteration direct search，IDS) 方法 [24]、极大极小权值相关 (majorization-minimization weighted correlation,

MM-WeCorr) 方法 [25] 作相关性能比较。输出序列的相关性水平以 dB 为单位进行归一化，即 $20\lg(|r_{i,j}(k)|/N)$。

基于 LISL 准则的 WeCAN、IDS 方法、MM-WeCorr 方法和本章所提出的 ACASL 方法获得的对应结果见图 5.1～ 图 5.3。此外，不同方法所获得的序列 $\boldsymbol{x}_1$ 的平均局部积分归一化自相关旁瓣电平 (average local integrated normalized autocorrelation sidelobe levels，ALINASL$_1$)、序列 $\boldsymbol{x}_1$ 和 $\boldsymbol{x}_2$ 的平均局部整体归一化互相关电平 (average local integrated normalized cross-correlation sidelobe levels，ALINSCL$_{12}$)、序列 $\boldsymbol{x}_2$ 的平均局部整体归一化自相关旁瓣电平 (ALINASL$_2$) 总结在表 5.1 中。一方面，从图 5.1、图 5.3 和表 5.1 可以看到，ACASL 方法序列集的归一化自相关水平在时延集合 $\Omega(k \neq 0)$ 内被抑制到 −62dB 左右，在时延集合 Ω_1 内达到 −29dB 的水平。然而，WeCAN、IDS 方法和 MM-WeCorr 方法序列所获得的对应值在时延集合 $\Omega(k \neq 0)$ 内远大于本章所提的 ACASL 方法。另一方面，图 5.2 和表 5.1 表明在时延集合 Ω 内的归一化互相关电平在 −40dB 左右，这与 WeCAN 方法、IDS 方法获得的序列对应结果相似，并且大于 MM-WeCorr 方法序列所对应的值。虽然在时延集合 Ω 内的 ACASL 方法序列的归一化互相关水平不是最小的，但归一化自相关旁瓣电平比其他方法的要小。

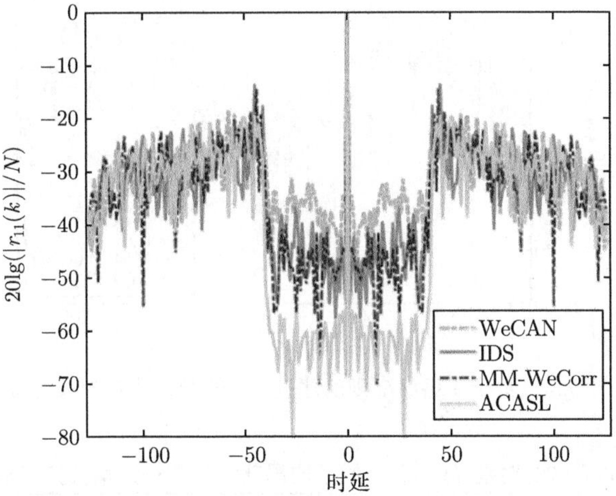

图 5.1　基于 LISL 准则的序列 $\boldsymbol{x}_1$ 的归一化自相关函数

图 5.4～ 图 5.6 显示了基于 LPSL 准则的 WeCAN、IDS 方法、MM-WeCorr 方法和本章所提的 ACASL 方法获得的波形序列集的相关特性。此外，表 5.2 总结了不同方法获得的序列 $\boldsymbol{x}_1$ 的局部峰值归一化自相关旁瓣电平 (local peak normalized autocorrelation sidelobe levels，LPNASL$_1$)、序列 $\boldsymbol{x}_1$ 和 $\boldsymbol{x}_2$ 的局部峰值归一化互相关电平 (local peak normalized cross-correlation levels，LPNCL$_{12}$)、序

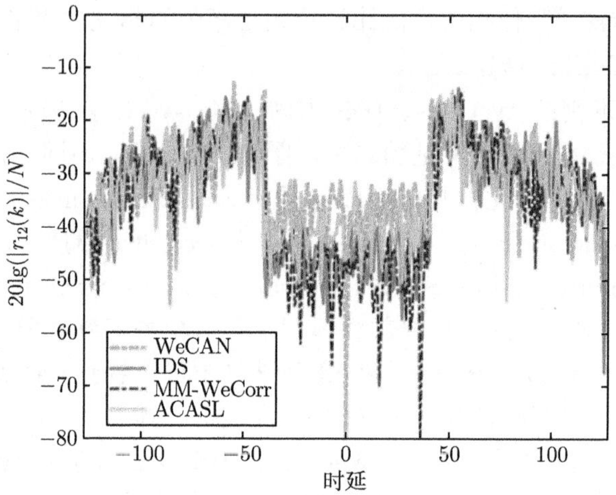

图 5.2 基于 LISL 准则的序列 $\boldsymbol{x}_1$ 和 $\boldsymbol{x}_2$ 的归一化互相关函数

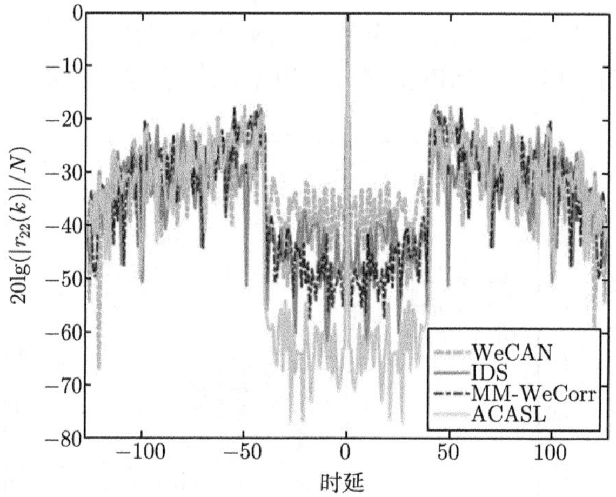

图 5.3 基于 LISL 准则的序列 $\boldsymbol{x}_2$ 的归一化自相关函数

表 5.1 不同方法的时延 (Ω/Ω_1) 的平均局部积分归一化相关旁瓣电平(单位: dB)

序列集指标	WeCAN	IDS	MM-WeCorr	ACASL	ACCL
$\mathrm{ALINASL}_1$	$-37.79/-29.62$	$-46.47/-29.82$	$-47.82/-29.82$	$-62.38/-29.85$	$-40.60/-29.67$
ALINCL_{12}	$-37.44/-28.65$	$-45.81/-28.37$	$-48.50/-28.65$	$-40.58/-28.56$	$-62.35/-29.17$
$\mathrm{ALINASL}_2$	$-38.41/-31.21$	$-45.18/-30.80$	$-46.98/-30.44$	$-62.89/-29.74$	$-40.23/-29.54$

列 $\boldsymbol{x}_2$ 的局部峰值归一化自相关旁瓣电平 (LPNASL_2)。从图 5.4~ 图 5.6 和表 5.2 可以看出，ACASL 方法序列在时延集合 $\Omega(k \neq 0)$ 内的归一化自相关旁瓣电平为 -60dB(在时延集合 Ω_1 内是 -25dB) 和 -32dB 的归一化互相关电平。

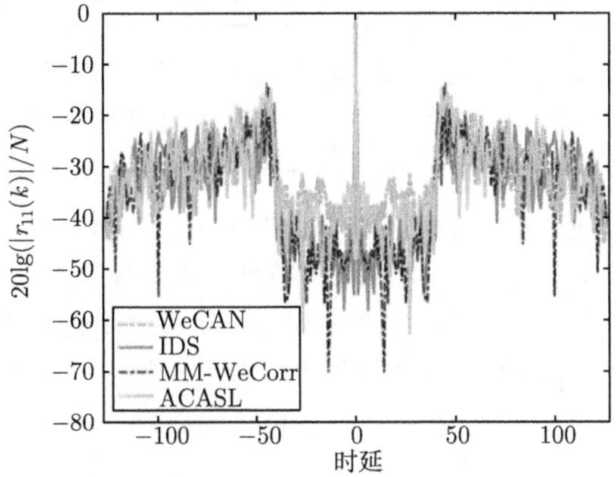

图 5.4　基于 LPSL 准则的序列 $\boldsymbol{x}_1$ 的归一化自相关函数

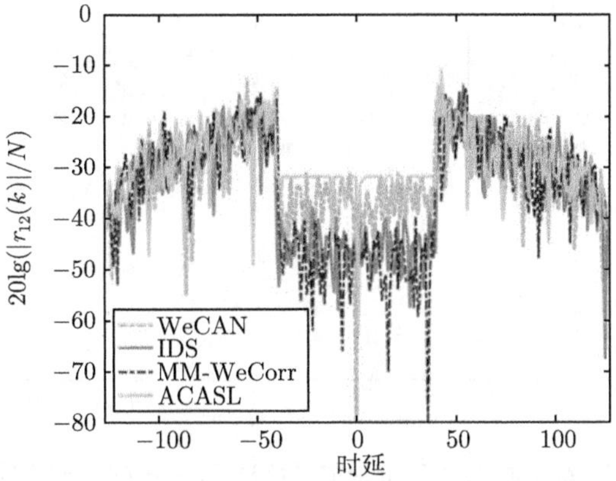

图 5.5　基于 LPSL 准则的序列 $\boldsymbol{x}_1$ 和 $\boldsymbol{x}_2$ 的归一化互相关函数

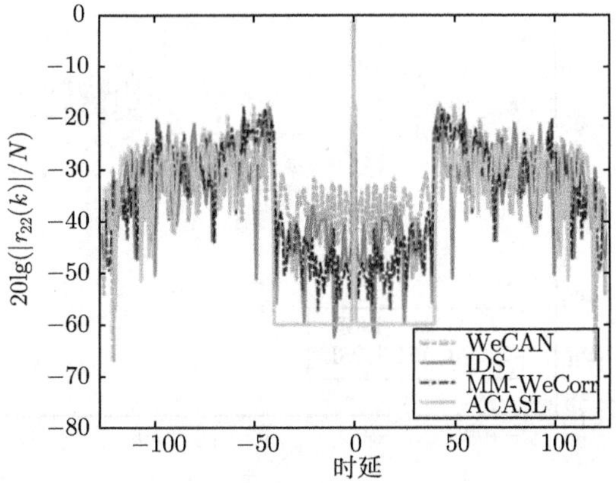

图 5.6　基于 LPSL 准则的序列 $\boldsymbol{x}_2$ 的归一化自相关函数

表 5.2 不同方法的时延 (Ω/Ω_1) 的局部峰值归一化相关旁瓣电平 (单位: dB)

序列集指标	WeCAN	IDS	MM-WeCorr	ACASL	ACCL
LPNASL_1	−26.69/−18.52	−36.74/−13.69	−28.74/−14.44	−60.00/−25.00	−23.80/−15.09
LPNCL_{12}	−14.35/−12.65	−37.89/−13.81	−16.57/−14.50	−32.04/−10.87	−60.00/−25.00
LPNCL_2	−23.40/−17.15	−36.98/−17.97	−22.76/−17.64	−60.00/−25.00	−23.80/−11.93

此外,为了比较使用不同准则的结果,图 5.7～图 5.9 显示了基于 LISL 准则和 LPSL 准则的 ACASL 方法序列集的相关特性。不难发现，在时延集合 $\Omega(k \neq 0)$ 内，基于 LPSL 准则的 ACASL 方法序列的互相关电平比基于 LISL 准则的要高些，但前者对应的自相关旁瓣电平则要比后者平坦得多。值得指出的是，要实现此性能，前者会施加更多的约束并且需要更多的迭代。

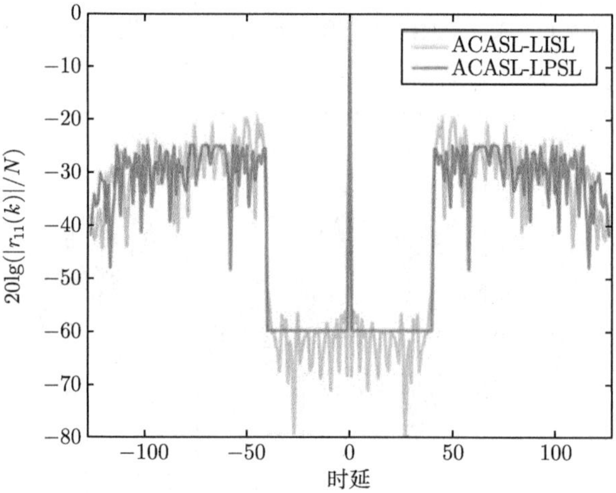

图 5.7 基于 LISL 准则和 LPSL 准则的 ACASL 方法序列 $\boldsymbol{x}_1$ 的归一化自相关函数

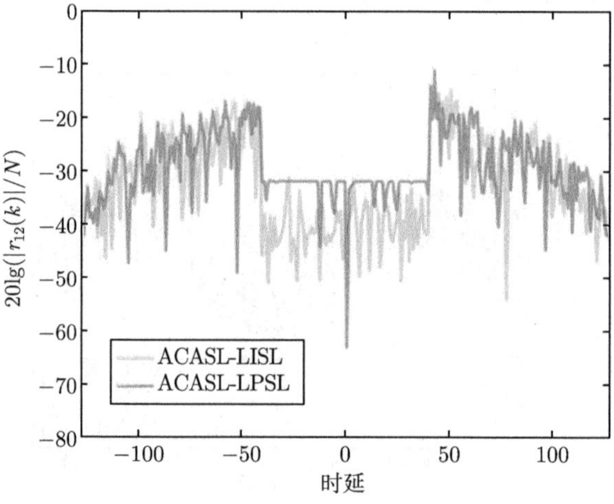

图 5.8 基于 LISL 准则和 LPSL 准则的 ACASL 方法序列 $\boldsymbol{x}_1$ 和 $\boldsymbol{x}_2$ 的归一化互相关函数

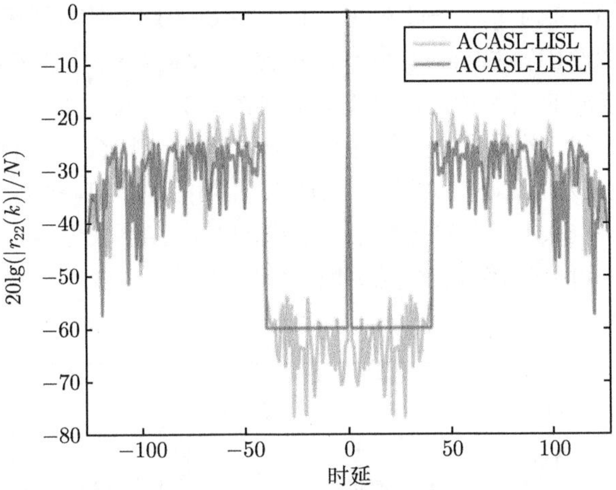

图 5.9　基于 LISL 准则和 LPSL 准则的 ACASL 方法序列 $\boldsymbol{x}_2$ 的归一化自相关函数

为了评估所提出的 ACASL 方法的收敛性能，式 (5.7) 中目标函数值随迭代次数的变化见图 5.10。从图 5.10 中可以发现，目标函数值在 1000 次迭代后趋于稳定，这意味着所提出的方法具有令人满意的收敛性能。

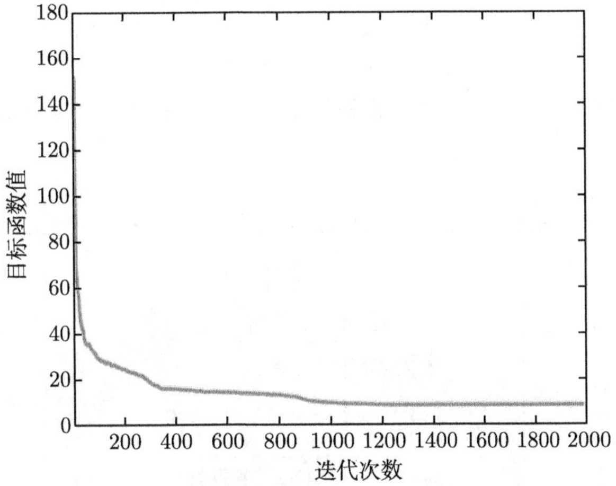

图 5.10　迭代过程中目标函数值的变化

5.4.2　ACCL 方法仿真实验

本小节研究所提出 ACCL 方法设计的波形序列集的性能。其中，在时延集合 $\varOmega$ 内的积分互相关电平设置 $\eta_{I_\varOmega} = 1.327(-60\text{dB} \times 81)$，在时延集合 $\varOmega_1$ 内对应的 $\eta_{I_{\varOmega_1}} = 9.015 \times 10^3(-25\text{dB} \times 174)$。对于最小化 LPSL 准则，在时延集合 $\varOmega$ 内的

峰值互相关电平设置为 $\eta_{P_\Omega} = 1.638 \times 10^{-2}(-60\text{dB})$，在时延集合 Ω_1 内对应的 $\eta_{P_{\Omega_1}} = 51.811(-25\text{dB})$。同样，本小节也对比了 WeCAN、IDS 方法、MM-WeCorr 方法和 ACCL 方法的相关特性，相关函数见图 5.11～ 图 5.16。可以看出：①基于 LISL 准则的 ACCL 序列的归一化互相关电平在时延集合 Ω 内约为 -62dB，在时延集合 Ω_1 内约为 -29dB；②基于 LPSL 准则的 ACCL 序列在时延集合 Ω 内的对应值不大于 -60dB，在时延集合 Ω_1 内的对应值不大于 -25dB。显然，所提出的 ACCL 方法可以精确地控制互相关电平。

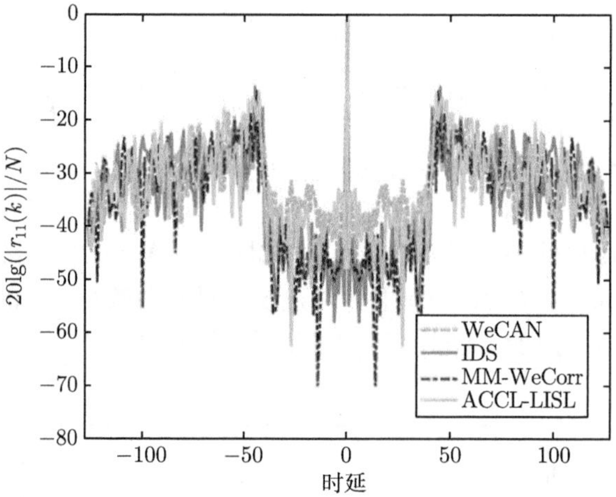

图 5.11　基于 LISL 准则的序列 $\boldsymbol{x}_1$ 的归一化自相关函数

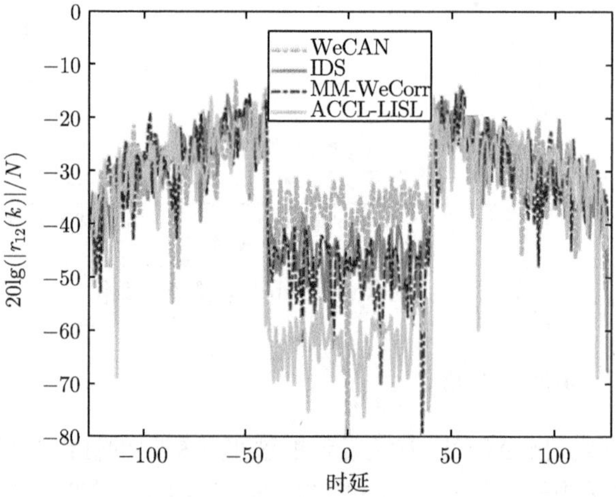

图 5.12　基于 LISL 准则的序列 $\boldsymbol{x}_1$ 和 $\boldsymbol{x}_2$ 的归一化互相关函数

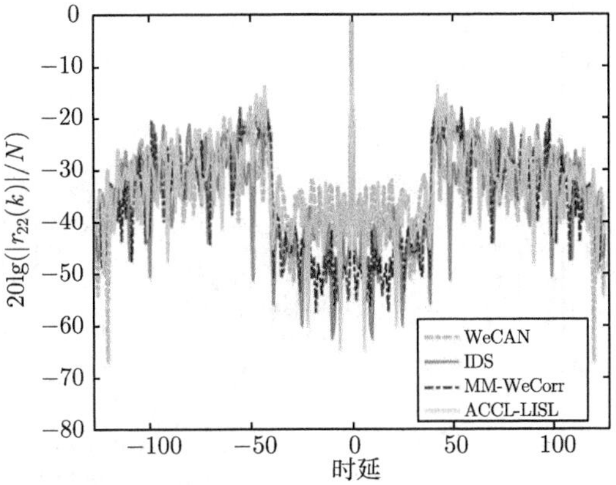

图 5.13　基于 LISL 准则的序列 $\boldsymbol{x}_2$ 的归一化自相关函数

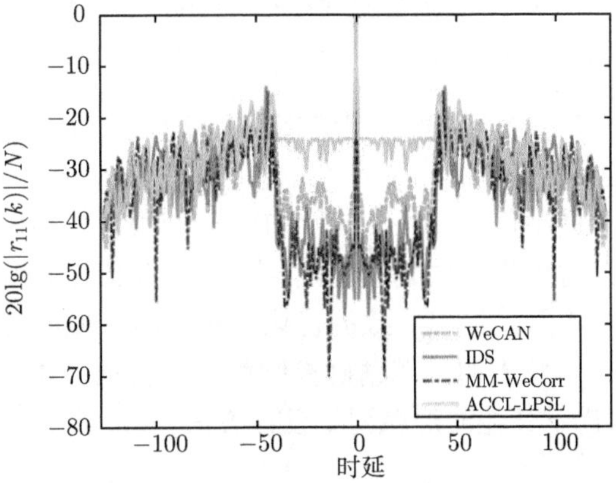

图 5.14　基于 LPSL 准则的序列 $\boldsymbol{x}_1$ 的归一化自相关函数

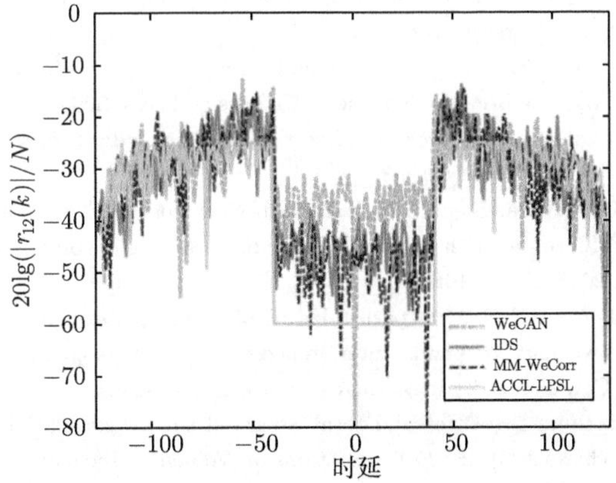

图 5.15　基于 LPSL 准则的序列 $\boldsymbol{x}_1$ 和 $\boldsymbol{x}_2$ 的归一化互相关函数

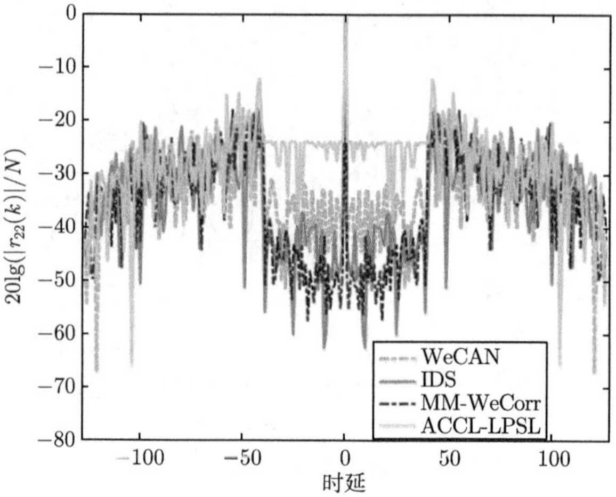

图 5.16　基于 LPSL 准则的序列 $\boldsymbol{x}_2$ 的归一化自相关函数

5.5　本章小结

本章提出了基于最小化 LISL 准则和 LPSL 准则的 ACASL 方法和 ACCL 方法，设计在感兴趣的时延集合内具有精确控制的相关特性的恒模波形序列集。针对非凸和高度非线性不等式约束导致的优化困难，本章使用交替迭代更新优化变量的方案进行克服。实验表明，在精确控制相关性方面，本章所提出的 ACASL 方法和 ACCL 方法优于其他波形序列集设计方法。

参考文献

[1] HE H, LI J, STOICA P. Waveform Design for Active Sensing Systems: A Computational Approach[M]. Cambridge: Cambridge University Press, 2012.

[2] GOLOMB S W, GONG G. Signal Design for Good Correlation: For Wireless Communication Cryptography, and Radar[M]. Cambridge: Cambridge University Press, 2005.

[3] TURYN R. Sequences with Small Correlation, Error Correcting Codes Proceedings of a Symposium[M]. New York: Wiley Collection Library, 1968.

[4] LI J, STOICA P. MIMO Radar Signal Processing[M]. New York: Wiley, 2009.

[5] LI J, STOICA P. MIMO Radar with colocated Antennas: Review of some recent work[J].IEEE Signal Processing Magazine,2007, 24(5): 106-114.

[6] SUEHIRO N, KUROYANAGI N. Multipath-tolerant binary signal design for approximately synchronized CDMA systems without co-channel interference using complete complementary codes[C]. Global Telecommunications Conference, Sydney, Australia, 1998: 1356-1361.

[7] COTAE P. On the optimal sequences and total weighted square correlation of synchronous CDMA systems in multipath channels[J]. IEEE Transactions on Vehicular Technology, 2007, 56(4): 2063-2072.

[8] SOLE P, ZINOVIEV D. Low-correlation, high-nonlinearity sequences for multiple-code CDMA[J]. IEEE Transactions on Information Theory, 2006, 52(11): 5158-5163.

[9] TANG B, NAGHSH M M, TANG J. Relative entropy-based waveform design for MIMO radar detection in the presence of clutter and interference[J]. IEEE Transactions on Signal Processing, 2015, 63(14): 3783-3796.

[10] LI J, STOICA P, ZHENG X. Signal synthesis and receiver design for MIMO radar imaging[J]. IEEE Transactions on Signal Processing, 2008, 56(8): 3959-3968.

[11] TANG B, TANG J. Joint design of transmit waveforms and receive filters for MIMO radar space-time adaptive processing[J]. IEEE Transactions on Signal Processing, 2016, 64(18): 4707-4722.

[12] LI J, STOICA P, XIE Y. On probing signal design for MIMO radar[C]. Signals, Systems and Computers, Asilomar Conference on Pacific Grove, Pacific Grove, USA, 2006: 31-35.

[13] STIMSON G W. Introduction to Airborne Radar[M]. Mendham: Scitech Publishing Inc., 1998.

[14] LEVANON N, MOZESON E. Radar Signals[M]. New York: Wiley, 2004.

[15] TSE D, VISWANATH P. Fundamentals of Wireless Communication[M]. Cambridge: Cambridge University Press,2005.

[16] DIAZ V, URENA J, MAZO M, et al. Using golay complementary sequences for multi-mode ultrasonic operation[C]. 7th IEEE International Conference on Emerging Technologies and Factory Automation (ETFA'99), Barcelona, Spain, 1999:599-604.

[17] AUBRY A, MAIO A D, NAGHSH M M. Optimizing radar waveform and Doppler filter bank via generalized fractional programming[J]. IEEE Journal of Selected Topics in Signal Processing, 2015,9(8): 1387-1399.

[18] AUBRY A, CAROTENUTO V, MAIO A D, et al. Optimization theory-based radar waveform design for spectrally dense environments[J]. IEEE Aerospace and Electronic Systems Magazine, 2016, 31(12): 14-25.

[19] STOICA P, HE H, LI J. New algorithms for designing unimodular sequences with good correlation properties[J]. IEEE Transactions on Signal Processing, 2009, 57(4): 1415-1425.

[20] STOICA P, HE H, LI J. On designing sequences with impulse-like periodic correlation[J]. IEEE Signal Processing Letters, 2009, 16(8): 703-706.

[21] SONG J, BABU P. Optimization methods for designing sequences with low autocorrelation sidelobes[J]. IEEE Transactions on Signal Processing, 2015, 63(15): 3998-4009.

[22] SONG J, BABU P, PALOMAR D P. Sequence design to minimize the weighted integrated and peak sidelobe levels[J]. IEEE Transactions on Signal Processing, 2015, 64(8): 2051-2064.

[23] HE H, STOICA P, LI J. Designing unimodular sequence sets with good correlations—Including an application to MIMO radar[J]. IEEE Transactions on Signal Processing, 2009, 57(11): 4391-4405.

[24] CUI G, YU X, PIEZZO M, et al. Constant modulus sequence set design with good correlation properties[J]. Signal Processing: The Official Publication of the European Association for Signal Processing, 2017, 139(8): 75-85.

[25] SONG J, BABU P, PALOMAR D P. Sequence set design with good correlation properties via majorization-minimization[J]. IEEE Transactions on Signal Processing, 2015, 64(11): 2866-2879.

[26] LIANG J L, SO H C, LI J, et al. Unimodular sequence design based on alternating direction method of multipliers[J]. IEEE Transactions on Signal Processing, 2016, 64(20): 5367-5381.

[27] ALAEE K M, AUBRY A, MAIO A D, et al. A coordinate-descent framework to design low PSL/ISL sequences[J]. IEEE Transactions on Signal Processing, 2017, 65(22): 5942-5956.

[28] GABAY G. Applications of the Method of Multipliers to Variational Inequalities, Augmented Lagrangina Methods: Applications to the Solution of Boundary-Value Problems[M]. Amsterdam: North Holland, 1983.

[29] ECKSTEIN J, BERTSEKAS D. On the Douglas-Rachford splitting method and the proximal point algorithm for maximal monotone operators[J]. Mathematical Programming, 1992, 55(1): 293-318.

[30] WANG Y, YANG J, YIN W, et al. A new alternating minimization algorithm for total variation image reconstruction[J]. SIAM Journal on Imaging Sciences, 2008, 1(3): 248-272.

[31] LIANG J L, XU L, LI J, et al. On designing the transmission and reception of multistatic continuous active sonar systems[J]. IEEE Transactions on Aerospace and Electronic Systems, 2014, 50(1): 285-299.

[32] BOYD S, PARIKH N, CHU E, et al. Distributed optimization and statistical learning via the alternating direction method of multipliers[J]. Foundations and Trends in Machine Learning, 2010, 3(1): 1-126.

[33] ERSEGHE T. A distributed and maximum-likelihood sensor network localization algorithm based upon a nonconvex problem formulation[J]. IEEE Transactions on Signal and Information Processing Over Networks, 2015, 1(4): 247-258.

[34] HUNTER D R, LANGE K A. Tutorial on MM algorithms[J]. American Statistician,2014,58(1): 30-37.

[35] STOICA P, SELEN Y. Cyclic minimizers, majorization techniques, and the expectation-maximization algorithm: A refresher[J]. IEEE Signal Processing Magazine, 2004, 21(1): 112-114.

[36] RAZAVIYAYN M, HONG M, LUO Z. A unified convergence analysis of block successive minimization methods for nonsmooth optimization[J]. SIAM Journal on Optimization: A Publication of the Society for Industrial and Applied Mathematics, 2013, 23(2): 1126-1153.

[37] SCUTARI G, FACCHINEI F, SONG P, et al. Decomposition by partial linearization: Parallel optimization of multi-agent systems[J]. IEEE Transactions on Signal Processing, 2013, 62(3): 641-656.

第 6 章　发射波形集和非匹配滤波器组联合设计

本章对基于匹配滤波器的自模糊函数 (auto-ambiguity function，AAF) 和互模糊函数 (cross-ambiguity function，CAF) 进行推广，构建新的基于模糊函数约束的发射波形集和非匹配滤波器联合优化模型，以获得更高的优化自由度，从而实现更低的旁瓣电平。此外，本章还将介绍广义最大块增量框架 (generalized maximum block improvement，GMBI)，进行上述非凸非线性优化问题的高效求解。最后，给出仿真实验，验证本章所提方法的有效性。

6.1　引　　言

6.1.1　相关函数和模糊函数

在雷达系统中，波形的脉冲压缩性能是一个重要指标，通常通过相关函数度量来评估。M 个波形向量 $\{\boldsymbol{x}_m\}_{m=1}^{M}$ 的离散相关函数可以定义为 [1]

$$r_{m,m'}(k)=\sum_{n=\max(1,1+k)}^{\min(N,N+k)} x_m(n)x_{m'}^*(n-k) \tag{6.1}$$

式中，$\boldsymbol{x}_m=[x_m(1),x_m(2),\cdots,x_m(N)]^{\mathrm{T}}$，$N$ 为序列码长；$k\in\{-N+1,-N+2,\cdots,N-1\}$，为离散延时点 (距离门) 索引。当 $m=m'$ 时，式 (6.1) 表示 $\boldsymbol{x}_m$ 的自相关函数；反之，表示 $\boldsymbol{x}_m$ 和 $\boldsymbol{x}_{m'}$ 的互相关函数。在多基的主动感知系统中，如 MIMO 雷达、正交组网雷达等系统，不同的雷达或天线发射不同信号，利用波形分集优势以提高目标检测和跟踪性能。通常，期望波形集具有低自相关/低互相关旁瓣电平，以确保高检测精度并减少雷达或天线之间的相互干扰。然而，相关函数只考察了信号在不同延时下的相关性，没有考虑信号在不同多普勒偏移下的相关性。因此，探测空间中存在高速运动目标时，若只考虑相关函数低旁瓣设计，则较大多普勒偏移会造成接收滤波器失配，从而会产生较高的旁瓣以掩盖微弱目标，使得微弱目标难以检测。

模糊函数 (ambiguity function，AF) 作为相关函数的推广，是关于时延和多普勒偏移的二维相关函数，可评估信号在不同多普勒偏移下的相关特性，因此 AF 被广泛用于评估雷达系统的干扰抑制能力和距离–多普勒分辨率。一般，模糊函数可以

分为快时间模糊函数和慢时间模糊函数。本章重点讨论的快时间模糊函数定义为

$$r_{m,m'}(p,k)=\sum_{n=\max(1,1+k)}^{\min(N,N+k)}x_m(n)x_{m'}^*(n-k)\mathrm{e}^{-\mathrm{j}2\pi\frac{(n-k)p}{N}} \tag{6.2}$$

式中，$p\in\{-N/2,\cdots,N/2\}$，为多普勒单元。类似的，当 $m=m'$ 时，式 (6.2) 表示 AAF，反之则表示 CAF。尽管已有许多应用于不同场景的单波形模糊函数设计的研究 [1]，但涉及波形集自模糊函数和互模糊函数的研究并不多。文献 [2] 研究了用于相参捷变雷达系统的相参波形集设计；文献 [3] 将文献 [4] 中的基于傅里叶变换的高效梯度 (efficient gradient，EG) 法用于 AAF 和 CAF 设计；文献 [5] 提出了多阶段加速迭代顺序优化 (multi-stage accelerated iterative sequential optimization，MS-AISO)，以解决序列集模糊函数设计中的恒模二次规划问题。需要注意的是，文献 [2] 和 [5] 中采用的是最小化加权集成旁瓣电平 (weighted integrated sidelobe level，WISL) 准则，即最小化感兴趣区域内旁瓣电平之和，因此无法精确地控制每一个距离–多普勒单元的旁瓣电平，会导致较高的峰值旁瓣电平 (PSL)。为了在感兴趣的距离–多普勒单元实现更平坦、更低的旁瓣电平，文献 [3] 采用 l_q 范数模型，q 值越大，越逼近 PSL 最小化准则。

6.1.2　最大块增量优化算法

从优化角度讲，模糊函数的序列集设计本质上是一个高次多项式 (high-order polynomial，HOP) 优化问题 [5-8]。最大块增量优化 (maximum block improvement，MBI) 算法在求解椭圆约束下的 HOP 问题时已展现出如下特点 [9]：

(1) 构建 HOP 函数的松弛张量函数后，形成最大化张量函数优化问题，并建立了基于坐标下降的搜索方案，每次迭代时仅需求解简单的线性或二次优化问题。

(2)MBI 算法产生的迭代解能达到多项式优化的 KKT 点。

凭借这些优点，MBI 算法已经成功地应用于信号处理和通信等领域。例如，在文献 [10] 中，MBI 算法与顺序优化相结合，为无线网络和雷达系统分配资源；文献 [8] 提出了线性 MBI(linear-MBI，MBIL) 算法来解决慢时间序列模糊函数设计中的恒模四次多项式优化问题。

以一个简单的恒模非齐次复数四次多项式优化问题来描述基本的 MBI 算法：

$$\begin{aligned}&\min_{\boldsymbol{s}}\sum_{g=1}^{G}\left|\boldsymbol{s}^{\mathrm{H}}\boldsymbol{A}_g\boldsymbol{s}\right|^2+\boldsymbol{s}^{\mathrm{H}}\boldsymbol{B}\boldsymbol{s}\\&\text{s.t. }|s(n)|=1,\quad n=1,2,\cdots,N\end{aligned} \tag{6.3}$$

式中，$\boldsymbol{s}\in\mathbb{C}^{N\times1}$；$\boldsymbol{A}_g\in\mathbb{C}^{N\times N}$。基于张量的 MBIL 算法首先构建与式 (6.3) 中非齐次复数四次多项式等价的张量函数：

$$
\begin{aligned}
F(\tilde{\boldsymbol{s}},\tilde{\boldsymbol{s}},\tilde{\boldsymbol{s}},\tilde{\boldsymbol{s}}) &= \sum_{g=1}^{G}\left|\boldsymbol{s}^{\mathrm{H}}\boldsymbol{A}_g\boldsymbol{s}\right|^2+\boldsymbol{s}^{\mathrm{H}}\boldsymbol{B}\boldsymbol{s}=\sum_{i=1}^{2N+2}\sum_{q=1}^{2N+2}\sum_{v=1}^{2N+2}\sum_{w=1}^{2N+2}\boldsymbol{F}_{iqvw}\tilde{s}_i\tilde{s}_q\tilde{s}_v\tilde{s}_w \\
&= \boldsymbol{F}\times\tilde{\boldsymbol{s}}_1\times\tilde{\boldsymbol{s}}_2\times\tilde{\boldsymbol{s}}_3\times\tilde{\boldsymbol{s}}_4
\end{aligned} \tag{6.4}
$$

式中，$\tilde{\boldsymbol{s}}=[\boldsymbol{s}^{\mathrm{T}},1,\boldsymbol{s}^{\mathrm{H}},1]^{\mathrm{T}}$；$\boldsymbol{F}$ 为四阶共轭超对称张量，其元素由矩阵 $\boldsymbol{A}_g$ 中元素按一定方式构成 (具体定义和构建方法在 6.4 节中给出或参考文献 [8] 和 [9])。

然后，MBIL 将张量函数松弛为多线性形式 $F\left(\tilde{\boldsymbol{s}}^1,\tilde{\boldsymbol{s}}^2,\tilde{\boldsymbol{s}}^3,\tilde{\boldsymbol{s}}^4\right)$，并在每一次迭代中更新其中使目标函数最大的一个“块”。算法 6.1 的基本流程如下。

算法 6.1　基于张量运算的 MBIL 算法

初始化: 在可行域内初始化变量 $\left\{\boldsymbol{s}_0^1,\boldsymbol{s}_0^2,\boldsymbol{s}_0^3,\boldsymbol{s}_0^4\right\}$，计算初始值 $\overline{w}_0=\left\{\boldsymbol{s}_0^1,\boldsymbol{s}_0^2,\boldsymbol{s}_0^3,\boldsymbol{s}_0^4\right\}$；设定算法最大迭代次数 T_{MBI}，设 $\tau=0$.

1: while 算法未收敛或 $\tau\leqslant T_{\mathrm{MBI}}$

2: 对于 $l=1,2,3,4$，固定 $\left\{\boldsymbol{s}_\tau^1,\boldsymbol{s}_\tau^2,\boldsymbol{s}_\tau^3,\boldsymbol{s}_\tau^4\right\}$ 中除了 $\boldsymbol{s}_\tau^l$ 以外的三个变量，并求解以下对应的线性优化问题：

$$
\begin{aligned}
\boldsymbol{y}_{\tau+1}^l &= \arg\max_{\boldsymbol{s}_\tau^l}\ F\left(\boldsymbol{s}_\tau^1,\cdots,\boldsymbol{s}_\tau^l,\cdots,\boldsymbol{s}_\tau^4\right) \\
&= \arg\max_{\boldsymbol{s}_\tau^l}\ \boldsymbol{s}_\tau^l\zeta_\tau^l+\zeta_\tau^l\boldsymbol{s}_\tau^l+e_\tau^l \\
\text{s.t.}\quad & \boldsymbol{s}_\tau^l\in\Omega_\infty
\end{aligned} \tag{6.5}
$$

式中，ζ_τ^l 和 e_τ^l 分别为与线性函数有关的向量和变量。将 $\left\{\boldsymbol{y}_{\tau+1}^l\right\}$ 回代入目标函数中，可得

$$
\begin{aligned}
w_{\tau+1}^l &= F\left(\boldsymbol{s}_\tau^1,\cdots,\boldsymbol{y}_{\tau+1}^l,\cdots,\boldsymbol{s}_\tau^4\right) \\
&= \left(\boldsymbol{y}_{\tau+1}^l\right)^{\mathrm{H}}\zeta_\tau^l+\zeta_\tau^{l\mathrm{H}}\boldsymbol{y}_{\tau+1}^l+e_\tau^l
\end{aligned} \tag{6.6}
$$

3: 令 $\hat{l}=\arg\max\limits_{1\leqslant l\leqslant 4}w_{\tau+1}^l$ 并更新变量 $\boldsymbol{s}_{\tau+1}^l=\boldsymbol{s}_\tau^l,\forall l\neq\hat{l}$、$\boldsymbol{s}_{\tau+1}^l=\boldsymbol{y}_{k+1}^{\hat{l}}$ 和 $\overline{w}_{\tau+1}=w_{\tau+1}^{\hat{l}}$

4: $\tau=\tau+1$

5: end while

算法输出: $\boldsymbol{s}(t+1)=\boldsymbol{s}_{\tau+1}^{\hat{l}}$.

然而，MBI 算法是专门为具有 HOP 目标函数的 HOP 优化问题设计的，不适用于存在 HOP 约束的 HOP 优化问题 [9]。此外，MBI 算法在解决目标函数为 HOP 的优化问题时是以张量运算为基础的，会占用大量的存储空间和计算资源。例如，当 $N=128$ 个时，变量 $\tilde{\boldsymbol{s}}\in\mathbb{C}^{2(N+1)\times 1}$，存储其对应的四阶张量 $\boldsymbol{F}\in\mathbb{C}^{258\times258\times258\times258}$ 会在 Matlab 中占用约 32GB 的内存空间，这已经超过了许多计算平台的内存空间，此外该四阶张量的计算复杂度为 $\mathcal{O}(N^4)$。因此，基于张量的 MBI 算法，包括 MBIL 算法 [8]，不适用于长序列集设计，这点也在文献 [11] 和 [12] 中得到了印证。本章的另一重要内容是对 MBI 算法进行改进，以降低其复杂度。

6.2 最小化模糊函数旁瓣电平模型

目前，关于 AAF 或 CAF 的大多数研究仅限于发射波形，即在接收端采用匹配滤波器以最大化信噪比 (signal-to-noise ratio，SNR)。非匹配滤波器技术则是以损失一定的 SNR 为代价获得更高的优化自由度 [8]，以提升其他方面的性能，如更低的旁瓣电平或更高的信干噪比 (signal-to-interference plus noise ratio，SINR)[13-15]。文献 [16] 考虑了单个发射波形和非匹配滤波器的联合设计问题，以获得更低的互模糊函数旁瓣。现有文献还没有涉及模糊函数优化的发射波形集和非匹配滤波器组联合设计的研究。发射波形集和非匹配滤波器组的互模糊函数可定义为

$$c_{m,m'}(p,k)=\sum_{n=\max(1,1+k)}^{\min(N,N+k)} h_{m'}(n)x_m^*(n-k)\mathrm{e}^{-\mathrm{j}2\pi\frac{(n-k)p}{N}} \tag{6.7}$$

式中，$\boldsymbol{h}_m=[h_m(1),h_m(2),\cdots,h_m(N)]^{\mathrm{T}}$，表示第 m 个滤波器向量，$m=1,2,\cdots,M$。式 (6.7) 包含三种情况：

(1) 当 $\boldsymbol{h}_m=\boldsymbol{x}_m$ 且 $m=m'$ 时，为 AAF。

(2) 当 $\boldsymbol{h}_m=\boldsymbol{x}_m$ 且 $m\neq m'$ 时，为 CAF。

(3) 当 $\boldsymbol{h}_m\neq\boldsymbol{x}_m$ 时，$m,m'\in\{1,2,\cdots,M\}$，式 (6.7) 表示序列 $\boldsymbol{x}_m$ 和滤波器 $\boldsymbol{h}_{m'}$ 的 CAF。

因此，式 (6.7) 可看作是式 (6.2)CAF 的推广。便于区分，本章将式 (6.7) 称为广义互模糊函数 (generalized CAF，GCAF)。

现有关于多波形模糊函数设计的算法，如 EG 算法 [3] 和 MS-AISO 算法 [4]，都在接收端采用匹配滤波器方案，优化自由度有限。相比之下，本章构建一种新的关于模糊函数约束的发射波形集和非匹配滤波器组联合优化模型，可获得比常规匹配滤波机制 (AAF 和 CAF) 更高的优化自由度，因此预期可得到更低的模糊函数旁瓣电平，进而可以提升探测性能。

考虑由 M 个发射波形构成的序列集合 $\{\boldsymbol{x}_m\}_{m=1}^M$，其中 $\boldsymbol{x}_m=[x_m(1),x_m(2),\cdots,x_m(N)]^{\mathrm{T}}$，表示码长为 N 的第 m 个相位编码序列。首先，考虑 $\boldsymbol{h}_m\neq\boldsymbol{x}_m$ 的情况，即在接收端采用 M 个非匹配滤波器 $\{\boldsymbol{h}_m\}_{m=1}^M$。为了简化表示，将发射波形集 $\{\boldsymbol{x}_m\}_{m=1}^M$ 和非匹配滤波器组 $\{\boldsymbol{h}_m\}_{m=1}^M$ 联合构成一个新的优化向量：

$$\boldsymbol{s}=\left[\boldsymbol{x}^{\mathrm{T}},\boldsymbol{h}_1^{\mathrm{T}},\cdots,\boldsymbol{h}_M^{\mathrm{T}}\right]^{\mathrm{T}}\in\mathbb{C}^{2MN\times 1} \tag{6.8}$$

式中，$\boldsymbol{x}=[\boldsymbol{x}_1^{\mathrm{T}},\boldsymbol{x}_2^{\mathrm{T}},\cdots,\boldsymbol{x}_M^{\mathrm{T}}]^{\mathrm{T}}$。式 (6.7) 表示的离散 GCAF，可重写为矩阵形式：

$$c_{m,m'}(p,k)=\boldsymbol{s}^{\mathrm{H}}\boldsymbol{A}_{p,m}^{\mathrm{H}}\boldsymbol{U}_k\boldsymbol{A}_{0,m'+M}\boldsymbol{s}=\boldsymbol{s}^{\mathrm{H}}\boldsymbol{\Phi}_g\boldsymbol{s} \tag{6.9}$$

式中，$\boldsymbol{A}_{p,m} = \left[\boldsymbol{0}_{N\times(m-1)N}, \mathrm{Diag}(\boldsymbol{a}_p^*), \boldsymbol{0}_{N\times(2M-m)N}\right]$，$\boldsymbol{a}_p = [\mathrm{e}^{-\mathrm{j}2\pi p/N}, \mathrm{e}^{-\mathrm{j}2\pi p2/N}, \cdots, \mathrm{e}^{-\mathrm{j}2\pi pN/N}]^{\mathrm{T}}$ 为多普勒频移向量；$\boldsymbol{\varPhi}_g = \boldsymbol{A}_{p,m}^{\mathrm{H}} \boldsymbol{U}_k \boldsymbol{A}_{0,m'+M}$，$\boldsymbol{U}_k \in \mathbb{R}^{N\times N}$，$\boldsymbol{U}_k$ 为时移矩阵，其第 (m,n) 个元素具有如下形式：

$$\boldsymbol{U}_k(m,n) = \begin{cases} 1, & n-m=k \\ 0, & \text{其他} \end{cases} \tag{6.10}$$

为简化式 (6.9) 中的下标，定义 $g=(m,m',p,k)$，并和 (m,m',p,k) 满足一一对应的关系。

为了避免弱目标被强目标旁瓣所掩盖，通常期望发射波形的模糊函数具有较低的旁瓣。由于以下两点原因，并不需要且无法抑制所有距离–多普勒单元的旁瓣电平 [1,17]：

(1) 目标回波的多普勒频率通常远小于发射信号的带宽。

(2) 根据能量守恒定理，要压低整个模糊函数平面的能量是不现实的。

因此，只需关注和优化局部的距离–多普勒单元 $\varOmega = \{(m,m',p,k)|m=1,2,\cdots,M; m'=1,2,\cdots,M; p=-P,\cdots,P; k=-K,\cdots,K\}$，其中 $P \leqslant N/2$，$K \leqslant N-1$。该局部区域总的距离–多普勒单元数为 $|\varOmega| = M^2(2P+1)(2K+1)$。

基于上述讨论，本章构建如下具有 HOP 约束的极小极大化 (minimax) 优化模型以优化 GCAF 的旁瓣电平：

$$P^m = \begin{cases} \min\limits_{\boldsymbol{s}} \max\limits_{g\in\varOmega_s} & \left|\boldsymbol{s}^{\mathrm{H}}\boldsymbol{\varPhi}_g\boldsymbol{s}\right|^2 \\ \text{s.t.} & \left|\boldsymbol{s}^{\mathrm{H}}\boldsymbol{\varPhi}_g\boldsymbol{s}\right|^2 \geqslant (\delta N)^2, \forall g \in \varOmega_m \\ & \boldsymbol{s} \in \varOmega_\infty \end{cases} \tag{6.11}$$

式中，$\varOmega_m$ 和 $\varOmega_s$ 分别为 GCAF 的距离–多普勒单元主板区域和旁瓣区域的下标索引集合，且定义集合 $\varOmega = \varOmega_m \cup \varOmega_s$。具体的，集合 $\varOmega_m$ 可表示为 $\{(m,m',p,k)|m=m'=1,2,\cdots,M; p=0; k=0\}$，其补集为 $\varOmega_s = \varOmega_m^c = \{(m,m',p,k)\in\varOmega : (m,m',p,k)\notin\varOmega_m\}$，其中 $|\varOmega_m| = M$，$|\varOmega_s| = M^2(2P+1)(2K+1)-M$。集合 $\varOmega_\infty$ 为变量 $\boldsymbol{s}$ 的可行域。在变量 $\boldsymbol{s}$ 中的波形变量应满足恒模约束以保证雷达发射机功放工作在饱和状态，即 $|x(n)|=1, n=1,2,\cdots,MN$，而非匹配滤波器变量则应满足恒能量约束，即 $\|\boldsymbol{h}_m\|^2 = N, m=1,2,\cdots,M$。注意，参数 δ 是一个用户自定义的常数。若设 $\delta=1$，当且仅当 $\boldsymbol{h}_m = \boldsymbol{x}_m, m=1,2,\cdots,M$ 时有 $\left|\boldsymbol{s}^{\mathrm{H}}\boldsymbol{\varPhi}_g\boldsymbol{s}\right|^2 \geqslant (\delta N)^2$(根据柯西–施瓦茨不等式可证明 [1])。在这种情况下，式 (6.11) 则变为匹配滤波机制下标准的波形设计问题，由于仅能优化波形变量 $\boldsymbol{x}_m$，旁瓣的抑制可能无法达到令人满意的程度。因此，为了从非匹配滤波机制中获得更高

的自由度, 可以把主瓣峰值能量放松为 $(\delta N)^2$，其中 $0.8 \leqslant \delta < 1$ 是一个比较合适的参数范围，以避免脉压信噪比的损失。

除了非匹配滤波器机制，本章依旧考虑常规的匹配滤波机制 ($\boldsymbol{h}_m = \boldsymbol{x}_m$) 下的序列集的模糊函数设计问题，即式 (6.2)。相似于式 (6.11)、式 (6.2) 所描述的离散模糊函数也可重写为如下矩阵形式：

$$r_{m,m'}(p,k) = \boldsymbol{x}^{\mathrm{H}} \bar{\boldsymbol{A}}_{p,m}^{\mathrm{H}} \boldsymbol{U}_k \bar{\boldsymbol{A}}_{0,m'} \boldsymbol{x} = \boldsymbol{x}^{\mathrm{H}} \boldsymbol{\Theta}_g \boldsymbol{x} \tag{6.12}$$

式中，$\boldsymbol{x} = [\boldsymbol{x}_1^{\mathrm{T}}, \boldsymbol{x}_2^{\mathrm{T}}, \cdots, \boldsymbol{x}_M^{\mathrm{T}}]^{\mathrm{T}} \in \mathbb{C}^{MN}$；$\bar{\boldsymbol{A}}_{p,m} = [\boldsymbol{0}_{N\times(m-1)N}, \mathrm{Diag}(\boldsymbol{a}_p^*), \boldsymbol{0}_{N\times(M-m)N}]$；$\boldsymbol{\Theta}_g = \boldsymbol{A}_{p,m}^{\mathrm{H}} \boldsymbol{U}_k \boldsymbol{A}_{0,m'}$，$g = (m, m', p, k)$。

为了与优化问题 P^m 对比，本章考虑在匹配滤波机制下也采用极小极大化策略最小化 AAF 和 CAF 的 PSL，以在旁瓣抑制特性和波形正交性中达到平衡：

$$P^{ac} = \begin{cases} \min\limits_{\boldsymbol{x}} \max\limits_{g\in\Omega_a\cup\Omega_c} & \left|\boldsymbol{x}^{\mathrm{H}}\boldsymbol{\Theta}_g\boldsymbol{x}\right|^2 \\ \qquad \text{s.t.} & |x(n)| = 1, \quad n = 1, 2, \cdots, MN \end{cases} \tag{6.13}$$

式中，Ω_c 和 Ω_a 分别为局部 CAF 和 AAF 的距离–多普勒单元构成的集合。对于 CAF，考虑到 $r_{m,m'}(p,k)$ 和 $r_{m',m}(p,k)$ 是对称的，因此只需考虑一半的 CAF 函数对，即 $\Omega_c = \{(m, m', p, k) | m = 1, 2, \cdots, M-1; m' = m+1, \cdots, M; p = -P, \cdots, P; k = -K, \cdots, K\}$。AAF 关于 k 是对称的，即 $\Omega_a = \{(m, m', p, k) | m = m' = 1, 2, \cdots, M; p = -P, \cdots, P; k = 1, 2, \cdots, K\}$。

为实现更灵活的设计，本章还考虑如下两个优化问题：

$$P^{a} = \begin{cases} \min\limits_{\boldsymbol{x}} \max\limits_{g\in\Omega_a} & \left|\boldsymbol{x}^{\mathrm{H}}\boldsymbol{\Theta}_g\boldsymbol{x}\right|^2 \\ \qquad \text{s.t.} & \left|\boldsymbol{x}^{\mathrm{H}}\boldsymbol{\Theta}_g\boldsymbol{x}\right|^2 \leqslant \varepsilon,\ g \in \Omega_c \\ & |x(n)| = 1, \quad n = 1, 2, \cdots, MN \end{cases} \tag{6.14}$$

$$P^{c} = \begin{cases} \min\limits_{\boldsymbol{x}} \max\limits_{g\in\Omega_c} & \left|\boldsymbol{x}^{H}\boldsymbol{\Theta}_g\boldsymbol{x}\right|^2 \\ \qquad \text{s.t.} & \left|\boldsymbol{x}^{H}\boldsymbol{\Theta}_g\boldsymbol{x}\right|^2 \leqslant \varepsilon,\ g \in \Omega_a \\ & |x(n)| = 1, \quad n = 1, 2, \cdots, MN \end{cases} \tag{6.15}$$

式中，ε 为用户给定的 AAF 或 CAF 的旁瓣预设上界电平。模型 P^a 考虑的问题为在 $(M^2 - M)$ 个 CAF 的正交性满足系统设计需求时尽可能地抑制 AAF 的旁瓣电平；模型 P^c 考虑的问题为如果 M 个 AAF 的旁瓣电平都满足感知需求时，最大程度地抑制 CAF 的旁瓣，以强调不同雷达或天线发射波形间的正交性或可分性。

不难看出，式 (6.11) 和式 (6.13) ~ 式 (6.15) 的约束集中都包含有关于 $\boldsymbol{s}$ 或 $\boldsymbol{x}$ 的四次多项式，因此这些模型本质上是具有 HOP 约束的 HOP 优化问题。尽管 MBI 算法可以有效解决仅目标函数中包含 HOP 的优化问题，但无法解决上述约束集包含 HOP 的优化问题。因此，本章考虑对 MBI 算法进行推广以解决约束集也包含有 HOP 约束的优化问题，形成广义 MBI 算法框架，并将其应用于上述模糊函数约束的序列集设计中。

6.3　用于求解约束集包含 HOP 优化问题的 GMBI 算法框架

本节将以发射波形集和非匹配滤波器组的联合优化为例引入 GMBI 框架。考虑将模型 P^m 转换为如下等价优化问题：

$$\begin{aligned}\min_{\boldsymbol{s},\eta}\quad & \eta \\ \text{s.t.}\quad & \left|\boldsymbol{s}^{\mathrm{H}}\boldsymbol{\Phi}_g\boldsymbol{s}\right|^2 \leqslant \eta, \quad \forall g \in \Omega_s \\ & \left|\boldsymbol{s}^{\mathrm{H}}\boldsymbol{\Phi}_g\boldsymbol{s}\right|^2 \geqslant (\delta N)^2, \quad \forall g \in \Omega_m \\ & \boldsymbol{s} \in \Omega_\infty\end{aligned} \tag{6.16}$$

为了解决这个具有挑战性的包含 HOP 约束的优化问题，引入辅助变量 $\{u_g\}$ 以降低多项式约束中关于变量 $\boldsymbol{s}$ 的阶次并将约束解耦：

$$\begin{aligned}\min_{\boldsymbol{s},\eta,\{u_g\}}\quad & \eta \\ \text{s.t.}\quad & |u_g|^2 \leqslant \eta, \quad \forall g \in \Omega_s \\ & |u_g|^2 \geqslant (\delta N)^2, \quad \forall g \in \Omega_m \\ & u_g = \boldsymbol{s}^{\mathrm{H}}\boldsymbol{\Phi}_g\boldsymbol{s}, \quad \forall g \in \Omega_s \cup \Omega_m \\ & \boldsymbol{s} \in \Omega_\infty\end{aligned} \tag{6.17}$$

从式 (6.17) 可以看出，引入辅助变量 $\{u_g\}$ 后，式 (6.16) 中的 HOP 约束 $\left|\boldsymbol{s}^{\mathrm{H}}\boldsymbol{\Phi}_g\boldsymbol{s}\right|^2 \leqslant \eta$ 和 $\left|\boldsymbol{s}^{\mathrm{H}}\boldsymbol{\Phi}_g\boldsymbol{s}\right|^2 \geqslant (\delta N)^2$ 分别解耦为 $u_g = \boldsymbol{s}^{\mathrm{H}}\boldsymbol{\Phi}_g\boldsymbol{s}$、$|u_g|^2 \leqslant \eta$ 和 $|u_g|^2 \geqslant (\delta N)^2$。显然，多项式的次数由原始约束 $\left|\boldsymbol{s}^{\mathrm{H}}\boldsymbol{\Phi}_g\boldsymbol{s}\right|^2 \leqslant \eta$ 中的四次降为现有约束 $|u_g|^2 \leqslant \eta$ 或 $|u_g|^2 \geqslant (\delta N)^2$ 中的两次。

尽管 MBI 算法可以解决如 $|u_g|^2 \leqslant \eta$ 和 $|u_g|^2 \geqslant (\delta N)^2$ 这类椭圆约束 [9]，但式 (6.17) 中的等式约束对 MBI 算法来说依然是个挑战。为此，本节考虑借助拉

格朗日乘子将等式约束转移至目标函数中，即

$$\begin{aligned}\mathcal{L}_1\big(\boldsymbol{s},\eta,\{u_g\},\{\lambda_g\}\big)=&\eta+\sum_{g\in\Omega_m\cup\Omega_s}\Big(\mathrm{Re}\left\{\lambda_g^*\left(u_g-\boldsymbol{s}^{\mathrm{H}}\boldsymbol{\Phi}_g\boldsymbol{s}\right)\right\}\\&+\frac{\rho}{2}\left|u_g-\boldsymbol{s}^{\mathrm{H}}\boldsymbol{\Phi}_g\boldsymbol{s}\right|^2\Big)\end{aligned}\tag{6.18}$$

式中，$\{\lambda_g\}$ 为对应于等式约束 $\{u_g=\boldsymbol{s}^{\mathrm{H}}\boldsymbol{\Phi}_g\boldsymbol{s}\}$ 的拉格朗日乘子；$\rho>0$，为用户指定的迭代步长。

注意到等式约束已经被转移到拉格朗日函数而不再出现在约束集中，但其他约束仍然存在。此时，优化问题变为

$$\begin{aligned}\min_{\boldsymbol{s},\eta,\{u_g\},\{\lambda_g\}}\quad&\mathcal{L}_1\big(\boldsymbol{s},\eta,\{u_g\},\{\lambda_g\}\big)\\\text{s.t.}\quad&\left|u_g\right|^2\leqslant\eta,\quad\forall g\in\Omega_s\\&\left|u_g\right|^2\geqslant(\delta N)^2,\quad\forall g\in\Omega_m\\&\boldsymbol{s}\in\Omega_\infty\end{aligned}\tag{6.19}$$

考虑采用 ADMM 求解式 (6.19) 描述的优化问题 [18]，主要思路是将目标函数拆分为若干部分，各部分关联不同的优化变量和约束。因此，针对不同子问题可采用不同的方式进行求解，以达到简化问题的目的。迭代求解式 (6.19) 的具体步骤如下。

步骤 1　给定 $\eta(t)$、$\{u_g(t)\}$ 和 $\{\lambda_g(t)\}$ 的情况下更新 $\boldsymbol{s}(t+1)$。

忽略与变量 $\boldsymbol{s}$ 无关的项，式 (6.19) 简化为

$$\begin{aligned}\boldsymbol{s}(t+1)=&\arg\min_{\boldsymbol{s}}\ \mathcal{L}_1\big(\boldsymbol{s},\eta(t),\{u_g(t)\},\{\lambda_g(t)\}\big)\\&\text{s.t.}\quad\boldsymbol{s}\in\Omega_\infty\end{aligned}\tag{6.20}$$

进一步，可化简为如下紧凑的非齐次复数四次多项式优化问题：

$$\begin{aligned}\max_{\boldsymbol{s}}\ &-\sum_{g=1}^{G}\left|\boldsymbol{s}^{\mathrm{H}}\boldsymbol{\Phi}_g\boldsymbol{s}\right|^2-\boldsymbol{s}^{\mathrm{H}}\boldsymbol{Q}\boldsymbol{s}\\\text{s.t.}\quad&\boldsymbol{s}\in\Omega_\infty\end{aligned}\tag{6.21}$$

式中，

$$\boldsymbol{Q}=-\sum_{g}^{G}\left(\left(u_g^*(t)+\frac{\lambda_g^*(t)}{\rho}\right)\boldsymbol{\Phi}_g+\left(u_g(t)+\frac{\lambda_g(t)}{\rho}\right)\boldsymbol{\Phi}_g^{\mathrm{H}}\right)\tag{6.22}$$

与文献 [8] 类似，本节将式 (6.21) 中的目标函数凸化，即加入一个常数项 $\mu\left(\boldsymbol{s}^{\mathrm{H}}\boldsymbol{s}\right)^2+\mu_{\max}(\boldsymbol{Q})\boldsymbol{s}^{\mathrm{H}}\boldsymbol{s}$ 到目标函数中，其中 μ 是一个足够大的常数，$\mu>0$，$\mu_{\max}(\boldsymbol{Q})$ 是厄米矩阵 $\boldsymbol{Q}$ 的最大特征值 [19](非半正定)。因此，式 (6.21) 等价于：

$$\begin{aligned}\max_{\boldsymbol{s}}\quad & \mu(\boldsymbol{s}^{\mathrm{H}}\boldsymbol{s})^2-\sum_{g=1}^{G}|\boldsymbol{s}^{\mathrm{H}}\boldsymbol{\Phi}_g\boldsymbol{s}|^2+\boldsymbol{s}^{\mathrm{H}}\widetilde{\boldsymbol{Q}}\boldsymbol{s}\\ \text{s.t.}\quad & \boldsymbol{s}\in\Omega_{\infty}\end{aligned}\tag{6.23}$$

式中，$\widetilde{\boldsymbol{Q}}=\mu_{\max}(\boldsymbol{Q})\boldsymbol{I}_N-\boldsymbol{Q}$，是半正定的。

如 6.1 节中所介绍的算法 6.1，基于张量的 MBIL 算法，首先构建与式 (6.23) 中非齐次复数四次多项式函数等价的张量函数 $F(\tilde{\boldsymbol{s}},\tilde{\boldsymbol{s}},\tilde{\boldsymbol{s}},\tilde{\boldsymbol{s}})=\boldsymbol{F}\times\tilde{\boldsymbol{s}}^1\times\tilde{\boldsymbol{s}}^2\times\tilde{\boldsymbol{s}}^3\times\tilde{\boldsymbol{s}}^4$，然而四阶张量运算的空间复杂度和时间复杂度都很高。为了克服这些困难，文献 [8] 和 [19] 借助张量 $\boldsymbol{F}$ 的共轭超对称特性来降低存储空间和加速运算。为更好地减少存储和计算复杂度，给出一个超低复杂度的多线性张量函数 $f\left(\boldsymbol{s}^1,\boldsymbol{s}^2,\boldsymbol{s}^3,\boldsymbol{s}^4\right)$ 以代替 MBIL 中的张量函数 $F\left(\tilde{\boldsymbol{s}}^1,\tilde{\boldsymbol{s}}^2,\tilde{\boldsymbol{s}}^3,\tilde{\boldsymbol{s}}^4\right)$，即

$$\begin{aligned}f\left(\boldsymbol{s}^1,\boldsymbol{s}^2,\boldsymbol{s}^3,\boldsymbol{s}^4\right)=&\frac{1}{12}\sum_{\substack{(l_1,l_2,l_3,l_4)\in\\ \Pi_4(1,2,3,4),l_1<l_3}}\mathrm{Re}\left\{\mu(\boldsymbol{s}^{l_1\mathrm{H}}\boldsymbol{s}^{l_2})(\boldsymbol{s}^{l_3\mathrm{H}}\boldsymbol{s}^{l_4})-\left(\boldsymbol{\beta}^{l_1,l_2}\right)^{\mathrm{H}}\boldsymbol{\beta}^{l_3,l_4}\right\}\\ &+\frac{1}{6}\sum_{\substack{(l_1,l_2)\in\Pi_2(1,2,3,4),\\ l_1<l_2}}\mathrm{Re}\left\{\boldsymbol{s}^{l_1\mathrm{H}}\widetilde{\boldsymbol{Q}}\boldsymbol{s}^{l_2}\right\}\end{aligned}\tag{6.24}$$

式中，$\boldsymbol{\beta}^{p,q}\in\mathbb{C}^{G\times1}$，为一个由 $\left\{\boldsymbol{s}^{p\mathrm{H}}\boldsymbol{\Phi}_g\boldsymbol{s}^q\right\}_{g=1}^{G}$ 组成的向量；$\Pi_n(1,2,3,4)$ 为从下标集 $\{1,2,3,4\}$ 中任取 n 个元素的所有排列组合所构成的集合。当 $\boldsymbol{s}^1=\boldsymbol{s}^2=\boldsymbol{s}^3=\boldsymbol{s}^4=\boldsymbol{s}$ 时，有

$$f\left(\boldsymbol{s}^1,\boldsymbol{s}^2,\boldsymbol{s}^3,\boldsymbol{s}^4\right)=\mu\left(\boldsymbol{s}^{\mathrm{H}}\boldsymbol{s}\right)^2-\sum_{g=1}^{G}\left|\boldsymbol{s}^{\mathrm{H}}\boldsymbol{\Phi}_g\boldsymbol{s}\right|^2+\boldsymbol{s}^{\mathrm{H}}\widetilde{\boldsymbol{Q}}\boldsymbol{s}\tag{6.25}$$

从式 (6.25) 看出，式 (6.24) 的多线性多项式函数中不包含张量运算，而该函数运算结果与多线性张量函数是完全一致的 (证明详见 6.4 节)：

$$f\left(\boldsymbol{s}^1,\boldsymbol{s}^2,\boldsymbol{s}^3,\boldsymbol{s}^4\right)=F\left(\tilde{\boldsymbol{s}}^1,\tilde{\boldsymbol{s}}^2,\tilde{\boldsymbol{s}}^3,\tilde{\boldsymbol{s}}^4\right)\tag{6.26}$$

因此，式 (6.24) 可以视为是 $F\left(\tilde{\boldsymbol{s}}^1,\tilde{\boldsymbol{s}}^2,\tilde{\boldsymbol{s}}^3,\tilde{\boldsymbol{s}}^4\right)$ 的一种紧凑表达式。将张量函数替换为复杂度更低的多线性多项式函数后，MBIL 算法 [11] 的复杂度由 $\mathcal{O}\left((MN)^4\right)$ 降至 $\mathcal{O}\left(G(MN)^2\right)$ (一般情况下四次多项式的个数满足 $G\ll(MN)^2$)。

用多线性多项式函数替换掉张量函数后，算法 6.1 的式 (6.6) 中的向量 $\boldsymbol{\zeta}^l$ 和常数项 e^l 的计算则具有如下更为简约的形式：

$$\boldsymbol{\zeta}^l=\frac{1}{24}\sum_{\substack{(l_1,l_2,l_3)\in\\ \Pi_3((1,2,3,4)\backslash l)}}\left(2\mu\left(\boldsymbol{s}^{l_1\mathrm{H}}\boldsymbol{s}^{l_2}\right)\boldsymbol{s}^{l_3}-\boldsymbol{R}^{l_1}\left(\boldsymbol{\beta}^{l_2,l_3}\right)^*-\overline{\boldsymbol{R}}^{l_1}\boldsymbol{\beta}^{l_2,l_3}\right)+\frac{1}{12}\sum_{q=1,q\neq l}^{4}\widetilde{\boldsymbol{Q}}\boldsymbol{s}^q \tag{6.27}$$

$$e^l=\frac{1}{12}\sum_{(l_1,l_2)\in\Pi_2((1,2,3,4)\backslash l),l_1\leqslant l_2}\mathrm{Re}\left\{\boldsymbol{s}^{l_1\mathrm{H}}\widetilde{\boldsymbol{Q}}\boldsymbol{s}^{l_2}\right\} \tag{6.28}$$

式中，$\boldsymbol{\beta}^{p,q}\in\mathbb{C}^{G\times1}$，为由 $\left\{\boldsymbol{s}^{p\mathrm{H}}\boldsymbol{\Phi}_g\boldsymbol{s}^q\right\}_{g=1}^G$ 组成的向量；$\boldsymbol{R}^q=[\boldsymbol{\Phi}_1\boldsymbol{s}^q,\boldsymbol{\Phi}_2\boldsymbol{s}^q,\cdots,\boldsymbol{\Phi}_G\boldsymbol{s}^q]\in\mathbb{C}^{2MN\times G}$；$\overline{\boldsymbol{R}}^q=[\boldsymbol{\Phi}_1^{\mathrm{H}}\boldsymbol{s}^q,\boldsymbol{\Phi}_2^{\mathrm{H}}\boldsymbol{s}^q,\cdots,\boldsymbol{\Phi}_G^{\mathrm{H}}\boldsymbol{s}^q]$。另外，式中 $\Pi_n((1,2,3,4)\backslash l)$ 中的 $\{(1,2,3,4)\backslash l\}$ 是指从下标集 $\{1,2,3,4\}$ 中除去 l 后构成的下标集。式 (6.24)、式 (6.27) 和式 (6.28) 的推导见 6.4 节。根据上述改进，将用多线性多项式函数替换后的 MBIL 算法称为算法 6.1。

另外，在线性优化问题式 (6.6) 中，变量 $\boldsymbol{s}_\tau^l$ 是由具有不同可行域的两部分 $\{\{\boldsymbol{x}_m\},\{\boldsymbol{h}_m\}\}$ 组成的，即 $|x(n)|=1$、$\|\boldsymbol{h}_m\|^2=N$。接下来将讨论式 (6.5) 对应的线性问题的解。将式 (6.6) 和式 (6.5) 配方可得 (此处忽略下标 τ)

$$\begin{aligned}\boldsymbol{y}^l=&\arg\min_{s^l}\left\|\boldsymbol{s}^l-\boldsymbol{\zeta}^l\right\|^2\\ \text{s.t.}\quad&\boldsymbol{s}^l\in\Omega_\infty\end{aligned} \tag{6.29}$$

并根据式 (6.8)，进一步将式 (6.29) 的目标函数拆分为

$$\begin{aligned}\boldsymbol{y}^l=\arg\min_{x^l,\boldsymbol{h}_m^l}\quad&\left\|\boldsymbol{x}^l-\bar{\boldsymbol{x}}^l\right\|^2+\sum_{m=1}^{M}\left\|\boldsymbol{h}_m^l-\bar{\boldsymbol{h}}_m^l\right\|^2\\ \text{s.t.}\quad&\left|x^l(n)\right|=1,\quad n=1,2,\cdots,MN\\ &\left\|\boldsymbol{h}_m^l\right\|^2=N,\quad m=1,2,\cdots,M\end{aligned} \tag{6.30}$$

式中，$\bar{\boldsymbol{x}}^l=\boldsymbol{\zeta}^l(1:MN)$，为向量 $\boldsymbol{\zeta}^l$ 的前 MN 个元素；$\bar{\boldsymbol{h}}_m^l=\boldsymbol{\zeta}^l\big((1:0N)+(M+m-1)N\big)$。

因此，易得式 (6.30) 的解为

$$\boldsymbol{x}^l=\mathrm{e}^{\mathrm{j}\angle\bar{\boldsymbol{x}}^l} \tag{6.31}$$

$$\boldsymbol{h}_m^l=\sqrt{N}\frac{\bar{\boldsymbol{h}}_m^l}{\left\|\bar{\boldsymbol{h}}_m^l\right\|} \tag{6.32}$$

$$\boldsymbol{y}^l = \left[\boldsymbol{x}^{l\mathrm{T}}, \boldsymbol{h}_1^{l\mathrm{T}}, \cdots, \boldsymbol{h}_M^l\right]^{\mathrm{T}} \tag{6.33}$$

步骤 2　给定 $\boldsymbol{s}(t+1)$ 和 $\{\lambda_g(t)\}$ 的情况下，更新 $\eta(t+1)$ 和 $\{u_g(t+1)\}$。忽略与 η 和 $\{u_g\}$ 无关的约束，将式 (6.19) 重写为

$$\begin{aligned}(\eta(t+1), \{u_g(t+1)\}) = \arg\min_{\eta,\{u_g\}} \ & \mathcal{L}_1\big(\boldsymbol{s}(t+1), \eta, \{u_g\}, \{\lambda_g(t)\}\big) \\ \text{s.t.} \quad & |u_g|^2 \leqslant \eta, \quad \forall g \in \Omega_s \\ & |u_g|^2 \geqslant (\delta N)^2, \quad \forall g \in \Omega_m\end{aligned} \tag{6.34}$$

增加常数项配方后，可进一步简化为

$$\begin{aligned}\min_{\eta,\{u_g\}} \ & \eta + \frac{\rho}{2}\sum_{g\in\Omega_m\cup\Omega_s} |u_g - \bar{u}_g|^2 \\ \text{s.t.} \quad & |u_g|^2 \leqslant \eta, \quad \forall g \in \Omega_s \\ & |u_g|^2 \geqslant (\delta N)^2, \quad \forall g \in \Omega_m\end{aligned} \tag{6.35}$$

式中，

$$\bar{u}_g = \boldsymbol{s}^{\mathrm{H}}(t+1)\boldsymbol{\Phi}_g\boldsymbol{s}(t+1) - \frac{1}{\rho}\lambda_g(t) \tag{6.36}$$

式 (6.35) 中的问题可拆分为如下两个子问题：

$$\begin{aligned}\min_{\eta,\{u_g\}_{g\in\Omega_m}} \ & \sum_{g\in\Omega_m} |u_g - \bar{u}_g|^2 \\ \text{s.t.} \quad & |u_g|^2 \geqslant (\delta N)^2, \quad \forall g \in \Omega_m\end{aligned} \tag{6.37}$$

$$\begin{aligned}\min_{\eta,\{u_g\}_{g\in\Omega_s}} \ & \eta + \frac{\rho}{2}\sum_{g\in\Omega_s} |u_g - \bar{u}_g|^2 \\ \text{s.t.} \quad & |u_g|^2 \leqslant \eta, \quad \forall g \in \Omega_s\end{aligned} \tag{6.38}$$

式 (6.37) 的解可直接获得闭合解析式：

$$u_g(t+1) = \begin{cases}\delta N \dfrac{\bar{u}_g}{|\bar{u}_g|}, & |\bar{u}_g| < \delta N \\ \bar{u}_g, & \text{其他}\end{cases}, \forall g \in \Omega_m \tag{6.39}$$

式 (6.38) 与式 (6.37) 的区别在于，式 (6.38) 中的优化变量 η 和 $\{u_g\}_{g\in\Omega_s}$ 同时出现在目标函数和约束中，即 η 和 $\{u_g\}_{g\in\Omega_s}$ 相互耦合，这使得该问题难

以求解。本节考虑采用分段函数的思想将原问题转换成关于 η 的单变量优化问题 [2]。

首先，将 $\{|u_g|\}_{g\in\Omega_s}$ 按升序重新排列成序列 $\{\tilde{u}_i\}_{i=1}^{G_s}$，其中 $G_s=|\Omega_s|$；其次，将 $\sqrt{\eta}$ 的可行域 $[0,\tilde{u}_{G_s}]$ 拆分成 G_s 个区间，即 $\{[0,\tilde{u}_1),[\tilde{u}_1,\tilde{u}_2),\cdots,[\tilde{u}_{G_s-1},\tilde{u}_{G_s}]\}$。假设 $\sqrt{\eta}$ 位于区间 $[\tilde{u}_{k-1},\tilde{u}_k)$ 中，那么式 (6.38) 可转变成如下关于 η 的单变量优化问题：

$$
\begin{aligned}
&\min_{\eta}\ \eta+\frac{\rho}{2}\sum_{i=k}^{G_s}\left(\sqrt{\eta}-\tilde{u}_i\right)^2 \\
&\text{s.t. } \tilde{u}_{k-1}\leqslant\sqrt{\eta}\leqslant\tilde{u}_k
\end{aligned}
\tag{6.40}
$$

显然，在给定区间后，目标函数是一个简单的关于变量 $\sqrt{\eta}$ 的二次优化问题：

$$
h(\sqrt{\eta})=a_k\sqrt{\eta}^2+b_k\sqrt{\eta}+c_k \tag{6.41}
$$

式中，$a_k=1+\dfrac{\rho}{2}(G_s-k+1)$；$c_k=\dfrac{\rho}{2}\sum\limits_{i=k}^{G_s}\tilde{u}_i^2$。

因此，式 (6.40) 的解为

$$
\hat{\eta}=\begin{cases}\dfrac{b_k^2}{4a_k^2}, & h'(\tilde{u}_{k-1})\leqslant 0, h'(\tilde{u}_k)>0\\ \tilde{u}_{k-1}^2, & h'(\tilde{u}_{k-1})>0, h'(\tilde{u}_k)>0\\ \tilde{u}_k^2, & h'(\tilde{u}_{k-1})\leqslant 0, h'(\tilde{u}_k)\leqslant 0\end{cases} \tag{6.42}
$$

类似的，在 $\sqrt{\eta}$ 每一个可能的区间中，都可以求得其最优点 $\{\hat{\eta}_i\}_{i=1}^{G_s}$ 及局部最优值 $\{h(\hat{\eta}_i)\}_{i=1}^{G_s}$。因此，从所有局部最优值 $\{h(\hat{\eta}_i)\}_{i=1}^{G_s}$ 中选取最小的那一个，其对应的 $\hat{\eta}$ 即是式 (6.38) 的全局最优点：

$$
\eta(t+1)=\arg\min_{\hat{\eta}_i}\{h(\hat{\eta}_i)\}_{i=1}^{G_s} \tag{6.43}
$$

在求得 $\eta(t+1)$ 后，式 (6.38) 即变成与式 (6.37) 类似的关于 $\{u_g\}_{g\in\Omega_s}$ 的单变量问题，易求得

$$
u_g(t+1)=\begin{cases}\sqrt{\eta(t+1)}\dfrac{\bar{u}_g}{|\bar{u}_g|}, & |\bar{u}_g|>\sqrt{\eta(t+1)}\\ \bar{u}_g, & \text{其他}\end{cases},\forall g\in\Omega_s \tag{6.44}
$$

步骤 3　更新拉格朗日乘子 $\{\lambda_g(t)\}$:

$$\lambda_g(t+1)=\lambda_g(t)+\rho u_g(t+1)-\rho \boldsymbol{s}^{\mathrm{H}}(t+1)\boldsymbol{F}_g\boldsymbol{s}(t+1) \tag{6.45}$$

式中，$g\in\Omega_s\cup\Omega_m$。

基于上述讨论，ADMM 将式 (6.19) 拆分为两个主要的子问题 (步骤 1 和步骤 2), 每个子问题都运用特定的方法求解。重复迭代步骤 1 ~ 步骤 3 直到收敛，即可求得满足模糊函数约束的发射波形集和非匹配滤波器组。另外，关于问题 P^{ac}、P^{a} 和 P^{c} 可采用类似方式求解。

6.4　低复杂度多线性多项式函数计算

GMBI 算法框架中的一个重要创新点就是利用多线性多项式函数代替张量函数，以降低 MBIL 算法的空间复杂度和时间复杂度。本节将给出多线性多项式函数的推导过程以及式 (6.27)、式 (6.28) 中 $\boldsymbol{\zeta}^l$ 和 e^l 的计算方法。

6.4.1　多线性多项式函数

为简化分析，本小节考虑如下复数齐次四次多项式：

$$g(\boldsymbol{x})=\left|\boldsymbol{x}^{\mathrm{H}}\boldsymbol{A}\boldsymbol{x}\right|^2=\left(\boldsymbol{x}^{\mathrm{H}}\boldsymbol{A}\boldsymbol{x}\right)\left(\boldsymbol{x}^{\mathrm{H}}\boldsymbol{A}^{\mathrm{H}}\boldsymbol{x}\right) \tag{6.46}$$

式中，$\boldsymbol{x}\in\mathbb{C}^{N\times 1}$；$\boldsymbol{A}\in\mathbb{C}^{N\times N}$。

对于复数四次多项式，MBIL 算法 [8] 构建了相应的张量表达式：

$$g(\boldsymbol{x})=F\left(\tilde{\boldsymbol{x}},\tilde{\boldsymbol{x}},\tilde{\boldsymbol{x}},\tilde{\boldsymbol{x}}\right)=\sum_{i=1}^{2N}\sum_{q=1}^{2N}\sum_{v=1}^{2N}\sum_{w=1}^{2N}F_{iqvw}\tilde{x}_i\tilde{x}_q\tilde{x}_v\tilde{x}_w \tag{6.47}$$

式中，$\tilde{\boldsymbol{x}}=[\boldsymbol{x}^{\mathrm{T}},\boldsymbol{x}^{\mathrm{H}}]^{\mathrm{T}}$。四阶共轭超对称张量 $\boldsymbol{F}\in\mathbb{C}^{2N\times 2N\times 2N\times 2N}$，具有以下两个特点：

(1) $F_\pi=F_{iqvw}$，$\pi\in\Pi(i,q,v,w)$。

(2) 当 $|i_k-i'_k|=N$ 时有 $F_{i_1i_2i_3i_4}=F^*_{i'_1i'_2i'_3i'_4}$，$k=1,2,\cdots,4$。

张量 $\boldsymbol{F}$ 的构成是与式 (6.46) 的多项式系数有关的，可将式 (6.47) 重写为

$$g(\boldsymbol{x})=\sum_{i=1}^{N}\sum_{q=1}^{N}\sum_{v=1}^{N}\sum_{w=1}^{N}(a_{iq}a^*_{wv})x^*_i x_q x^*_v x_w \tag{6.48}$$

式中，a_{iq} 为矩阵 $\boldsymbol{A}$ 的第 (i,q) 个元素。张量的每个元素可由式 (6.49) 给出 [8]

$$F_\pi=\begin{cases}\dfrac{1}{24}b_{iqvw}, & \pi\in\Pi\left(N+i,q,N+v,w\right)\\ 0, & \text{其他}\end{cases} \tag{6.49}$$

式中，$(i,q,v,w)\in\{1,2,\cdots,N\}^4$。

$$b_{iqvw}=a_{iq}a_{wv}^*+a_{vq}a_{wi}^*+a_{iw}a_{qv}^*+a_{vw}a_{qi}^* \tag{6.50}$$

在 MBIL 算法中，式 (6.47) 需要松弛为多线性形式：

$$F\left(\tilde{x}^1,\tilde{x}^2,\tilde{x}^3,\tilde{x}^4\right)=\sum_{i=1}^{2N}\sum_{q=1}^{2N}\sum_{v=1}^{2N}\sum_{w=1}^{2N}F_{iqvw}\tilde{x}_i^1\tilde{x}_q^2\tilde{x}_v^3\tilde{x}_w^4 \tag{6.51}$$

将式 (6.50) 代入式 (6.51)，并除去 $F_\pi=0$ 的项，可得

$$\begin{aligned}
&\sum_{i=1}^{2N}\sum_{q=1}^{2N}\sum_{v=1}^{2N}\sum_{w=1}^{2N}\left(F_{iqvw}\right)\tilde{x}_i^1\tilde{x}_q^2\tilde{x}_v^3\tilde{x}_w^4\\
=&\sum_{N+i}\sum_{N+q}\sum_{v}\sum_{w}\left(\frac{1}{24}b_{ivqw}\right)\tilde{x}_{N+i}^1\tilde{x}_{N+q}^2\tilde{x}_v^3\tilde{x}_w^4\\
&+\sum_{N+i}\sum_{q}\sum_{N+v}\sum_{w}\left(\frac{1}{24}b_{iqvw}\right)\tilde{x}_{N+i}^1\tilde{x}_q^2\tilde{x}_{N+v}^3\tilde{x}_w^4\\
&+\sum_{N+i}\sum_{q}\sum_{v}\sum_{N+w}\left(\frac{1}{24}b_{iqwv}\right)\tilde{x}_{N+i}^1\tilde{x}_q^2\tilde{x}_v^3\tilde{x}_{N+w}^4\\
&+\sum_{i}\sum_{N+q}\sum_{N+v}\sum_{w}\left(\frac{1}{24}b_{qivw}\right)\tilde{x}_i^1\tilde{x}_{N+q}^2\tilde{x}_{N+k}^3\tilde{x}_w^4\\
&+\sum_{i}\sum_{N+q}\sum_{v}\sum_{N+w}\left(\frac{1}{24}b_{qiwv}\right)\tilde{x}_i^1\tilde{x}_{N+q}^2\tilde{x}_v^3\tilde{x}_{N+w}^4\\
&+\sum_{i}\sum_{q}\sum_{N+v}\sum_{N+w}\left(\frac{1}{24}b_{wqvi}\right)\tilde{x}_i^1\tilde{x}_q^2\tilde{x}_{N+v}^3\tilde{x}_{N+w}^4
\end{aligned} \tag{6.52}$$

式中，等号的右边是由六项多项式构成，且 $(i,q,v,w)\in\{1,2,\cdots,N\}^4$。

本小节以式 (6.52) 中等号右边的第一项为例推导其等价的多项式形式，其他五项同理。将式 (6.50) 代入第一项可得

$$\begin{aligned}
&\sum_{N+i}\sum_{N+q}\sum_{v}\sum_{w}\left(\frac{1}{24}b_{ivqw}\right)\tilde{x}_{N+i}^1\tilde{x}_{N+q}^2\tilde{x}_v^3\tilde{x}_w^4\\
=&\sum_{i}\sum_{q}\sum_{v}\sum_{w}\frac{1}{24}\left(a_{iv}a_{wq}^*+a_{qv}a_{wi}^*+a_{iw}a_{vq}^*+a_{qw}a_{vi}^*\right)x_i^{1*}x_q^{2*}x_v^3x_w^4
\end{aligned}$$

$$
\begin{aligned}
&=\frac{1}{24}\left(\sum_{iqwv} a_{iv}a_{wq}^{*}x_i^{1*}x_v^{3}x_q^{2*}x_w^{4}+\sum_{iqwv} a_{qv}a_{wi}^{*}x_q^{2*}x_v^{3}x_i^{1*}x_w^{4}\right.\\
&\quad\left.+\sum_{iqwv} a_{iw}a_{vq}^{*}x_i^{1*}x_w^{4}x_q^{2*}x_v^{3}+\sum_{iqwv} a_{qw}a_{vi}^{*}x_q^{2*}x_w^{4}x_i^{1*}x_v^{3}\right)
\end{aligned}\tag{6.53}
$$

根据式 (6.46) 和式 (6.48)，式 (6.53) 中的四项多项式可以写成以下矩阵形式：

$$
\begin{aligned}
&\frac{1}{24}\Big(\left(\boldsymbol{x}^{1\mathrm{H}}\boldsymbol{A}\boldsymbol{x}^{3}\right)\left(\boldsymbol{x}^{2\mathrm{H}}\boldsymbol{A}^{\mathrm{H}}\boldsymbol{x}^{4}\right)+\left(\boldsymbol{x}^{2}\boldsymbol{A}\boldsymbol{x}^{3}\right)\left(\boldsymbol{x}^{1\mathrm{H}}\boldsymbol{A}^{\mathrm{H}}\boldsymbol{x}^{4}\right)\\
&+\left(\boldsymbol{x}^{1\mathrm{H}}\boldsymbol{A}\boldsymbol{x}^{4}\right)\left(\boldsymbol{x}^{2\mathrm{H}}\boldsymbol{A}^{\mathrm{H}}\boldsymbol{x}^{3}\right)+\left(\boldsymbol{x}^{2\mathrm{H}}\boldsymbol{A}\boldsymbol{x}^{4}\right)\left(\boldsymbol{x}^{1\mathrm{H}}\boldsymbol{A}^{\mathrm{H}}\boldsymbol{x}^{3}\right)\Big)
\end{aligned}\tag{6.54}
$$

基于上述推导，多线性张量函数 $F(\tilde{\boldsymbol{x}}^1,\tilde{\boldsymbol{x}}^2,\tilde{\boldsymbol{x}}^3,\tilde{\boldsymbol{x}}^4)$ 具有如下等价的多项式形式：

$$
f\left(\boldsymbol{x}^1,\boldsymbol{x}^2,\boldsymbol{x}^3,\boldsymbol{x}^4\right)=\frac{1}{24}\sum_{\substack{(l_1,l_2,l_3,l_4)\\ \in\Pi_4(1,2,3,4)}}(\boldsymbol{x}^{l_1\mathrm{H}}\boldsymbol{A}\boldsymbol{x}^{l_2})(\boldsymbol{x}^{l_3\mathrm{H}}\boldsymbol{A}^{\mathrm{H}}\boldsymbol{x}^{l_4})\tag{6.55}
$$

本小节称 $f(\boldsymbol{x}^1,\boldsymbol{x}^2,\boldsymbol{x}^3,\boldsymbol{x}^4)$ 为多线性多项式函数，以区分于张量函数。

考虑到多个四次多项式的情况，即 $g(\boldsymbol{x})=\sum_{g=1}^{G}\left|\boldsymbol{x}^{\mathrm{H}}\boldsymbol{A}_g\boldsymbol{x}\right|^2$，对应的多线性多项式函数为

$$
\begin{aligned}
&f\left(\boldsymbol{x}^1,\boldsymbol{x}^2,\boldsymbol{x}^3,\boldsymbol{x}^4\right)\\
=&\frac{1}{24}\sum_{\substack{(l_1,l_2,l_3,l_4)\\ \in\Pi_4(1,2,3,4)}}\sum_{g}\left(\boldsymbol{x}^{l_1\mathrm{H}}\boldsymbol{A}_g\boldsymbol{x}^{l_2}\right)\left(\boldsymbol{x}^{l_3\mathrm{H}}\boldsymbol{A}_g^{\mathrm{H}}\boldsymbol{x}^{l_4}\right)\\
=&\frac{1}{24}\sum_{\substack{(l_1,l_2,l_3,l_4)\\ \in\Pi_4(1,2,3,4)}}\left(\boldsymbol{\beta}^{l_1,l_2}\right)^{\mathrm{H}}\boldsymbol{\beta}^{l_3,l_4}
\end{aligned}\tag{6.56}
$$

式中，$\boldsymbol{\beta}^{p,q}\in\mathbb{C}^{G\times 1}$，为一个由 $\left\{\boldsymbol{x}^{p\mathrm{H}}\boldsymbol{A}_g\boldsymbol{x}^{q}\right\}_{g=1}^{G}$ 构成的向量。

更进一步，本小节将结果推广到式 (6.23) 复数非齐次四次多项式, 其多线性多项式函数可表示为

$$
\begin{aligned}
f\left(\boldsymbol{s}^1,\boldsymbol{s}^2,\boldsymbol{s}^3,\boldsymbol{s}^4\right)=&\frac{1}{24}\sum_{\substack{(l_1,l_2,l_3,l_4)\\ \in\Pi_4(1,2,3,4)}}\left(\mu\left(\boldsymbol{s}^{l_1\mathrm{H}}\boldsymbol{s}^{l_2}\right)\left(\boldsymbol{s}^{l_3\mathrm{H}}\boldsymbol{s}^{l_4}\right)-\left(\boldsymbol{\beta}^{l_1,l_2}\right)^{\mathrm{H}}\boldsymbol{\beta}^{l_3,l_4}\right)\\
&+\frac{1}{12}\sum_{\substack{(l_1,l_2)\in\\ \Pi_2(1,2,3,4)}}\boldsymbol{s}^{l_1\mathrm{H}}\widetilde{\boldsymbol{Q}}\boldsymbol{s}^{l_2}
\end{aligned}\tag{6.57}
$$

式中，$\boldsymbol{\beta}^{p,q}\in\mathbb{C}^{G\times 1}$，由 $\left\{\boldsymbol{s}^{p\mathrm{H}}\boldsymbol{\Phi}_g\boldsymbol{s}^q\right\}_{g=1}^{G}$ 构成。又因为式中有一半的项互相共轭，如 $(\boldsymbol{\beta}^{1,2})^{\mathrm{H}}\boldsymbol{\beta}^{3,4}=\left((\boldsymbol{\beta}^{3,4})^{\mathrm{H}}\boldsymbol{\beta}^{1,2}\right)^*$，去除共轭项后可进一步简化为式 (6.24) 的形式。

6.4.2 向量 $\boldsymbol{\zeta}^l$ 与标量 e^l 的计算

向量 $\boldsymbol{\zeta}^l$ 与标量 e^l 是与式 (6.5) 中的线性函数有关的。显然，$\boldsymbol{\zeta}^l$ 和 e^l 是 $f(\boldsymbol{s}^1,\cdots,\boldsymbol{s}^l,\cdots,\boldsymbol{s}^4)$ 中不包含 $\boldsymbol{s}^l$ 的部分。因此，根据式 (6.57)，首先将 $f(\boldsymbol{s}^1,\cdots,\boldsymbol{s}^l,\cdots,\boldsymbol{s}^4)$ 的第一个求和项分为两部分：

$$\begin{aligned}
&\frac{1}{24}\sum_{\substack{(l_1,l_2,l_3,l_4)\\ \in\Pi_4(1,2,3,4)}}\left(\mu\left(\boldsymbol{s}^{l_1\mathrm{H}}\boldsymbol{s}^{l_2}\right)\left(\boldsymbol{s}^{l_3\mathrm{H}}\boldsymbol{s}^{l_4}\right)-\left(\boldsymbol{\beta}^{l_3,l_4}\right)^{\mathrm{H}}\boldsymbol{\beta}^{l_1,l_2}\right)\\
=&\frac{1}{24}\sum_{\substack{(l_1,l_2,l_3)\in\\ \Pi_3(\{1,2,3,4\}\backslash l)}}\left(\mu\left(\boldsymbol{s}^{l\mathrm{H}}\boldsymbol{s}^{l_1}\right)\left(\boldsymbol{s}^{l_2\mathrm{H}}\boldsymbol{s}^{l_3}\right)+\mu\left(\boldsymbol{s}^{l_1\mathrm{H}}\boldsymbol{s}^{l_2}\right)\left(\boldsymbol{s}^{l\mathrm{H}}\boldsymbol{s}^{l_3}\right)\right.\\
&\left.-\left(\boldsymbol{\beta}^{l_1,l_2}\right)^{\mathrm{H}}\boldsymbol{\beta}^{l,l_3}-\left(\boldsymbol{\beta}^{l_1,l}\right)^{\mathrm{H}}\boldsymbol{\beta}^{l_2,l_3}\right)\\
&+\frac{1}{24}\sum_{\substack{(l_1,l_2,l_3)\in\\ \Pi_3(\{1,2,3,4\}\backslash l)}}\left(\mu\left(\boldsymbol{s}^{l_1\mathrm{H}}\boldsymbol{s}^{l}\right)\left(\boldsymbol{s}^{l_2\mathrm{H}}\boldsymbol{s}^{l_3}\right)+\mu\left(\boldsymbol{s}^{l_1\mathrm{H}}\boldsymbol{s}^{l_2}\right)\left(\boldsymbol{s}^{l_3\mathrm{H}}\boldsymbol{s}^{l}\right)\right.\\
&\left.-\left(\boldsymbol{\beta}^{l_1,l_2}\right)^{\mathrm{H}}\boldsymbol{\beta}^{l_3,l}-\left(\boldsymbol{\beta}^{l,l_1}\right)^{\mathrm{H}}\boldsymbol{\beta}^{l_2,l_3}\right)=f_1\left(\boldsymbol{s}^l\right)+f_2\left(\boldsymbol{s}^l\right)
\end{aligned}\tag{6.58}$$

式中，$f_1(\boldsymbol{s}^l)$ 为所有包含 $\boldsymbol{s}^{l\mathrm{H}}$ 的项的求和；$f_2(\boldsymbol{s}^l)$ 为剩余的包含 $\boldsymbol{s}^l$ 的项的求和。

$$f_1\left(\boldsymbol{s}^l\right)=\boldsymbol{s}^{l\mathrm{H}}\frac{1}{24}\sum_{\substack{(l_1,l_2,l_3)\in\\ \Pi_3(\{1,2,3,4\}\backslash l)}}\left(2\mu\boldsymbol{s}^{l_1}(\boldsymbol{s}^{l_2\mathrm{H}}\boldsymbol{s}^{l_3})-\boldsymbol{R}^{l_1}\left(\boldsymbol{\beta}^{l_2,l_3}\right)^*-\bar{\boldsymbol{R}}^{l_1}\boldsymbol{\beta}^{l_2,l_3}\right)\tag{6.59}$$

$$f_2\left(\boldsymbol{s}^l\right)=\frac{1}{24}\sum_{\substack{(l_1,l_2,l_3)\in\\ \Pi_3(\{1,2,3,4\}\backslash l)}}\left(2\mu(\boldsymbol{s}^{l_1\mathrm{H}}\boldsymbol{s}^{l_2})\boldsymbol{s}^{l_3}-\left(\boldsymbol{R}^{l_1}\left(\boldsymbol{\beta}^{l_2,l_3}\right)^*\right)^{\mathrm{H}}-\left(\bar{\boldsymbol{R}}^{l_1}\boldsymbol{\beta}^{l_2,l_3}\right)^{\mathrm{H}}\right)\boldsymbol{s}^l\tag{6.60}$$

式中，$\boldsymbol{R}^q=[\boldsymbol{\Phi}_1\boldsymbol{s}^q,\boldsymbol{\Phi}_2\boldsymbol{s}^q,\cdots,\boldsymbol{\Phi}_G\boldsymbol{s}^q]\in\mathbb{C}^{2MN\times G}$；$\bar{\boldsymbol{R}}^q=[\boldsymbol{\Phi}_1^{\mathrm{H}}\boldsymbol{s}^q,\boldsymbol{\Phi}_2^{\mathrm{H}}\boldsymbol{s}^q,\cdots,\boldsymbol{\Phi}_G^{\mathrm{H}}\boldsymbol{s}^q]\in\mathbb{C}^{2MN\times G}$。

类似式 (6.59) 与式 (6.60)，式 (6.57) 中的二次求和项也可以分为三部分：

$$\frac{1}{12}\sum_{\substack{(l_1,l_2)\in\\ \Pi_2(1,2,3,4)}}\boldsymbol{s}^{l_1\mathrm{H}}\widetilde{\boldsymbol{Q}}\boldsymbol{s}^{l_2}=f_3\left(\boldsymbol{s}^l\right)+f_4\left(\boldsymbol{s}^l\right)+e^l\tag{6.61}$$

式中，

$$f_3\left(\boldsymbol{s}^l\right)=\frac{1}{12}\sum_{q=1,q\neq l}^{4}\boldsymbol{s}^{l\mathrm{H}}\widetilde{\boldsymbol{Q}}\boldsymbol{s}^q\tag{6.62}$$

$$f_4\left(\boldsymbol{s}^l\right)=\frac{1}{12}\sum_{q=1,q\neq l}^{4}\boldsymbol{s}^{q\mathrm{H}}\widetilde{\boldsymbol{Q}}\boldsymbol{s}^l \tag{6.63}$$

$$e^l=\frac{1}{12}\sum_{\substack{(l_1,l_2)\in\\ \Pi_2(\{1,2,3,4\}\backslash l)}}\boldsymbol{s}^{l_1\mathrm{H}}\widetilde{\boldsymbol{Q}}\boldsymbol{s}^{l_2} \tag{6.64}$$

因此，根据式 (6.59)、式 (6.60)、式 (6.62) ~ 式 (6.64)，关于 $\boldsymbol{s}^l$ 的线性函数可以表示为

$$\begin{aligned}f\left(\boldsymbol{s}^1,\cdots,\boldsymbol{s}^l,\cdots,\boldsymbol{s}^4\right)=&f_1\left(\boldsymbol{s}^l\right)+f_3\left(\boldsymbol{s}^l\right)+f_2\left(\boldsymbol{s}^l\right)+f_4\left(\boldsymbol{s}^l\right)+e^l\\=&\boldsymbol{s}^{l\mathrm{H}}z^l+z^{l\mathrm{H}}\boldsymbol{s}^l+e^l\end{aligned} \tag{6.65}$$

ζ^l 由 $f_1(\boldsymbol{s}^l)$ 和 $f_3(\boldsymbol{s}^l)$ 组成，其表达式已在式 (6.27) 中定义。

6.5 仿真实验

6.5.1 多线性多项式函数替换的 MBIL 算法与 MBIL 算法性能对比

本小节对比算法 6.1(基于多线性多项式函数的 MBI 算法) 和 MBIL 算法 (基于张量运算的 MBI 算法)[8] 的性能差异。本小节中采用 Tensor Toolbox 2.6 工具包实现张量运算。

实验 1：正如前文所述，算法 6.1 在实现与 MBIL 算法具有相同优化结果的同时大大降低了计算复杂度，因此第一个测试首先说明算法 6.1 的目标函数在每一次迭代中都能获得与 MBIL 算法相同的计算值。考虑一个恒模约束下的复数非齐次四次多项式优化问题：

$$\begin{aligned}\min_{\boldsymbol{x}}\quad&\sum_{g=1}^{G}\left|\boldsymbol{x}^{\mathrm{H}}\boldsymbol{A}_g\boldsymbol{x}\right|^2+\boldsymbol{x}^{\mathrm{H}}\boldsymbol{B}\boldsymbol{x}\\\text{s.t.}\quad&|x(n)|=1,\quad n=1,2,\cdots,N\end{aligned} \tag{6.66}$$

式中，$N=20$ 个；$G=10$；$\boldsymbol{B}=\bar{\boldsymbol{B}}+\bar{\boldsymbol{B}}^{\mathrm{H}}$，$\boldsymbol{B}$ 是一个厄米矩阵。矩阵 $\boldsymbol{A}_g$ 和 $\bar{\boldsymbol{B}}$ 的每一个元素都是均值为 0 方差为 1 的复高斯随机变量。本小节对两个算法采用相同的初始化点 $\boldsymbol{x}=\mathrm{e}^{\mathrm{j}\boldsymbol{\varphi}}$，其中相位向量 $\boldsymbol{\varphi}$ 服从 $[0,2\pi]$ 上的均匀分布。目标函数值随迭代次变化的曲线绘制在图 6.1(a) 中，可以看出：

(1) 算法 6.1 和 MBIL 算法都快速收敛。

(2) 两个算法每次迭代的目标函数值是一致的，即满足式 (6.26)，且每次迭代得到的解也是一致的。

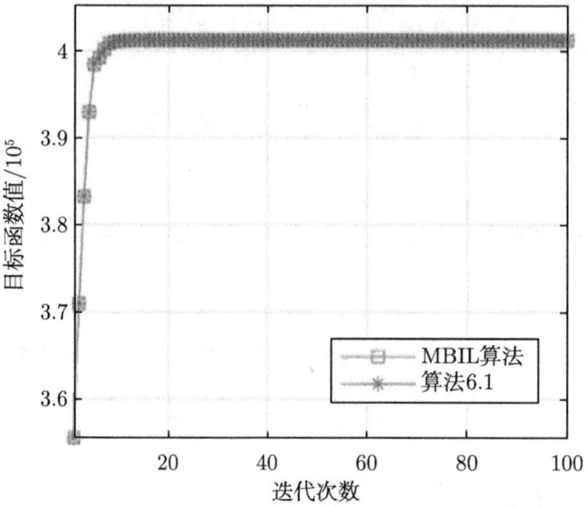

(a) 每次迭代目标函数值

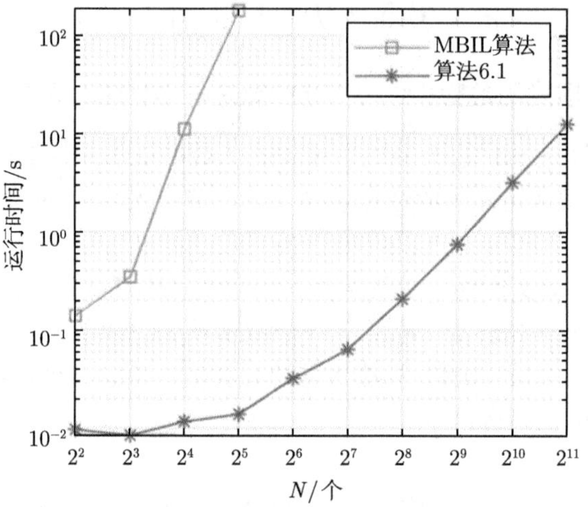

(b) 运行时间随N变化曲线

图 6.1　算法 6.1 与 MBIL 算法性能对比

第二个测试评估序列码长 N 对算法 6.1 和 MBIL 算法的运行时间的影响。当序列码长从 4 个增加至 2048 个，即 $N=[2^2,2^3,2^4,2^5,2^6,2^7,2^8,2^9,2^{10},2^{11}]$ 个时，算法 6.1 和 MBIL 算法每运行 100 次所耗费的时间绘制在图 6.1(b) 中，其中矩阵 $\boldsymbol{A}_g$ 和 $\boldsymbol{B}$ 的维度随着 N 的变化改变。注意到，当 $N\geqslant 64$ 个时，MBIL 算法构建一个四阶张量是非常耗时的，因此本小节只绘制了 $N<64$ 个的结果。从图 6.1(b) 可以看出，算法 6.1 的运行时间远小于 MBIL 算法，因此更利于长序列集的设计 (如 $N=2^{11}$ 个)。算法 6.1 的复杂度为 $\mathcal{O}\left(G(MN)^2\right)$，而 MBIL 算法的是 $\mathcal{O}\left((MN)^4\right)$ (本小节中 $M=1$)。理论上，算法 6.1 的优势只有在满足 $G\ll N^2$

的条件时才会成立，但实际上即使是 $G = N^2$ 的情况，算法 6.1 在运行时间上仍有明显的优势，这是因为在 Matlab 中张量运算的效率要远低于矩阵运算。

6.5.2 模糊函数设计仿真实验

本小节展示 GMBI 算法解决问题 P^m、P^{ac}、P^a 和 P^c 的结果，为方便表示，将其分别命名为 GMBI-P^m、GMBI-P^{ac}、GMBI-P^a 和 GMBI-P^c。对于 GCAF 设计问题，主瓣损失定义为 $\sigma = 20\lg\delta$ ，其中 δ 在式 (6.11) 中定义。

实验 2：在 GCAF 设计问题中 (GMBI-P^m)，δ 是一个非常重要的参数，它控制了脉冲压缩输出的主瓣损失 σ。本实验探索了参数 δ 对主瓣损失、PSL 及峰值旁瓣比 (peak-side-lobe-ratio，PSLR) 的影响。PSLR 定义为 PSLR = PSL $-\sigma$。设迭代步长 $\rho = 0.01$，算法 6.1 和 GMBI 算法的最大迭代次数分别为 $T_{\mathrm{mbi}} = 100$ 次和 $T_0 = 2000$ 次。发射序列个数和非匹配滤波器个数均为 $M = 2$，码长 $N = 256$ 个。另外，感兴趣的距离–多普勒单元范围设为 $\{-2, \cdots, 2\}_p \times \{-20, \cdots, 20\}_k$。当 δ 从 0.5 增加至 1 时，对应的主瓣电平、PSL 及 PSLR 随 δ 的变化曲线见图 6.2(a)。从图 6.2(a) 可以看出：

(1) 主瓣电平随着 δ 的增大而增大，尤其当 $\delta = 0.5$ 时，主瓣电平为 -6.02dB。

(2) 当 $\delta = 1$ 时，局部 GCAF 的 PSL 和 PSLR 急剧升高，这意味着 $\{\boldsymbol{h}_m = \boldsymbol{x}_m\}_{m=1}^M$，此时问题 P^m 便降级为 P^{ac}，优化自由度损失。

(3) 一般来说，更小的 δ 可以得到更小的 PSL。

(4) $\delta = 0.9$ 时能获得最好的 PSLR。

基于上述结论，$0.8 \leqslant \delta < 1$ 是比较合适的参数范围。$\delta = 0.9$ 时的局部 GCAF 绘制在图 6.2(b) 中，GCAF 的归一化主瓣电平为 -0.92dB(以 N^2 归一化)，旁瓣电平均低于 -53.23dB。

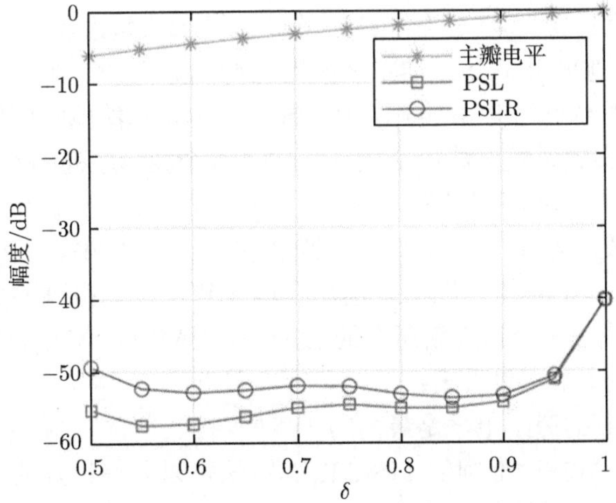

(a) 主瓣电平、PSL和PSLR随δ的变化曲线

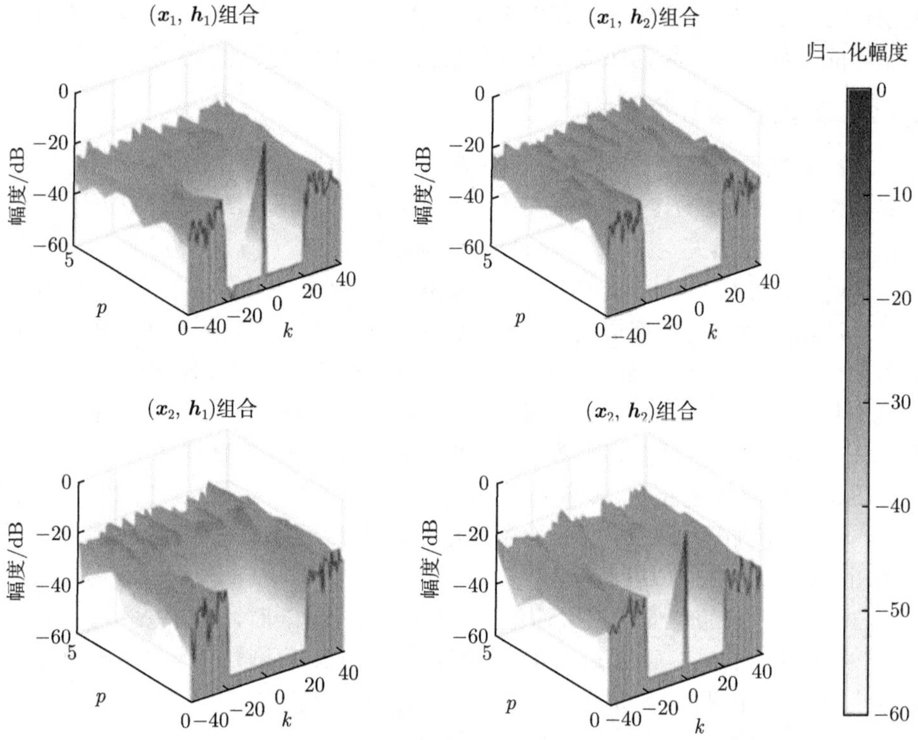

(b) $\delta = 0.9$时的局部GCAF, PSL为−53.23dB

图 6.2 GMBI 算法用于 GCAF 设计

实验 3：本小节将本章算法与其他多波形模糊函数设计方法进行对比，包括 EG 算法 [3] 和 MS-AISO[5] 算法。EG 算法采用 l_q 范数模型来逼近最小化 PSL 准则，MS-AISO 算法则采用 WISL 准则来优化 AAF 或 CAF。本章方法是采用极小极大化策略来实现最小化 PSL 准则，因此理论上本章算法能够更好地实现最小化 PSL 的目的。本实验设发射波形个数 $M = 3$，每个波形序列码长 $N = 512$ 个。感兴趣的距离–多普勒单元范围设为 $\{-3, \cdots, 3\}_p \times \{-15, \cdots, 15\}_k$。对于 GMBI 算法，最大迭代次数设为 $T_0 = 30000$ 次，迭代步长 $\rho = 0.001$，其中算法 6.1 的最大迭代次数 $T_{\mathrm{mbi}} = 100$ 次。图 6.3 给出了四个算法优化得到的局部 AAF 和 CAF(GCAF)(仅绘制出了峰值旁瓣所在的 AAF 和 CAF(GCAF))，并将具体值总结在表 6.1 中。从表 6.1 可以看出：

(1) EG 算法得到的旁瓣电平是最高的。

(2) 基于最小化 WISL 准则的 MS-AISO 算法可以获得最好的 ISL，但由于其旁瓣电平有起伏波动，因此 PSL 指标相对较差。

(3) GMBI-P^{ac} 算法能过获得比 EG 算法和 MS-AISO 算法更平且更低的旁瓣电平。

(4) GMBI-P^{m} 算法得到的 PSL 是最低的，可达 -316.20 dB(以主瓣损失 $\sigma = 0.92$dB 为代价)。

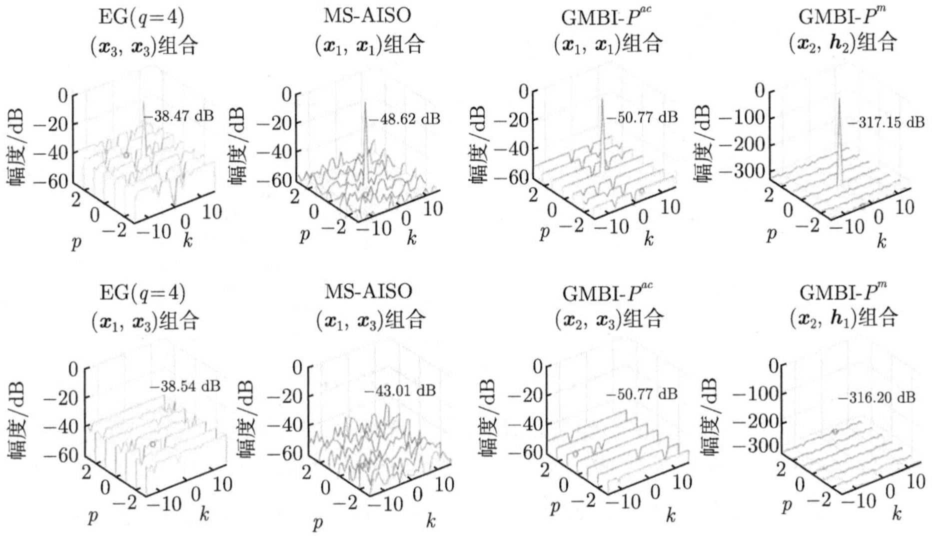

图 6.3 四个算法优化得到的局部 AAF 和 CAF(圆圈表示 PSL 所在位置)

表 6.1 自模糊函数 (AAF) 和互模糊函数 (CAF) 的峰值旁瓣电平 (PSL) 和归一化集成旁瓣电平 (ISL)

算法	PSL/dB		归一化 ISL/dB	
	AAF	CAF	AAF	CAF
EG (q=4)	−38.47	−38.54	−39.43	−39.27
MS-AISO	−48.62	−43.01	−56.18	−51.13
GMBI-P^{ac}	−50.77	−50.77	−51.01	−50.83
GMBI-P^{m}	−317.15	−316.20	−324.50	−324.74

第二个测试给出局部低旁瓣距离范围 $K(|k| \leqslant K)$ 对 PSL 的影响。该测试中除 K 以外的参数设置同上，而 K 从 10 增至 50，即 $K = [10, 15, 20, 30, 40, 50]$。图 6.4 给出了 PSL 随 K 的变化曲线，可以看出：

(1) 在 $K \in [10, 50]$ 时，GMBI-P^{m} 算法和 GMBI-P^{ac} 算法得到的 PSL 要低于 EG 和 MS-AISO 算法。

(2)GMBI-P^{m} 算法、GMBI-P^{ac} 算法和 MS-AISO 算法在 K 比较小时可以获得极低的旁瓣电平 (如 $K = 10$)。

(3) 因能量守恒特性，PSL 随着 K 的增大而减小。

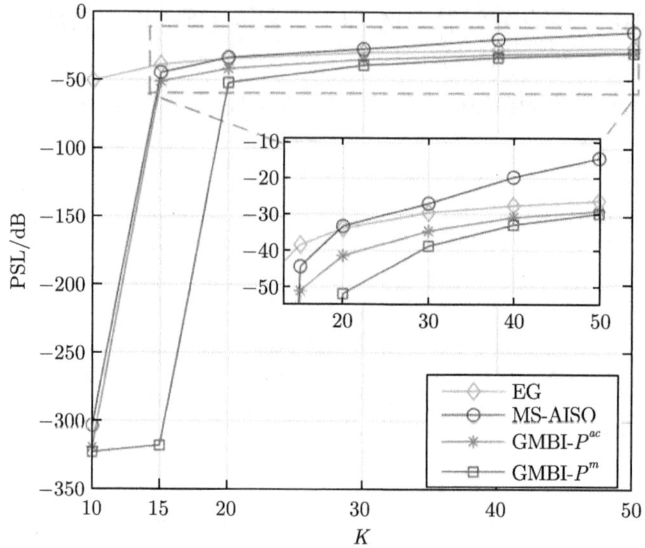

图 6.4 PSL 随 K 的变化曲线

实验 4：本小节给出 GMBI 算法求解问题 P^a 和 P^c 的结果。在问题 P^a 和 P^c 中，参数 ε 是 CAF(问题 P^a) 或 AAF(问题 P^c) 预设的 PSL，即 $\text{PSL} = 10\lg(\varepsilon/N^2)$。除了参数 ε，其他参数与实验 3 相同。当 ε 从 2.62144×10^{-2} 变化到 2.62144×10^{2}，对应 $\text{PSL}\in[-70,-60,-50,-40,-30]$dB。图 6.5(a) 和 (b) 分别为 GMBI-P^a 算法和 GMBI-P^c 算法的结果。对于 GMBI-P^a 算法，AAF 的 PSL 随着 CAF 的 PSL 的增大而逐渐减小。对于 GMBI-P^c 算法，CAF 的 PSL 也随着 AAF 的 PSL 的增大而减小。注意到，当预设的 $\text{PSL} = -50$dB 时，GMBI-P^a 算法和 GMBI-P^c 算法的结果与 GMBI-P^{ac} 算法类似。GMBI-P^a 算法和 GMBI-P^c 算法得到的局部

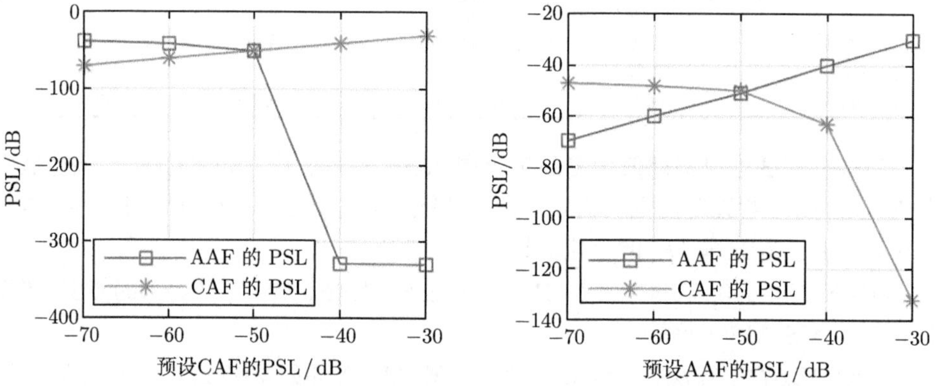

(a) GMBI-P^a算法　　(b) GMBI-P^c算法

图 6.5 AAF/CAF 的 PSL 随预设 CAF/AAF 的 PSL 变化曲线

模糊函数分别见图 6.6 和图 6.7，其中 ε 设为 26.2144，即预设的 PSL = −40dB。可以看到，GMBI-P^a 算法的 AAF 的 PSL 可达 −329.33 dB，而 GMBI-P^c 算法的 CAF 的 PSL 为 −63.14dB。造成这种差异的原因是当 $M = 3$ 时，有 $(M^2 - M)$ 个 CAF 和 M 个 AAF，因此在问题 P^c 中有比 P^a 更多的距离–多普勒单元需要被优化，这导致在相同的参数 ε 下，P^a 的 AAF 的旁瓣电平要低于 P^c 的 CAF。

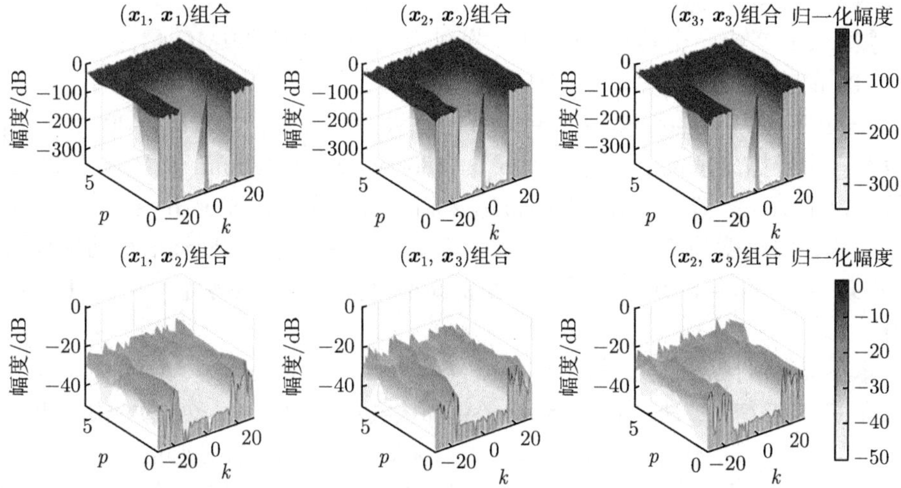

图 6.6　GMBI-P^a 算法得到的归一化 AF

图中 AAF 和 CAF 的 PSL 分别为 −329.33dB(上半图凹陷部分) 和 −40.00dB(下半图凹陷部分)

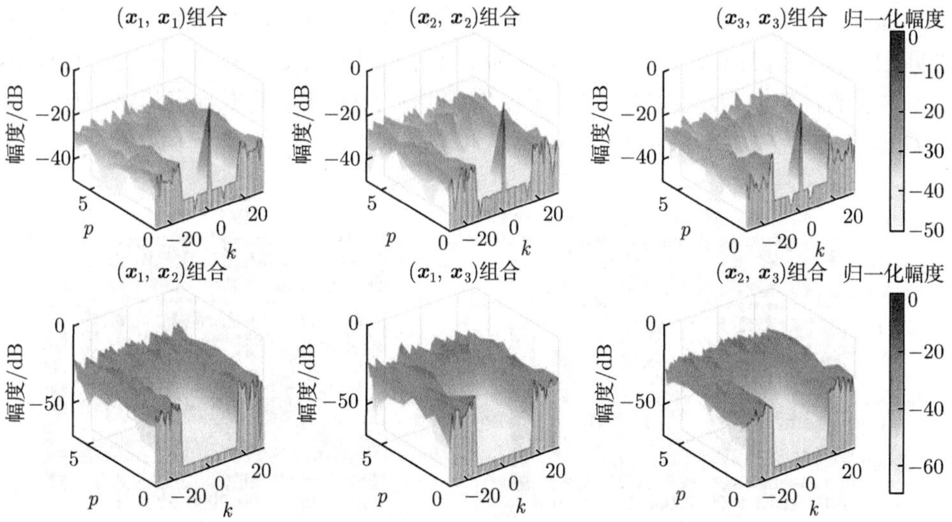

图 6.7　GMBI-P^c 算法得到的归一化 AF

图中 AAF 和 CAF 的 PSL 分别为 −40.00dB(上半图凹陷部分) 和 −63.14dB(下半图凹陷部分)

6.5.3 多目标探测应用仿真实验

如前文实验中展示的 GMBI-P^m 算法能够以牺牲一定主板能量为代价获得比其他方法更低的模糊函数峰值旁瓣电平。对于弱目标检测，PSL 是比主瓣损失更重要的指标。另外，在模型 P^m 中主瓣损失能被精确控制在很小的范围，因此其影响能被忽略不计。本小节以一个集中式 MIMO 雷达距离–多普勒成像的应用来说明 GMBI-P^m 算法的优势。

实验 5：考虑一个具有 $M=3$ 个发射天线的集中式 MIMO 雷达，工作波长 $\lambda=0.03\text{m}$，采样频率 $f_s=10\text{MHz}$。另外发射波形序列码长 $N=512$ 个，码元时宽 $T_p=1\mu\text{s}$。感兴趣的距离–多普勒单元范围设为 $\{-3,\cdots,3\}_p\times\{-20,\cdots,20\}_k$。假设有三个目标分别位于距离雷达 $R_1=1800\text{m}$、$R_2=1860\text{m}$ 和 $R_3=1890\text{m}$ 的位置。位于 R_1 和 R_2 的目标 1 和目标 2 相对雷达静止，位于 R_3 的目标 3 相对于雷达的径向速度为 293m/s。目标 1、目标 2 和目标 3 的回波信号功率分别为 -25dB、0 dB 和 -5 dB。假设噪声是复高斯随机过程，其方差为 -50dB，均值为 0。

本小节将对比 ACCL 算法 [20]、EG 算法 [3]，MS-AISO 算法 [5]、GMBI-P^{ac} 算法和 GMBI-P^m 算法。图 6.8 给出了单个接收通道的距离–多普勒成像结果。因为 ACCL 算法只优化相关函数，所以弱目标 (-25 dB) 会被较强的运动目标的旁瓣所掩盖而不易在距离–多普勒成像中检测出来。另外，虽然 EG 算法、MS-AISO 算法、GMBI-P^{ac} 算法和 GMBI-P^m 算法的成像结果都能显示出三个目标，但在 GMBI-P^m 算法中三个目标附近的旁瓣电平是最低的，这是因为 GCAF 的旁瓣电平足够低 (如实验 4 中所展示的)。更低的旁瓣电平意味着更低虚警率，因此采用非匹配滤波机制的 GMBI-P^m 算法更利于弱目标的检测。必须指出的是，GMBI-P^m 算法的优势源自一定的主瓣电平损失 (只有 0.92 dB，其影响可忽略不计)，可以看出 GMBI-P^m 算法的目标处能量略低于其他算法。

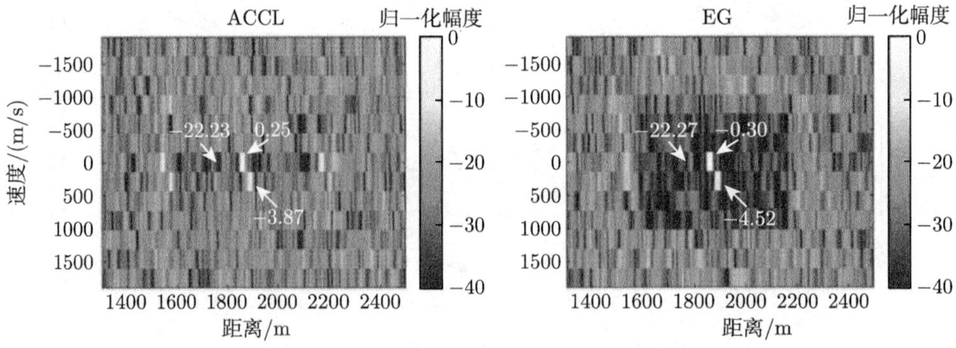

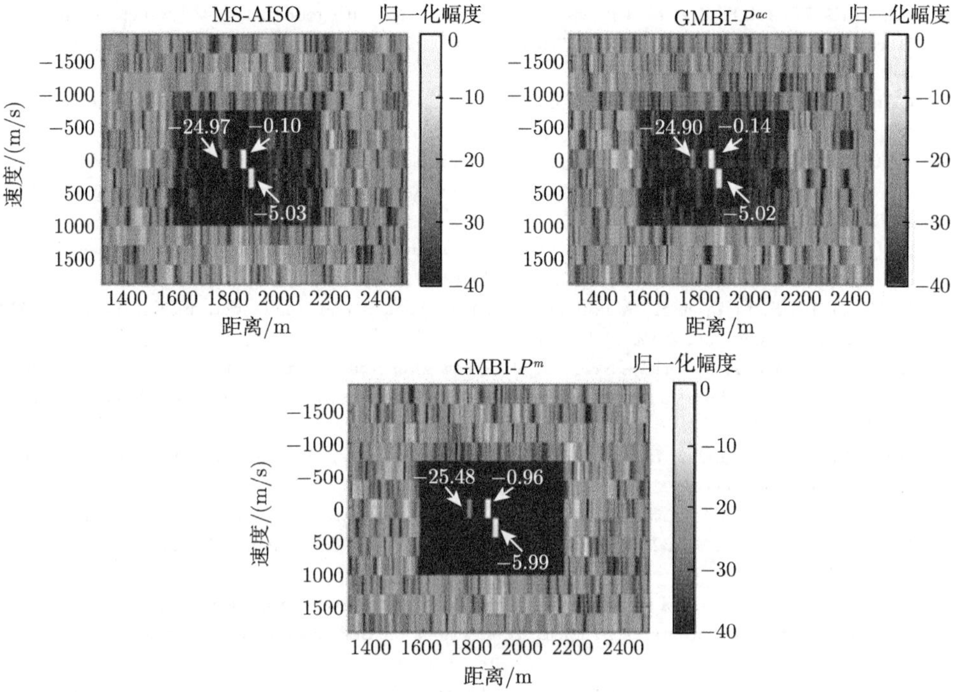

图 6.8　单个接收通道的距离–多普勒成像结果

箭头指向为目标位置

6.6　本 章 小 结

本章推导了基于模糊函约束的发射波形集和非匹配滤波器组的联合设计算法。为了实现上述设计，本章也推导了具有低复杂度多项式运算的 GMBI 算法框架来解决 HOP 约束优化问题。仿真实验表明，本章所提出的算法优于现有算法。

参 考 文 献

[1] HE H, LI J, STOICA P. Waveform Design for Active Sensing Systems: A Computational Approach[M]. Cambridge: Cambridge University Press, 2012.

[2] ZHANG J, XU N. Discrete phase coded sequence set design for waveform-agile radar based on alternating direction method of multipliers[J]. IEEE Transactions on Aerospace and Electronic Systems, 2020, 56(6): 4238-4252.

[3] ARLERY F, KASSAB R, TAN U, et al. Efficient optimization of the ambiguity functions of multistatic radar waveforms[C]. 2016 17th International Radar Symposium, Krakow, Poland, 2016: 1-6.

[4] BADEN J M, DAVIS M S, SCHMIEDER L. Efficient energy gradient calculations for binary and polyphase sequences[C]. 2015 IEEE Radar Conference, Arlington, USA, 2015: 0304-0309.

[5] LIU T, FAN P, ZHOU Z, et al. Unimodular sequence design with good local auto- and cross-ambiguity function for MSPSR system[C]. IEEE 89th Vehicular Technology Conference, Kuala Lumpur, Malaysia, 2019: 1-5.

[6] CUI G, YUE F Y, YU X, et al. Local ambiguity function shaping via unimodular sequence design[J]. IEEE Signal Processing Letters, 2017, 24(7) : 977-981.

[7] JING Y, LIANG J L, TANG B, et al. Designing unimodular sequence with low peak of sidelobe level of local ambiguity function[J]. IEEE Transactions on Aerospace and Electronic Systems, 2019, 55(3): 1393-1406.

[8] AUBRY A, MAIO A D, JIANG B, et al. Ambiguity function shaping for cognitive radar via complex quartic optimization[J]. IEEE Transactions on Signal Processing, 2013, 61(22): 5603-5619.

[9] CHEN B, HE S, LI Z, et al. Maximum block improvement and polynomial optimization[J]. SIAM Journal on Optimization, 2012, 22(1) : 87-107.

[10] AUBRY A, MAIO A D, ZAPPONE A, et al. A new sequential optimization procedure and its applications to resource allocation for wireless systems[J]. IEEE Transactions on Signal Processing, 2018, 66(24) : 6518-6533.

[11] WU L, BABU P, PALOMAR D P. Cognitive radar-based sequence design via SINR maximization[J]. IEEE Transactions on Signal Processing, 2017, 65(3) : 779-793.

[12] STOICA P, HE H, LI J. Optimization of the receive filter and transmit sequence for active sensing[J]. IEEE Transactions on Signal Processing: A publication of the IEEE Signal Processing Society, 2012, 60(4) : 1730-1740.

[13] RABASTE O, SAVY L. Mismatched filter optimization for radar applications using quadratically constrained quadratic programs[J]. IEEE Transactions on Aerospace and Electronic Systems, 2015, 51(4) : 3107-3122.

[14] SOLTANALIAN M, TANG B, LI J, et al. Joint design of the receive filter and transmit sequence for active sensing[J]. IEEE Signal Processing Letter, 2013, 20(5) : 423-426.

[15] AUBRY A, DEMAIO A, FARINA A, et al. Knowledge-aided (potentially cognitive) transmit signal and receive filter design in signal-dependent clutter[J]. IEEE Transactions on Aerospace and Electronic Systems, 2013, 49(1) : 93-117.

[16] HE H, STOICA P, LI J. On synthesizing cross ambiguity functions[C]. IEEE International Conference Acoustics, Speech, Signal Processing, Pragua , Czech Republic, 2011: 3536-3539.

[17] ARLERY F, KASSAB R, TAN U, et al. Efficient gradient method for locally optimizing the periodic/aperiodic ambiguity function[C]. IEEE Radar Conference, Philadelphia, USA, 2016: 1-6.

[18] BOYD S P, PARIKH N, CHU E, et al. Distributed optimization and statistical learning via the alternating direction method of multipliers[J]. Foundations and Trends in Machine Learning, 2011, 3(1) : 1-122.

[19] SOLTANALIAN M, STOICA P. Designing unimodular codes via quadratic optimization[J]. IEEE Transactions on Signal Processing, 2014, 62(5): 1221-1234.

[20] YU G, LIANG J L, LI J, et al. Sequence set design with accurately controlled correlation properties[J]. IEEE Transactions on Aerospace and Electronic Systems, 2018, 54(6): 3032-3046.

第 7 章 稀疏阵波束赋形

本章首先给出稀疏阵波束赋形的背景知识，其次提出基于约束集分离与简约 ADMM 的任意阵稀疏波束赋形方法、适合对称阵的稀疏波束赋形方法，最后通过仿真实验来验证本章所提方法的有效性。

7.1 引 言

波束赋形的任务是为天线阵列设计一个权向量，使阵列具有指定的辐射模式 [1-4]。波束赋形在阵列处理领域发挥着重要作用，包括雷达、声呐、麦克风阵列、电子侦察、地震探查等，因此受到了这些领域科研及工程人员的广泛关注。

稀疏阵波束赋形成为热门研究方向之一，主要原因在于稀疏阵具有减小权值数量、计算复杂度、功耗、反馈网络复杂性的优势 [3-8]。对于波束赋形任务，除了稀疏性需求以外，通常还需要考虑其他特性。例如，当感兴趣目标的来波方向 (direction-of-arrival，DOA) 不够精确时，需要控制辐射主瓣宽度及主瓣波动改善感知的鲁棒性。但是，主瓣层的下限边界限定导致设计问题变成一个非凸优化问题 [3]。除此之外，对于干扰确切方向或范围没有任何先验信息时，低旁瓣需求，也就是宽零陷，需要纳入波束赋形任务的考虑之中。本章重点聚焦于波束赋形的稀疏需求。为达到稀疏性，文献 [3] 和 [4] 将原始的非凸目标函数转换为一系列的加权 l_1 凸优化问题；也有学者考虑应用空域锥形 (spatial tapering)、矩阵束 (matrix pencil)、粒子群、遗传、蚂蚁克隆、模拟退火等算法与技术改善稀疏性 [9-18]。

针对主瓣上、下限约束造成的非凸优化难点，文献 [3] 考虑采用一种特殊的中心对称阵列结构，转换非凸二次约束为线性约束。文献 [19] 和 [20] 引入阵列权向量的自相关函数序列变量，将原有权值非凸优化问题转换为关于自相关序列变量的凸优化问题，但该方法受限于均匀阵列；也有学者考虑采用序列投影 (successive projection) 及交集 (intersection) 技术进行凸转换或近似 [21-22]。

7.2 基于 ADMM 的稀疏阵波束赋形算法推导

本节基于 ADMM 框架 [23-30] 推导稀疏阵波束赋形方法，包括适合任意阵的稀疏阵波束赋形方法及适合对称阵的稀疏阵波束赋形方法。

7.2.1 任意阵稀疏波束赋形算法推导

考虑 N 个天线组成的阵列。令 $\boldsymbol{l}_n \in \mathbf{R}^{2\times 1}$、$g_n(\theta)$、$\boldsymbol{v}(\theta)$ 表示第 n 个天线的坐标、辐射模式、单位向量，$n=1,2,\cdots,N$。尽管这里讨论算法时是围绕一维阵列，但很容易扩展至二维阵列及三维阵列。令 $\boldsymbol{w}=[w_1\ w_2\ \cdots\ w_N]^{\mathrm{T}}$，表示权向量，$\boldsymbol{a}(\theta)=[a_1(\theta)\ a_2(\theta)\ \cdots\ a_N(\theta)]^{\mathrm{T}}$，表示角度 θ 处的导向矢量，则在角度 θ 处的方向图可定义为

$$\boldsymbol{w}^{\mathrm{H}}\boldsymbol{a}(\theta) \tag{7.1}$$

式中，$a_n(\theta)=g_n(\theta)\exp\left\{\mathrm{j}\dfrac{2\pi}{\lambda}\boldsymbol{l}_n^{\mathrm{T}}\boldsymbol{v}(\theta)\right\}, n=1,2,\cdots,N$。

类似于文献 [3]，考虑将主瓣区域划分为 M 个均匀间距的角度，即 $\{\theta_1,\theta_2,\cdots,\theta_M\}$，并设定主瓣波动参数 ϵ。为保障主瓣响应，给主瓣区域设定上、下限幅度响应边界，即形成如下的双边约束：

$$1-\epsilon \leqslant \left|\boldsymbol{w}^{\mathrm{H}}\boldsymbol{a}(\theta_m)\right|^2 \leqslant 1+\epsilon, \quad m=1,2,\cdots,M \tag{7.2}$$

此外，将旁瓣区域划分为 S 个均匀间隔角度，即 $\{\bar{\theta}_1,\bar{\theta}_2,\cdots,\bar{\theta}_S\}$，则旁瓣区域的约束可以表示为

$$\left|\boldsymbol{w}^{\mathrm{H}}\boldsymbol{a}(\bar{\theta}_s)\right|^2 \leqslant \eta, \quad s=1,2,\cdots,S \tag{7.3}$$

正如文献 [3] 所指出的，式 (7.2) 是非凸约束，而式 (7.3) 是凸约束。为了将式 (7.2) 中的双边约束转换为凸约束，文献 [3] 考虑将采用中心对称阵列并采用共轭对称权向量。此时，双边约束可转换为线性约束。此外，文献 [3] 采用 l_1 范数进行权向量的稀疏化，这样尽管简化了问题的求解，但使得文献 [3] 中的算法适用范围受限，仅适合中心对称阵列。此外，共轭对称约束也消耗了权向量的自由度。不同于文献 [3]，本章考虑适合任意阵列的稀疏阵波束赋形技术。

众所周知，l_p 范数是一种常用的稀疏度数学描述 [31-35]。当 $0<p<1$ 时，l_p 范数更加接近于 l_0 范数，因此会产生比 l_1 范数更为稀疏的结果。考虑到 l_p 范数卓越的稀疏特性，本章考虑引入 l_p 范数进行稀疏化权向量，即

$$\begin{aligned}
&\min_{\boldsymbol{w}}\ \|\boldsymbol{w}\|^p \\
&\text{s.t.}\ \ 1-\epsilon \leqslant \left|\boldsymbol{w}^{\mathrm{H}}\boldsymbol{a}(\theta_m)\right|^2 \leqslant 1+\epsilon, \quad m=1,2,\cdots,M \\
&\qquad\ \left|\boldsymbol{w}^{\mathrm{H}}\boldsymbol{a}(\bar{\theta}_s)\right|^2 \leqslant \eta, \quad s=1,2,\cdots,S
\end{aligned} \tag{7.4}$$

式中，l_p 范数 $\|\boldsymbol{w}\|^p=\sum_{n=1}^{N}|w_n|^p$。显然，本章考虑的模型式 (7.4) 没有对阵列施加任何特殊的结构限制，因此上述算法适合任意阵列结构。

式 (7.4) 中主瓣的双边约束以及旁瓣的上限约束均和向量 $\boldsymbol{w}$ 有关，导致问题不易求解。为此，考虑引入辅助变量：

$$u_m = \boldsymbol{w}^{\mathrm{H}}\boldsymbol{a}(\theta_m), \quad m = 1, 2, \cdots, M \tag{7.5}$$

$$v_s = \boldsymbol{w}^{\mathrm{H}}\boldsymbol{a}(\bar{\theta}_s), \quad s = 1, 2, \cdots, S \tag{7.6}$$

这样，式 (7.4) 可转换为如下等价的优化问题：

$$\begin{aligned}
\min_{\boldsymbol{w},\{u_m\},\{v_s\}} \quad & \|\boldsymbol{w}\|^p \\
\text{s.t.} \quad & 1-\epsilon \leqslant |u_m|^2 \leqslant 1+\epsilon, \quad m = 1, 2, \cdots, M \\
& |v_s|^2 \leqslant \eta, \quad s = 1, 2, \cdots, S \\
& u_m = \boldsymbol{w}^{\mathrm{H}}\boldsymbol{a}(\theta_m), \quad m = 1, 2, \cdots, M \\
& v_s = \boldsymbol{w}^{\mathrm{H}}\boldsymbol{a}(\bar{\theta}_s), \quad s = 1, 2, \cdots, S
\end{aligned} \tag{7.7}$$

比较式 (7.4) 和式 (7.7)，容易发现，原先因为权向量 $\boldsymbol{w}$ 耦合在一起的约束 $1-\epsilon \leqslant \left|\boldsymbol{w}^{\mathrm{H}}\boldsymbol{a}(\theta_m)\right|^2 \leqslant 1+\epsilon$ 和 $\left|\boldsymbol{w}^{\mathrm{H}}\boldsymbol{a}(\bar{\theta}_s)\right|^2 \leqslant \eta$ 现在变为 $1-\epsilon \leqslant |u_m|^2 \leqslant 1+\epsilon$ 和 $|v_s|^2 \leqslant \eta$，有效实现了解耦。此时，可以独立去处理变量 $\{u_m\}$ 和 $\{v_s\}$。基于式 (7.7)，构造如下特殊拉格朗日函数：

$$\begin{aligned}
\mathcal{L}_1(\boldsymbol{w}, \boldsymbol{u}, \boldsymbol{v}, \boldsymbol{\lambda}, \boldsymbol{\kappa}) = {} & \|\boldsymbol{w}\|^p + \sum_{m=1}^{M} \mathrm{Re}\big(\lambda_m^* \left(u_m - \boldsymbol{w}^{\mathrm{H}}\boldsymbol{a}(\theta_m)\right)\big) + \sum_{m=1}^{M} \frac{\rho}{2}\left|u_m - \boldsymbol{w}^{\mathrm{H}}\boldsymbol{a}(\theta_m)\right|^2 \\
& + \sum_{s=1}^{S} \mathrm{Re}\big(\kappa_s^* \left(v_s - \boldsymbol{w}^{\mathrm{H}}\boldsymbol{a}(\bar{\theta}_s)\right)\big) + \sum_{s=1}^{S} \frac{\rho}{2}\left|v_s - \boldsymbol{w}^{\mathrm{H}}\boldsymbol{a}(\bar{\theta}_s)\right|^2 \\
\text{s.t.} \quad & 1-\epsilon \leqslant |u_m|^2 \leqslant 1+\epsilon, \quad m = 1, 2, \cdots, M \\
& |v_s|^2 \leqslant \eta, \quad s = 1, 2, \cdots, S
\end{aligned} \tag{7.8}$$

式中，$\boldsymbol{u} = [u_1\ u_2\ \cdots\ u_M]^{\mathrm{T}}$；$\boldsymbol{v} = [v_1\ v_2\ \cdots\ v_S]^{\mathrm{T}}$；$\rho > 0$，为用户给定的步长参数 [23-26]；$0 < p < 1$，为用户给定的稀疏度参数；$\boldsymbol{\lambda} = [\lambda_1\ \lambda_2\ \cdots\ \lambda_M]^{\mathrm{T}}$，为对应于 M 个约束 $u_m = \boldsymbol{w}^{\mathrm{H}}\boldsymbol{a}(\theta_m), m = 1, 2, \cdots, M$ 的拉格朗日乘子向量；$\boldsymbol{\kappa} = [\kappa_1\ \kappa_1\ \cdots\ \kappa_S]^{\mathrm{T}}$，为对应于 S 个约束 $v_s = \boldsymbol{w}^{\mathrm{H}}\boldsymbol{a}(\bar{\theta}_s), s = 1, 2, \cdots, S$ 的拉格朗日乘子向量。

以下考虑基于 ADMM[23-26]，进行式 (7.8) 对应问题的求解。

步骤 0　初始化 $\{\boldsymbol{w}(0), \boldsymbol{\lambda}(0), \kappa(0)\}$，迭代次数 $t = 0$，最大迭代次数 T，一致性约束误差上限 ζ。

步骤 1　求解以下问题确定 $\{u_m(t+1), v_s(t+1)\}$：

$$
\begin{aligned}
\{u_m(t+1), v_s(t+1)\} &= \arg\min_{\{u_m, v_s\}} \mathcal{L}_{1,\rho}(\boldsymbol{w}, \boldsymbol{u}, \boldsymbol{v}, \boldsymbol{\lambda}, \boldsymbol{\kappa}) \\
\text{s.t.}\ \ & 1-\epsilon \leqslant |u_m|^2 \leqslant 1+\epsilon, \quad m=1,2,\cdots,M \\
& |v_s|^2 \leqslant \eta, \quad s=1,2,\cdots,S
\end{aligned} \tag{7.9}
$$

去除常数项，式 (7.9) 可简化为如下优化问题：

$$
\begin{aligned}
\min_{\{u_m\},\{v_s\}} & \sum_{m=1}^{M} \frac{\rho}{2} \left| u_m - \left(\boldsymbol{w}^{\mathrm{H}}(t)\boldsymbol{a}(\theta_m) - \frac{\lambda_m(t)}{\rho} \right) \right|^2 + \sum_{s=1}^{S} \frac{\rho}{2} \left| v_s - \left(\boldsymbol{w}^{\mathrm{H}}(t)\boldsymbol{a}(\bar{\theta}_s) - \frac{\kappa_s(t)}{\rho} \right) \right|^2 \\
\text{s.t.}\ \ & 1-\epsilon \leqslant |u_m|^2 \leqslant 1+\epsilon, \quad m=1,2,\cdots,M \\
& |v_s|^2 \leqslant \eta, \quad s=1,2,\cdots,S
\end{aligned} \tag{7.10}
$$

注意式 (7.10) 可分裂为如下 $(M+S)$ 个并行的子问题：

$$
\begin{aligned}
\min_{u_m} \quad & \left| u_m - \left(\boldsymbol{w}^{\mathrm{H}}(t)\boldsymbol{a}(\theta_m) - \frac{\lambda_m(t)}{\rho} \right) \right|^2 \\
\text{s.t.} \quad & 1-\epsilon \leqslant |u_m|^2 \leqslant 1+\epsilon
\end{aligned} \tag{7.11}
$$

$$
\begin{aligned}
\min_{v_s} \quad & \left| v_s - \left(\boldsymbol{w}^{\mathrm{H}}(t)\boldsymbol{a}(\bar{\theta}_s) - \frac{\kappa_s(t)}{\rho} \right) \right|^2 \\
\text{s.t.} \quad & |v_s|^2 \leqslant \eta
\end{aligned} \tag{7.12}
$$

显然，式 (7.11) 和式 (7.12) 的解分别为

$$
u_m(t+1) = \begin{cases} \sqrt{1+\epsilon}\exp\{\mathrm{j}\angle x_m\}, & |x_m| \geqslant \sqrt{1+\epsilon} \\ \sqrt{1-\epsilon}\exp\{\mathrm{j}\angle x_m\}, & |x_m| \leqslant \sqrt{1-\epsilon} \\ x_m, & \text{其他} \end{cases} \tag{7.13}
$$

$$
v_s(t+1) = \begin{cases} \sqrt{\eta}\exp\{\mathrm{j}\angle y_s\}, & |y_s| \geqslant \sqrt{\eta} \\ y_s, & \text{其他} \end{cases} \tag{7.14}
$$

步骤 2　求解以下问题确定 $\boldsymbol{w}(t+1)$：

$$
\boldsymbol{w}(t+1) = \arg\min_{\boldsymbol{w}} \mathcal{L}_1(\boldsymbol{w}, \boldsymbol{u}(t+1), \boldsymbol{v}(t+1), \boldsymbol{\lambda}(t), \boldsymbol{\kappa}(t)) \tag{7.15}
$$

去除常数项，式 (7.15) 可简化为如下优化问题：

$$\min_{\boldsymbol{w}} \ \|\boldsymbol{w}\|^p + \frac{\rho}{2}\left\|\boldsymbol{b}^{\mathrm{H}} - \boldsymbol{w}^{\mathrm{H}}\boldsymbol{A}\right\|^2 \tag{7.16}$$

式中，

$$\boldsymbol{b} = [b_1 \cdots b_M \ g_1 \cdots g_S]^{\mathrm{H}} \tag{7.17}$$

$$\boldsymbol{A} = [\boldsymbol{a}(\theta_1) \cdots \boldsymbol{a}(\theta_M) \ \boldsymbol{a}(\bar{\theta}_1) \cdots \boldsymbol{a}(\bar{\theta}_S)] \tag{7.18}$$

$$b_m = u_m(t+1) + \frac{\lambda_m(t)}{\rho}, \quad m = 1, 2, \cdots, M \tag{7.19}$$

$$g_s = v_s(t+1) + \frac{\kappa_s(t)}{\rho}, \quad s = 1, 2, \cdots, S \tag{7.20}$$

式 (7.16) 问题中的第一项 $\|\boldsymbol{w}\|^p$ 为非凸函数，而第二项 $\frac{\rho}{2}\left\|\boldsymbol{b}^{\mathrm{H}} - \boldsymbol{w}^{\mathrm{H}}\boldsymbol{A}\right\|^2$ 为凸函数，所以该问题是非凸的。为简化该问题，引入辅助变量 $\boldsymbol{z} = \boldsymbol{w}$，转换为如下等价问题：

$$\begin{aligned}&\min_{\boldsymbol{w},\boldsymbol{z}} \ \|\boldsymbol{w}\|^p + \frac{\rho}{2}\left\|\boldsymbol{b}^{\mathrm{H}} - \boldsymbol{z}^{\mathrm{H}}\boldsymbol{A}\right\|^2 \\ &\text{s.t.} \ \boldsymbol{w} = \boldsymbol{z}\end{aligned} \tag{7.21}$$

基于式 (7.17) ~ 式 (7.20) 构造如下拉格朗日函数：

$$\mathcal{L}_2\left(\boldsymbol{w}, \boldsymbol{z}, \tilde{\boldsymbol{\lambda}}\right) = \|\boldsymbol{w}\|^p + \frac{\rho}{2}\left\|\boldsymbol{b}^{\mathrm{H}} - \boldsymbol{z}^{\mathrm{H}}\boldsymbol{A}\right\|^2 + \mathrm{Re}\{\tilde{\boldsymbol{\lambda}}^{\mathrm{H}}(\boldsymbol{w} - \boldsymbol{z})\} + \frac{\rho}{2}\|\boldsymbol{w} - \boldsymbol{z}\|^2 \tag{7.22}$$

可通过以下迭代算法进行求解。

步骤 A　初始化 $\left\{\boldsymbol{w}(0), \tilde{\boldsymbol{\lambda}}(0)\right\}$，迭代次数 $k = 0$，最大迭代次数 T，一致性约束误差上限 ζ。

步骤 B　求解以下问题确定 $\boldsymbol{z}(k+1)$：

$$\boldsymbol{z}(k+1) = \arg\min_{\boldsymbol{z}} \ \mathcal{L}_2\left(\boldsymbol{w}(k), \boldsymbol{z}, \tilde{\boldsymbol{\lambda}}(k)\right) \tag{7.23}$$

去除常数项，式 (7.23) 可简化为如下优化问题：

$$\min_{\boldsymbol{z}} \ \frac{\rho}{2}\left\|\boldsymbol{b}^{\mathrm{H}} - \boldsymbol{z}^{\mathrm{H}}\boldsymbol{A}\right\|^2 + \frac{\rho}{2}\|\tilde{\boldsymbol{z}} - \boldsymbol{z}\|^2 \tag{7.24}$$

式中，

$$\tilde{\boldsymbol{z}} = \boldsymbol{w}(k) + \frac{\tilde{\boldsymbol{\lambda}}(k)}{\rho} \tag{7.25}$$

基于最小二乘方法，可得式 (7.24) 的闭合解析式为

$$z(k+1)=\left(\begin{bmatrix} A^{\mathrm{H}} \\ I_N \end{bmatrix}^{\mathrm{H}}\begin{bmatrix} A^{\mathrm{H}} \\ I_N \end{bmatrix}\right)^{-1}\begin{bmatrix} A^{\mathrm{H}} \\ I_N \end{bmatrix}^{\mathrm{H}}\begin{bmatrix} b \\ \tilde{z} \end{bmatrix} \tag{7.26}$$

步骤 C 求解以下问题确定 $w(k+1)$：

$$w(k+1)=\arg\min_{w}\ \mathcal{L}_2\left(w, z(k+1), \tilde{\lambda}(k)\right) \tag{7.27}$$

定义 $\tilde{w}=z(k+1)-\dfrac{\tilde{\lambda}(k)}{\rho}$，式 (7.27) 可以简化为

$$\min_{w}\ \|w\|^p+\frac{\rho}{2}\|w-\tilde{w}\|^2 \tag{7.28}$$

式 (7.28) 可分裂为 N 个独立的问题：

$$\min_{w_n}\ |w_n|^p+\frac{\rho}{2}|w_n-\tilde{w}_n|^2,\quad n=1,2,\cdots,N \tag{7.29}$$

注意，式 (7.29) 中两项均和绝对值有关。显然，为保证目标最小化，复数 w_n 和 $\tilde{w}_n$ 应具有同样的相位，这样相减后才能削弱，即减小幅度。因此，w_n 的相位可以直接从的 $\tilde{w}_n$ 相位直接获得。令 h_n 和 β_n 分别表示 w_n 的幅度和相位，$\tilde{h}_n$ 和 $\tilde{\beta}_n$ 分别表示 $\tilde{w}_n$ 的幅度和相位，则有 $\beta_n=\tilde{\beta}_n$。式 (7.29) 中复数 w_n 的优化问题简化为如下幅度 h_n 的优化问题 [31-35]：

$$\min_{h_n}\ h_n^p+\frac{\rho}{2}\left(h_n-\tilde{h}_n\right)^2 \tag{7.30}$$

分析式 (7.30) 容易发现：

(1) 第一项 h_n^p 在区间 $(0,+\infty)$ 为单调递增函数。

(2) 第二项 $\dfrac{\rho}{2}\left(h_n-\tilde{h}_n\right)^2$ 为偶对称函数，对称中心为 $h_n=\tilde{h}_n$。特别，在区间 $\left(\tilde{h}_n,+\infty\right)$，$\dfrac{\rho}{2}\left(h_n-\tilde{h}_n\right)^2$ 为单调递增函数，而在区间 $\left(0,\tilde{h}_n\right)$，$\dfrac{\rho}{2}\left(h_n-\tilde{h}_n\right)^2$ 为单调递减函数。

因此，目标函数 $f(h_n)=h_n^p+\dfrac{\rho}{2}\left(h_n-\tilde{h}_n\right)^2$ 在区间 $\left(\tilde{h}_n,+\infty\right)$ 为单调递增函数，而在区间 $\left[0,\tilde{h}_n\right]$ 的递增、递减特性比较复杂。但可以确信，目标函数 $h_n^p+\dfrac{\rho}{2}\left(h_n-\tilde{h}_n\right)^2$ 的最小值一定位于区间 $\left[0,\tilde{h}_n\right]$。然而，该函数在此区间的凹

凸性 (以下的凹凸性遵循凸优化里边关于凹凸性的定义，与高等数学里边的凹凸性相反) 很难确定，导致很难判断递增、递减关系，很难确定最小值点。

为此，结合高等数学的微分概念进行单变量函数凹凸性的分析及二阶函数三阶导数为 0 的考虑 [31-36]，对目标函数 $f(h_n)$ 进行三阶求导，可得

$$\frac{\mathrm{d}f(h_n)}{\mathrm{d}h_n} = ph_n^{p-1} + \rho(h_n - \tilde{h}_n) \tag{7.31}$$

$$\frac{\mathrm{d}^2 f(h_n)}{\mathrm{d}h_n^2} = p(p-1)h_n^{p-2} + \rho \tag{7.32}$$

$$\frac{\mathrm{d}^3 f(h_n)}{\mathrm{d}h_n^3} = p(p-1)(p-2)h_n^{p-3} \tag{7.33}$$

式中，由于 $0 < p < 1$，在 $h_n \in \left[0,\ \tilde{h}_n\right]$ 三阶导数恒大于 0，因此二阶导数在 $h_n \in \left[0,\ \tilde{h}_n\right]$ 为单调递增函数。由于二阶导数的正、负取值反映了目标函数 $f(h_n)$ 的凹凸性，需要对二阶导数进行分析，确定其取值为正和负的区间。令二阶导数取值为 0，可以确定其取值为正、为负的转折点 $\hat{h}_n$，即

$$\frac{\mathrm{d}^2 f(h_n)}{\mathrm{d}h_n^2} = p(p-1)h_n^{p-2} + \rho = 0 \ \Rightarrow\ \hat{h}_n = \left(\frac{\rho}{p(1-p)}\right)^{\frac{1}{p-2}} \tag{7.34}$$

式中，由于 $0 < p < 1$ 及 $\rho > 0$，有 $\hat{h}_n > 0$。以下根据转折点 $\hat{h}_n$ 是否位于 $h_n \in \left[0,\ \tilde{h}_n\right]$ 进行讨论。

(1) 如果 $\hat{h}_n > \tilde{h}_n$，则在 $h_n \in \left[0,\ \tilde{h}_n\right]$ 二阶导数均小于 0。因此，目标函数在此区间内是凹函数，最小值点从边界点出目标函数值 $f(0)$ 和 $f(\tilde{h}_n)$ 后比较获得。

(2) 如果 $\hat{h}_n < \tilde{h}_n$，此时在 $h_n \in \left[0,\ \hat{h}_n\right]$ 二阶导数小于 0；在 $h_n \in \left[\hat{h}_n,\ \tilde{h}_n\right]$ 二阶导数大于 0。在 $h_n \in \left[0,\ \hat{h}_n\right]$，目标函数 $f(h_n)$ 是凹的，因此在此区间内最小值点在边界处发生，比较边界处的值即可确定在区间内的局部极小值点；在 $h_n \in \left[\hat{h}_n,\ \tilde{h}_n\right]$ 是凸的。此外在 $h_n \in \left[\hat{h}_n,\ \tilde{h}_n\right]$ 一阶导数是递增的，如果在边界点 $\hat{h}_n$ 的一阶导数是大于 0 的，则在此区间内的局部最小值点为 $\hat{h}_n$；如果在边界点 $\hat{h}_n$ 的一阶导数是小于或者等于 0 的，则可以设计二分法获得非线性方程 $ph_n^{p-1} + \rho(h_n - \tilde{h}_n) = 0$ 的根，即为局部最小值点。

可以从以上各个区间计算得到的局部极小值点挑选得到全局最小值点，进而各个权值通过以下方式得到：

$$w_n(k+1) = h_n(k+1)\mathrm{e}^{\mathrm{j}\beta_n}, \quad n = 1, 2, \cdots, N \tag{7.35}$$

步骤 D 更新拉格朗日乘子：

$$\tilde{\boldsymbol{\lambda}}(k+1)=\tilde{\boldsymbol{\lambda}}(k)+\rho\left(\boldsymbol{w}(k+1)-\boldsymbol{z}(k+1)\right) \tag{7.36}$$

步骤 E 判断终止条件是否满足，包括是否达到最大的迭代次数 T 或一致性约束误差是否已小于等于给定的阈值 ε，即 $\|\boldsymbol{w}(k+1)-\boldsymbol{z}(k+1)\|\leqslant\varepsilon$。若满足则终止循环，输出 $\boldsymbol{w}(t+1)=[w_1(k+1)\cdots w_N(k+1)]^{\mathrm{T}}$ 至以 t 为迭代次数的外循环。若不满足，$k=k+1$，转入步骤 B。

步骤 3 更新拉格朗日乘子：

$$\lambda_m(t+1)=\lambda_m(t)+\rho\left(u_m(t+1)-\boldsymbol{w}^{\mathrm{H}}(t+1)\boldsymbol{a}(\theta_m)\right) \tag{7.37}$$

$$\kappa_s(t+1)=\kappa_s(t)+\rho\left(v_s(t+1)-\boldsymbol{w}^{\mathrm{H}}(t+1)\boldsymbol{a}(\bar{\theta}_s)\right) \tag{7.38}$$

步骤 4 判断终止条件是否满足，包括是否达到最大的迭代次数 T 或一致性约束误差是否已小于等于给定的阈值 ζ，即 $\left|u_m(t+1)-\boldsymbol{w}^{\mathrm{H}}(t+1)\boldsymbol{a}(\theta_m)\right|\leqslant\zeta$ 或 $\left|v_s(t+1)-\boldsymbol{w}^{\mathrm{H}}(t+1)\boldsymbol{a}(\bar{\theta}_s)\right|\leqslant\zeta$。若满足则终止循环，输出 $\boldsymbol{w}(t+1)$；若不满足，$t=t+1$，转入步骤 1。

7.2.2 对称阵稀疏波束赋形算法推导

在实际应用中，对称阵存在着对称稀疏需求。为此，本小节引入对稀疏 (pair sparsity) 进行对称阵稀疏波束赋形。

当阵列的天线数 N 为奇数时，令 $L=\dfrac{N+1}{2}$；反之，令 $L=\dfrac{N}{2}$。形成如下对称阵稀疏波束赋形：

$$\begin{aligned}
&\min_{\boldsymbol{w}}\sum_{l=1}^{L}\left|\sqrt{|w_l|^2+|w_{N+1-l}|^2}\right|^p\\
&\text{s.t. } 1-\epsilon\leqslant\left|\boldsymbol{w}^{\mathrm{H}}\boldsymbol{a}(\theta_m)\right|^2\leqslant1+\epsilon,\quad m=1,2,\cdots,M\\
&\qquad\left|\boldsymbol{w}^{\mathrm{H}}\boldsymbol{a}(\bar{\theta}_s)\right|^2\leqslant\eta,\quad s=1,2,\cdots,S
\end{aligned} \tag{7.39}$$

相似地，引入辅助变量 $u_m=\boldsymbol{w}^{\mathrm{H}}\boldsymbol{a}(\theta_m),m=1,2,\cdots,M$ 和 $v_s=\boldsymbol{w}^{\mathrm{H}}\boldsymbol{a}(\bar{\theta}_s),s=1,2,\cdots,S$，构造如下增广拉格朗日函数：

$$\begin{aligned}
\mathcal{L}_3\left(\boldsymbol{w},\boldsymbol{u},\boldsymbol{v},\boldsymbol{\lambda},\boldsymbol{\kappa}\right)=&\sum_{l=1}^{L}\left|\sqrt{|w_l|^2+|w_{N+1-l}|^2}\right|^p+\sum_{m=1}^{M}\mathrm{Re}\left\{\lambda_m^*\left(u_m-\boldsymbol{w}^{\mathrm{H}}\boldsymbol{a}(\theta_m)\right)\right\}\\
&+\sum_{m=1}^{M}\frac{\rho}{2}\left|u_m-\boldsymbol{w}^{\mathrm{H}}\boldsymbol{a}(\theta_m)\right|^2
\end{aligned}$$

$$+\sum_{s=1}^{S}\operatorname{Re}\left\{\kappa_s^*\left(v_s-\boldsymbol{w}^{\mathrm{H}}\boldsymbol{a}(\bar{\theta}_s)\right)\right\}+\sum_{s=1}^{S}\frac{\rho}{2}\left|v_s-\boldsymbol{w}^{\mathrm{H}}\boldsymbol{a}(\bar{\theta}_s)\right|^2$$
$$\text{s.t.}\quad 1-\epsilon\leqslant|u_m|^2\leqslant 1+\epsilon, m=1,2,\cdots,M$$
$$|v_s|^2\leqslant\eta, s=1,2,\cdots,S \tag{7.40}$$

步骤 1　类似于式 (7.10) ~ 式 (7.14)，确定 $\{u_m(t+1),v_s(t+1)\}$。

步骤 2　求解以下问题确定 $\boldsymbol{w}(t+1)$:

$$\begin{aligned}\boldsymbol{w}(t+1)&=\arg\min_{\boldsymbol{w}}\mathcal{L}_3\big(\boldsymbol{w},\boldsymbol{u}(t+1),\boldsymbol{v}(t+1),\boldsymbol{\lambda}(t),\boldsymbol{\kappa}(t)\big)\\&=\arg\min_{\boldsymbol{w}}\sum_{l=1}^{L}\left|\sqrt{|w_l|^2+|w_{N+1-l}|^2}\right|^p+\sum_{m=1}^{M}\frac{\rho}{2}|b_m-\boldsymbol{w}^{\mathrm{H}}\boldsymbol{a}(\theta_m)|^2\\&\quad+\sum_{s=1}^{S}\frac{\rho}{2}|g_s-\boldsymbol{w}^{\mathrm{H}}\boldsymbol{a}(\bar{\theta}_s)|^2\end{aligned} \tag{7.41}$$

为求解式 (7.41)，引入选择矩阵 $\boldsymbol{A}_l$、选择向量 $\boldsymbol{w}$ 中所对应的元素形成向量向量 $\begin{bmatrix} w_l \\ w_{N+1-l}\end{bmatrix}$，并引入辅助变量:

$$\boldsymbol{y}_l=\boldsymbol{A}_l\boldsymbol{w},\quad l=1,2,\cdots,L \tag{7.42}$$

形成如下等价问题:

$$\begin{aligned}&\min_{\boldsymbol{w},\{\boldsymbol{y}_l\}}\sum_{l=1}^{L}\|\boldsymbol{y}_l\|^p+\sum_{m=1}^{M}\frac{\rho}{2}\left|b_m-\boldsymbol{w}^{\mathrm{H}}\boldsymbol{a}(\theta_m)\right|^2+\sum_{s=1}^{S}\frac{\rho}{2}\left|g_s-\boldsymbol{w}^{\mathrm{H}}\boldsymbol{a}(\bar{\theta}_s)\right|^2\\&\text{s.t.}\ \boldsymbol{y}_l=\boldsymbol{A}_l\boldsymbol{w},\quad l=1,2,\cdots,L\end{aligned} \tag{7.43}$$

基于式 (7.42)，构造如下增广拉格朗日函数:

$$\begin{aligned}\mathcal{L}_4(\boldsymbol{w},\{\boldsymbol{y}_l,\breve{\boldsymbol{\lambda}}_l\})=&\sum_{l=1}^{L}\|\boldsymbol{y}_l\|^p+\sum_{m=1}^{M}\frac{\rho}{2}\left|b_m-\boldsymbol{w}^{\mathrm{H}}\boldsymbol{a}(\theta_m)\right|^2+\sum_{s=1}^{S}\frac{\rho}{2}\left|g_s-\boldsymbol{w}^{\mathrm{H}}\boldsymbol{a}(\bar{\theta}_s)\right|^2\\&+\sum_{l=1}^{L}\left(\operatorname{Re}\left\{\breve{\boldsymbol{\lambda}}_l^{\mathrm{H}}(\boldsymbol{y}_l-\boldsymbol{A}_l\boldsymbol{w})\right\}+\frac{\rho}{2}\|\boldsymbol{y}_l-\boldsymbol{A}_l\boldsymbol{w}\|^2\right)\end{aligned} \tag{7.44}$$

对于式 (7.44)，$\boldsymbol{w}(t+1)$ 可通过以下步骤获得。

步骤 A　基于给定的 $\{\boldsymbol{y}_l(k), \breve{\boldsymbol{\lambda}}_L(k)\}$ 确定 $\boldsymbol{w}(k+1)$:

$$\boldsymbol{w}(k+1) = \arg\min_{\boldsymbol{w}} \mathcal{L}_4(\boldsymbol{w}, \{\boldsymbol{y}_l(k), \breve{\boldsymbol{\lambda}}_L(k)\}) \tag{7.45}$$

忽略常数项，可简化为如下问题：

$$\min_{\boldsymbol{w}} \|\boldsymbol{r} - \boldsymbol{H}\boldsymbol{w}\|^2 \tag{7.46}$$

式中

$$\boldsymbol{r} = [b_1^* \cdots b_M^* \; g_1^* \cdots g_S^* \; \boldsymbol{y}_1^{\mathrm{T}} + \breve{\boldsymbol{\lambda}}_1^{\mathrm{T}} \cdots \; \boldsymbol{y}_L^{\mathrm{T}} + \breve{\boldsymbol{\lambda}}_L^{\mathrm{T}}]^{\mathrm{T}} \tag{7.47}$$

$$\boldsymbol{H} = [\boldsymbol{a}(\theta_1)^* \cdots \boldsymbol{a}(\theta_M)^* \boldsymbol{a}(\bar{\theta}_1)^* \cdots \boldsymbol{a}(\bar{\theta}_S)^* \boldsymbol{A}_1^{\mathrm{T}} \cdots \boldsymbol{A}_L^{\mathrm{T}}]^{\mathrm{T}} \tag{7.48}$$

式 (7.46) 为标准的最小二乘问题，其解具有如下闭合解析式：

$$\boldsymbol{w}(k+1) = (\boldsymbol{H}^{\mathrm{H}}\boldsymbol{H})^{-1}\boldsymbol{H}^{\mathrm{H}}\boldsymbol{r} \tag{7.49}$$

步骤 B　基于给定的 $\boldsymbol{w}(k+1)$、$\{\breve{\boldsymbol{\lambda}}_l(k)\}$ 确定 $\{\boldsymbol{y}_l(k+1)\}$:

$$\begin{aligned}\{\boldsymbol{y}_l(k+1)\} &= \arg\min_{\boldsymbol{y}_l} \mathcal{L}_4(\boldsymbol{w}(k+1), \{\boldsymbol{y}_l, \breve{\boldsymbol{\lambda}}_l(k)\}) \\ &= \arg\min_{\boldsymbol{y}_l} \sum_{l=1}^{L} \left(\|\boldsymbol{y}_l\|^p + \frac{\rho}{2}\|\boldsymbol{y}_l - \tilde{\boldsymbol{y}}_l\|^2\right)\end{aligned} \tag{7.50}$$

式中，

$$\tilde{\boldsymbol{y}}_l = \boldsymbol{A}_l\boldsymbol{w}(k+1) - \frac{\breve{\boldsymbol{\lambda}}_l(k)}{\rho} \tag{7.51}$$

进一步，式 (7.50) 可简化为如下 L 个并行的问题：

$$\min_{\boldsymbol{y}_l} \;\; \|\boldsymbol{y}_l\|^p + \frac{\rho}{2}\|\boldsymbol{y}_l - \tilde{\boldsymbol{y}}_l\|^2 \tag{7.52}$$

相似于式 (7.29)，削弱目标函数值必须使向量 $\boldsymbol{y}_l$ 和 $\tilde{\boldsymbol{y}}_l$ 平行，因此仅需优化向量 $\boldsymbol{y}_l$ 各元素的幅度 $\{y_l[1], y_l[2]\}$ 即可：

$$\min_{|y_l[1]|,|y_l[2]|} \left|\sqrt{|y_l[1]|^2 + |y_l[2]|^2}\right|^p + \frac{\rho}{2}\left\|\begin{bmatrix}|y_l[1]| \\ |y_l[2]|\end{bmatrix} - \begin{bmatrix}|y_l[1]| \\ |y_l[2]|\end{bmatrix}\right\|^2 \tag{7.53}$$

进一步，合并元素转换为单个复数的优化问题，即

$$\min_{z_l} \;\; |z_l|^p + \frac{\rho}{2}|z_l - \tilde{z}_l|^2 \tag{7.54}$$

式中，

$$\begin{cases} z_l = y_l[1] + \mathrm{j}y_l[2] \\ \tilde{z}_l = \tilde{y}_l[1] + \mathrm{j}\tilde{y}_l[2] \end{cases} \tag{7.55}$$

步骤 C　更新拉格朗日乘子：

$$\breve{\boldsymbol{\lambda}}_l(k+1) = \breve{\boldsymbol{\lambda}}_l(k) + \rho\big(\boldsymbol{y}_l(k+1) - \boldsymbol{A}_l\boldsymbol{w}(k+1)\big) \tag{7.56}$$

步骤 D　判断终止条件是否满足，如果满足则输出 $\boldsymbol{w}(t+1) = \boldsymbol{w}(k+1)$，进入步骤 3。

步骤 3　更新拉格朗日乘子：

$$\lambda_m(t+1) = \lambda_m(t) + \rho\left(u_m(t+1) - \boldsymbol{w}^{\mathrm{H}}(t+1)\boldsymbol{a}(\theta_m)\right) \tag{7.57}$$

$$\kappa_s(t+1) = \kappa_s(t) + \rho\left(v_s(t+1) - \boldsymbol{w}^{\mathrm{H}}(t+1)\boldsymbol{a}(\bar{\theta}_s)\right) \tag{7.58}$$

步骤 4　判断终止条件是否满足，包括是否达到最大的迭代次数 T 或一致性约束误差是否已小于等于给定的阈值 ζ，即 $\left|u_m(t+1) - \boldsymbol{w}^{\mathrm{H}}(t+1)\boldsymbol{a}(\theta_m)\right| \leqslant \zeta$ 且 $\left|v_s(t+1) - \boldsymbol{w}^{\mathrm{H}}(t+1)\boldsymbol{a}(\bar{\theta}_s)\right| \leqslant \zeta$。若满足则终止循环，输出 $\boldsymbol{w}(t+1)$。若不满足，$t = t+1$，转入步骤 1。

7.3　仿 真 实 验

本节将通过两个仿真实验评析算法的特性。实验 1 是围绕线阵进行稀疏波束赋形，而实验 2 是围绕面阵进行稀疏波束赋形。

7.3.1　线阵稀疏波束赋形仿真实验

在实验 1 中，考虑两种线性阵列配置，一种为对称线性阵列，一种为非对称线性阵列。

在第一个测试中，考虑由 41 个天线组成的对称非均匀线性阵列，中间的那个天线为对称中心。角度采样间隔为 1°，所有角度及天线均满足 $g_n(\theta) = 1$。其中，主瓣区域为 $[-20°, 20°]$，即主瓣宽度为 40°，波动参数为 0.1；旁瓣区域为 $[-90°, -25°] \cup [25°, 90°]$，旁瓣层参数 $\eta = -30\text{dB}$。设置实验参数：$p = 0.87$，$\rho = 0.34$，$T = 12000$ 次，$K = 100$ 次。执行算法 1(7.2.1 小节算法) 和算法 2(7.2.2 小节算法)，同时也执行了参考文献 [3] 中的算法，比较时将其命名为“Nai”算法。图 7.1 给出了三种算法的实验结果，并放大主瓣部分在图 7.2 中进行展示。从图 7.1 和图 7.2 可以看出：三种算法的波束赋形结果完全满足主瓣和旁瓣的约束以及波动限制。进一步，图 7.3 给出了三种算法的天线未被选择结果。图 7.3(a)

为完全的 41 个天线组成的非均匀线性对称阵列，图 7.3(b)~(d) 分别为 Nai 算法、算法 1、算法 2 未被选中的天线情况，即完成上述波束赋形任务时对应权值为 0 的天线。从图 7.3 可以看出，三种算法未被选择的天线个数分别为 10 个、15 个、12 个，意味着为完成图 7.1 所示的波束赋形任务，Nai 算法、算法 1、算法 2 分别需要 31 个天线、26 个天线、29 个天线参与工作。显然，无论是算法 1 还是算法 2 均达到了比 Nai 算法更加稀疏的权向量，也意味着较多的天线不必工作。比较算法 1 和算法 2 也可以看出，尽管算法 2 也采用 l_p 范数，但由于引入的对称稀疏消耗了较多的优化自由度，所获得的结果没有算法 1 稀疏。

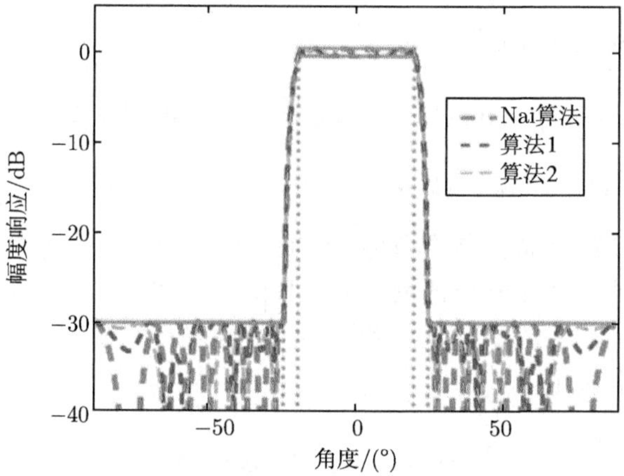

图 7.1　三种算法对于对称线性阵列的波束赋形结果

此图只关注三种算法主瓣和旁瓣的约束情况，显然都满足约束情况

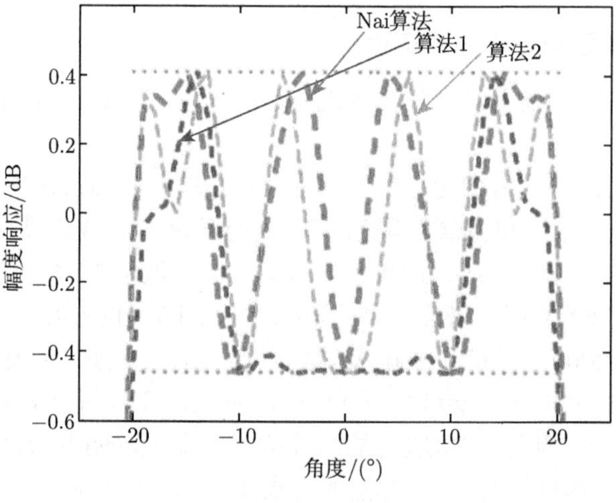

图 7.2　图 7.1 主瓣放大部分

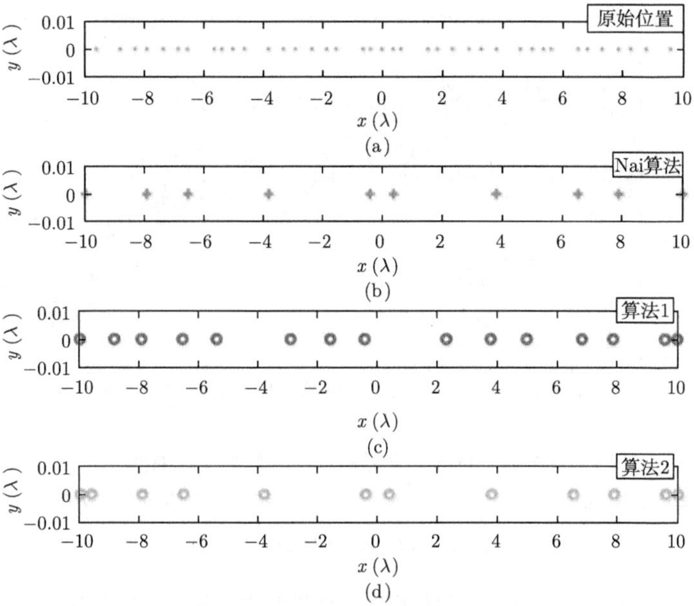

图 7.3　所有天线原始位置及三种算法未被选择的天线位置

接着，测试迭代次数对算法收敛的影响。这里采用 12000 次迭代中的一致性误差 $\max\limits_{n}|z_n - w_n|$ 以及辅助变量和角度响应 (auxiliary variables and angular responses，AVAR) 误差 $\max\limits_{m}\left|u_m - \boldsymbol{w}^{\mathrm{H}}\boldsymbol{a}(\theta_m)\right|$ 和 $\max\limits_{s}\left|v_s - \boldsymbol{w}^{\mathrm{H}}\boldsymbol{a}(\bar{\theta}_s)\right|$，如图 7.4 和图 7.5 所示。可以看出，在每次外循环中一致性误差均小于 $10^{-2.3425}$，即 -46.85dB；在 10198 次外循环迭代后，算法已经收敛，图 7.4 中的一致性误差及图 7.5 中的 AVAR 误差均小于 10^{-6}，即 -120dB。显然，内循环迭代次数设为 $K = 100$ 次和外循环迭代次数设为 $T = 12000$ 次是合理的。

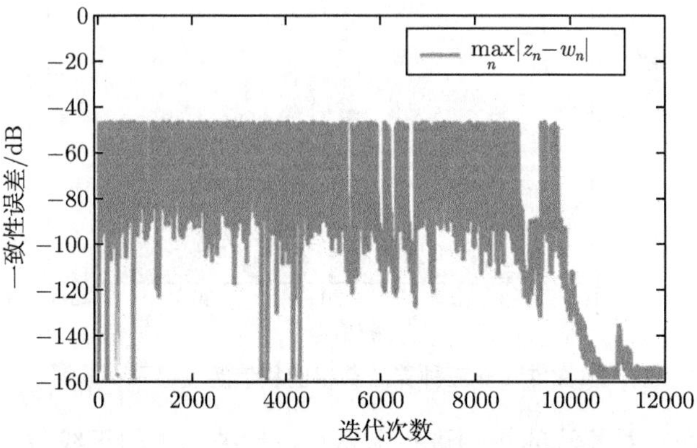

图 7.4　一致性误差随迭代次数的变化曲线

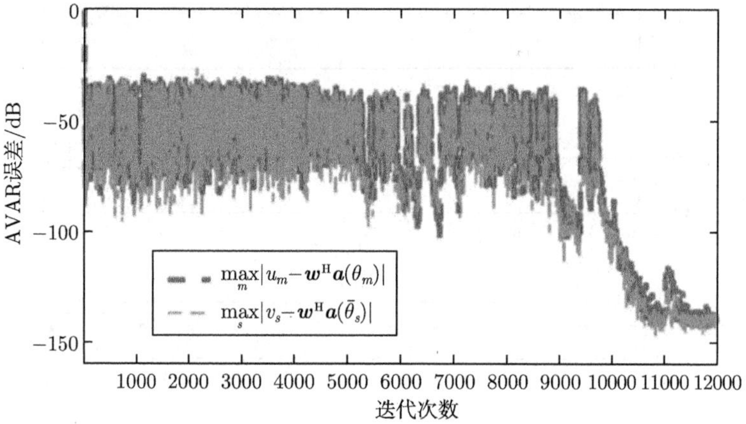

图 7.5　AVAR 误差随迭代次数的变化曲线

迭代次数固定，辅助变量 $\max_m \left|u_m - \boldsymbol{w}^{\mathrm{H}}\boldsymbol{a}(\theta_m)\right|$ 和角度响应误差 $\max_s \left|v_s - \boldsymbol{w}^{\mathrm{H}}\boldsymbol{a}(\bar{\theta}_s)\right|$ 收敛后的一致性误差均小于 −120dB，证明迭代次数合理

进一步，图 7.6 给出了三种算法所获得的权值幅度。可以看出，算法 1 和算法 2 中分别有 15 个和 12 个权值为 0，而 Nai 算法结果中仅 10 个权值为 0。算法 2 获得的权值幅度也反映了所获得的权值为对称激活。此外，在电脑配置为 Inteli7-6700CPU、64bit、16GBRAM 的条件下，Nai 算法、算法 1 和算法 2 的运行时间分别为 75s、172s 和 54s，这也反映出算法 1 良好的稀疏度是以运行时间为代价的。

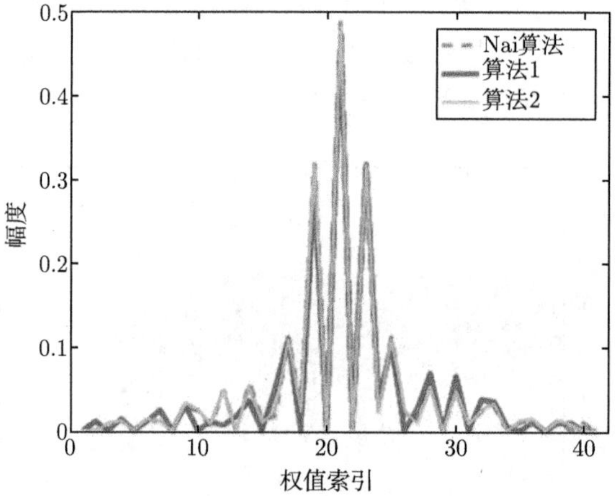

图 7.6　三种算法获得的权值幅度显示

下面以参数 p 对算法的影响进行测试，包括被选中的天线数、AVAR 误差及是否所有约束均满足。当 p 从 0.1 变化到 1 时 (步长为 0.07)，算法 1 的 AVAR

误差及被选中的天线数变化曲线分别如图 7.7 和图 7.8 所示。除此之外，检查所有约束，结果发现当 p 小于 0.7 时并非所有的约束均满足；当 p 大于 0.7 时，所有约束均满足。从图 7.7 和图 7.8 也可以看出，当 $p \in [0.8, 0.87]$ 时，AVAR 误差已充分小，低至 -120dB 以下，这表明本章算法已充分收敛。因此，对于所研究的问题，p 取为 0.87 比较合适。

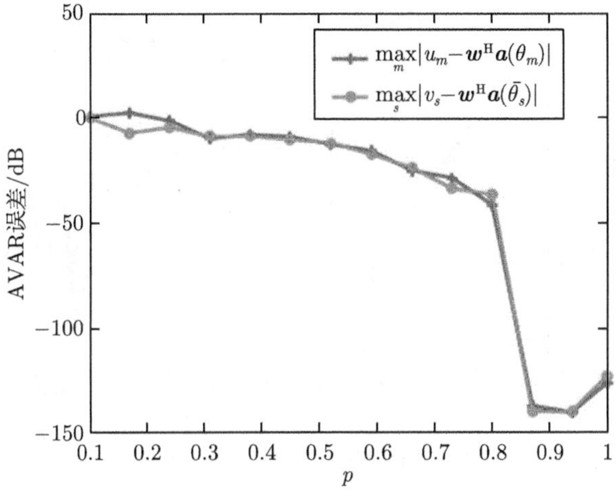

图 7.7　AVAR 误差随 p 的变化曲线

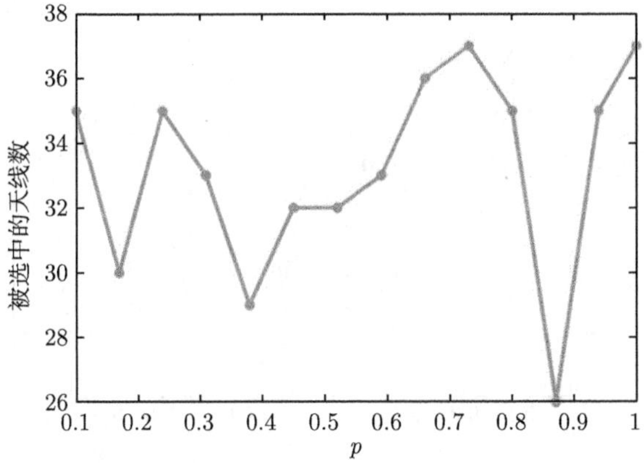

图 7.8　被选中的天线数随 p 的变化曲线

相似地，测试步长参数 ρ 对本章算法的影响 (以算法 1 为例)。当 ρ 从 0.01 变化到 1 时 (间隔为 0.03)，算法 1 获得的 AVAR 误差及被选中的天线数变化曲线分别如图 7.9 和图 7.10 所示。除此之外，检查所有的约束，结果发现当 ρ 位于区间 $[0.3, 0.4]$ 和 $[0.8, 0.9]$ 时，所有的约束均满足。从图 7.9 和图 7.10 看出，当 ρ 位于 $[0.31, 0.34]$ 和 $[0.82, 0.85]$ 时，AVAR 误差已充分小，低至 -120dB 以下，表明算法已充分收敛。除了 AVAR 误差之外，被选中的天线数也应该作为 ρ 选择的指标之一。从图 7.10 可以看出，当 ρ 位于 $[0.31, 0.34]$ 时，相比较区域 $[0.82, 0.85]$，更少的天线被选中。因此，可以选择参数 ρ 取为 0.34。

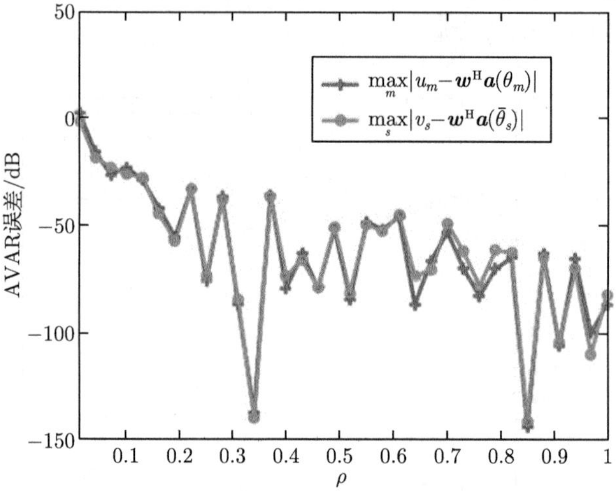

图 7.9　AVAR 误差随 ρ 的变化曲线

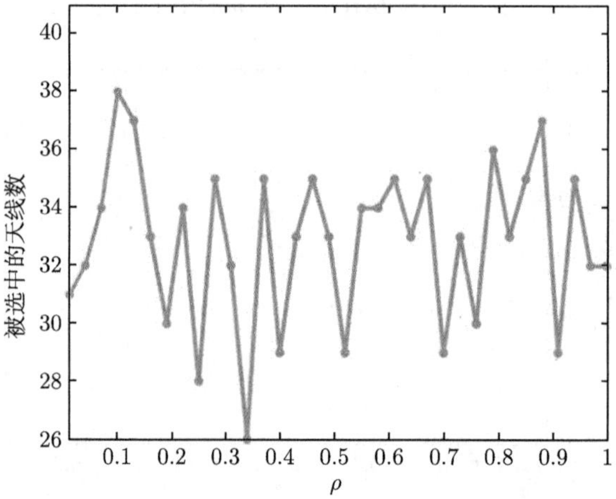

图 7.10　被选中的天线数随 ρ 的变化曲线

注意 Nai 算法依赖于重新对称阵列结构，并采用共轭对称权将非凸优化问题转换为凸优化问题。可是，当中心对称结构不再满足时，Nai 算法不再适用。在下述实验部分，即图 7.11～ 图 7.14，表明算法 1 仍可以应用于非对称阵列。这里考虑采用和第 1 个例子相同的波束模板。图 7.11 和图 7.12 分别给出了算法 1 的结果及主瓣放大部分。除此之外，图 7.13(b) 和图 7.14 显示了 13 个未被选中的位置及 41 个权值幅度情况。从图 7.13 和图 7.14 可以看出，尽管天线是非对称的，但算法 1 仍然可以有效工作满足满意的赋形结果，完全满足指定的主瓣和旁瓣约束。

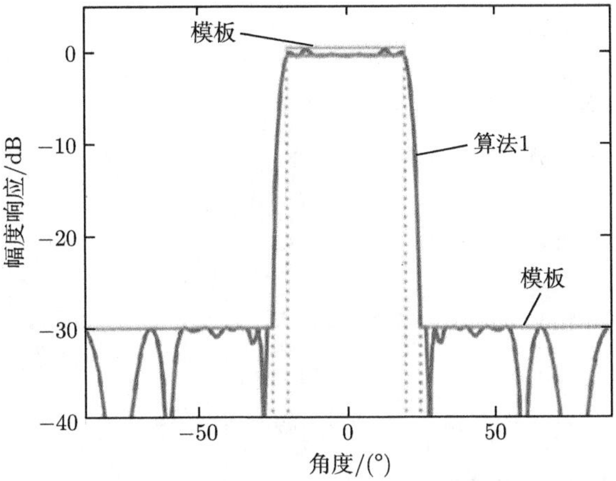

图 7.11　非均匀阵算法 1 实验结果

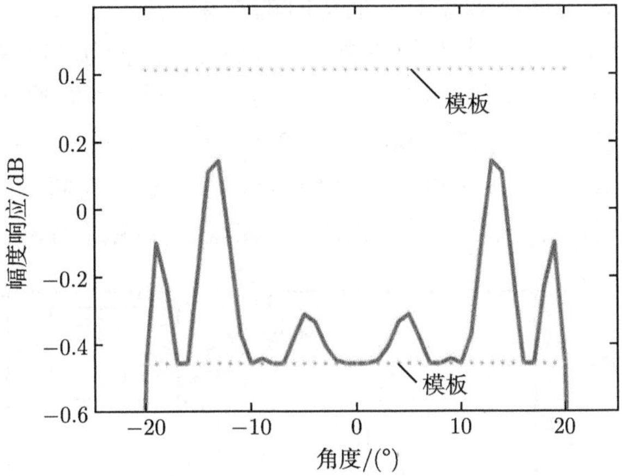

图 7.12　图 7.11 主瓣放大部分

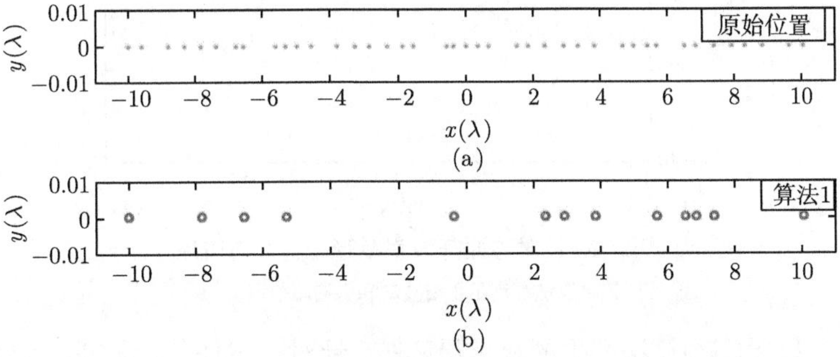

图 7.13　所有天线坐标位置及未被选中的坐标位置

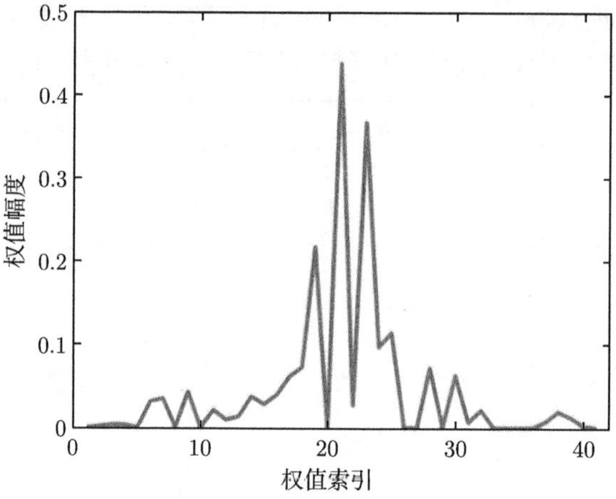

图 7.14　41 个权值幅度情况 (算法 1)

7.3.2　面阵稀疏波束赋形仿真实验

实验 2 考虑对称面阵和非对称面阵时的波束赋形。在 u_x 和 u_y 方向的角度采样间隔均为 0.05°。第一个例子考虑一个 11×11 的非均匀对称面阵。主瓣区域和旁瓣区域设定为 $u_x^2+u_y^2\leqslant 0.2^2$ 和 $u_x^2+u_y^2\geqslant 0.4^2$。主瓣波动参数和峰值旁瓣分别设定为 0.1147 和 −20dB。执行 Nai 算法及本章算法 1、算法 2 完成这样的波束赋形任务。由于 u_x 方向和 u_y 方向是对称的，这里仅将 u_x 方向的切片进行显示，如图 7.15 所示，表明三种算法均可以满足波束赋形模板。

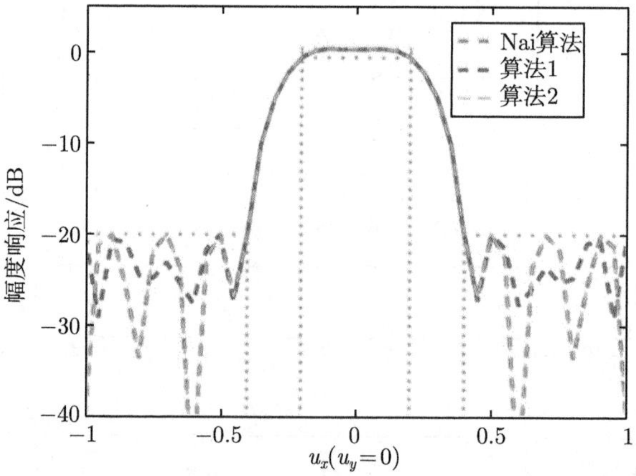

图 7.15　对称面阵波束赋形 u_x 方向切片

三种算法都满足主瓣波动和旁瓣峰值范围

下一步检验哪种算法产生的权值最稀疏。针对上述任务，将 Nai 算法、算法 1 及算法 2 的结果在图 7.16 中进行展示。从图 7.16 可以看出，算法 1 和算法 2 均产生更为稀疏的结果，因为它们的执行结果中，更多的体现未被选中。另外需要指出，算法 1 和算法 2 中的权值是真正做到了权值为 0，而 Nai 算法是以 10^{-5} 作为阈值进行截断处理的。另外，因为算法 1 未施加对称限制，所以算法 1 获得了比算法 2 更加稀疏的结果。

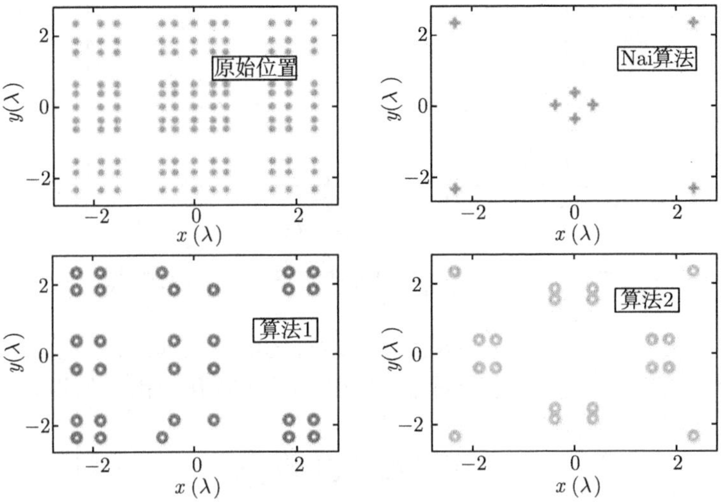

图 7.16　完整对称面阵天线原始位置及三种算法未被选中的天线位置

下一个例子来测试算法 1 对非对称面阵的波束赋形效果。考虑如图 7.17 所示左上角的非对称面阵，以及执行和上一个面阵相同的波束赋形任务。图 7.18 给出了算法 1 执行上述任务时 u_x 方向切片结果，表明均满足主瓣波动及旁瓣峰值要求。此外，图 7.17 右侧给出了算法 1 未被选择的天线情况，多达 50 个天线未被选择，这表明算法 1 仍可以在非对称面阵时有效工作，而 Nai 算法对此情况不再适用。

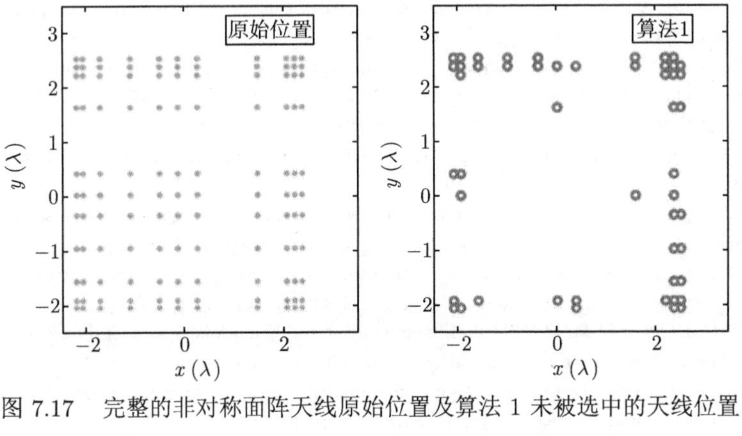

图 7.17　完整的非对称面阵天线原始位置及算法 1 未被选中的天线位置

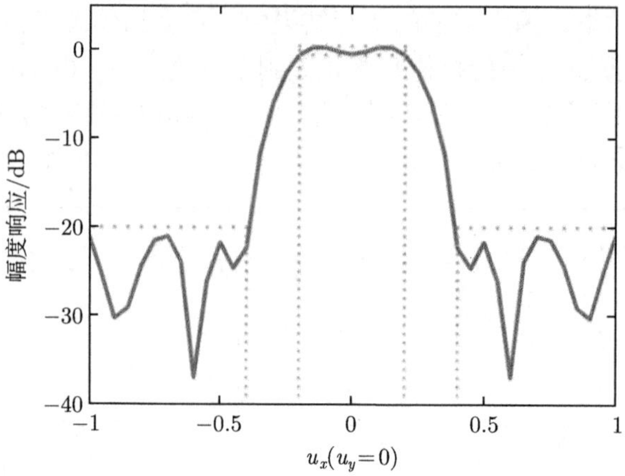

图 7.18　非对称面阵时算法 1 赋形 u_x 方向切片

通过实验 1 和实验 2 可以看出，对于对称的线阵或面阵，算法 2 没有算法 1 的结果稀疏，原因在于算法 2 的对稀疏限制导致了优化自由度的损失。

7.4　本章小结

本章提出了两种算法用于稀疏阵波束赋形。算法 1 未施加稀疏对称约束，而算法 2 考虑了对称阵的对称稀疏需求。仿真实验结果表明，两种算法均可以达到较好的稀疏性。

未来的工作将考虑鲁棒波束赋形问题，除此之外，也将考虑结合功率和场模式改善波束赋形结果。

参考文献

[1] SHI Z, FENG Z. A new array pattern synthesis algorithm using the two-step least-squares method[J]. IEEE Signal Processing Letters, 2005, 12(3): 250-253.

[2] WANG F, BALAKRISHNAN V, ZHOU Y P, et al. Optimal array pattern synthesis using semidefinite programming[J]. IEEE Transactions on Signal Processing, 2003, 51(5): 1172-1183.

[3] NAI S E, SER W, YU Z L, et al. Beampattern synthesis for linear and planar arrays with antenna selection by convex optimization[J]. IEEE Transactions on Antennas and Propagation, 2010, 58(12): 3923-3930.

[4] FUCHS B. Synthesis of sparse arrays with focused or shaped beampattern via sequential convex optimizations[J]. IEEE Transactions on Antennas and Propagation, 2012, 60(7): 3499-3503.

[5] LEEPER D G. Isophoric arrays-massively thinned phased arrays with well-controlled sidelobes[J]. IEEE Transactions on Antennas and Propagation, 1999, 47(11): 1825-1835.

[6] OLIVERI G, DONELLI M, MASSA A. Linear array thinning exploiting almost difference sets[J]. IEEE Transactions on Antennas and Propagation, 2009, 57(12): 3800-3812.

[7] LEAHY R M, JEFFS B D. On the design of maximally sparse beamforming arrays[J]. IEEE Transactions on Antennas and Propagation, 1991, 39(8): 1178-1187.

[8] HOLM S, ELGETUN B, DAHL G. Properties of the beampattern of weight- and layout-optimized sparse arrays[J]. IEEE Transactions Ultrasonics Ferroelectric Frequency Control, 1997, 44(5): 983-991.

[9] CANDES E J, WAKIN M B, BOYD S P. Enhancing sparsity by reweighted $l(1)$ minimization[J]. The Journal of Fourier Analysis and Applications, 2008, 14(5): 877-905.

[10] WILLEY R. Space tapaering of linear and planar arrays[J]. IRE Transactions on Antennas and Propagation, 1962, 10(4): 369-377.

[11] BUCCI O M, D'URSO M, ISERNIA T, et al. Deterministic synthesis of uniform amplitude sparse arrays via new density taper techniques[J]. IEEE Transactions on Antennas and Propagation, 2010, 58(6): 1949-1958.

[12] LIU Y H, NIE Z P , LIU Q H. Reducing the number of elements in a linear antenna array by the matrix pencil method[J]. IEEE Transactions on Antennas and Propagation, 2008, 56(9): 2955-2962.

[13] LIU Y H, LIU Q H, NIE Z P. Reducing the number of elements in the synthesis of shaped-beam patterns by the forward-backward matrix pencil method[J]. IEEE Transactions on Antennas and Propagation, 2010, 58(2): 604-608.

[14] HOOKER J W, ARORA R K. Optimal thinning levels in linear arrays[J]. IEEE Antennas and Wireless Propagation Letters, 2010, 9(1): 771-774.

[15] FLAUPT R L. Thinned arrays using genetic algorithms[J]. IEEE Transactions on Antennas and Propagation, 1994, 42(7): 993-999.

[16] QUEVEDO T O, RAJO I E. Ant colony optimization in thinned array synthesis with minimum sidelobe level[J]. IEEE Antennas and Wireless Propagation Letters, 2006, 5(1): 349-352.

[17] TRUCCO A, OMODEI E, REPETTO P. Synthesis of sparse planar arrays[J]. Electronics Letters, 1997, 33(22): 1834-1835.

[18] TRUCCO A. Weighting and thinning wide-band arrays by simulated annealing[J]. Ultrasonics, 2002, 40(1): 485-489.

[19] NAI S E, SER W, YU Z L, et al. A robust adaptive beamforming framework with beampattern shaping constraints[J]. IEEE Transactions on Antennas and Propagation, 2009, 57(7): 2198-2203.

[20] WU S P, BOYD S P, VANDENBERGHE L. FIR filter design via spectral factorization and convex optimization[J]. Applied Computational Control, Signal and Communications, 1997(1): 215-245.

[21] BUCCI O M, FRANCESCHETTI G. Intersection approach to array pattern synthesis[J]. IEEE Proceedings Microwaves, Antennas and Propagation, 1990, 137(6): 349-357.

[22] POULTON G T. Antenna power pattern synthesis using method of successive projections[J]. Electronics Letters, 1986, 22(20): 1042-1043.

[23] GABAY D. Applications of the Method of Multipliers to Variational Inequalities, Augmented Lagrangian Methods: Applications to the Solution of Boundary-Value Problems[M]. Amsterdam: North-Holland, 1983.

[24] ECKSTEIN J, BERTSEKAS D P. On the Douglas-Rachford splitting method and the proximal point algorithm for maximal monotone operators[J]. Mathematical Programming, 1992, 55(1-3): 293-318.

[25] WANG Y L, YANG J F, YIN W T, et al. A new alternating minimization algorithm for total variation image reconstruction[J]. SIAM Journal on Imaging Sciences, 2008, 1(3): 248-272.

[26] BOYD S P, PARIKH N, CHU E, et al. Distributed optimization and statistical learning via the alternating direction method of multipliers[J]. Foundations and Trends in Machine Learning, 2011, 3(1): 1-122.

[27] ERSEGHE T. A distributed and maximum-likelihood sensor network localization algorithm based upon a nonconvex problem formulation[J]. IEEE Transactions on Signal and Information Processing over Networks, 2015, 1(4): 247-258.

[28] LIANG J L, YU G Y, CHEN B D, et al. Decentralized dimensionality reduction for distributed tensor data across sensor networks[J]. IEEE Transactions on Neural Networks and Learning Systems, 2016, 27(11): 2174-2186.

[29] LIANG J L, SO H C, LI J, et al. Unimodular sequence design based on alternating direction method of multipliers[J]. IEEE Transactions on Signal Processing, 2016, 64(20): 5367-5381.

[30] HONG M Y, LUO Z Q, RAZAVIYAYN M. Convergence analysis of alternating direction method of multipliers for a family of nonconvex problems[J]. SIAM Journal on Optimization, 2016, 26(1): 337-364.

[31] CHARTRAND R. Exact reconstruction of sparse signals via nonconvex minimization[J]. IEEE Signal Processing Letters, 2007, 14(10): 707-710.

[32] WERUAGA L, JIMAA S. Exact NLMS algorithm with l_p-norm constraint[J]. IEEE Signal Processing Letters, 2015, 22(3): 366-370.

[33] DONOHO D L. Compressed sensing[J]. IEEE Transactions on Information Theory,2006, 52(4): 1289-1306.

[34] PENG J, YUE S, LI H. NP/CMP equivalence: A phenomenon hidden among sparsity models l_0 minimization and l_p minimization for information processing[J]. IEEE Transactions on Information Theory, 2015, 61(7):4028-4033.

[35] NIE F P, WANG H, HUANG H, et al. Joint schatten p-norm and l_p-norm robust matrix completion for missing value recovery[J]. Knowledge and Information Systems, 2015, 42(3): 525-544.

[36] LIANG J L, ZHANG X, SO H C, et al. Sparse array beampattern synthesis via alternating direction method of multipliers[J]. IEEE Transactions on Antennas and Propagation, 2018, 66(5): 2333-2345.

第 8 章 无需模板的阵列波束赋形

本章首先给出无需模板的阵列波束赋形的数学模型及算法推导，其次给出基于恒能量约束的无需模板的阵列波束赋形算法及唯相位的无需模板的阵列波束赋形算法，最后利用仿真实验来验证所提算法的有效性。

8.1 引　　言

一般来说，阵列波束赋形的目的是为天线阵列设计一个权向量，使阵列具有指定的辐射模式 [1-4]；但从广义上讲，实际应用中阵列波束赋形需要考虑两种方案来保证波束模板的鲁棒性。一种是设定主瓣和波动参数以应对实际中可能提供的目标到达角并不精确情况；另一种是指定旁瓣以应对实际中对强干扰的具体方向并无任何先验信息的情况。然而，实际中，当指定的旁瓣太小 (或者主瓣太大) 或主瓣波动参数太小时，会导致波束赋形任务可能无法实现。特别是针对唯相位或恒模波束赋形任务时，由于幅度限制权向量会损失较大的优化自由度。因此，实际应用中存在着这样的需求：既可以避免设定不可行的模板，又可以挖掘波束赋形的最大潜力。为此，本章介绍无需模板的阵列波束赋形问题。

本章考虑构造以旁瓣峰值与主瓣最小值比率最小的数学优化模型，挖掘权值的最大潜力以便改善其电子对抗能力。

8.2 无需模板的阵列波束赋形算法推导

本节基于 ADMM 框架发展无需模板的阵列波束赋形算法。首先，建立基于恒能量约束的无需模板的阵列波束赋形模型，避免求解出现幅度模糊问题；其次，建立唯相位及恒模约束的无需模板的阵列波束赋形模型，并推导了相应的求解方法。

8.2.1 基于恒能量约束的无需模板波束赋形算法推导

考虑 N 个天线组成的阵列。令 $\boldsymbol{l}_n \in \mathbf{R}$ 表示第 n 个天线的坐标，$n = 1, 2, \cdots, N$。令 $\boldsymbol{w} = [w_1, w_2, \cdots, w_N]^{\mathrm{T}}$，表示权向量，$\boldsymbol{a}(\theta) = [a_1(\theta), a_2(\theta), \cdots, a_N(\theta)]^{\mathrm{T}}$，表示角度 θ 处的导向矢量，则在角度 θ 处的方向图可定义为 $\boldsymbol{w}^{\mathrm{H}}\boldsymbol{a}(\theta)$。其中，权值 w_n 为复数，λ 为波长，$a_n(\theta) = \mathrm{e}^{\mathrm{j}\frac{2\pi l_n \sin\theta}{\lambda}}$。需要指出，尽管这里描述的是一维波束赋形问题，但容易扩展至二维波束赋形问题，即用二维导向矢量代替一维导

向矢量，权向量进行相应维数调整即可。此外，尽管这里描述的是通用导向矢量，但也容易扩展至耦合情况和包含单个天线辐射模式情况，即用相应的导向矢量代替上述一维导向矢量即可。

通常，通过设定主瓣层 U、主瓣波动参数 η 及旁瓣层 Q 来指定波束赋形模板，即

$$\begin{cases} U-\eta \leqslant \left|\boldsymbol{w}^{\mathrm{H}}\boldsymbol{a}(\theta)\right|^2 \leqslant U+\eta, & \theta \in \text{主瓣区域} \\ \left|\boldsymbol{w}^{\mathrm{H}}\boldsymbol{a}(\theta)\right|^2 \leqslant Q, & \theta \in \text{旁瓣区域} \end{cases} \tag{8.1}$$

可是，当给定的主瓣 U 过大或旁瓣 Q 太小，可能无法获得一个可行解，特别是针对唯相位或者恒模波束赋形问题时具有有限的自由度。基于这样的考虑，通常期望主瓣的辐射能量越大越好，而旁瓣的越小越好。为了抑制干扰，形成如下波束赋形模型，以避免指定不可行或不合适的波束模板：

$$\begin{aligned} &\min_{\boldsymbol{w}} \frac{\max\limits_{\bar{\theta}_s}\left|\boldsymbol{w}^{\mathrm{H}}\boldsymbol{a}(\bar{\theta}_s)\right|^2}{\min\limits_{\theta_m}\left|\boldsymbol{w}^{\mathrm{H}}\boldsymbol{a}(\theta_m)\right|^2} \\ &\text{s.t.}\ \boldsymbol{w}^{\mathrm{H}}\boldsymbol{w}=1 \end{aligned} \tag{8.2}$$

注意，不同于式 (8.1)，式 (8.2) 并不需要模板参数 $\{U,Q,\eta\}$。为避免目标函数 $\dfrac{\max\limits_{\bar{\theta}_s}\left|\boldsymbol{w}^{\mathrm{H}}\boldsymbol{a}(\bar{\theta}_s)\right|^2}{\min\limits_{\theta_m}\left|\boldsymbol{w}^{\mathrm{H}}\boldsymbol{a}(\theta_m)\right|^2}$ 引入幅度模糊问题，即存在无穷多个解，对权向量引入 l_2 范数约束 $\boldsymbol{w}^{\mathrm{H}}\boldsymbol{w}=1$。这里为便于执行，将主瓣区域划分为 M 个均匀的格点，即 $\{\theta_1,\theta_2,\cdots,\theta_M\}$，而旁瓣区域也被划分为 S 个均匀的格点，即 $\{\bar{\theta}_1,\bar{\theta}_2,\cdots,\bar{\theta}_S\}$。

尽管权向量 $\boldsymbol{w}$ 没有幅度限制，而是存在能量 $\boldsymbol{w}^{\mathrm{H}}\boldsymbol{w}=1$ 限制，但由于分式目标函数中的分子和分母都是关于权向量 $\boldsymbol{w}$ 的函数，耦合在一起；此外，分子和分母还存在着 min、max 这种不确定项的约束，使得问题难以求解。

为分离分式目标函数中的分子和分母，本章定义辅助变量 $\{p,q\}$，使得 e^p 和 e^q 分别是旁瓣层的上边界以及主瓣层的下边界，即

$$\left|\boldsymbol{w}^{\mathrm{H}}\boldsymbol{a}(\bar{\theta}_s)\right|^2 \leqslant e^p,\quad s=1,2,\cdots,S \tag{8.3}$$

$$\left|\boldsymbol{w}^{\mathrm{H}}\boldsymbol{a}(\theta_m)\right|^2 \geqslant e^q,\quad m=1,2,\cdots,M \tag{8.4}$$

式 (8.2) 可以转换为如下等价问题：

$$\begin{aligned}\min_{\boldsymbol{w},p,q}\quad & e^{p-q}\\ \text{s.t.}\quad & \left|\boldsymbol{w}^{\mathrm{H}}\boldsymbol{a}(\bar{\theta}_s)\right|^2 \leqslant e^p, \quad s=1,2,\cdots,S\\ & \left|\boldsymbol{w}^{\mathrm{H}}\boldsymbol{a}(\theta_m)\right|^2 \geqslant e^q, \quad m=1,2,\cdots,M\\ & \boldsymbol{w}^{\mathrm{H}}\boldsymbol{w}=1\end{aligned} \tag{8.5}$$

进一步，最小化 e^{p-q} 等价于最小化 $p-q$，即

$$\begin{aligned}\min_{\boldsymbol{w},p,q}\quad & p-q\\ \text{s.t.}\quad & \left|\boldsymbol{w}^{\mathrm{H}}\boldsymbol{a}(\bar{\theta}_s)\right|^2 \leqslant e^p, \quad s=1,2,\cdots,S\\ & \left|\boldsymbol{w}^{\mathrm{H}}\boldsymbol{a}(\theta_m)\right|^2 \geqslant e^q, \quad m=1,2,\cdots,M\\ & \boldsymbol{w}^{\mathrm{H}}\boldsymbol{w}=1\end{aligned} \tag{8.6}$$

现在目标函数变成了 p 和 q 的线性函数。可是，约束 $|\boldsymbol{w}^{\mathrm{H}}\boldsymbol{a}(\bar{\theta}_s)|^2 \leqslant e^p$ 和 $|\boldsymbol{w}^{\mathrm{H}}\boldsymbol{a}(\theta_m)|^2 \geqslant e^q$ 依然耦合。为简化约束集，引入辅助变量：

$$u_m = \boldsymbol{w}^{\mathrm{H}}\boldsymbol{a}(\theta_m), \quad m=1,2,\cdots,M \tag{8.7}$$

$$v_s = \boldsymbol{w}^{\mathrm{H}}\boldsymbol{a}(\bar{\theta}_s), \quad s=1,2,\cdots,S \tag{8.8}$$

式 (8.5) 可进一步简化为

$$\begin{aligned}\min_{\boldsymbol{w},\{u_m\},\{v_s\},p,q}\quad & p-q\\ \text{s.t.}\quad & |u_m|^2 \geqslant e^q, \quad m=1,2,\cdots,M\\ & |v_s|^2 \leqslant e^p, \quad s=1,2,\cdots,S\\ & u_m = \boldsymbol{w}^{\mathrm{H}}\boldsymbol{a}(\theta_m), \quad m=1,2,\cdots,M\\ & v_s = \boldsymbol{w}^{\mathrm{H}}\boldsymbol{a}(\bar{\theta}_s), \quad s=1,2,\cdots,S\\ & \boldsymbol{w}^{\mathrm{H}}\boldsymbol{w}=1\end{aligned} \tag{8.9}$$

约束 $|v_s|^2 \leqslant e^p$ 和 $|u_m|^2 \geqslant e^q$ 仅在变量 $\{u_m, v_s, p, q\}$ 更新时发挥作用，因此构造如下特殊拉格朗日函数：

$$\begin{aligned}&\mathcal{L}_1\left(\boldsymbol{w},\boldsymbol{u},\boldsymbol{v},p,q,\boldsymbol{\lambda},\boldsymbol{\kappa}\right)\\ &= p-q+\sum_{m=1}^{M}\left(\mathrm{Re}\left\{\lambda_m^*\left(u_m-\boldsymbol{w}^{\mathrm{H}}\boldsymbol{a}(\theta_m)\right)\right\}+\frac{\rho}{2}\left|u_m-\boldsymbol{w}^{\mathrm{H}}\boldsymbol{a}(\theta_m)\right|^2\right)\end{aligned}$$

$$
+\sum_{s=1}^{S}\left(\mathrm{Re}\left\{\kappa_s^*\left(v_s-\boldsymbol{w}^{\mathrm{H}}\boldsymbol{a}(\bar{\theta}_s)\right)\right\}+\frac{\rho}{2}\left|v_s-\boldsymbol{w}^{\mathrm{H}}\boldsymbol{a}(\bar{\theta}_s)\right|^2\right)
$$

$$
\begin{aligned}
\text{s.t.}\ & |u_m|^2\geqslant e^q,\quad m=1,2,\cdots,M\\
& |v_s|^2\leqslant e^p,\quad s=1,2,\cdots,S\\
& \boldsymbol{w}^{\mathrm{H}}\boldsymbol{w}=1
\end{aligned}\tag{8.10}
$$

式中，ρ 为增广拉格朗日函数的步长；λ_m 和 κ_s 分别为约束 $u_m-\boldsymbol{w}^{\mathrm{H}}\boldsymbol{a}(\theta_m)=0$ 和 $v_s-\boldsymbol{w}^{\mathrm{H}}\boldsymbol{a}(\bar{\theta}_s)=0$ 的拉格朗日乘子；$\boldsymbol{u}=[u_1,u_2,\cdots,u_M]$；$\boldsymbol{v}=[v_1,v_2,\cdots,v_S]$；$\boldsymbol{\lambda}=[\lambda_1,\lambda_2,\cdots,\lambda_M]$；$\boldsymbol{\kappa}=[\kappa_1,\kappa_2,\cdots,\kappa_S]$。

下面考虑基于 ADMM 对式 (8.10) 进行求解。

步骤 1 基于给定的 $\{\boldsymbol{w}(t),\boldsymbol{\lambda}(t),\boldsymbol{\kappa}(t)\}$，求解如下问题，以确定 $\{\boldsymbol{u}(t+1),\boldsymbol{v}(t+1),p(t+1),q(t+1)\}$：

$$
\begin{aligned}
&\{\boldsymbol{u}(t+1),\boldsymbol{v}(t+1),p(t+1),q(t+1)\}\\
&=\arg\min_{\boldsymbol{u},\boldsymbol{v},p,q}\mathcal{L}_1\left(\boldsymbol{w}(t),\boldsymbol{u},\boldsymbol{v},p,q,\boldsymbol{\lambda}(t),\boldsymbol{\kappa}(t)\right)\\
&=\arg\min_{\boldsymbol{u},\boldsymbol{v},p,q} p-q+\sum_{m=1}^{M}\left(\mathrm{Re}\left\{\lambda_m^*(t)\left(u_m-\boldsymbol{w}^{\mathrm{H}}(t)\boldsymbol{a}(\theta_m)\right)\right\}+\frac{\rho}{2}|u_m-\boldsymbol{w}^{\mathrm{H}}(t)\boldsymbol{a}(\theta_m)|^2\right)\\
&\quad+\sum_{s=1}^{S}\left(\mathrm{Re}\left\{\kappa_s^*(t)(v_s-\boldsymbol{w}^{\mathrm{H}}(t)\boldsymbol{a}(\bar{\theta}_s))\right\}+\frac{\rho}{2}|v_s-\boldsymbol{w}^{\mathrm{H}}(t)\boldsymbol{a}(\bar{\theta}_s)|^2\right)\\
&\qquad\text{s.t.}\ |u_m|^2\geqslant e^q,\quad m=1,2,\cdots,M\\
&\qquad\qquad |v_s|^2\leqslant e^p,\quad s=1,2,\cdots,S
\end{aligned}\tag{8.11}
$$

忽略常数项并配方，将式 (8.11) 表征为紧凑形式：

$$
\begin{aligned}
\min_{\boldsymbol{u},\boldsymbol{v},p,q}\ & p-q+\frac{\rho}{2}\sum_{m=1}^{M}|u_m-x_m|^2+\frac{\rho}{2}\sum_{s=1}^{S}|v_s-y_s|^2\\
\text{s.t.}\ & |u_m|^2\geqslant e^q,\quad m=1,2,\cdots,M\\
& |v_s|^2\leqslant e^p,\quad s=1,2,\cdots,S
\end{aligned}\tag{8.12}
$$

式中，

$$
x_m=\boldsymbol{w}^{\mathrm{H}}(t)\boldsymbol{a}(\theta_m)-\frac{1}{\rho}\lambda_m(t),\quad m=1,2,\cdots,M \tag{8.13}
$$

$$
y_s=\boldsymbol{w}^{\mathrm{H}}(t)\boldsymbol{a}(\bar{\theta}_s)-\frac{1}{\rho}\kappa_s(t),\quad s=1,2,\cdots,S \tag{8.14}
$$

变量 $\{\boldsymbol{u},q\}$ 和 $\{\boldsymbol{v},p\}$ 的优化可以独立进行，即 (8.12) 可以转换为如下两个独立的问题：

$$\begin{aligned}\min_{\boldsymbol{v},p}\quad & p+\frac{\rho}{2}\sum_{s=1}^{S}|v_s-y_s|^2\\ \text{s.t.}\quad & |v_s|^2\leqslant e^p, s=1,2,\cdots,S\end{aligned}\tag{8.15}$$

$$\begin{aligned}\min_{\boldsymbol{u},\boldsymbol{v},p,q}\quad & -q+\frac{\rho}{2}\sum_{s=1}^{S}|v_s-y_s|^2\\ \text{s.t.}\quad & |u_m|^2\geqslant e^q, m=1,2,\cdots,M\end{aligned}\tag{8.16}$$

由于涉及指数计算，这两个独立的问题仍很难求解。便于分析讨论，这里考虑将多变量优化问题转换为单变量优化问题。假设 $\{p,q\}$ 已知，则最优的 $\{u_m(t+1)\}$ 可以表示为 q 的函数：

$$u_m(t+1)=\begin{cases} e^{\frac{q}{2}}\mathrm{e}^{\mathrm{j}\angle x_m}, & |x_m|\leqslant e^{\frac{q}{2}}\\ x_m, & \text{其他}\end{cases}\tag{8.17}$$

相似的，最优的 $\{v_s(t+1)\}$ 可以表示为 p 的函数：

$$v_s(t+1)=\begin{cases} e^{\frac{p}{2}}\mathrm{e}^{\mathrm{j}\angle y_s}, & |y_s|\geqslant e^{\frac{p}{2}}\\ y_s, & \text{其他}\end{cases}\tag{8.18}$$

类似于线性方程组“消元法”求解的思想，将式 (8.17)、式 (8.18) 分别代入式 (8.15)、式 (8.16)，即可消去变量 $\{u_m\}$ 或 $\{v_s\}$。以下引入单位阶跃函数：

$$S_1(y_s,p)=\begin{cases}1, & |y_s|\geqslant e^{\frac{p}{2}}\\ 0, & \text{其他}\end{cases}\tag{8.19}$$

结合式 (8.18) 和式 (8.19)，可以将式 (8.15) 描述的优化问题转换为

$$\min_{p} p+\frac{\rho}{2}\sum_{s=1}^{S}\left(S_1(y_s,p)\times\left(e^{\frac{p}{2}}-|y_s|\right)^2\right)\tag{8.20}$$

尽管式 (8.20) 已将多变量 $\{v_s,p\}$ 的优化问题转换为了单变量 p 的优化问题，然而表达式中第二项 $\dfrac{\rho}{2}\sum\limits_{s=1}^{S}S_1(y_s,p)\times\left(e^{\frac{p}{2}}-|y_s|\right)^2$ 的具体形式完全依赖于 p。因此，考虑将区间进行划分，将式 (8.20) 中的目标函数表示为分段函数形式，以便在每个区间具有具体形式。

令 $e^{\frac{p}{2}}-|y_s|$ 为零，可以得到变量 p 各子区间的潜在边界点：$p=2\ln|y_s|, s=1,2,\cdots,S$。从中可以挑选出位于先验区间 $[p_L,p_U]$ 的边界点 (如果落在区间的左右端点，排除在外)，并以升序排列。假设挑选出 K 个值，即 $\{p_1(t+1),p_2(t+1),\cdots,p_K(t+1)\}$，这样可以将闭区间 $[p_L, p_U]$ 划分为 $(K+1)$ 个子区间，即 $[p_L,p_1(t+1)],[p_1(t+1),p_2(t+1)],\cdots,[p_K(t+1),p_U]$。

例如，在子区间 $p\in[p_{k-1}(t+1),p_k(t+1)]$，目标函数则具有如下形式：

$$f(p)=p+A_k\left(e^{\frac{p}{2}}-\frac{B_k}{2A_k}\right)^2+C_k-\frac{B_k^2}{4A_k} \tag{8.21}$$

式中，

$$A_k=\frac{\rho}{2}\sum_{s=1}^{S}S_1(y_s,p)>0 \tag{8.22}$$

$$B_k=\rho\sum_{s=1}^{S}S_1(y_s,p)|y_s|>0 \tag{8.23}$$

$$C_k=\frac{\rho}{2}\sum_{s=1}^{S}S_1(y_s,p)|y_s|^2>0 \tag{8.24}$$

进一步，讨论式 (8.21) 中的函数在 $p\in[p_{k-1}(t+1),p_k(t+1)]$ 的凹凸特性。对式 (8.21) 分别进行一阶求导和二阶求导：

$$\frac{\mathrm{d}f(p)}{\mathrm{d}p}=1+A_ke^{\frac{p}{2}}\left(e^{\frac{p}{2}}-\frac{B_k}{2A_k}\right) \tag{8.25}$$

$$\frac{\mathrm{d}^2f(p)}{\mathrm{d}p^2}=A_ke^{\frac{p}{2}}\left(e^{\frac{p}{2}}-\frac{B_k}{4A_k}\right) \tag{8.26}$$

在 $p\in[p_{k-1}(t+1),p_k(t+1)]$，由于 $A_ke^{\frac{p}{2}}>0$，因此二阶导数的正负取决于 $\left(e^{\frac{p}{2}}-\dfrac{B_k}{4A_k}\right)$ 的正负。以下根据点 $2\ln\left(\dfrac{B_k}{4A_k}\right)$ 和区间 $[p_{k-1}(t+1),p_k(t+1)]$ 三种可能的情况分别进行讨论。

情况 A　点 $2\ln\left(\dfrac{B_k}{4A_k}\right)$ 位于区间 $[p_{k-1}(t+1), p_k(t+1)]$ 的左侧。当 $p\in[p_{k-1}(t+1), p_k(t+1)]$ 时，$\left(e^{\frac{p}{2}}-\dfrac{B_k}{4A_k}\right)\geqslant 0$，因此在此区间内函数 $f(p)$ 为凸函数，一阶导函数 $\dfrac{\mathrm{d}f(p)}{\mathrm{d}p}$ 为递增函数。此时，可以根据以下三种情况确定该区间内的最小值点。

情况 A-1　如果 $\left.\dfrac{\mathrm{d}f(p)}{\mathrm{d}p}\right|_{p=p_{k-1}(t+1)} \geqslant 0$，则在此子区间内的最小值在区间左端点 $p = p_{k-1}(t+1)$ 处获得。

情况 A-2　如果 $\left.\dfrac{\mathrm{d}f(p)}{\mathrm{d}p}\right|_{p=p_k(t+1)} \leqslant 0$，则在此子区间内的最小值在区间右端点 $p = p_k(t+1)$ 处获得。

情况 A-3　采用二分法在 $p \in [p_{k-1}(t+1), p_k(t+1)]$ 获得非线性方程 $1 + A_k e^{\frac{p}{2}}\left(e^{\frac{p}{2}} - \dfrac{B_k}{2A_k}\right) = 0$ 的根。

情况 B　点 $2\ln\left(\dfrac{B_k}{4A_k}\right)$ 位于区间 $[p_{k-1}(t+1), p_k(t+1)]$ 的右侧。当 $p \in [p_{k-1}(t+1), p_k(t+1)]$ 时，$\left(e^{\frac{p}{2}} - \dfrac{B_k}{4A_k}\right) \leqslant 0$，因此在此区间内函数 $f(p)$ 为凹函数。此时，确定最小值点可以通过检测函数 $f(p)$ 在区间左、右端点的函数值获得。

情况 C　点 $2\ln\left(\dfrac{B_k}{4A_k}\right)$ 位于区间 $[p_{k-1}(t+1), p_k(t+1)]$。此时，可以把区间 $[p_{k-1}(t+1), p_k(t+1)]$ 划分为两部分：$\left[p_{k-1}(t+1), 2\ln\left(\dfrac{B_k}{4A_k}\right)\right]$ 和 $\left[2\ln\left(\dfrac{B_k}{4A_k}\right), p_k(t+1)\right]$。然后，分别按照以下方法进行计算。

情况 C-1　在区间 $\left[p_{k-1}(t+1), 2\ln\left(\dfrac{B_k}{4A_k}\right)\right]$，$\left(e^{\frac{p}{2}} - \dfrac{B_k}{4A_k}\right) \leqslant 0$，因此在此区间内函数 $f(p)$ 为凹函数。此时，确定最小值点可以通过检测函数 $f(p)$ 在区间左、右端点的函数值获得。

情况 C-2　在区间 $\left[2\ln\left(\dfrac{B_k}{4A_k}\right), p_k(t+1)\right]$，$\left(e^{\frac{p}{2}} - \dfrac{B_k}{4A_k}\right) \geqslant 0$，因此在此区间内，函数 $f(p)$ 为凸函数。此时，可以参照情况 A 的方法进行求解。

基于以上区间划分形成子区间以及分段函数，在每个子区间结合上述求解思路获得该子区间的局部极小值点。接着从 $(K+1)$ 个子区间获得到的 $(K+1)$ 个局部极小值中挑选出整个子区间的全局最小值点，记为 $p(t+1)$。将 $p(t+1)$ 代入式 (8.18) 即可获得 $v_s(t+1)$。

相似于式 (8.19) ~ 式 (8.26) 的求解步骤，定义另外一个单位阶跃函数：

$$S_2(x_m, q) = \begin{cases} 1, & |x_m| \leqslant e^{\frac{q}{2}} \\ 0, & \text{其他} \end{cases} \tag{8.27}$$

式 (8.16) 可以转换为如下单变量约束的优化问题：

$$\min_{q} -q + \sum_{m=1}^{M} S_2(x_m, q) \times \left(e^{\frac{q}{2}} - |x_m|\right)^2 \tag{8.28}$$

参考上述确定最优 $p(t+1)$ 的步骤，可以获得最优的 $q(t+1)$ 及 $u_m(t+1)$。

步骤 2　基于给定的 $\{\boldsymbol{\lambda}(t), \boldsymbol{\kappa}(t)\}$ 及 $\{\boldsymbol{u}(t+1), \boldsymbol{v}(t+1), p(t+1), q(t+1)\}$ 求解以下优化问题，确定 $\boldsymbol{w}(t+1)$：

$$\begin{aligned}\boldsymbol{w}(t+1) &= \arg\min_{\boldsymbol{w}} \mathcal{L}_1\big(\boldsymbol{w}, \boldsymbol{u}(t+1), \boldsymbol{v}(t+1), p(t+1), q(t+1), \boldsymbol{\lambda}(t), \boldsymbol{\kappa}(t)\big) \\ &= \arg\min_{\boldsymbol{w}} \sum_{m=1}^{M} \left| u_m(t+1) + \frac{\lambda_m(t)}{\rho} - \boldsymbol{w}^{\mathrm{H}} \boldsymbol{a}(\theta_m) \right|^2 \\ &\quad + \sum_{s=1}^{S} \left| v_s(t+1) + \frac{\kappa_s(t)}{\rho} - \boldsymbol{w}^{\mathrm{H}} \boldsymbol{a}(\bar{\theta}_s) \right|^2 \\ &\qquad \text{s.t. } \boldsymbol{w}^{\mathrm{H}} \boldsymbol{w} = 1 \end{aligned} \tag{8.29}$$

注意去掉常数项后，可以写为如下紧凑形式：

$$\begin{aligned} \min_{\boldsymbol{w}} \quad & \boldsymbol{w}^{\mathrm{H}} \boldsymbol{R} \boldsymbol{w} + \boldsymbol{b}^{\mathrm{H}} \boldsymbol{w} + \boldsymbol{w}^{\mathrm{H}} \boldsymbol{b} \\ \text{s.t.} \quad & \boldsymbol{w}^{\mathrm{H}} \boldsymbol{w} = 1 \end{aligned} \tag{8.30}$$

其中，

$$\boldsymbol{R} = \sum_{m=1}^{M} \boldsymbol{a}(\theta_m) \boldsymbol{a}^{\mathrm{H}}(\theta_m) + \sum_{s=1}^{S} \boldsymbol{a}(\bar{\theta}_s) \boldsymbol{a}^{\mathrm{H}}(\bar{\theta}_s) \tag{8.31}$$

$$\boldsymbol{b} = -\sum_{m=1}^{M} \left(u_m(t+1) + \frac{\lambda_m(t)}{\rho} \right)^* \boldsymbol{a}(\theta_m) - \sum_{s=1}^{S} \left(v_s(t+1) + \frac{\kappa_s(t)}{\rho} \right)^* \boldsymbol{a}(\bar{\theta}_s) \tag{8.32}$$

基于式 (8.30) 构造拉格朗日函数：

$$\mathcal{F}(\boldsymbol{w}, \lambda) = \boldsymbol{w}^{\mathrm{H}} \boldsymbol{R} \boldsymbol{w} + \boldsymbol{b}^{\mathrm{H}} \boldsymbol{w} + \boldsymbol{w}^{\mathrm{H}} \boldsymbol{b} + \lambda(\boldsymbol{w}^{\mathrm{H}} \boldsymbol{w} - 1) \tag{8.33}$$

分别对 w 和 λ 求导，并令其为 0，可得拉格朗日方程：

$$\begin{cases} 2\boldsymbol{R}\boldsymbol{w} + 2\boldsymbol{b} + 2\lambda \boldsymbol{w} = 0 \\ \boldsymbol{w}^{\mathrm{H}} \boldsymbol{w} - 1 = 0 \end{cases} \tag{8.34}$$

由 $2\boldsymbol{R}\boldsymbol{w} + 2\boldsymbol{b} + 2\lambda \boldsymbol{w} = 0$ 可得

$$\boldsymbol{w} = -\left(\boldsymbol{R}^{-1} + \lambda \boldsymbol{I}_N\right)^{-1} \boldsymbol{b} \tag{8.35}$$

将式 (8.35) 代入 $\boldsymbol{w}^{\mathrm{H}}\boldsymbol{w}-1=0$，可得

$$g(\lambda)=\boldsymbol{b}^{\mathrm{H}}(\boldsymbol{R}+\lambda\boldsymbol{I}_N)^{-2}\boldsymbol{b}-1 \tag{8.36}$$

式 (8.36) 表明，拉格朗日乘子 λ 是非线性方程 $g(\lambda)=0$ 的根。对矩阵 $\boldsymbol{R}$ 执行特征值分解得到：

$$\boldsymbol{R}=\boldsymbol{U}\boldsymbol{\Sigma}\boldsymbol{U}^{\mathrm{H}} \tag{8.37}$$

式中，$\boldsymbol{\Sigma}=\mathrm{Diag}\{[\sigma_1,\sigma_2,\cdots,\sigma_N]\}$，特征值按照值的大小降序排列，即 $\sigma_1\geqslant\sigma_2\geqslant\cdots\geqslant\sigma_N\geqslant 0$。特征向量矩阵 $\boldsymbol{U}=[\boldsymbol{u}_1\boldsymbol{u}_2\cdots\boldsymbol{u}_N]$。从而，上述非线性方程可重写为

$$g(\lambda)=\boldsymbol{b}^{\mathrm{H}}\boldsymbol{U}(\boldsymbol{\Sigma}+\lambda\boldsymbol{I}_N)^{-2}\boldsymbol{U}^{\mathrm{H}}\boldsymbol{b}-1=\sum_{n=1}^{N}\frac{\left|\boldsymbol{b}^{\mathrm{H}}\boldsymbol{u}_n\right|^2}{(\sigma_n+\lambda)^2}-1 \tag{8.38}$$

由于 $\lim\limits_{\lambda\to-\sigma_N}g(\lambda)=+\infty$ 和 $\lim\limits_{\lambda\to+\infty}g(\lambda)=-1$，以及

$$\frac{\partial g(\lambda)}{\partial\lambda}=\sum_{n=1}^{N}\frac{-2\left|\boldsymbol{b}^{\mathrm{H}}\boldsymbol{u}_n\right|^2}{(\sigma_n+\lambda)^3}<0,\quad \lambda\in(-\sigma_N,+\infty) \tag{8.39}$$

函数 $g(\lambda)$ 在 $\lambda\in(-\sigma_N,+\infty)$ 具备单调性。这样在 $\lambda\in(-\sigma_N,+\infty)$ 存在唯一的一个根 λ 满足 $g(\lambda)=0$。因此，可以根据二分法在此区间进行搜索，获得根 $\breve{\lambda}$，并代入式 (8.35) 获得 $\boldsymbol{w}(t+1)$。

步骤 3　更新拉格朗日乘子向量：

$$\kappa_s(t+1)=\kappa_s(t)+\rho\left(v_s(t+1)-\boldsymbol{w}^{\mathrm{H}}(t+1)\boldsymbol{a}(\tilde{\theta}_s)\right) \tag{8.40}$$

$$\lambda_m(t+1)=\lambda_m(t)+\rho\left(u_m(t+1)-\boldsymbol{w}^{\mathrm{H}}(t+1)\boldsymbol{a}(\theta_m)\right) \tag{8.41}$$

8.2.2 无需模板的唯相位阵列波束赋形算法推导

在一些实际应用中，有时会考虑权值幅度给定情况下或恒模情况下的相位优化波束赋形，以便简化网络设计。由于唯相位 (phase-only) 阵列波束赋形问题：

$$\begin{aligned}&\min_{\boldsymbol{w}}\ \frac{\max\limits_{\bar{\theta}_s}\left|\boldsymbol{w}^{\mathrm{H}}\boldsymbol{a}(\bar{\theta}_s)\right|^2}{\min\limits_{\theta_m}\left|\boldsymbol{w}^{\mathrm{H}}\boldsymbol{a}(\theta_m)\right|^2}\\&\ \text{s.t.}\quad |w_n|=A_n,\quad n=1,2,\cdots,N\end{aligned} \tag{8.42}$$

可以转换为常模波束赋形问题，这样仅以常模波束赋形为例进行问题描述：

$$\begin{aligned}\min_{\boldsymbol{w}} \quad & \frac{\max\limits_{\bar{\theta}_s}\left|\boldsymbol{w}^{\mathrm{H}}\boldsymbol{a}(\bar{\theta}_s)\right|^2}{\min\limits_{\theta_m}\left|\boldsymbol{w}^{\mathrm{H}}\boldsymbol{a}(\theta_m)\right|^2} \\ \text{s.t.} \quad & |w_n| = 1, \quad n = 1,2,\cdots,N \end{aligned} \tag{8.43}$$

相似地，引入辅助变量 $\{p,q\}$，转换为如下问题：

$$\begin{aligned}\min_{\boldsymbol{w},p,q} \quad & e^{p-q} \\ \text{s.t.} \quad & \left|\boldsymbol{w}^{\mathrm{H}}\boldsymbol{a}(\bar{\theta}_s)\right|^2 \leqslant e^p, \quad s = 1,2,\cdots,S \\ & \left|\boldsymbol{w}^{\mathrm{H}}\boldsymbol{a}(\theta_m)\right|^2 \geqslant e^q, \quad m = 1,2,\cdots,M \\ & |w_n| = 1, \quad n = 1,2,\cdots,N \end{aligned} \tag{8.44}$$

进一步，定义：

$$\tilde{p} = e^{p-q} \tag{8.45}$$

$$\tilde{w}_n = \frac{w_n}{e^{\frac{q}{2}}} \tag{8.46}$$

$$\xi = \frac{1}{e^{\frac{q}{2}}} \tag{8.47}$$

则式 (8.43) 中的问题进一步等价为如下问题：

$$\begin{aligned}\min_{\tilde{\boldsymbol{w}},\tilde{p},\xi} \quad & \tilde{p} \\ \text{s.t.} \quad & |\tilde{\boldsymbol{w}}^{\mathrm{H}}\boldsymbol{a}(\bar{\theta}_s)|^2 \leqslant \tilde{p}, \quad s = 1,2,\cdots,S \\ & |\tilde{\boldsymbol{w}}^{\mathrm{H}}\boldsymbol{a}(\theta_m)|^2 \geqslant 1, \quad m = 1,2,\cdots,M \\ & |\tilde{w}_n| = \xi, \quad n = 1,2,\cdots,N \end{aligned} \tag{8.48}$$

由于幅度约束为非凸约束，导致上述问题很难求解，因此考虑引入辅助变量 $\boldsymbol{z} = \tilde{\boldsymbol{w}}$ 进行约束集的分离与解耦，即

$$\begin{aligned}\min_{\tilde{\boldsymbol{w}},\boldsymbol{z},\tilde{p},\xi} \quad & \tilde{p} \\ \text{s.t.} \quad & |\tilde{\boldsymbol{w}}^{\mathrm{H}}\boldsymbol{a}(\bar{\theta}_s)|^2 \leqslant \tilde{p}, \quad s = 1,2,\cdots,S \\ & |\tilde{\boldsymbol{w}}^{\mathrm{H}}\boldsymbol{a}(\theta_m)|^2 \geqslant 1, \quad m = 1,2,\cdots,M \\ & \tilde{\boldsymbol{w}} = \boldsymbol{z} \\ & |z_n| = \xi, \quad n = 1,2,\cdots,N \end{aligned} \tag{8.49}$$

基于式 (8.49)，构造如下特殊的增广拉格朗日函数：

$$
\begin{aligned}
&\mathcal{L}_2\left(\tilde{\boldsymbol{w}}, \boldsymbol{z}, \tilde{\boldsymbol{u}}, \tilde{\boldsymbol{v}}, \tilde{p}, \tilde{\boldsymbol{\lambda}}, \tilde{\boldsymbol{\kappa}}, \tilde{\gamma}\right) \\
=&\tilde{p} + \sum_{m=1}^{M}\left(\mathrm{Re}\left\{\tilde{\lambda}_m^*\left(\tilde{u}_m - \tilde{\boldsymbol{w}}^{\mathrm{H}}\boldsymbol{a}(\theta_m)\right)\right\} + \frac{\rho}{2}\left|\tilde{u}_m - \tilde{\boldsymbol{w}}^{\mathrm{H}}\boldsymbol{a}(\theta_m)\right|^2\right) \\
&+ \sum_{s=1}^{S}\left(\mathrm{Re}\left\{\tilde{\kappa}_s^*\left(\tilde{v}_s - \tilde{\boldsymbol{w}}^{\mathrm{H}}\boldsymbol{a}(\bar{\theta}_s)\right)\right\} + \frac{\rho}{2}\left|\tilde{v}_s - \tilde{\boldsymbol{w}}^{\mathrm{H}}\boldsymbol{a}(\bar{\theta}_s)\right|^2\right) \\
&+ \mathrm{Re}\left\{\tilde{\boldsymbol{\gamma}}^{\mathrm{H}}\left(\tilde{\boldsymbol{w}} - \boldsymbol{z}\right)\right\} + \frac{\rho}{2}\left|\tilde{\boldsymbol{w}} - \boldsymbol{z}\right|^2 \\
&\qquad\qquad \text{s.t. } |\tilde{u}_m|^2 \geqslant 1, \quad m = 1, 2, \cdots, M \\
&\qquad\qquad\quad\;\; |\tilde{v}_s|^2 \leqslant \tilde{p}, \quad s = 1, 2, \cdots, S \\
&\qquad\qquad\quad\;\; |z_n| = \xi, \quad n = 1, 2, \cdots, N
\end{aligned} \tag{8.50}
$$

然后，基于 ADMM 设计如下迭代算法，对式 (8.50) 所描述的拉格朗日函数进行求解。

步骤 1　基于给定的 $\{\tilde{\boldsymbol{w}}(t), \tilde{p}(t), \tilde{\boldsymbol{\lambda}}(t), \tilde{\boldsymbol{\kappa}}(t), \tilde{\gamma}(t)\}$ 求解如下子问题，确定 $\{\tilde{\boldsymbol{u}}(t+1), \tilde{\boldsymbol{v}}(t+1), \tilde{p}(t+1), \boldsymbol{z}(t+1)\}$：

$$
\begin{aligned}
&\{\tilde{\boldsymbol{u}}(t+1), \tilde{\boldsymbol{v}}(t+1), \tilde{p}(t+1), \boldsymbol{z}(t+1)\} \\
=& \arg\min_{\tilde{\boldsymbol{u}}, \tilde{\boldsymbol{v}}, \tilde{p}, \boldsymbol{z}} \mathcal{L}_2\left(\tilde{\boldsymbol{w}}(t), \boldsymbol{z}, \tilde{\boldsymbol{u}}, \tilde{\boldsymbol{v}}, \tilde{p}(t), \tilde{\boldsymbol{\lambda}}(t), \tilde{\boldsymbol{\kappa}}(t), \tilde{\gamma}(t)\right) \\
=& \tilde{p} + \sum_{m=1}^{M}\left(\mathrm{Re}\left\{\tilde{\lambda}_m^*(t)\big(\tilde{u}_m - \tilde{\boldsymbol{w}}^{\mathrm{H}}(t)\boldsymbol{a}(\theta_m)\big)\right\} + \frac{\rho}{2}\left|\tilde{u}_m - \tilde{\boldsymbol{w}}^{\mathrm{H}}(t)\boldsymbol{a}(\theta_m)\right|^2\right) \\
&+ \sum_{s=1}^{S}\left(\mathrm{Re}\left\{\tilde{\kappa}_s^*(t)\big(\tilde{v}_s - \tilde{\boldsymbol{w}}^{\mathrm{H}}(t)\boldsymbol{a}(\bar{\theta}_s)\big)\right\} + \frac{\rho}{2}\left|\tilde{v}_s - \tilde{\boldsymbol{w}}^{\mathrm{H}}(t)\boldsymbol{a}(\bar{\theta}_s)\right|^2\right) \\
&+ \mathrm{Re}\left\{\tilde{\boldsymbol{\gamma}}^{\mathrm{H}}(t)\big(\tilde{\boldsymbol{w}}(t) - \boldsymbol{z}\big)\right\} + \frac{\rho}{2}\left|\tilde{\boldsymbol{w}}(t) - \boldsymbol{z}\right|^2 \\
&\qquad\qquad \text{s.t. } |\tilde{u}_m|^2 \geqslant 1, \quad m = 1, 2, \cdots, M \\
&\qquad\qquad\quad\;\; |\tilde{v}_s|^2 \leqslant \tilde{p}, \quad s = 1, 2, \cdots, S \\
&\qquad\qquad\quad\;\; |z_n| = \xi, \quad n = 1, 2, \cdots, N
\end{aligned} \tag{8.51}
$$

式 (8.51) 可以分解为如下 3 个子问题：

$$
\min_{\boldsymbol{z}, \xi} \mathrm{Re}\left\{\tilde{\boldsymbol{\gamma}}^{\mathrm{H}}(t)\big(\tilde{\boldsymbol{w}}(t) - \boldsymbol{z}\big)\right\} + \frac{\rho}{2}\left|\tilde{\boldsymbol{w}}(t) - \boldsymbol{z}\right|^2
$$

$$\text{s.t.}\quad |z_n| = \xi, n = 1, 2, \cdots, N \tag{8.52}$$

$$\min_{\tilde{u}_m} \sum_{m=1}^{M} \left(\mathrm{Re}\left\{ \tilde{\lambda}_m^*(t) \left(\tilde{u}_m - \tilde{\boldsymbol{w}}^{\mathrm{H}}(t)\boldsymbol{a}(\theta_m) \right) \right\} + \frac{\rho}{2} \left| \tilde{u}_m - \tilde{\boldsymbol{w}}^{\mathrm{H}}(t)\boldsymbol{a}(\theta_m) \right|^2 \right)$$
$$\text{s.t.}\quad |\tilde{u}_m|^2 \geqslant 1, \quad m = 1, 2, \cdots, M \tag{8.53}$$

$$\min_{\tilde{v}_s, \tilde{p}} \tilde{p} + \sum_{s=1}^{S} \left(\mathrm{Re}\left\{ \tilde{\kappa}_s^*(t) \left(\tilde{v}_s - \tilde{\boldsymbol{w}}^{\mathrm{H}}(t)\boldsymbol{a}(\bar{\theta}_s) \right) \right\} + \frac{\rho}{2} \left| \tilde{v}_s - \tilde{\boldsymbol{w}}^{\mathrm{H}}(t)\boldsymbol{a}(\bar{\theta}_s) \right|^2 \right)$$
$$\text{s.t.}\quad |\tilde{v}_s|^2 \leqslant \tilde{p}, \quad s = 1, 2, \cdots, S \tag{8.54}$$

对式 (8.52) 进行配方，可得

$$\min_{\boldsymbol{z}, \xi} \sum_{n=1}^{N} \left| \tilde{w}_n(t) + \frac{\tilde{\gamma}_n(t)}{\rho} - z_n \right|^2$$
$$\text{s.t.}\quad |z_n| = \xi, \quad n = 1, 2, \cdots, N \tag{8.55}$$

显然，要使目标函数最小，则需要每一个绝对值平方项中的 z_n 相位与 $\tilde{w}_n(t) + \frac{\tilde{\gamma}_n(t)}{\rho}$ 的相位相同才能削弱幅度，进而减小目标函数值，即 z_n 应具有如下形式：

$$z_n(t+1) = \xi \exp\left\{ \sqrt{-1} \angle \left(\tilde{w}_n(t) + \frac{\tilde{\gamma}_n(t)}{\rho} \right) \right\} \tag{8.56}$$

将式 (8.56) 代入式 (8.55)，可得

$$\min_{\xi} \sum_{n=1}^{N} \left(\left| \tilde{w}_n(t) + \frac{\tilde{\gamma}_n(t)}{\rho} \right| - \xi \right)^2 \tag{8.57}$$

可得式 (8.57) 的闭合解析式为

$$\xi(t+1) = \frac{1}{N} \sum_{n=1}^{N} \left| \tilde{w}_n(t) + \frac{\tilde{\gamma}_n(t)}{\rho} \right| \tag{8.58}$$

结合式 (8.56) 和式 (8.58)，可得

$$z_n(t+1) = \frac{1}{N} \left(\sum_{n=1}^{N} \left| \tilde{w}_n(t) + \frac{\tilde{\gamma}_n(t)}{\rho} \right| \right) \exp\left\{ \sqrt{-1} \angle \left(\tilde{w}_n(t) + \frac{\tilde{\gamma}_n(t)}{\rho} \right) \right\} \tag{8.59}$$

式 (8.53) 不存在约束耦合的问题，可得其闭合解析式为

$$\tilde{u}_m(t+1) = \begin{cases} \dfrac{\tilde{\boldsymbol{w}}^{\mathrm{H}}(t)\boldsymbol{a}(\theta_m) - \tilde{\lambda}_m(t)/\rho}{\left| \tilde{\boldsymbol{w}}^{\mathrm{H}}(t)\boldsymbol{a}(\theta_m) - \tilde{\lambda}_m(t)/\rho \right|}, & \left| \tilde{\boldsymbol{w}}^{\mathrm{H}}(t)\boldsymbol{a}(\theta_m) - \dfrac{\tilde{\lambda}_m(t)}{\rho} \right| < 1 \\ \tilde{\boldsymbol{w}}^{\mathrm{H}}(t)\boldsymbol{a}(\theta_m) - \dfrac{\tilde{\lambda}_m(t)}{\rho}, & \text{其他} \end{cases} \tag{8.60}$$

式 (8.54) 中的子问题存在变量耦合的问题，为此引入如下单位阶跃函数进行消元：

$$S_3(\tilde{y}_s,\tilde{p})=\begin{cases}1, & |\tilde{y}_s|^2\geqslant\tilde{p}\\ 0, & \text{其他}\end{cases}\tag{8.61}$$

式中，

$$\tilde{y}_s=\tilde{\boldsymbol{w}}^{\mathrm{H}}(t)\boldsymbol{a}(\bar{\theta}_s)-\frac{\tilde{\kappa}_s(t)}{\rho},\quad s=1,2,\cdots,S\tag{8.62}$$

结合式 (8.61)，则式 (8.54) 可重写为单变量优化问题：

$$\min_{\tilde{p}}\ \tilde{p}+\frac{\rho}{2}\sum_{s=1}^{S}\left(S_3(\tilde{y}_s,\tilde{p})\times\left(\sqrt{\tilde{p}}-|\tilde{y}_s|\right)^2\right)\tag{8.63}$$

式中，$\frac{\rho}{2}\sum_{s=1}^{S}\left(S_3(\tilde{y}_s,\tilde{p})\times\left(\sqrt{\tilde{p}}-|\tilde{y}_s|\right)^2\right)$ 取决于 $\tilde{p}$ 的取值。假设从转折点集 $\left\{|\tilde{y}_1|^2,|\tilde{y}_2|^2,\cdots,|\tilde{y}_S|^2\right\}$ 中可以挑选出位于先验区间 $\tilde{p}\in[\tilde{p}_L,\tilde{p}_U]$(除去两端点) 的 K 个点，记为 $\{\tilde{p}_1(t+1),\tilde{p}_2(t+1),\cdots,\tilde{p}_K(t+1)\}$，可以将区间划分为 $(K+1)$ 个子区间，即 $[\tilde{p}_L,\tilde{p}_1(t+1)]$,$[\tilde{p}_1(t+1),\tilde{p}_2(t+1)]$,$\cdots$,$[\tilde{p}_K(t+1),\tilde{p}_U]$。特别在第 k 个区间，即 $\tilde{p}\in[\tilde{p}_{k-1}(t+1),\tilde{p}_k(t+1)]$ 时，式 (8.63) 的目标函数具有如下形式：

$$g(\tilde{p})=\tilde{A}_k\tilde{p}-\tilde{B}_k\sqrt{\tilde{p}}+\tilde{C}_k,\quad k=1,2,\cdots,K+1\tag{8.64}$$

式中，

$$\tilde{A}_k=1+\frac{\rho}{2}\sum_{s=1}^{S}S_3(\tilde{y}_s,\tilde{p})>0\tag{8.65}$$

$$\tilde{B}_k=\rho\sum_{s=1}^{S}S_3(\tilde{y}_s,\tilde{p})|\tilde{y}_s|>0\tag{8.66}$$

$$\tilde{C}_k=\frac{\rho}{2}\sum_{s=1}^{S}S_3(\tilde{y}_s,\tilde{p})|\tilde{y}_s|^2>0\tag{8.67}$$

在 $\tilde{p}\in[\tilde{p}_{k-1}(t+1),\tilde{p}_k(t+1)]$ 的局部最小值可以从区间的边界点 $\{\tilde{p}_{k-1}(t+1),\tilde{p}_k(t+1)\}$ 及点 $\left(\frac{\tilde{B}_k}{2\tilde{A}_k}\right)^2$ 处的函数值比较大小确定。进一步，对于 $(K+1)$ 个子区间获得的 $(K+1)$ 个局部最小值，可以确定全局最小值，记为 $\tilde{p}(t+1)$，进而可得

$$\tilde{v}_s(t+1)=\begin{cases}\sqrt{\tilde{p}(t+1)}\exp\left\{\sqrt{-1}\angle(\tilde{y}_s)\right\}, & |\tilde{y}_s|^2\geqslant\tilde{p}(t+1)\\ \tilde{y}_s, & \text{其他}\end{cases}\tag{8.68}$$

步骤 2　基于 $\{\tilde{\boldsymbol{u}}(t+1),\tilde{\boldsymbol{v}}(t+1),\tilde{p}(t+1),\boldsymbol{z}(t+1)\}$ 和 $\left\{\tilde{\boldsymbol{\lambda}}(t),\tilde{\boldsymbol{\kappa}}(t),\tilde{\gamma}(t)\right\}$，求解如下问题确定 $\tilde{\boldsymbol{w}}(t+1)$：

$$\begin{aligned}&\min_{\tilde{\boldsymbol{w}}}\sum_{m=1}^{M}\left|\tilde{u}_m(t+1)+\frac{\tilde{\lambda}_m(t)}{\rho}-\tilde{\boldsymbol{w}}^{\mathrm{H}}\boldsymbol{a}(\theta_m)\right|^2\\&+\sum_{s=1}^{S}\left|\tilde{v}_s(t+1)+\frac{\tilde{\kappa}_s(t)}{\rho}-\tilde{\boldsymbol{w}}^{\mathrm{H}}\boldsymbol{a}(\bar{\theta}_s)\right|^2+\left|\tilde{\boldsymbol{w}}-\boldsymbol{z}(t+1)+\frac{\tilde{\gamma}(t)}{\rho}\right|^2\end{aligned}\tag{8.69}$$

进一步，可将式 (8.69) 简化为如下形式：

$$\min_{\tilde{\boldsymbol{w}}}\tilde{\boldsymbol{w}}^{\mathrm{H}}\boldsymbol{R}\tilde{w}+\tilde{\boldsymbol{b}}^{\mathrm{H}}\tilde{\boldsymbol{w}}+\tilde{\boldsymbol{w}}^{\mathrm{H}}\tilde{\boldsymbol{b}}\tag{8.70}$$

式中，

$$\boldsymbol{R}=\sum_{m=1}^{M}\boldsymbol{a}(\theta_m)\boldsymbol{a}^{\mathrm{H}}(\theta_m)+\sum_{s=1}^{S}\boldsymbol{a}(\bar{\theta}_s)\boldsymbol{a}^{\mathrm{H}}(\bar{\theta}_s)+\boldsymbol{I}_N\tag{8.71}$$

$$\begin{aligned}\tilde{\boldsymbol{b}}=&-\sum_{m=1}^{M}\left(\tilde{u}_m(t+1)+\frac{\tilde{\lambda}_m(t)}{\rho}\right)^*\boldsymbol{a}(\theta_m)\\&-\sum_{s=1}^{S}\left(\tilde{v}_s(t+1)+\frac{\tilde{\kappa}_s(t)}{\rho}\right)^*\boldsymbol{a}(\bar{\theta}_s)-\boldsymbol{z}(t+1)+\frac{\tilde{\gamma}(t)}{\rho}\end{aligned}\tag{8.72}$$

则式 (8.70) 的解为

$$\tilde{\boldsymbol{w}}(t+1)=-\boldsymbol{R}^{-1}\tilde{\boldsymbol{b}}\tag{8.73}$$

步骤 3　更新拉格朗日乘子：

$$\tilde{\kappa}_s(t+1)=\tilde{\kappa}_s(t)+\rho\left(\tilde{v}_s(t+1)-\tilde{\boldsymbol{w}}^{\mathrm{H}}(t+1)\boldsymbol{a}(\tilde{\theta}_s)\right)\tag{8.74}$$

$$\tilde{\lambda}_m(t+1)=\tilde{\lambda}_m(t)+\rho\left(\tilde{u}_m(t+1)-\tilde{\boldsymbol{w}}^{\mathrm{H}}(t+1)\boldsymbol{a}(\theta_m)\right)\tag{8.75}$$

$$\tilde{\gamma}(t+1)=\tilde{\gamma}(t)+\rho\left(\tilde{\boldsymbol{w}}(t+1)-\boldsymbol{z}(t+1)\right)\tag{8.76}$$

重复步骤 1 ~ 步骤 3，直至收敛。并通过以下步骤获得原始参量 $\boldsymbol{w}$：

$$\boldsymbol{w}=\frac{\tilde{\boldsymbol{w}}}{\xi}\tag{8.77}$$

8.3 仿真实验

本章通过仿真实验来评估所提算法的特性。根据式 (8.2)、式 (8.42)、式 (8.43) 所描述的问题，实验分为 3 部分，即无幅度约束的波束赋形仿真实验、常模波束赋形仿真实验及唯相位波束赋形仿真实验。

8.3.1 无幅度约束的波束赋形仿真实验

A 线阵：首先考虑由 32 个天线构成的均匀线阵波束赋形问题。阵列坐标由 Matlab 命令 $13 \times \text{rand}(32{,}1)$ 产生，单位为波长，如表 8.1 所示。

表 8.1 线阵天线坐标 (单位：波长)

天线编号	位置	天线编号	位置	天线编号	位置	天线编号	位置
1	0	9	3.3170	17	6.3406	25	9.6483
2	0.4060	10	3.7353	18	6.7389	26	9.9393
3	0.9013	11	4.1223	19	7.3355	27	10.3631
4	1.1388	12	4.4168	20	7.7003	28	10.7491
5	1.6367	13	4.8704	21	8.0920	29	11.2905
6	2.0607	14	5.2460	22	8.5186	30	11.5522
7	2.4128	15	5.5802	23	8.7627	31	12.0816
8	2.7776	16	5.9990	24	9.1572	32	12.3660

主瓣区域设为 $[-15°, 15°]$，旁瓣区域设为 $[-90°, -26°] \cup [16°, 90°]$，角度采样间隔为 1°。算法其他参数设为 $\rho = 10$，$T = 10000$ 次。运行半正定松弛 (SDR) 算法进行比较，该算法本质是将向量的优化问题转换为矩阵的优化问题。形成的矩阵理论上应具有秩为 1 特点，但由于秩为 1 约束为非凸的 NP-hard 问题，通常会丢掉秩为 1 约束，松弛为无秩约束的矩阵优化问题。图 8.1(a) 给出的结果将各个角度按如下方式进行归一化：

$$\frac{\left|\boldsymbol{w}^{\mathrm{H}}\boldsymbol{a}(\theta)\right|^2}{\min\limits_{\theta_m}\left|\boldsymbol{w}^{\mathrm{H}}\boldsymbol{a}(\theta_m)\right|^2} \tag{8.78}$$

将得到的 $\max\limits_{\bar{\theta}_s}\left|\boldsymbol{w}^{\mathrm{H}}\boldsymbol{a}(\bar{\theta}_s)\right|^2$ 和 $\min\limits_{\theta_m}\left|\boldsymbol{w}^{\mathrm{H}}\boldsymbol{a}(\theta_m)\right|^2$ 在图 8.1(a) 中通过虚线标记。使用主瓣最大值进行归一化，结果如图 8.1(b) 所示。从图 8.1(b) 看出，相对最小主瓣功率而言，算法 1(8.2.1 小节) 算法可以得到更低的旁瓣 (−69.057dB)，优于 SDR 算法的 −60.487dB。可是，相对最大主瓣功率而言，SDR 算法以主瓣内较大的波动为代价，可以达到更低的旁瓣。因此，某种意义上讲，算法 1 优化的最差情况，即目标出现在主瓣区域内具有最小功率的角度，而干扰出现在旁瓣区域内具有最

大功率的角度。另外，图 8.1(c) 和 (d) 分别给出了所获得的权值的幅度和相位。为了测试迭代次数对算法收敛特性的影响，计算所有 10000 次迭代内辅助变量和角度响应 (AVAR) 之间的误差，即 $\max\limits_{m}\left|u_m-\boldsymbol{w}^{\mathrm{H}}\boldsymbol{a}(\theta_m)\right|$ 和 $\max\limits_{s}\left|v_s-\boldsymbol{w}^{\mathrm{H}}\boldsymbol{a}(\bar{\theta}_s)\right|$，结果如图 8.1(e) 所示。从图 8.1(e) 可以看出，在迭代 4000 次后，AVAR 误差已经小于 $10^{-(96.27/20)}$(即 -96.27dB)。结果表明，算法 1 可以在 10000 次内充分收敛，$T=10000$ 次作为迭代终止条件是合理的。

接下来测试天线耦合对算法的影响。类似于文献 [5]~[8]，带状对称托普利兹矩阵用作均匀线性阵列耦合模型 (阵元间距为半波长)，这里耦合系数取 $c_1=0.3527+\mathrm{j}0.4584$、$c_2=0.1618-\mathrm{j}0.2853$ 和 $c_3=0.0927-\mathrm{j}0.1167$。便于对比，本章分别处理了无耦合情况和含耦合情况，获得的波束赋形结果、权值幅度和权值相位分别如图 8.1(f)、(g)、(h) 所示。从结果可以看出，含耦合和无耦合时的旁瓣分别为 -78.86dB 和 -78.99dB。仿真结果表明，有无耦合对本章算法进行波束赋形的影响较小。

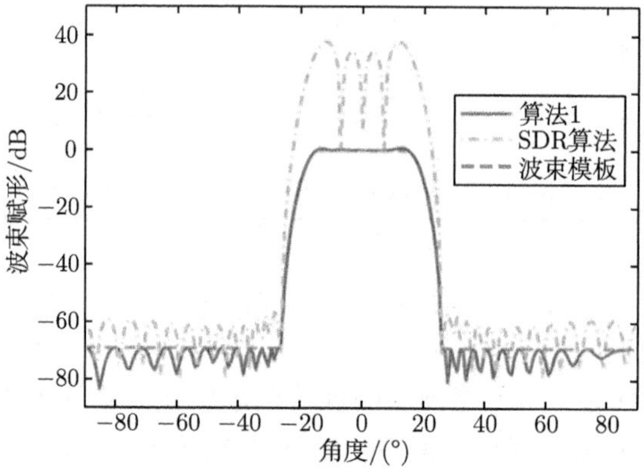

(a) 基于最小主瓣进行归一化

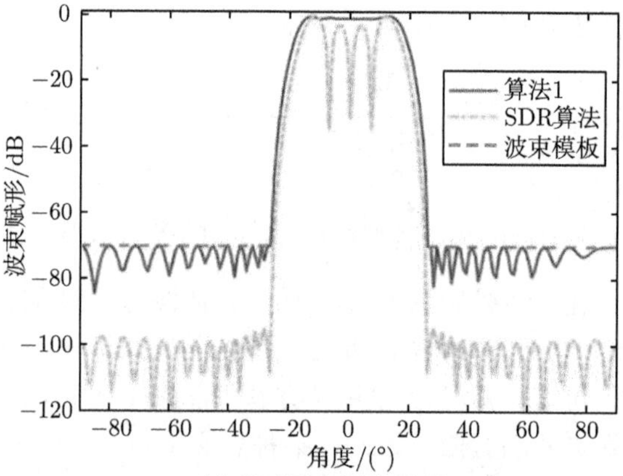

(b) 基于最大主瓣进行归一化

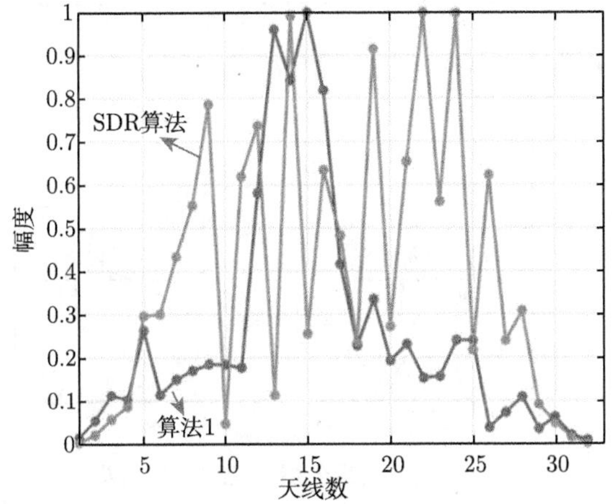

(c) 权值的幅度(归一化)

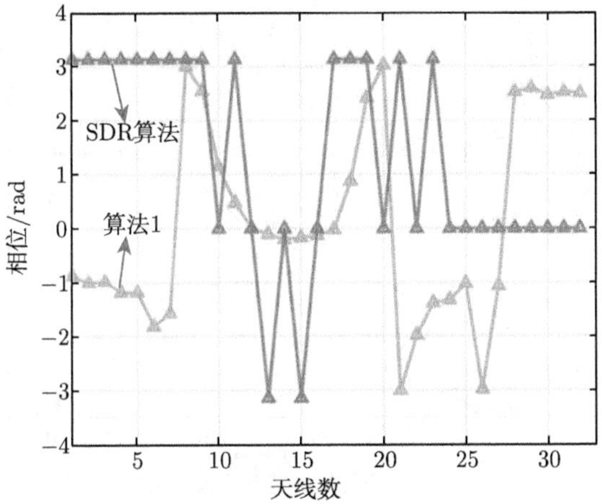

(d) 权值的相位

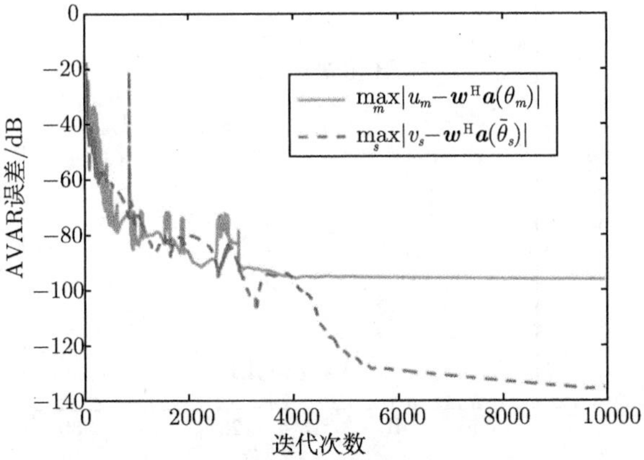

(e) AVAR误差随迭代次数的变化曲线

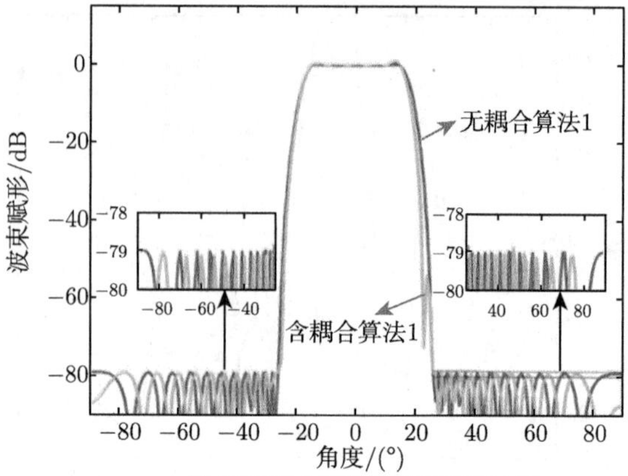

(f) 有无耦合情况下波束赋形结果

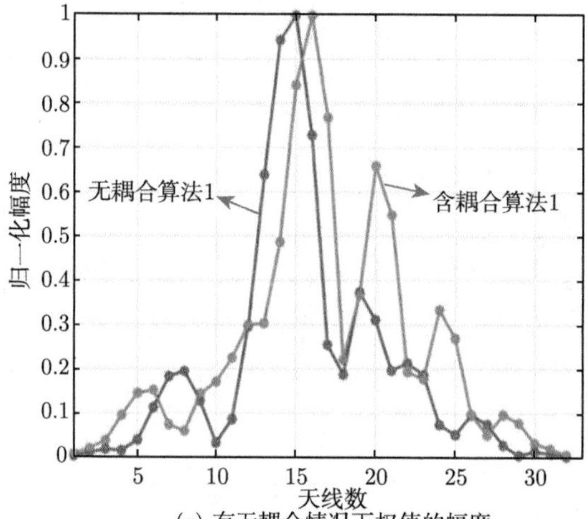

(g) 有无耦合情况下权值的幅度

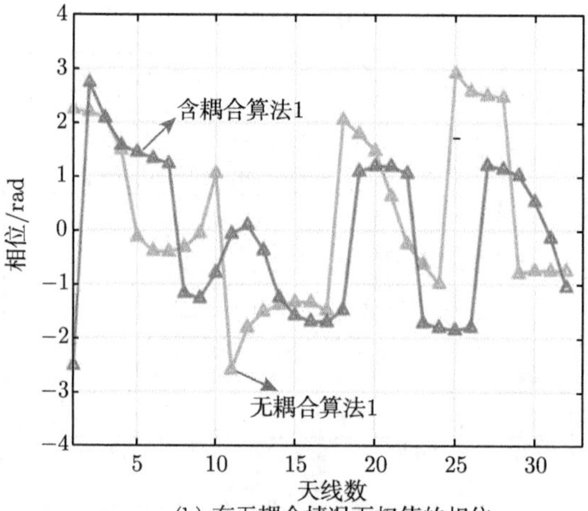

(h) 有无耦合情况下权值的相位

图 8.1　实验 1 的非均匀线阵无幅度约束实验结果

B 面阵： 接着考虑由 11×11 个非均匀同向天线构成的面阵，如图 8.2(a) 所示。这里所有的波束辐射模式均在 u_x、u_y 坐标轴下展示。采样间隔为 0.04s。主瓣区域 $u_x^2 + u_y^2 \leqslant 0.2^2$、旁瓣区域 $u_x^2 + u_y^2 \geqslant 0.4^2$。同样，将算法 1 与 SDR 算法进行了比较。图 8.2(b) 和 (c) 分别给出了算法 1 和 SDR 算法的实验结果。图 8.2(d) 和 (e) 分别展示了算法 1 和 SDR 算法所得权值的幅度和相位。为了便于评估结果，把图 8.2(b) 和 (c) 中的结果进行了 u_x 轴方向的切片，如图 8.2(f) 和 (g) 所示。从图 8.2(f) 和 (g) 中可以看出，算法 1 获得的旁瓣为 −31.14dB，低于 SDR 方法的 −31.13dB。进一步，在运行时间上，算法 1 和 SDR 方法的运行时间分别为 623.7s 和 5471.3s，表明了算法 1 的有效性。

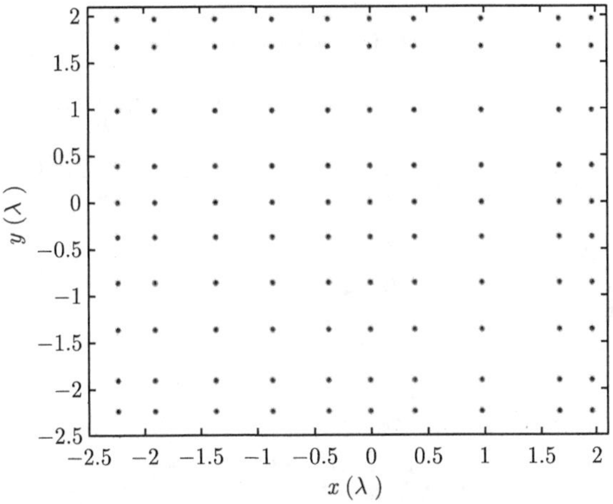

(a) 非对称平面阵列

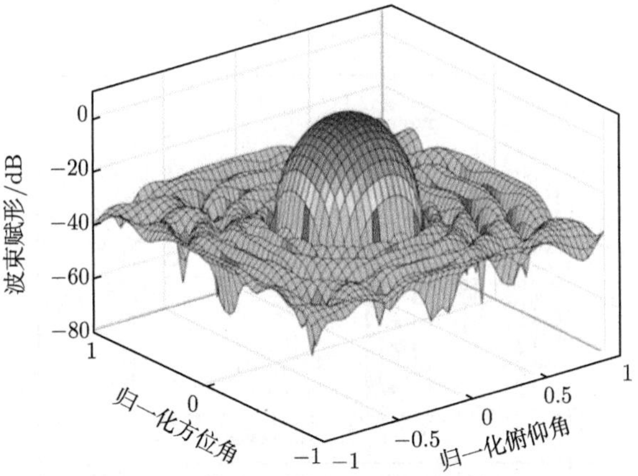

(b) 算法1波束赋形的三维展示

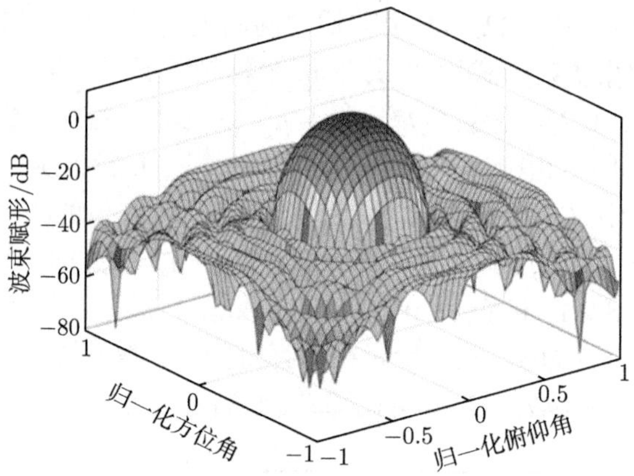

(c) SDR算法波束赋形的三维展示

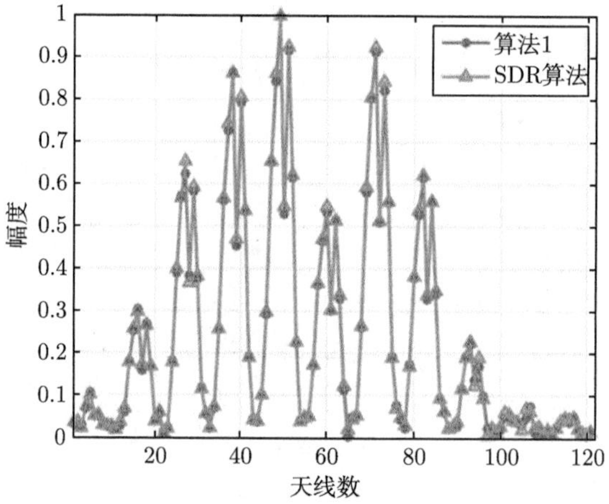

(d) 权值的幅度

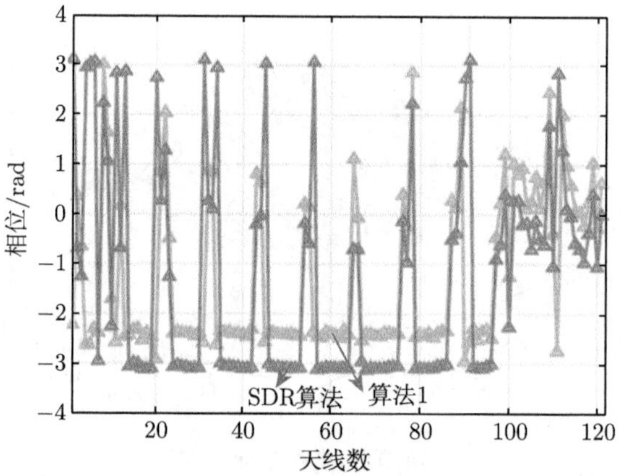

(e) 权值的相位

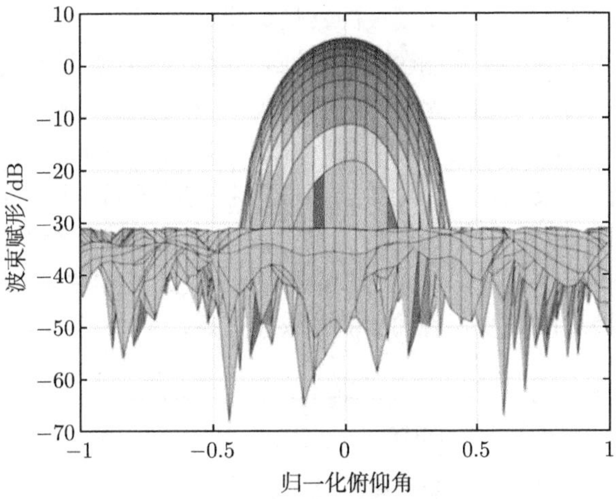

(f) 图8.2(b)的二维展示

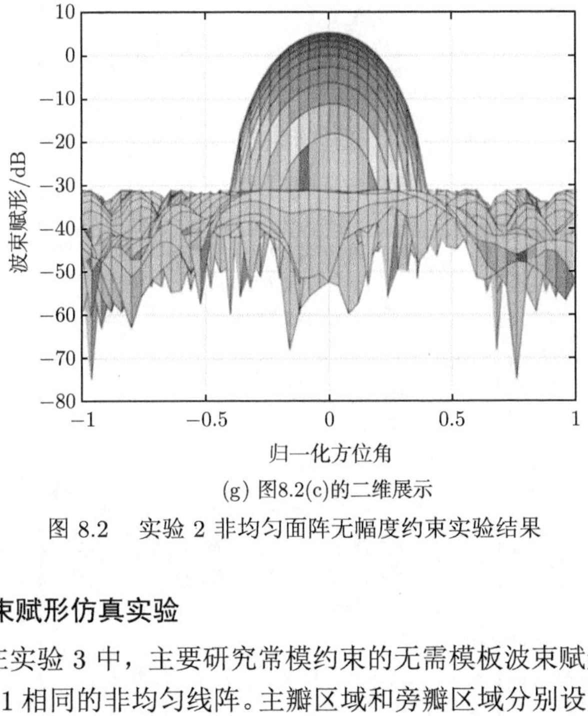

(g) 图8.2(c)的二维展示

图 8.2　实验 2 非均匀面阵无幅度约束实验结果

8.3.2　常模波束赋形仿真实验

A 线阵：在实验 3 中，主要研究常模约束的无需模板波束赋形问题。本小节中，采用和实验 1 相同的非均匀线阵。主瓣区域和旁瓣区域分别设定为 $[-14°, 14°]$ 和 $[-90°, -20°] \cup [20°, 90°]$。执行文献 [9] 和 [10] 以及 SDR 算法用作比较目的。其中，文献 [9] 中的算法最大化尺度因子匹配给定的波束形状；文献 [10] 中的算法松弛常模约束为凸约束，然后应用交替优化求解松弛问题。

正如文献 [10] 所示，由于权值自由度的损失，常模波束赋形问题需要仔细指定模板。本章提出的算法 2(8.2.2 小节算法) 不需要指定模板。为获得最大的最小主瓣与最大旁瓣比值，采用无需模板的常模波束赋形算法，即算法 2，对波束赋形结果分别进行最小主瓣归一化和最大主瓣归一化，结果如图 8.3(a) 和 (b) 所示。从图 8.3(a) 和 (b) 可以看出，无论采用哪种归一化，算法 2 都可以获得比文献 [9] 和 [10] 以及 SDR 算法更低的旁瓣。图 8.3(c) 展示的权值幅度用于检验是否所有算法均达到了常模约束。图 8.3(d) 给出了相应权值的相位。从图 8.3(d) 可以看出，只有算法 2 和文献 [9] 中的算法达到了常模约束。进一步，给出算法 2 的 AVAR 误差随迭代次数的变化曲线，如图 8.3(e) 所示。从 8.3(e) 中可以看出，AVAR 误差随着迭代次数增加而减少，在 6500 次迭代以后，误差已小于 −100dB。

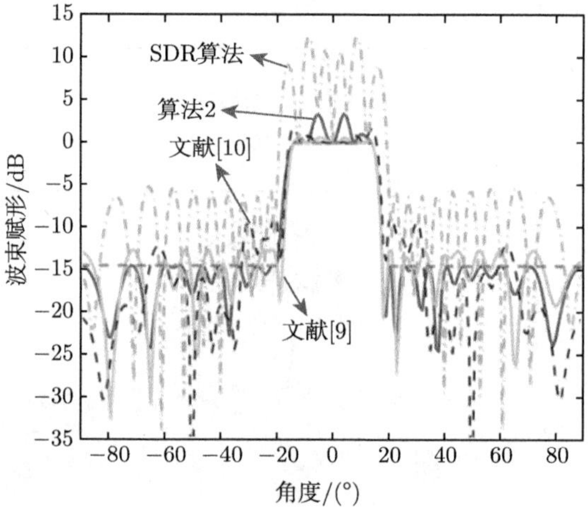

(a) 最小主瓣归一化

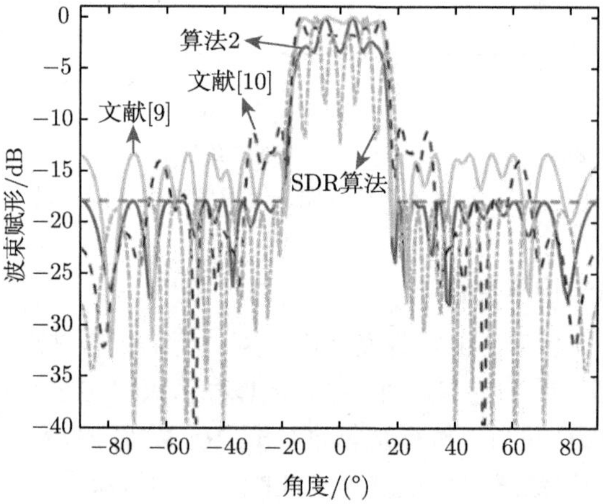

(b) 最大主瓣归一化

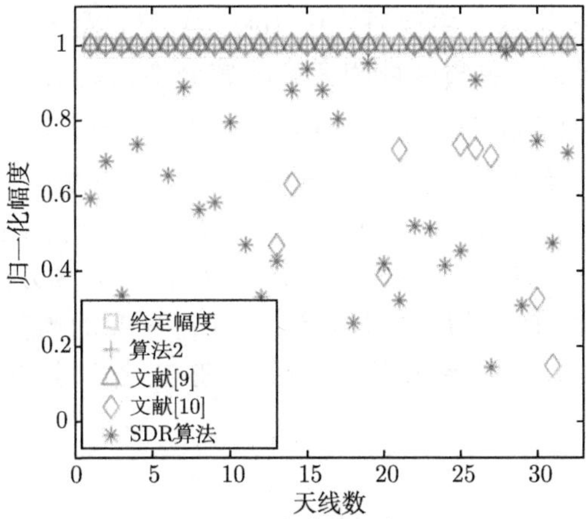

(c) 权值的幅度

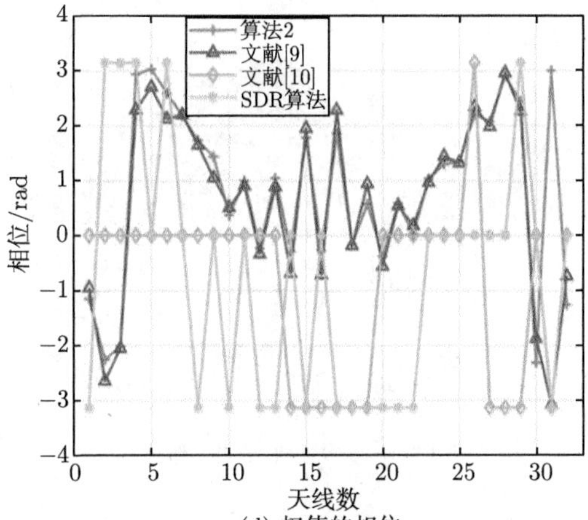

(d) 权值的相位

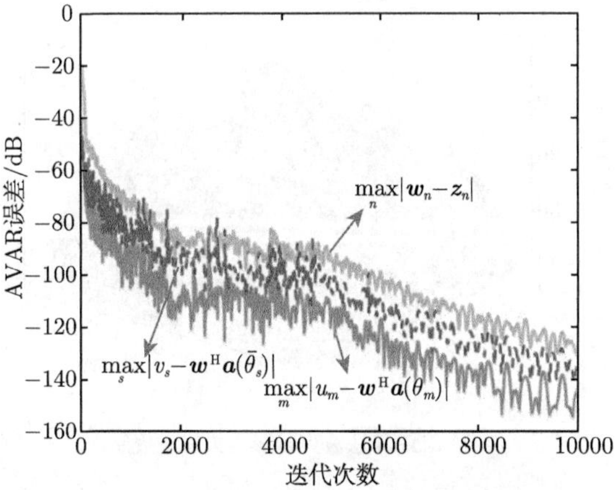

(e) AVAR误差随迭代次数的变化曲线

图 8.3　实验 3 中非均匀线阵实验结果

B 面阵：在实验 4 中，主要研究由 (6×6) 个间距为半波长的天线组成的均匀面阵波束赋形问题。主瓣区域和旁瓣区域分别设定为 $u_x^2 + u_y^2 \leqslant 0.02^2$ 和 $u_x^2 + u_y^2 \geqslant 0.03^2$。初始化权向量 $\boldsymbol{w} = 0.01\mathrm{e}^{\mathrm{j}(n-0.5N)^2\pi/150}$，$n = 0, 1, \cdots, 35$。类似于实验 2，和 SDR 算法进行比较。图 8.4(a) 和 (b) 分别给出了算法 2 和 SDR 算法波束赋形的三维展示结果。图 8.4(c) 和 (d) 分别给出了图 8.4(a) 和 (b) 的二维 u_x 切片。算法 2 可达到的旁瓣为 −13.99dB，高于 SDR 算法的 −15.21dB。然而，从图 8.4(e) 和 (f) 可以看出，算法 2 获得权值的幅度具有常模特点，而 SDR 算法获得的权值不具有常模特性，因此 SDR 算法并未完成常模波束赋形任务。

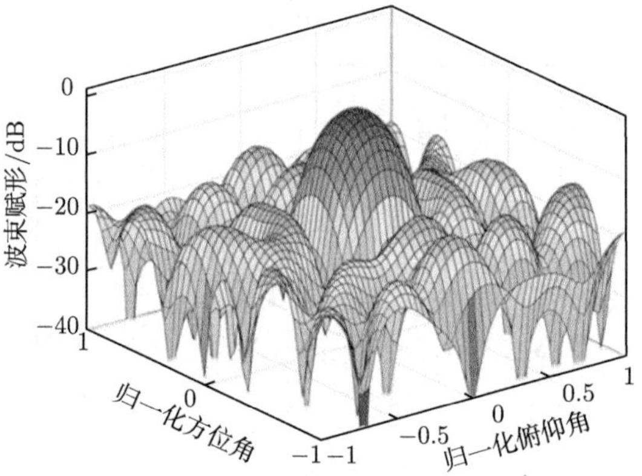

(a) 算法2波束赋形结果三维展示

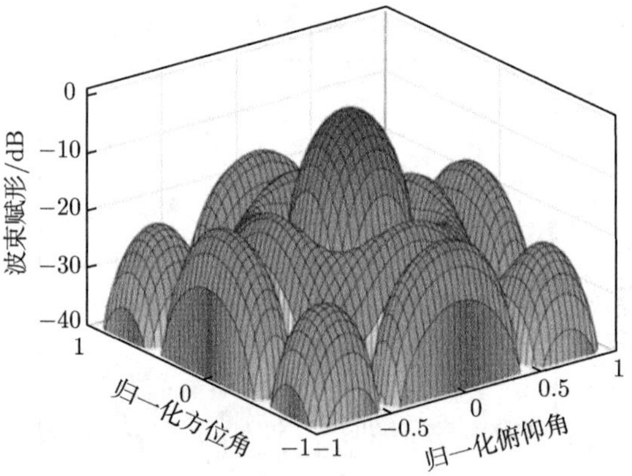

(b) SDR算法波束赋形结果三维展示

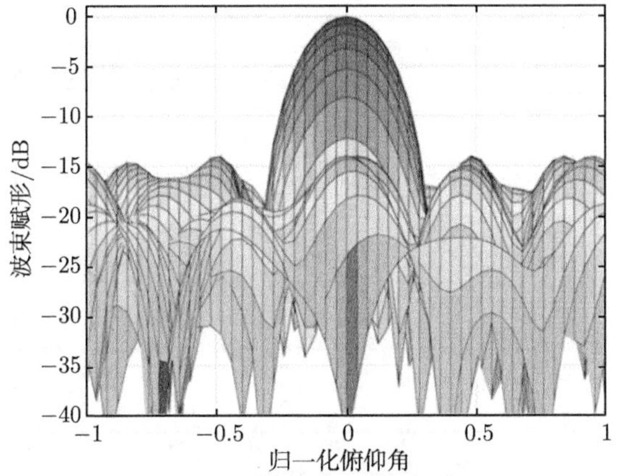

(c) 图8.4(a)二维u_x切片

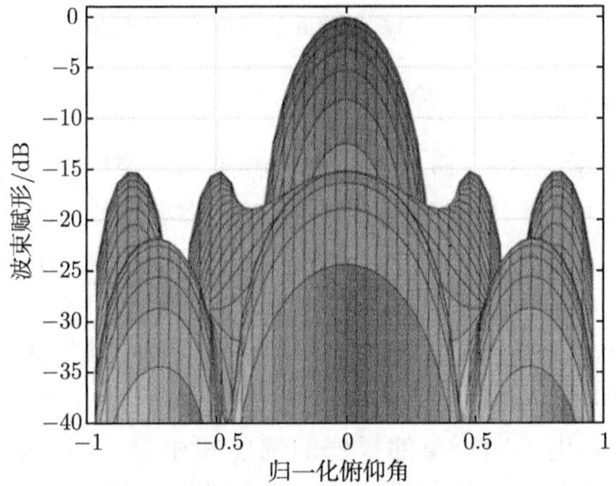

(d) 图8.4(b)二维u_x切片

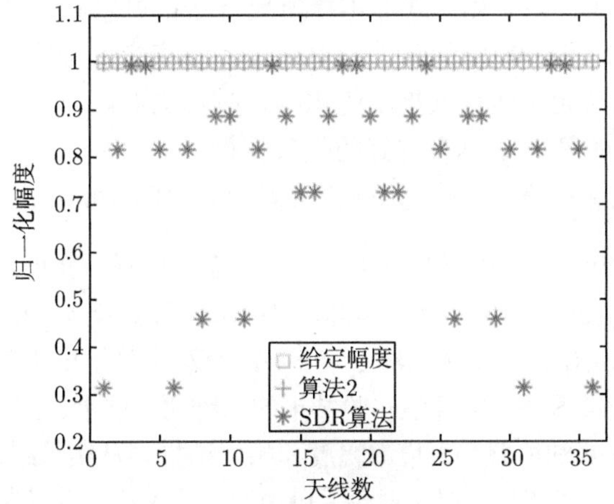

(e) 权值的幅度

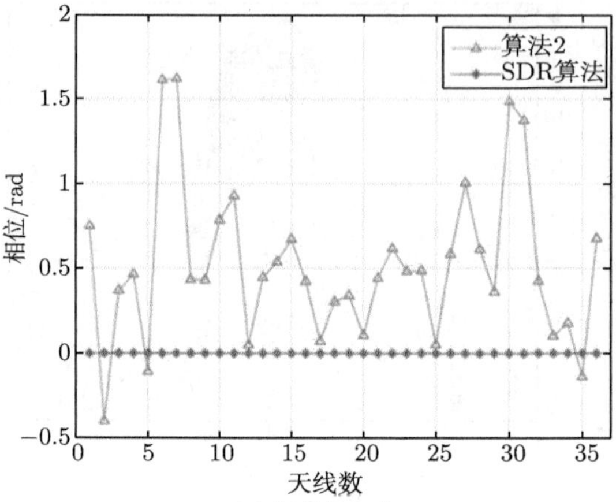

(f) 权值的相位

图 8.4 实验 4 的非均匀面阵实验结果

8.3.3 唯相位波束赋形仿真实验

A 线阵：在实验 5 中，研究给定权值幅度的波束赋形问题。主瓣区域和旁瓣区域分别设定为 $[-10^\circ, 10^\circ]$ 和 $[-90^\circ, -14^\circ] \cup [14^\circ, 90^\circ]$。正如文献 [11] 和 [12] 所示，从工程实现的角度讲，采用慢变幅度可以避免大的幅度跳跃以及简化反馈网络。因此，在本实验中，类似文献 [11] 和 [12]，仿真正弦形式的幅度作为指定幅度，如图 8.5(c) 中方块所示。以文献 [9] 和 [11] 中的算法以及 SDR 算法用于比较。图 8.5(a) 和 (b) 给出了基于最小主瓣和最大主瓣归一化的波束赋形结果。图 8.5(c) 和 (d) 给出了所获得的权值的幅度和相位。图 8.5(e) 进一步给出了 AVAR 误差随迭代次数的变化曲线。从上述实验结果可以看出以下几点。

(1) 无论采用哪种归一化方式，本章所提方法都可以获得最低的旁瓣。

(2) 算法 2 和文献 [9] 中的算法均可以达到预指定的幅度，然而文献 [11] 中的算法及 SDR 算法无法达到预指定的幅度，赋形失败。

(3) 本章给出的算法 2 具有良好的收敛特性。

B 面阵：采用和实验 5 类似的正弦形式幅度，如图 8.6(e) 中 $\max\limits_n |\boldsymbol{w}_n - \boldsymbol{z}_n|$ 线条所示。主瓣区域和旁瓣区域分别设定为 $u_x^2 + u_y^2 \leqslant 0.02^2$ 和 $u_x^2 + u_y^2 \geqslant 0.3^2$。初始化权向量 $\boldsymbol{w} = 0.01\mathrm{e}^{\mathrm{j}(n-0.7N)^2\pi/150}$。类似于实验 2 和实验 4，和 SDR 算法进行比较。图 8.6(a) 和 (b) 给出了本章算法 2 和 SDR 算法实验结果的三维展示。图 8.6(c) 和 (d) 给出了算法 2 和 SDR 算法实验结果的二维切片展示。图 8.6(e) 和 (f) 给出了算法 2 和 SDR 算法所获得权值的幅度和相位结果。从实验结果可以看出，本章算法 2 达到了预期幅度指定，但是消耗了自由度，导致其旁瓣层为 −10.38dB，高于 SDR 算法的 −12.64dB。必须指出，SDR 算法根本就没有达到预期的幅度指定。

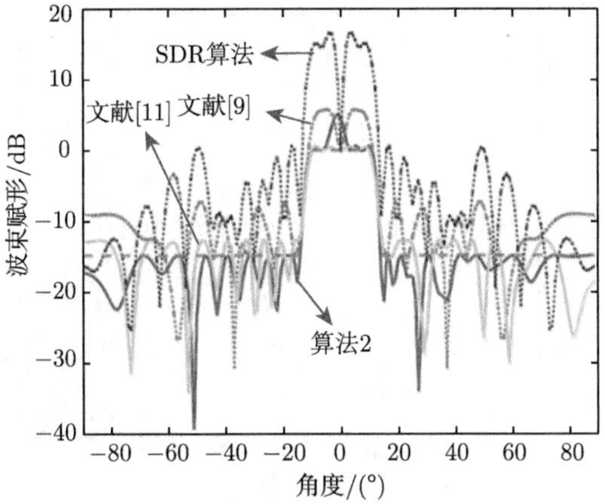

(a) 最小主瓣归一化结果

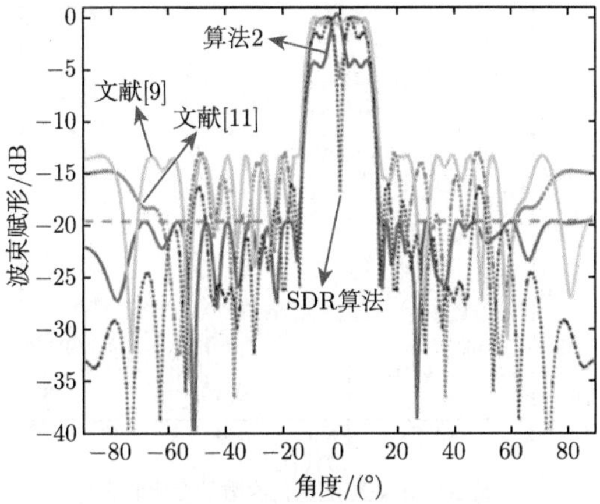

(b) 最大主瓣归一化结果

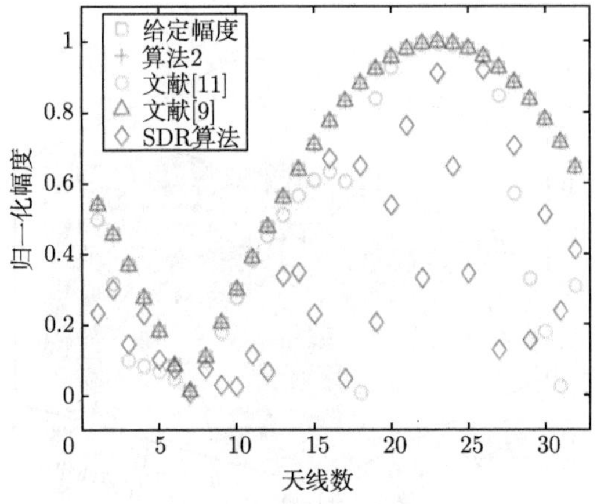

(c) 权值的幅度

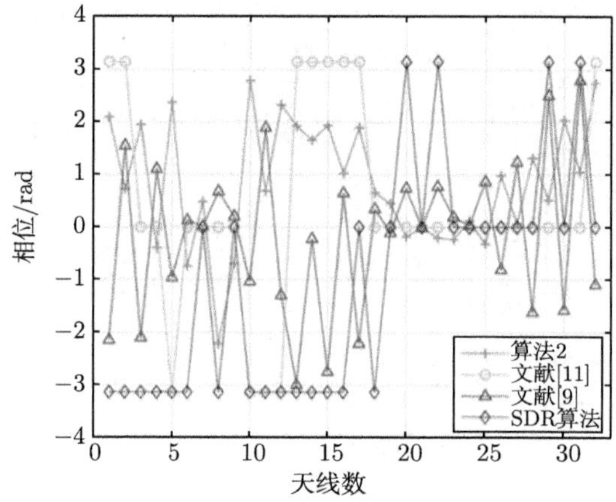

(d) 权值的相位

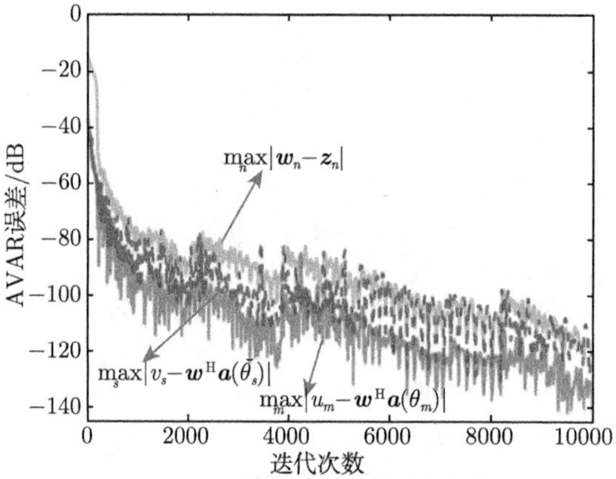

(e) AVAR误差随迭代次数的变化曲线

图 8.5 实验 5 中线阵波束赋形结果

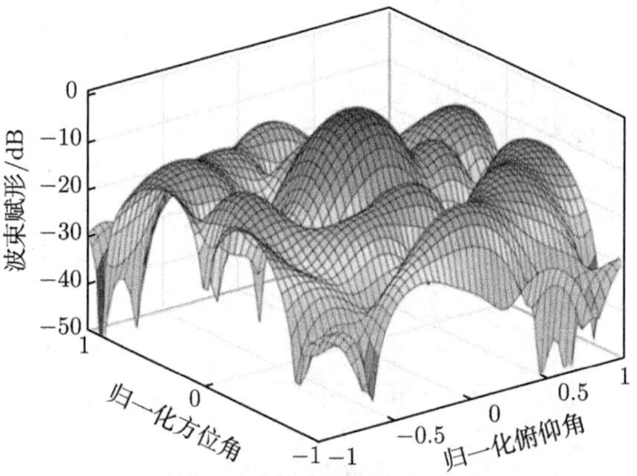

(a) 算法2波束赋形实验结果三维展示

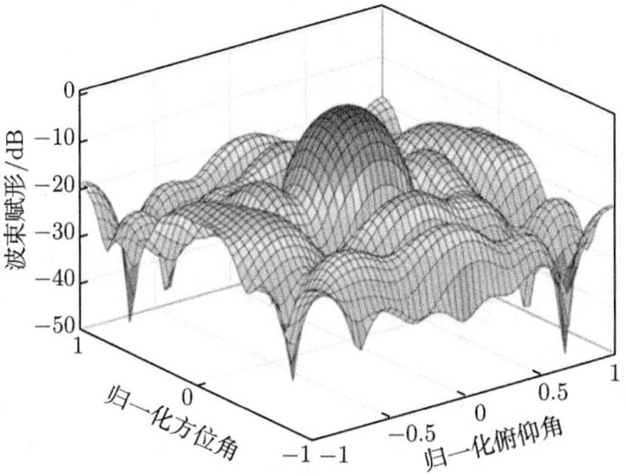

(b) SDR算法波束赋形实验结果三维展示

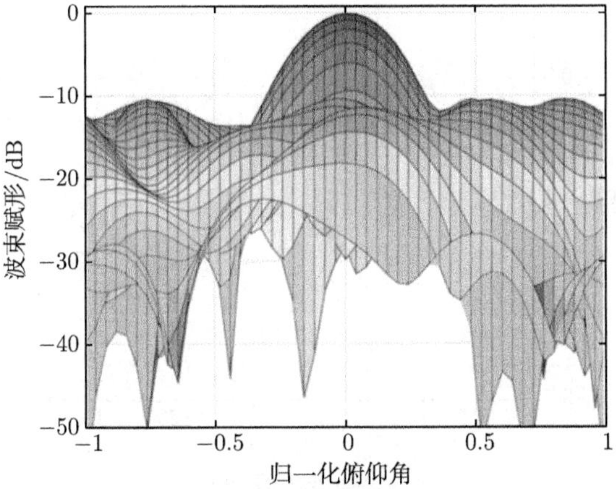

(c) 图8.6(a)的二维切片

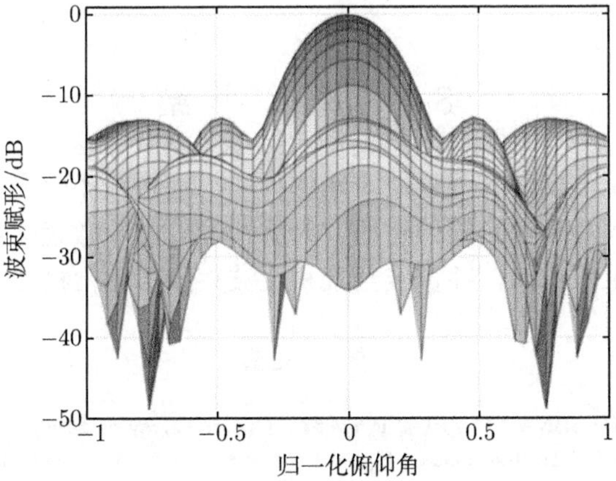

(d) 图8.6(b)的二维切片

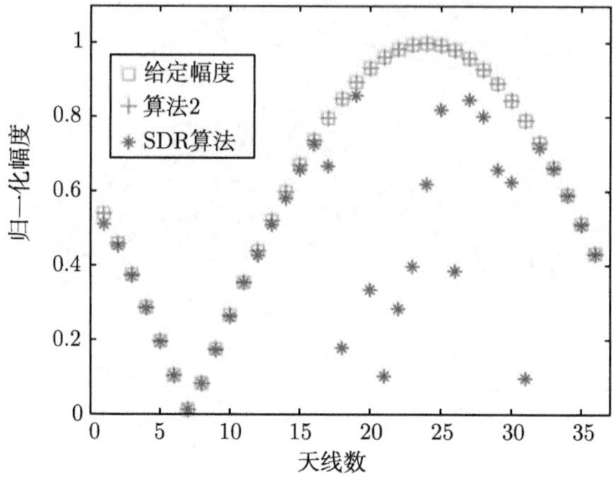

(e) 权值的幅度

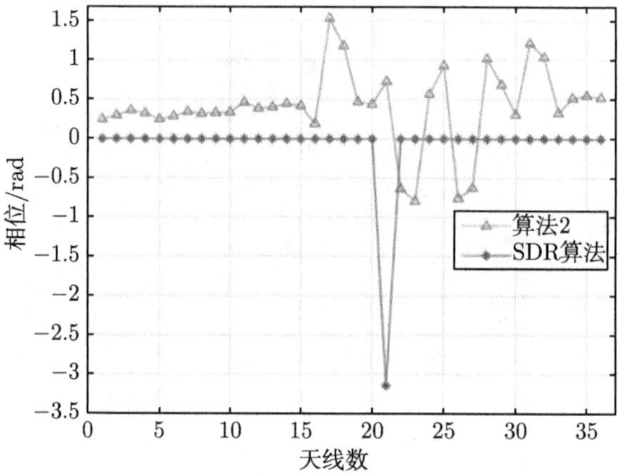

(f) 权值的相位

图 8.6　实验 6 面阵波束赋形结果

8.4　本章小结

本章介绍了无需模板的阵列波束赋形问题。通过最小化最大的旁瓣和最小的主瓣的比率，达到最小化旁瓣的目的。为解决导致的分数优化模型，本章提出了基于 ADMM 的求解思路，并扩展至唯相位波束赋形和常模波束赋形问题。

参 考 文 献

[1] WANG F, BALAKRISHNAN V, ZHOU P Y, et al. Optimal array pattern synthesis using semidefinite programming[J]. IEEE Transactions on Signal Processing, 2003, 51(5): 1172-1183.

[2] LEBRET H, BOYD S. Antenna array pattern synthesis via convex optimization[J]. IEEE Transactions on Signal Processing, 1997, 45(3): 526-532.

[3] SHI Z, FENG Z H. A new array pattern synthesis algorithm using the two-step least-squares method[J]. IEEE Signal Processing Letters, 2005, 12(3): 250-253.

[4] NAI S, SER W, YU Z, et al. Beampattern synthesis for linear and planar arrays with antenna selection by convex optimization[J]. IEEE Transactions on Antennas and Propagation, 2010, 58(12): 3923-3930.

[5] SVANTESSON T. Modeling and estimation of mutual coupling in a uniform linear array of dipoles[C]. 1999 IEEE International Conference on Acoustics, Speech, and Signal Processing, Phoenix, USA, 1999: 2961-2964.

[6] SVANTESSON T. Mutual coupling compensation using subspace fitting[C]. Proceedings of the 2000 IEEE Sensor Array and Multichannel Signal Processing Workshop, Cambridge, USA, 2000: 494-498.

[7] LIANG J L, ZENG X, WANG W, et al. L-shaped array-based elevation and azimuth direction finding in the presence of mutual coupling[J]. Signal Processing, 2011, 91(5): 1319-1328.

[8] YE Z, LIU C. On the resiliency of MUSIC direction finding against antenna sensor coupling[J]. IEEE Transactions on Antennas and Propagation, 2008, 56(2): 371-380.

[9] LIANG J L, FAN X, FAN W, et al. Phase-only pattern synthesis for linear antenna arrays[J]. IEEE Antennas and Wireless Propagation Letters, 2017, 16: 3232-3235.

[10] CAO P, THOMPSON J, HAAS H. Constant modulus shaped beam synthesis via convex relaxation[J]. IEEE Antennas and Wireless Propagation Letters, 2016, 16: 617-620.

[11] FUCHS B. Application of convex relaxation to array synthesis problems[J]. IEEE Transactions on Antennas and Propagation, 2014, 62(2): 634-640.

[12] 李岩, 杨峰, 欧阳骏, 等. 改进的粒子群优化算法在天线阵综合中的应用 [C]//中国电子学会. 2009 年全国天线年会论文集:2009 年卷. 北京: 电子工业出版社, 2009.

第 9 章　自组织蜂群柔性阵列波束赋形

本章首先给出自组织蜂群柔性阵列波束赋形的背景知识；其次，提出基于任务驱动的自组织蜂群柔性阵列波束赋形算法并使用 ADMM 进行求解；再次，扩展至目标方向不精确的应用场合；最后，给出仿真实验结果验证本章所提方法的有效性。

9.1　引　　言

“蜂群”战术最早源于 13 世纪蒙古人的远征，他们模仿自然界里的蜂群组织方式执行军事侦察等任务，而蜂群无人机是由越南战争中的美军最先提出，用于越南复杂丛林的战术侦查。随着无人机自主能力的不断提高，智能“蜂群”技术成为科学研究的热点，该技术具有智能化、集群化、自组织的特点，可以将复杂的功能或者任务分解到大量的无人机平台上。通过这些具有智能化能力的无人机，实现自主协同，完成动态变化环境中的复杂任务 [1]。这种由小型无人机组成的无人机蜂群有效利用无人机单个个体雷达反射面积小、不易被探测的特点，降低被对方探测的概率。同时，由多个无人机组成的蜂群，可以借助数量优势和自组织的智能优势，实现饱和攻击、应对动态变化的环境和任务。蜂群技术的核心在于将大量无人机在开放体系架构下进行集成，借助人工智能基于有限信息通过蜂群自组织行为，协同完成特定任务。由于具有高灵活性、高机动性及自组织性，使得蜂群技术在应对动态环境或者动态任务时具有无可比拟的优势。为此，本章引入自组织蜂群的组网技术，开展基于蜂群无人机的无线电感知技术研究。

蜂群无人机的无线电感知技术，是在每个无人机上搭载一个全向感知天线，从而整体形成了构型可控的移动天线集群阵列。不同于以往的共形阵和相控阵，其整个阵列或部分阵列是固定在特定的载体上，而蜂群无人机天线阵列是由众多的无人机形成一个移动的天线阵列，阵列元素之间的相对位置并不固定，具有柔性阵列特点 [2-5]。因此，这样的蜂群柔性阵列可以通过无人机平台的位置部署、蜂群的天线位置及波束权向量的联合优化，从而完成特定的感知和探测任务。文献 [6] 和 [7] 从给定的天线位置里挑选出尽可能少的天线，同时优化权向量，以最少的阵列天线完成探测任务。文献 [8] 基于粒子群优化算法进行天线坐标及权向量相位的优化，本质上想解决文献 [6] 中所描述的复杂约束的优化问题，最终是将多约束的优化问题转换成了文献 [8] 中所描述的多目标优化问题。然而，权值很难设定，而且最终获得的解无法保证一定满足文献 [8] 中的约束。

基于以上考虑，本章首先根据无人机的运行速度及下一感知时刻所要达到的波束指向，建立无人机位置及天线阵列权向量的联合优化数学模型。其次，应用劳森 (Lawson) 准则简化复杂的目标函数，将天线坐标位置及权向量的两类优化变量简化为天线坐标位置的单类变量优化问题，并进一步为转换为无约束的非线性优化问题。最后，引入辅助变量，进行约束和复杂目标函数的分离，通过交替方向乘子法完成联合优化，实现约束集和目标函数分离 [9]。

9.2　问题描述及数学建模

考虑由 N 个无人机散布在空间中形成一个自组织蜂群，其在空间中的当前坐标位置 $\tilde{\boldsymbol{p}}_n=[\tilde{x}_n\ \tilde{y}_n\ \tilde{z}_n]^{\mathrm{T}}$，$n=1,2,\cdots,N$。无人机在 T 时间内以速度 v_n 匀速运动，经过 T 时间后的坐标位置 $\boldsymbol{p}_n=[x_n\ y_n\ z_n]^{\mathrm{T}}$ 应该是在以当前位置 $\tilde{\boldsymbol{p}}_n$ 为中心的球内：

$$\|\boldsymbol{p}_n-\tilde{\boldsymbol{p}}_n\|^2\leqslant v_nT \tag{9.1}$$

T 时间后这 N 个天线构成的空间三维阵列对应俯仰角 θ 和方位角 ϕ 的导向矢量为

$$\boldsymbol{a}(\theta,\phi)=\begin{bmatrix}\mathrm{e}^{-\mathrm{j}\frac{2\pi}{\lambda}\boldsymbol{p}_1^T\boldsymbol{\kappa}}\\ \mathrm{e}^{-\mathrm{j}\frac{2\pi}{\lambda}\boldsymbol{p}_2^T\boldsymbol{\kappa}}\\ \vdots\\ \mathrm{e}^{-\mathrm{j}\frac{2\pi}{\lambda}\boldsymbol{p}_N^T\boldsymbol{\kappa}}\end{bmatrix} \tag{9.2}$$

式中，$\boldsymbol{\kappa}=[\sin\theta\cos\phi\ \ \sin\theta\sin\phi\ \ \cos\theta]^{\mathrm{T}}$，为波向量 (wave vector, WV)。

令 $\boldsymbol{w}=[w_1\ w_2\ \cdots\ w_N]^{\mathrm{T}}$，表示 N 个天线的权向量，在目标方向 (θ_0,ϕ_0) 期望响应为 1，而在干扰方向 (θ_l,ϕ_l) 的期望响应为 0，实现抑制干扰的目的，$l=1,2,\cdots,L$。除此之外，期望旁瓣越低越好，这里最小化峰值旁瓣电平 (PSL)。基于以上考虑，构造如下波束赋形 [10-15] 优化模型，以达到上述目的：

$$\begin{aligned}\min_{\boldsymbol{w},\{\boldsymbol{p}_n\}}\quad &\max_{\theta,\phi\in\text{Sidelobe}}\ \left|\boldsymbol{w}^{\mathrm{H}}\boldsymbol{a}(\theta,\phi)\right|^2\\ \text{s.t.}\quad &\boldsymbol{w}^{\mathrm{H}}\boldsymbol{a}(\theta_0,\phi_0)=1\\ &\boldsymbol{w}^{\mathrm{H}}\boldsymbol{a}(\theta_l,\phi_l)=0,\quad l=1,2,\cdots,L\\ &\|\boldsymbol{p}_n-\tilde{\boldsymbol{p}}_n\|^2\leqslant v_nT,\quad n=1,2,\cdots,N\end{aligned} \tag{9.3}$$

本章的主要任务为求解式 (9.3) 所描述的优化问题，确定权向量 $\boldsymbol{w}$ 和天线坐标位置 $\{\boldsymbol{p}_n\}_{n=1}^N$，进而完成无人机蜂群自组织调整相应位置以及权向量实现波束指向及抗干扰任务。

9.3 算法推导

9.3.1 基本算法

分析式 (9.3) 不难发现 [16-17]：① 导向矢量 $\boldsymbol{a}(\theta,\phi)$ 的指数元素中包含天线坐标位置 $\{\boldsymbol{p}_n\}_{n=1}^N$，且呈现出高度的非线性；② 待优化的权向量 $\boldsymbol{w}$ 和导向矢量为内积关系，即 $\boldsymbol{w}^{\mathrm{H}}\boldsymbol{a}(\theta,\phi)$，使得两类优化变量耦合在一起，难以共同优化；③ 由于目标函数和约束部分都存在内积项 $\boldsymbol{w}^{\mathrm{H}}\boldsymbol{a}(\theta,\phi)$，使得目标函数和约束集高度耦合。

为解决上述难题，本小节考虑解耦两类优化变量为单类优化变量：将权向量 $\boldsymbol{w}$ 表示为天线坐标位置 $\{\boldsymbol{p}_n\}_{n=1}^N$ 的函数，消除权向量 $\boldsymbol{w}$。

劳森近似是一种极大极小化近似策略 [18-20]，通过形成一系列加权最小二乘问题，获得极大极小化近似效果，已成功应用于 FIR 滤波器设计等领域。基于以上考虑，本小节进行以下迭代算法设计。

步骤 1　初始化旁瓣区域所有角度 (θ,ϕ) 的劳森权值 $v_t(\theta,\phi)$ 为 1，即 $v_0(\theta,\phi)=1,\ \forall(\theta,\phi)\in\text{Sidelobe}$；迭代次数 $t=1$。

步骤 2　采用权值对目标函数中的各项进行加权，形成如下优化问题：

$$
\begin{aligned}
\min_{\boldsymbol{w},\{\boldsymbol{p}_n\}}\quad & \sum_{\theta,\phi\in\text{Sidelobe}} v_t(\theta,\phi)\left|\boldsymbol{w}^{\mathrm{H}}\boldsymbol{a}(\theta,\phi)\right|^2\\
\text{s.t.}\quad & \boldsymbol{w}^{\mathrm{H}}\boldsymbol{a}(\theta_0,\phi_0)=1\\
& \boldsymbol{w}^{\mathrm{H}}\boldsymbol{a}(\theta_l,\phi_l)=0,\quad l=1,2,\cdots,L\\
& \|\boldsymbol{p}_n-\tilde{\boldsymbol{p}}_n\|^2\leqslant v_nT, n=1,2,\cdots,N
\end{aligned}\tag{9.4}
$$

步骤 3　根据步骤 1 所获得的权向量 $\boldsymbol{w}(t+1)$、天线坐标位置 $\{\boldsymbol{p}_n(t+1)\}_{n=1}^N$，计算劳森近似加权系数：

$$
v_{t+1}(\theta,\phi)=\frac{v_t(\theta,\phi)\left|\boldsymbol{w}^{\mathrm{H}}\boldsymbol{a}(\theta,\phi)\right|^2}{\sum\limits_{\theta,\phi\in\text{Sidelobe}} v_t(\theta,\phi)\left|\boldsymbol{w}^{\mathrm{H}}\boldsymbol{a}(\theta,\phi)\right|^2}\tag{9.5}
$$

步骤 4　判断是否收敛。若收敛终止迭代，若未收敛，令 $t=t+1$，转步骤 2。

尽管上述迭代算法将极大极小化准则变得简单，但步骤 1 所描述的问题依然是关于权向量 $\boldsymbol{w}$ 和天线坐标位置 $\{\boldsymbol{p}_n\}_{n=1}^N$ 耦合的优化问题。但注意到假设天线坐标位置 $\{\boldsymbol{p}_n\}_{n=1}^N$ 已知，式 (9.4) 退化为如下优化问题：

$$
\begin{aligned}
&\min_{\boldsymbol{w}}\ \boldsymbol{w}^{\mathrm{H}}\boldsymbol{R}\boldsymbol{w}\\
&\text{s.t.}\ \boldsymbol{A}^{\mathrm{H}}\boldsymbol{w}=\boldsymbol{g}
\end{aligned}\tag{9.6}
$$

式中，

$$\boldsymbol{R}=\sum_{\theta,\phi\in\text{Sidelobe}} v_t(\theta,\phi)\boldsymbol{a}(\theta,\phi)\boldsymbol{a}^{\mathrm{H}}(\theta,\phi) \tag{9.7}$$

$$\boldsymbol{g}=\left[1\ \underbrace{0\cdots0}_{L}\right]^{\mathrm{T}} \tag{9.8}$$

$$\boldsymbol{A}=\left[\boldsymbol{a}\left(\theta_0,\phi_0\right),\boldsymbol{a}\left(\theta_l,\phi_l\right)\right] \tag{9.9}$$

式 (9.6) 描述的问题类似于线性约束最小方差 (linear-constraint minimum-variance, LCMV) 准则问题，其解的闭合解析式为

$$\boldsymbol{w}=\boldsymbol{R}^{-1}\boldsymbol{A}\left(\boldsymbol{A}^{\mathrm{H}}\boldsymbol{R}^{-1}\boldsymbol{A}\right)^{-1}\boldsymbol{g} \tag{9.10}$$

将式 (9.10) 代入式 (9.4)，可得

$$\begin{aligned}&\min_{\{\boldsymbol{p}_n\}}\ \boldsymbol{g}^{\mathrm{H}}(\boldsymbol{A}^{\mathrm{H}}\boldsymbol{R}^{-1}\boldsymbol{A})^{-1}\boldsymbol{g}\\&\text{s.t. }\left\|\boldsymbol{p}_n-\tilde{\boldsymbol{p}}_n\right\|^2\leqslant v_nT,\quad n=1,2,\cdots,N\end{aligned} \tag{9.11}$$

尽管式 (9.11) 中约束为凸集，但非线性目标函数相当复杂。考虑进行目标函数和约束集的分离，使得目标函数对应的子问题不存在约束，这样求解更为方便。为此引入辅助变量 $\boldsymbol{p}_n=\boldsymbol{q}_n, n=1,2,\cdots,N$，则式 (9.11) 可以转换为

$$\begin{aligned}&\min_{\{\boldsymbol{p}_n,\boldsymbol{q}_n\}}\ \boldsymbol{g}^{\mathrm{H}}\left(\boldsymbol{A}^{\mathrm{H}}\boldsymbol{R}^{-1}\boldsymbol{A}\right)^{-1}\boldsymbol{g}\\&\text{s.t. }\boldsymbol{p}_n=\boldsymbol{q}_n,\quad n=1,2,\cdots,N\\&\qquad\left\|\boldsymbol{q}_n-\tilde{\boldsymbol{p}}_n\right\|^2\leqslant v_nT,\quad n=1,2,\cdots,N\end{aligned} \tag{9.12}$$

基于式 (9.12)，构造如下特殊的增广拉格朗日函数：

$$\begin{aligned}&\mathcal{L}_1(\boldsymbol{p}_n,\boldsymbol{q}_n,\boldsymbol{\lambda}_n)=\boldsymbol{g}^{\mathrm{H}}\left(\boldsymbol{A}^{\mathrm{H}}(\boldsymbol{P})\boldsymbol{R}^{-1}(\boldsymbol{P})\boldsymbol{A}(\boldsymbol{P})\right)^{-1}\boldsymbol{g}+\sum_{n=1}^{N}\left(\boldsymbol{\lambda}_n^{\mathrm{T}}(\boldsymbol{p}_n-\boldsymbol{q}_n)+\frac{\rho}{2}\left\|\boldsymbol{p}_n-\boldsymbol{q}_n\right\|^2\right)\\&\text{s.t.}\quad\left\|\boldsymbol{q}_n-\tilde{\boldsymbol{p}}_n\right\|^2\leqslant v_nT,\quad n=1,2,\cdots,N\end{aligned} \tag{9.13}$$

式中，$\rho>0$，为用户自定义步长；λ_n 为相应的拉格朗日乘子。不同于通常的拉格朗日函数，这里的拉格朗日函数引入乘子向量，仅将辅助变量对应的一致性约束 $\boldsymbol{p}_n=\boldsymbol{q}_n, n=1,2,\cdots,N$ 引入到目标函数中，而不是将所有的约束转移到目标函数中。

针对式 (9.13) 描述的增广拉格朗日函数求解，采用 ADMM 通过以下步骤 A ~ 步骤 C 迭代完成 [21-24]。在获得 $\boldsymbol{p}_n, n=1,2,\cdots,N$ 后，结合式 (9.10)，本质上是解决了式 (9.4) 所描述的问题。步骤 A ~ 步骤 C 如下所示。

步骤 A　基于给定的 $\{\boldsymbol{q}_n(k),\boldsymbol{\lambda}_n(k)\}_{n=1}^N$，求解如下子问题确定 $\{\boldsymbol{p}_n(k+1)\}_{n=1}^N$：

$$\{\boldsymbol{p}_n(k+1)\}=\arg\min_{\{\boldsymbol{p}_n\}}\mathcal{L}\big(\boldsymbol{p}_n,\boldsymbol{q}_n(k),\boldsymbol{\lambda}_n(k)\big) \tag{9.14}$$

去掉常数项并配方，式 (9.14) 等价为

$$\min_{\{\boldsymbol{p}_n\}}\ \boldsymbol{g}^{\mathrm{H}}\left(\boldsymbol{A}^{\mathrm{H}}(\boldsymbol{P})\boldsymbol{R}^{-1}(\boldsymbol{P})\boldsymbol{A}(\boldsymbol{P})\right)^{-1}\boldsymbol{g}+\sum_{n=1}^{N}\frac{\rho}{2}\left\|\boldsymbol{p}_n-\boldsymbol{q}_n(k)+\frac{\boldsymbol{\lambda}_n(k)}{\rho}\right\|^2 \tag{9.15}$$

式 (9.15) 呈现高度的非线性，这里考虑采用 BFGS 算法进行求解。BFGS 算法是一种常用的拟牛顿方法，是由 Broyden、Fletcher、Goldfarb、Shanno 四个人共同提出的，因此称为 BFGS 算法。该算法的具体操作：在 Matlab 中定义符号变量 $\{\boldsymbol{p}_n\}_{n=1}^N$，然后采用定义法计算梯度及黑塞矩阵，通过逆黑塞矩阵来确定移动的方向，并在所选方向上使用线搜索确定移动距离。本小节采用 Matlab 命令 fminunc 进行求解：

步骤 B　基于给定的 $\{\boldsymbol{p}_n(k+1),\boldsymbol{\lambda}_n(k)\}_{n=1}^N$，求解如下子问题确定 $\{\boldsymbol{q}_n(k+1)\}_{n=1}^N$：

$$\{\boldsymbol{q}_n(k+1)\}=\arg\min_{\{\boldsymbol{q}_n\}}\ \mathcal{L}\big(\boldsymbol{p}_n(k+1),\boldsymbol{q}_n,\boldsymbol{\lambda}_n(k)\big) \tag{9.16}$$

去掉常数项并配方，上述问题等价为

$$\begin{aligned}&\min_{\{\boldsymbol{q}_n\}}\quad \sum_{n=1}^{N}\frac{\rho}{2}\left\|\boldsymbol{p}_n(k+1)-\boldsymbol{q}_n+\frac{\boldsymbol{\lambda}_n}{\rho}\right\|^2\\&\text{s.t.}\quad \|\boldsymbol{q}_n-\tilde{\boldsymbol{p}}_n\|^2\leqslant v_nT,\quad n=1,2,\cdots,N\end{aligned} \tag{9.17}$$

可以得到闭合解析式：

$$\boldsymbol{q}_n(t+1)=\begin{cases}\tilde{\boldsymbol{p}}_n+\dfrac{\sqrt{v_nT}}{\left\|\boldsymbol{p}_n(t+1)+\dfrac{\boldsymbol{\lambda}_n}{\rho}-\tilde{\boldsymbol{p}}_n\right\|}\left(\boldsymbol{p}_n(t+1)+\dfrac{\boldsymbol{\lambda}_n}{\rho}-\tilde{\boldsymbol{p}}_n\right), & \left\|\boldsymbol{p}_n(t+1)+\dfrac{\boldsymbol{\lambda}_n}{\rho}-\tilde{\boldsymbol{p}}_n\right\|^2\geqslant v_nT\\ \boldsymbol{p}_n(t+1)+\dfrac{\boldsymbol{\lambda}_n}{\rho}, & \left\|\boldsymbol{p}_n(t+1)+\dfrac{\boldsymbol{\lambda}_n}{\rho}-\tilde{\boldsymbol{p}}_n\right\|^2\leqslant v_nT\end{cases} \tag{9.18}$$

步骤 C　更新拉格朗日乘子：

$$\boldsymbol{\lambda}_n(k+1)=\boldsymbol{\lambda}_n(k)+\rho\big(\boldsymbol{p}_n(k+1)-\boldsymbol{q}_n(k+1)\big) \tag{9.19}$$

重复步骤 A~ 步骤 C，直至收敛。

基于以上推导，可描述为算法 9.1。

算法 9.1　任务驱动的自组织蜂群柔性阵列波束赋形

1：随机初始化无人机坐标位置 $\{p_n(0)\}$；设定波束指向方向 (θ_0,ϕ_0) 和干扰方向 (θ_l,ϕ_l)；初始化劳森权值 $v_t(\theta,\phi)$ 为 1，即 $v_0(\theta,\phi)=1,\forall(\theta,\phi)\in\text{Sidelobe}$；设外循环迭代变量为 t；最大外循环次数 T_0

2：随机初始化 $\{\boldsymbol{q}_n(0),\boldsymbol{\lambda}_n(0)\}$，设内循环迭代变量为 k；最大内循环次数 K_0；根据式 (9.10) 计算权向量 $\boldsymbol{w}_t$

　　2.1：应用式 (9.14)，式 (9.15) 确定 $\{\boldsymbol{p}_n(k+1)\}_{n=1}^N$

　　2.2：应用式 (9.18) 确定 $\{\boldsymbol{q}_n(k+1)\}_{n=1}^N$

　　2.3：应用式 (9.19) 更新拉格朗日乘子

　　2.4：重复步骤 2.1~ 步骤 2.3，直至达到最大迭代次数 K_0

3：应用式 (9.5) 进行权值更新

4：重复步骤 2 与步骤 3 直至达到最大迭代次数 T_0

算法输出：无人机权向量 $\boldsymbol{w}_t$ 和坐标 $\{\boldsymbol{p}_n(k)\}$.

9.3.2　扩展算法

实际探测过程中，在目标的准确角度未知的情况下，需要考虑宽主瓣设置。将目标的可能方向，即 M 个格点 $\{(\theta_m,\phi_m)\}_{m=1}^M$ 均当做主瓣区域；旁瓣区域划分为 S 个格点 $\left\{(\bar{\theta}_s,\bar{\phi}_s)\right\}_{s=1}^S$。为保持和上述模型一致，同时为了和其他角度有所区别，这里加波浪线 $\left\{(\tilde{\theta}_l,\tilde{\phi}_l)\right\}_{l=1}^L$ 表示零陷区域。

基于以上考虑，形成如下优化问题：

$$\begin{aligned}
\min_{\boldsymbol{w},\{\boldsymbol{p}_n\}}\quad & \max_{(\bar{\theta}_s,\bar{\phi}_s)\in\text{Sidelobe}}\left|\boldsymbol{w}^{\mathrm{H}}\boldsymbol{a}(\bar{\theta}_s,\bar{\phi}_s)\right|^2\\
\text{s.t.}\quad & \left|\boldsymbol{w}^{\mathrm{H}}\boldsymbol{a}(\theta_m,\phi_m)\right|^2\geqslant 1,\quad m=1,2,\cdots,M\\
& \boldsymbol{w}^{\mathrm{H}}\boldsymbol{a}(\tilde{\theta}_l,\tilde{\phi}_l)=0,\quad l=1,2,\cdots,L\\
& \|\boldsymbol{p}_n-\tilde{\boldsymbol{p}}_n\|^2\leqslant v_nT,\quad n=1,2,\cdots,N
\end{aligned} \tag{9.20}$$

注意，式 (9.20) 中对主瓣施加了超“1”约束 [25]，即期望目标潜在的角度对应的主瓣电平均不小于 1，这可能会导致主瓣区域的电平不平坦。如果需要考虑主瓣电平平坦，也可以替换该约束为双边约束 $1+\eta\geqslant\left|\boldsymbol{w}^{\mathrm{H}}\boldsymbol{a}(\theta_m,\phi_m)\right|^2\geqslant 1-\eta$[26-29]，

其中，η 为用户自定义的一个小于 1 的正常数。上述两种约束的差别：双边约束由于上下界限定更为严苛，消耗了更多的变量自由度，会以其他性能指标下降为代价 (如峰值旁瓣电平)，但主瓣较为平坦，如文献 [26] 和 [27] 中相应部分的实验所示。双边约束的 ADMM 详细求解方法可以参考文献 [26] 和 [27]，这里不再赘述。下面以超“1”约束为例进行描述。

引入辅助变量：

$$\begin{cases} u_m = \boldsymbol{w}^{\mathrm{H}}\boldsymbol{a}(\theta_m, \phi_m) \\ v_s = \boldsymbol{w}^{\mathrm{H}}\boldsymbol{a}(\bar{\theta}_s, \bar{\phi}_s) \end{cases} \tag{9.21}$$

得到如下等价形式：

$$\begin{aligned} &\min_{\boldsymbol{w},\varepsilon,\{\boldsymbol{p}_n,u_m,v_s\}} \varepsilon \\ &\text{s.t.} \quad |u_m|^2 \geqslant 1, \quad m=1,2,\cdots,M \\ &\qquad |v_s|^2 \leqslant \varepsilon, \quad s=1,2,\cdots,S \\ &\qquad \boldsymbol{w}^{\mathrm{H}}\boldsymbol{a}(\tilde{\theta}_l, \tilde{\phi}_l) = 0, \quad l=1,2,\cdots,L \\ &\qquad u_m = \boldsymbol{w}^{\mathrm{H}}\boldsymbol{a}(\theta_m, \phi_m), \quad m=1,2,\cdots,M \\ &\qquad v_s = \boldsymbol{w}^{\mathrm{H}}\boldsymbol{a}(\bar{\theta}_s, \bar{\phi}_s), \quad s=1,2,\cdots,S \\ &\qquad \|\boldsymbol{p}_n - \tilde{\boldsymbol{p}}_n\|^2 \leqslant v_n T, \quad n=1,2,\cdots,N \end{aligned} \tag{9.22}$$

基于式 (9.22)，构造如下特殊的增广拉格朗日函数：

$$\begin{aligned} &\mathcal{L}_2\left(\boldsymbol{w}, \varepsilon, u_m, v_s, \boldsymbol{p}_n, \lambda_m, \kappa_s\right) \\ =&\varepsilon + \sum_{m=1}^{M}\left(\mathrm{Re}\left\{\lambda_m^*\left[u_m - \boldsymbol{w}^{\mathrm{H}}\boldsymbol{a}(\theta_m,\phi_m)\right]\right\} + \frac{\rho}{2}|u_m - \boldsymbol{w}^{\mathrm{H}}\boldsymbol{a}(\theta_m,\phi_m)|^2\right) \\ &+ \sum_{s=1}^{S}\left(\mathrm{Re}\left\{\kappa_s^*\left[v_s - \boldsymbol{w}^{\mathrm{H}}\boldsymbol{a}(\bar{\theta}_s,\bar{\phi}_s)\right]\right\} + \frac{\rho}{2}|v_s - \boldsymbol{w}^{\mathrm{H}}\boldsymbol{a}(\bar{\theta}_s,\bar{\phi}_s)|^2\right) \\ &\text{s.t.} \quad |u_m|^2 \geqslant 1, \quad m=1,2,\cdots,M \\ &\qquad |v_s|^2 \leqslant \varepsilon, \quad s=1,2,\cdots,S \\ &\qquad \boldsymbol{w}^{\mathrm{H}}\boldsymbol{a}(\tilde{\theta}_l, \tilde{\phi}_l) = 0, \quad l=1,2,\cdots,L \\ &\qquad \|\boldsymbol{p}_n - \tilde{\boldsymbol{p}}_n\|^2 \leqslant v_n T, \quad n=1,2,\cdots,N \end{aligned} \tag{9.23}$$

式中，$\{\lambda_m, \kappa_s\}$ 为相应约束的拉格朗日乘子。然后，基于 ADMM 设计如下迭代算法，对式 (9.23) 所描述的拉格朗日函数进行求解。

步骤 1　基于给定的 $\{\boldsymbol{w}(t), \boldsymbol{p}_n(t), \lambda_m(t), \kappa_s(t)\}$ 求解如下子问题，确定 $\{\varepsilon(t+1), u_m(t+1), v_s(t+1)\}$：

$$\begin{aligned}\min_{u_m, v_s, \varepsilon} \varepsilon + &\sum_{m=1}^{M} \frac{\rho}{2}\left|u_m - \boldsymbol{w}^{\mathrm{H}}(t)\boldsymbol{a}(\theta_m, \phi_m) + \frac{\lambda_m(t)}{\rho}\right|^2 + \sum_{s=1}^{S} \frac{\rho}{2}\left|v_s - \boldsymbol{w}^{\mathrm{H}}(t)\boldsymbol{a}(\bar{\theta}_s, \bar{\phi}_s) + \frac{\kappa_s(t)}{\rho}\right|^2 \\ \text{s.t.}\quad &|u_m|^2 \geqslant 1, \quad m = 1, 2, \cdots, M \\ &|v_s|^2 \leqslant \varepsilon, \quad s = 1, 2, \cdots, S \end{aligned} \tag{9.24}$$

式 (9.24) 可以分解为如下两个子问题，第一个子问题式 (9.25) 可以通过 cvx 或者 Matlab 命令 qcqp 求解；第二个子问题式 (9.26) 可以直接给出闭析式，参考式 (9.17)：

$$\begin{aligned}&\min_{v_s, \varepsilon}\ \varepsilon + \sum_{s=1}^{S} \frac{\rho}{2}\left|v_s - \boldsymbol{w}^{\mathrm{H}}\boldsymbol{a}\left(\bar{\theta}_s, \bar{\phi}_s\right) + \frac{\kappa_s(t)}{\rho}\right|^2 \\ &\text{s.t.}\ |v_s|^2 \leqslant \varepsilon, \quad s = 1, 2, \cdots, S\end{aligned} \tag{9.25}$$

$$\begin{aligned}&\min_{u_m}\ \sum_{m=1}^{M} \frac{\rho}{2}\left|u_m - \boldsymbol{w}^{\mathrm{H}}(t)\boldsymbol{a}(\theta_m, \phi_m) + \frac{\lambda_m(t)}{\rho}\right|^2 \\ &\text{s.t.}\ |u_m|^2 \geqslant 1, \quad m = 1, 2, \cdots, M\end{aligned} \tag{9.26}$$

步骤 2　基于 $\{\varepsilon(t+1), u_m(t+1), v_s(t+1), \lambda_m(t), \kappa_s(t)\}$，求解如下问题确定 $\boldsymbol{w}(t+1)$ 和 $\boldsymbol{p}_n(t+1)$：

$$\begin{aligned}\min_{\boldsymbol{w}, \boldsymbol{p}_n} &\sum_{m=1}^{M} \frac{\rho}{2}\left|u_m - \boldsymbol{w}^{\mathrm{H}}\boldsymbol{a}(\theta_m, \phi_m) + \frac{\lambda_m}{\rho}\right|^2 + \sum_{s=1}^{S} \frac{\rho}{2}\left|v_s - \boldsymbol{w}^{\mathrm{H}}\boldsymbol{a}(\bar{\theta}_s, \bar{\phi}_s) + \frac{\kappa_s}{\rho}\right|^2 \\ \text{s.t.}\ &\boldsymbol{w}^{\mathrm{H}}\boldsymbol{a}(\tilde{\theta}_l, \tilde{\phi}_l) = 0, \quad l = 1, 2, \cdots, L \\ &\|\boldsymbol{p}_n - \tilde{\boldsymbol{p}}_n\|^2 \leqslant v_n T, \quad n = 1, 2, \cdots, N\end{aligned} \tag{9.27}$$

进一步，可简化为如下形式：

$$\begin{aligned}&\min_{\boldsymbol{w}, \boldsymbol{p}_n} \boldsymbol{w}^{\mathrm{H}}\boldsymbol{R}\boldsymbol{w} - \boldsymbol{b}^{\mathrm{H}}\boldsymbol{w} - \boldsymbol{w}^{\mathrm{H}}\boldsymbol{b} \\ &\text{s.t.}\ \boldsymbol{w}^{\mathrm{H}}\boldsymbol{a}(\tilde{\theta}_l, \tilde{\phi}_l) = 0, \quad l = 1, 2, \cdots, L \\ &\qquad \|\boldsymbol{p}_n - \tilde{\boldsymbol{p}}_n\|^2 \leqslant v_n T, \quad n = 1, 2, \cdots, N\end{aligned} \tag{9.28}$$

式中，

$$\boldsymbol{R}=\frac{\rho}{2}\sum_{m=1}^{M}\boldsymbol{a}(\theta_m,\phi_m)\boldsymbol{a}^{\mathrm{H}}(\theta_m,\phi_m)+\frac{\rho}{2}\sum_{s=1}^{S}\boldsymbol{a}(\bar{\theta}_s,\bar{\phi}_s)\boldsymbol{a}^{\mathrm{H}}(\bar{\theta}_s,\bar{\phi}_s) \tag{9.29}$$

$$\boldsymbol{b}=\frac{\rho}{2}\sum_{m=1}^{M}\left(u_m+\frac{\lambda_m}{\rho}\right)^{*}\boldsymbol{a}(\theta_m,\phi_m)+\frac{\rho}{2}\sum_{s=1}^{S}\left(v_s+\frac{\kappa_s}{\rho}\right)^{*}\boldsymbol{a}(\bar{\theta}_s,\bar{\phi}_s) \tag{9.30}$$

注意，当 $\boldsymbol{p}_n(t+1)$ 已知时，式 (9.28) 变为

$$\begin{aligned}\min_{\boldsymbol{w}}\quad & \boldsymbol{w}^{\mathrm{H}}\boldsymbol{R}\boldsymbol{w}-\boldsymbol{b}^{\mathrm{H}}\boldsymbol{w}-\boldsymbol{w}^{\mathrm{H}}\boldsymbol{b}\\ \text{s.t.}\quad & \boldsymbol{w}^{\mathrm{H}}\boldsymbol{a}(\tilde{\theta}_l,\tilde{\phi}_l)=0,\quad l=1,2,\cdots,L\end{aligned} \tag{9.31}$$

构造拉格朗日函数

$$\mathcal{L}_3(\boldsymbol{w},\gamma_l)=\boldsymbol{w}^{\mathrm{H}}\boldsymbol{R}\boldsymbol{w}-\boldsymbol{b}^{\mathrm{H}}\boldsymbol{w}-\boldsymbol{w}^{\mathrm{H}}\boldsymbol{b}+\sum_{l=1}^{L}\gamma_l\boldsymbol{w}^{\mathrm{H}}\boldsymbol{a}(\tilde{\theta}_l,\tilde{\phi}_l) \tag{9.32}$$

分别对权向量和拉格朗日乘子 $\boldsymbol{w}$、$\{\gamma_l\}$ 求导，可得

$$\frac{\partial\mathcal{L}_3(\boldsymbol{w},\gamma_l)}{\partial\boldsymbol{w}}=2\boldsymbol{R}\boldsymbol{w}+\sum_{l=1}^{L}\gamma_l\boldsymbol{a}(\tilde{\theta}_l,\tilde{\phi}_l)=2\boldsymbol{b} \tag{9.33}$$

$$\frac{\partial\mathcal{L}_3(\boldsymbol{w},\gamma_l)}{\partial\gamma_l}=\boldsymbol{w}^{\mathrm{H}}\boldsymbol{a}(\tilde{\theta}_l,\tilde{\phi}_l)=0,\quad l=1,2,\cdots,L \tag{9.34}$$

式 (9.33)、式 (9.34) 形成方程组：

$$\begin{bmatrix}2\boldsymbol{R} & \boldsymbol{a}(\tilde{\theta}_1,\tilde{\phi}_1) & \cdots & \boldsymbol{a}(\tilde{\theta}_L,\tilde{\phi}_L)\\ \boldsymbol{a}^{\mathrm{H}}(\tilde{\theta}_1,\tilde{\phi}_1) & 0 & \cdots & 0\\ \vdots & \vdots & & \vdots\\ \boldsymbol{a}^{\mathrm{H}}(\tilde{\theta}_L,\tilde{\phi}_L) & 0 & \cdots & 0\end{bmatrix}\begin{bmatrix}\boldsymbol{w}\\ \gamma_1\\ \vdots\\ \gamma_L\end{bmatrix}=\begin{bmatrix}2\boldsymbol{b}\\ 0\\ \vdots\\ 0\end{bmatrix} \tag{9.35}$$

则最优的 $\boldsymbol{w}$ 在获得解 $\left[\boldsymbol{w}^{\mathrm{T}}\gamma_1\cdots\gamma_L\right]^{\mathrm{T}}$ 的基础上通过选择矩阵 $\boldsymbol{S}=[\boldsymbol{I}_N\quad 0_{N\times L}]$ 进行选择取出前 N 个元素，即

$$\begin{bmatrix}\boldsymbol{w}\\ \gamma_1\\ \vdots\\ \gamma_L\end{bmatrix}=\begin{bmatrix}2\boldsymbol{R} & \boldsymbol{a}(\tilde{\theta}_1,\tilde{\phi}_1) & \cdots & \boldsymbol{a}(\tilde{\theta}_L,\tilde{\phi}_L)\\ \boldsymbol{a}^{\mathrm{H}}(\tilde{\theta}_1,\tilde{\phi}_1) & 0 & \cdots & 0\\ \vdots & \vdots & & \vdots\\ \boldsymbol{a}^{\mathrm{H}}(\tilde{\theta}_L,\tilde{\phi}_L) & 0 & \cdots & 0\end{bmatrix}^{-1}\begin{bmatrix}2\boldsymbol{b}\\ 0\\ \vdots\\ 0\end{bmatrix}$$

$$\Rightarrow\bar{\boldsymbol{w}}=\boldsymbol{S}\left(\begin{bmatrix}2\boldsymbol{R} & \boldsymbol{a}(\tilde{\theta}_1,\tilde{\phi}_1) & \cdots & \boldsymbol{a}(\tilde{\theta}_L,\tilde{\phi}_L)\\ \boldsymbol{a}^{\mathrm{H}}(\tilde{\theta}_1,\tilde{\phi}_1) & 0 & \cdots & 0\\ \vdots & \vdots & & \vdots\\ \boldsymbol{a}^{\mathrm{H}}(\tilde{\theta}_L,\tilde{\phi}_L) & 0 & \cdots & 0\end{bmatrix}^{-1}\begin{bmatrix}2\boldsymbol{b}\\ 0\\ \vdots\\ 0\end{bmatrix}\right) \tag{9.36}$$

将 $\boldsymbol{w}$ 代入式 (9.31) 的目标函数，形成关于 $\{p_n\}$ 的优化问题：

$$\begin{aligned}&\min_{\boldsymbol{p}_n} \bar{\boldsymbol{w}}^{\mathrm{H}}\boldsymbol{R}\bar{w} - \boldsymbol{b}^{\mathrm{H}}\bar{\boldsymbol{w}} - \bar{\boldsymbol{w}}^{\mathrm{H}}\boldsymbol{b}\\ &\text{s.t.} \left\|\boldsymbol{p}_n - \tilde{\boldsymbol{p}}_n\right\|^2 \leqslant v_n T, \quad n = 1, 2, \cdots, N\end{aligned} \tag{9.37}$$

类似于式 (9.11)~式 (9.19) 的求解方法求解获得 $\boldsymbol{p}_n$，再代入式 (9.36) 获得 $\boldsymbol{w}$。

步骤 3 更新拉格朗日乘子：

$$\kappa_s(t+1) = \kappa_s(t) + \rho(v_s(t+1) - \boldsymbol{w}^{\mathrm{H}}\boldsymbol{a}(\bar{\theta}_s, \bar{\phi}_s)), \quad s = 1, 2, \cdots, S \tag{9.38}$$

$$\lambda_m(t+1) = \lambda_m(t) + \rho(u_m(t+1) - \boldsymbol{w}^{\mathrm{H}}\boldsymbol{a}(\theta_m, \phi_m)), \quad m = 1, 2, \cdots, M \tag{9.39}$$

基于以上推导，可描述为算法 9.2。

算法 9.2 目标方向不精确时的自组织蜂群柔性阵列波束赋形

1：初始化 $\{\boldsymbol{w}(0), \boldsymbol{p}_n(0), \lambda_m(0), \kappa_s(0)\}$；循环迭代变量 t；最大循环次数 T_0
2：执行式 (9.24) ~ 式 (9.26) 获得 $\{\varepsilon(t+1), u_m(t+1), v_s(t+1)\}$
3：执行式 (9.27) ~ 式 (9.37) 获得 $\boldsymbol{w}(t+1), \boldsymbol{p}_n(t+1)$
4：执行式 (9.38)，式 (9.39) 进行拉格朗日乘子更新
5：重复步骤 2 ~ 步骤 4，直至达到最大迭代次数 T_0
算法输出：无人机权矢量 $\boldsymbol{w}_t$ 和坐标 $\{\boldsymbol{p}_n(k)\}$.

9.4 计算复杂度及收敛性分析

1. 计算复杂度分析

本节将对算法 9.1 和算法 9.2 的计算复杂度进行简要分析，算法计算复杂度使用一次迭代中涉及的乘法总次数表示。

在算法 9.1 中，根据步骤 2.1~ 步骤 2.3，步骤 2 的复杂度为 $\mathcal{O}\left\{N^2\right\}$，步骤 3 的复杂度为 $\mathcal{O}\{2NS\}$，因此算法 9.1 总的计算复杂度为 $\mathcal{O}\left\{N^2+2NS\right\}$。算法 9.2 步骤 2 的复杂度为 $\mathcal{O}\{N(M+S)\}$，步骤 3 复杂度为 $\mathcal{O}\left\{N^2+N(N+L)^2\right\}$，步骤 4 复杂度 $\mathcal{O}\{N(M+S)\}$，因此算法 9.2 总的计算复杂度为 $\mathcal{O}\left\{2N(M+S)+N^2+N(N+L)^2\right\}$。

2. 收敛性分析

基本算法的劳森收敛性中内循环实现了约束和目标函数的分离，且内循环为标准的 ADMM，收敛证明同文献 [30] 中附录 B，这里不再赘述。内循环中，式 (9.18) 的求解步骤保证了所得的解满足约束 $\left\|\boldsymbol{p}_n-\tilde{\boldsymbol{p}}_n\right\|^2 \leqslant v_n T, n=1,2,\cdots,N$。式 (9.10) 中权值 $\boldsymbol{w}$ 用 $\boldsymbol{p}_n$ 表示的消元思路，保证了所得的解一定满足约束

$\boldsymbol{w}^{\mathrm{H}}\boldsymbol{a}(\theta_0,\phi_0)=1, \boldsymbol{w}^{\mathrm{H}}\boldsymbol{a}(\theta_l,\phi_l)=0,\ l=1,2,\cdots,L$。因此，所得的解一定满足式 (9.3) 中的约束，即所获得的解在式 (9.3) 所示问题的可行域内。值得注意的是，式 (9.11) 为高度非线性非凸优化问题，存在很多局部解，但是由于式 (9.18) 和式 (9.10) 的特殊处理方式，即使不同初始化可能产生不同的解，但所有的解一定满足式 (9.3) 的约束。

此外，根据文献 [18]~[20]，可得

$$\max_{\boldsymbol{w}(t+1),\{\boldsymbol{p}_n(t+1)\}}\left\{\ \left|\boldsymbol{w}^{\mathrm{H}}\boldsymbol{a}(\theta,\phi)\right|^2\right\}\leqslant\max_{\boldsymbol{w}(t),\{\boldsymbol{p}_n(t)\}}\left\{\ \left|\boldsymbol{w}^{\mathrm{H}}\boldsymbol{a}(\theta,\phi)\right|^2\right\}$$

即经过劳森加权迭代后，目标函数值随迭代次数呈下降趋势。扩展算法中为标准的 ADMM，收敛性同文献 [30] 中附录 B，可得证明。

9.5 仿真实验

本节将通过仿真实验分析自组织蜂群柔性阵列波束赋形算法在不同情形下的赋形综合性能。首先，以仅优化权值和权值位置联合优化作为对比，以此说明天线位置移动对峰值旁瓣的影响，并且将所提算法与其他算法进行对比；其次，测试不同天线个数对峰值旁瓣的影响；再次，测试无人机距离范围约束对算法波束赋形的影响；最后，为验证算法稳定性，对目标方向及初始化值的敏感程度做出测试。

9.5.1 蜂群自组织优化实验

蜂群系统最大的优势就是各无人机能通过灵活的自组织运动，达到更好的探测效果。因此，本小节先对比无人机位置移动展开测试，探究空间位置对波束赋形能力的影响，然后为验证算法的有效性，给出对比算法。

对于算法 9.1，参数设置如下：在 $x,y,z\in\{[0,10]\times[0,10]\times[0,10]\}$(单位为半波长) 范围内随机初始化 100 个无人机蜂群位置，如图 9.1(a) 所示。设置目标及两干扰对应方向分别为 $(0°,0°)$、$(-30°,-30°)$、$(40°,40°)$，设置距离约束为 $v_nT=\dfrac{1}{2}\lambda$，λ 为波长。在无人机位置给定情况下，求解式 (9.40) 仅优化权向量问题。对于算法 9.2，无人机位置初始化方式、距离约束设置与算法 9.1 相同，随机初始化蜂群位置如图 9.1(b)。假设目标俯仰角和方位角方向不确定，潜在的区域为 $\theta,\phi\in\{[-10°,10°]\times[-10°,10°]\}$，以 1° 为间隔，主瓣区域划分为 441 个格点。设置两个干扰方向分别为 $(-30°,-30°)$、$(40°,40°)$。在无人机位置给定情况下，求解式 (9.41) 仅优化权向量问题。

$$\min_{\boldsymbol{w}}\quad\max_{\theta,\phi\in\mathrm{Sidelobe}}\left|\boldsymbol{w}^{\mathrm{H}}\boldsymbol{a}(\theta,\phi)\right|^2$$

$$
\begin{aligned}
\text{s.t.}\quad & \boldsymbol{w}^{\mathrm{H}}\boldsymbol{a}(\theta_0,\phi_0)=1 \\
& \boldsymbol{w}^{\mathrm{H}}\boldsymbol{a}(\theta_l,\phi_l)=0,\quad l=1,2,\cdots,L
\end{aligned}
\tag{9.40}
$$

$$
\begin{aligned}
\min_{\boldsymbol{w}}\ & \max_{(\bar{\theta}_s,\bar{\phi}_s)\in\text{Sidelobe}} \left|\boldsymbol{w}^{\mathrm{H}}\boldsymbol{a}(\bar{\theta}_s,\bar{\phi}_s)\right|^2 \\
\text{s.t.}\quad & \left|\boldsymbol{w}^{\mathrm{H}}\boldsymbol{a}(\theta_m,\phi_m)\right|^2 \geqslant 1,\quad m=1,2,\cdots,M \\
& \boldsymbol{w}^{\mathrm{H}}\boldsymbol{a}(\tilde{\theta}_l,\tilde{\phi}_l)=0,\quad l=1,2,\cdots,L
\end{aligned}
\tag{9.41}
$$

求解式 (9.40) 所获得的波束图如图 9.1(c) 所示，此时最大峰值旁瓣为 −16.85 dB。图 9.1(e) 所示为 θ 方向和 ϕ 方向切片结果，虚线部分框出了两方向 3dB 主瓣宽度，分别为 11.4°、11.0°。图 9.1(g) 所示为两干扰沿 ϕ 方向的切片，两干扰方向的电平分别为 −308.10dB、−311.50dB。求解式 (9.41) 所获得的波束图如图 9.1(d) 所示，此时最大峰值旁瓣为 −11.42dB。图 9.1(f) 所示为 θ 方向和 ϕ 方向切片结果，虚线部分框出了两方向 3dB 主瓣宽度，分别为 30.2°、27.8°。图 9.1(h) 所示为两干扰沿 ϕ 方向的切片，两干扰方向的电平分别为 −259.73dB、−268.43dB。

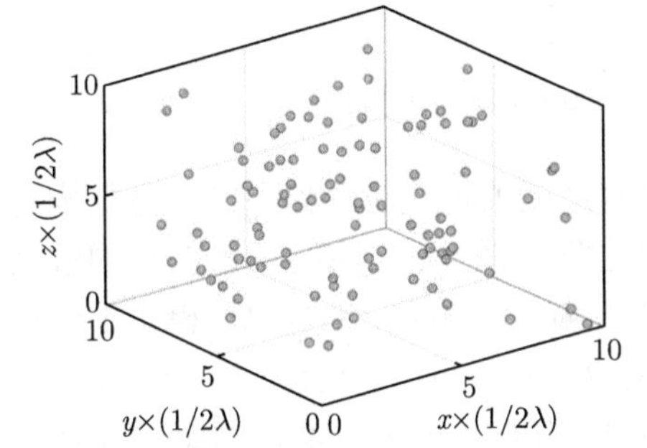

(a) 算法9.1随机初始化蜂群位置

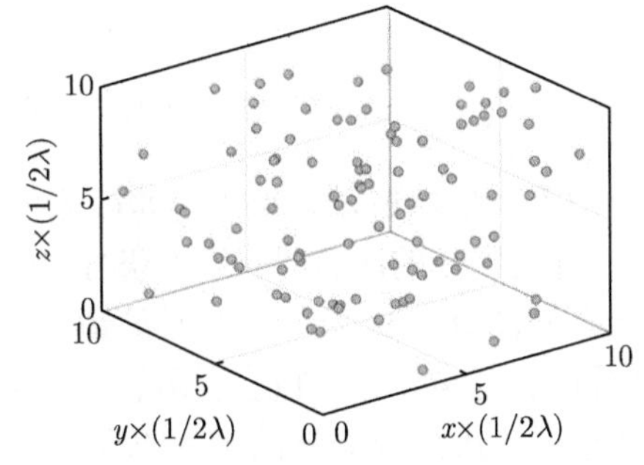

(b) 算法9.2随机初始化蜂群位置

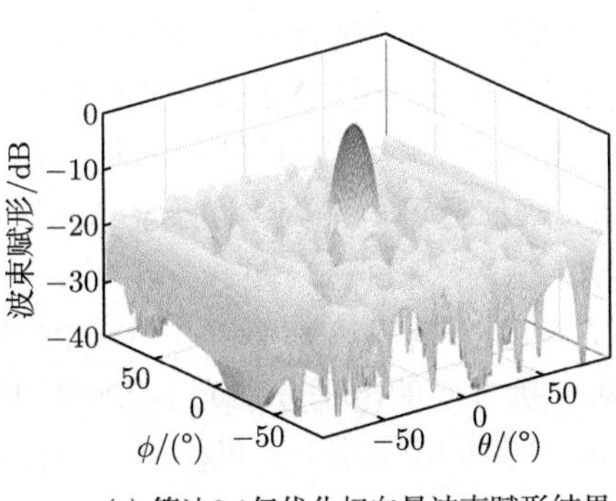

(c) 算法9.1仅优化权向量波束赋形结果

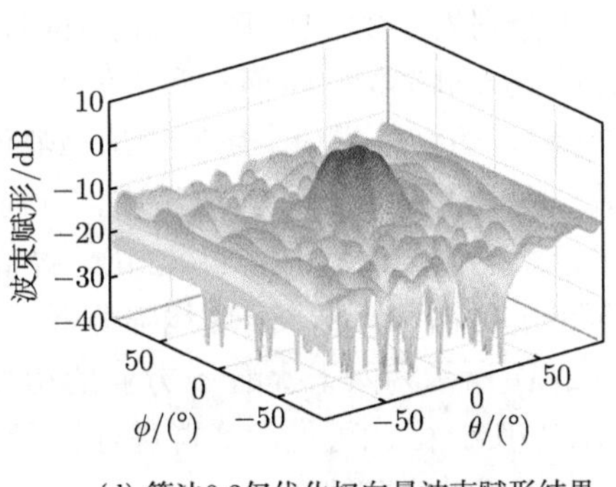

(d) 算法9.2仅优化权向量波束赋形结果

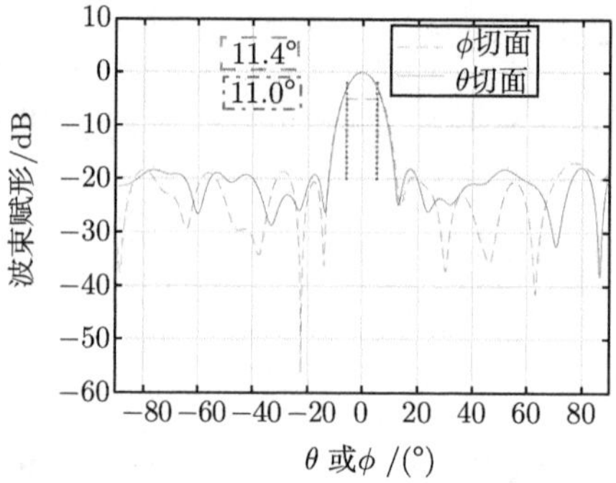

(e) 算法9.1中3dB主瓣宽度切片

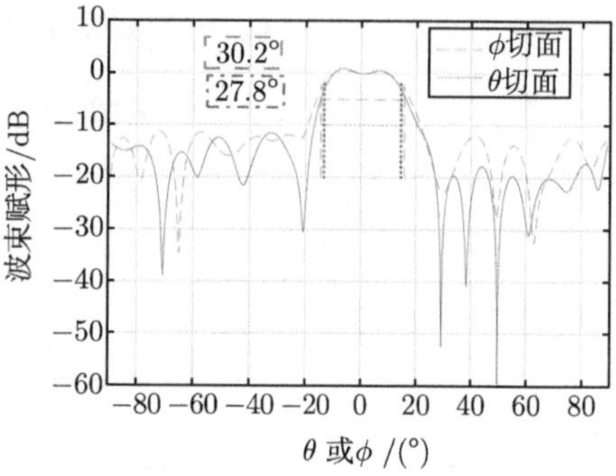

(f) 算法9.2中3dB主瓣宽度切片

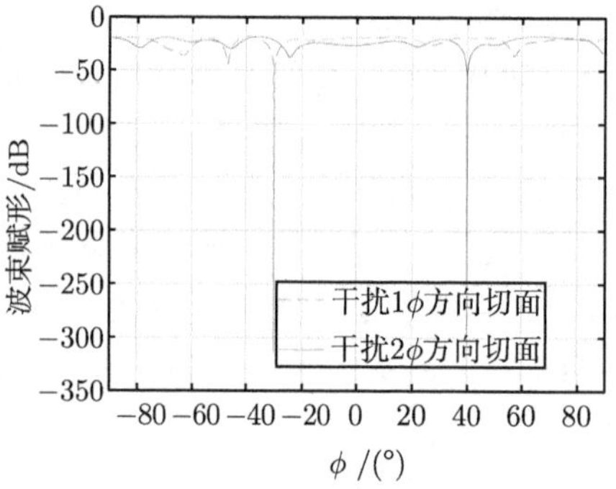

(g) 算法9.1两干扰沿ϕ方向切片

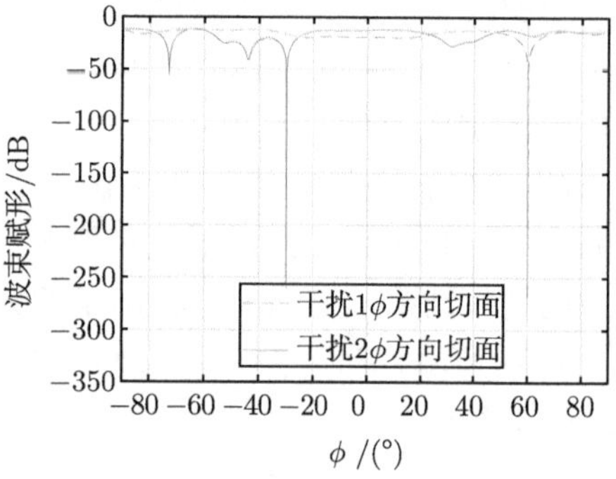

(h) 算法9.2两干扰沿ϕ方向切片

图 9.1　蜂群不调整位置时进行波束赋形结果

为了验证蜂群进行位置调整带来波束赋形的增益，执行算法 9.1 进行蜂群位置和权向量 $\boldsymbol{w}$ 的联合优化，所获得的蜂群坐标如图 9.2(a) 所示，所获得的波束赋形结果如图 9.2(c) 所示，此时的最大峰值旁瓣电平为 −23.13dB，相比不进行蜂群位置调整的结果，峰值旁瓣降低了 6.28dB。图 9.2(e) 所示为 θ 方向和 ϕ 方向切片结果，虚线部分框出了两方向 3dB 主瓣宽度，均为 10.4°，相比图 9.1(e) 的结果减少了 1.0° 和 0.6°。图 9.2(g) 所示为两干扰沿 ϕ 方向的切片，两干扰方向的电平分别为 −336.18dB、−308.19dB。由此可见，蜂群进行位置调整可以获得更佳的无人机坐标，进而有利于低旁瓣波束赋形。执行算法 9.2 进行蜂群坐标和权向量 $\boldsymbol{w}$ 的联合优化，所获得的蜂群位置如图 9.2(b) 所示，所获得的波束赋形结果如图 9.2(d) 所示。结果证实，此时的最大峰值旁瓣电平为 −24.45dB，低于不进行蜂群位置调整的 −11.42dB，峰值旁瓣降低了 13.03dB。图 9.2(f) 所示为 θ 方向和 ϕ 方向切片结果，虚线部分框出了两方向 3dB 宽度，分别为 32.1°、25.6°。图 9.2(h) 所示为两干扰沿 ϕ 方向的切片，两干扰方向的电平分别为 −229.97dB、−231.12dB。由此可见，蜂群进行位置调整可以获得更佳的无人机坐标，进而有利于低旁瓣波束赋形。

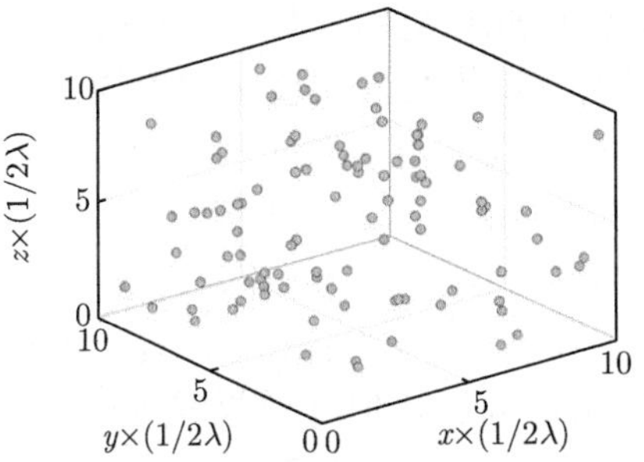

(a) 算法9.1调整位置后蜂群坐标

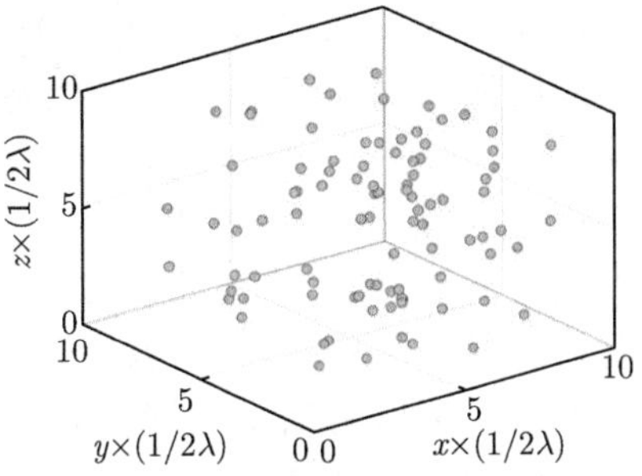

(b) 算法9.2调整位置后蜂群坐标

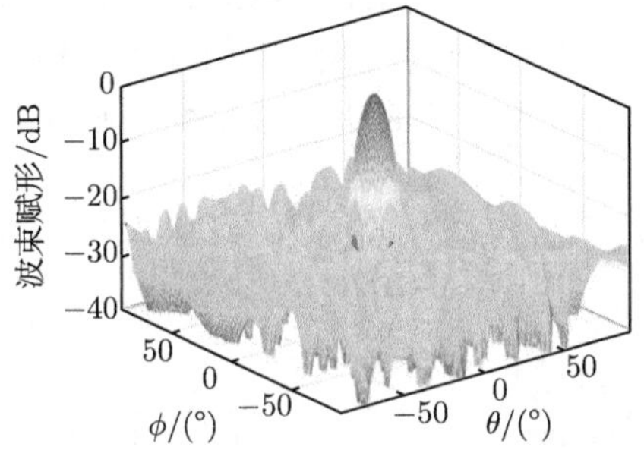

(c) 算法9.1联合优化波束赋形结果

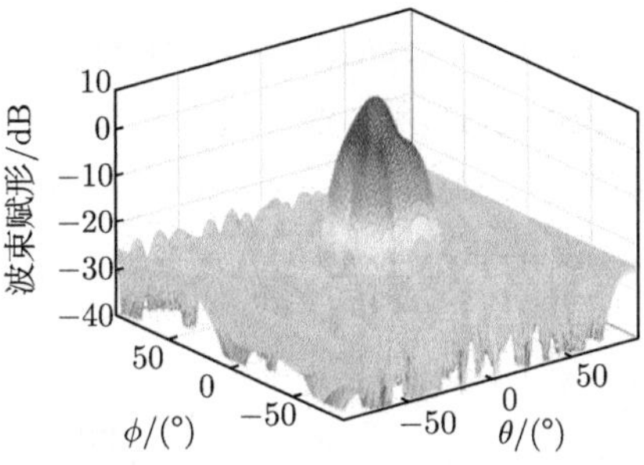

(d) 算法9.2联合优化波束赋形结果

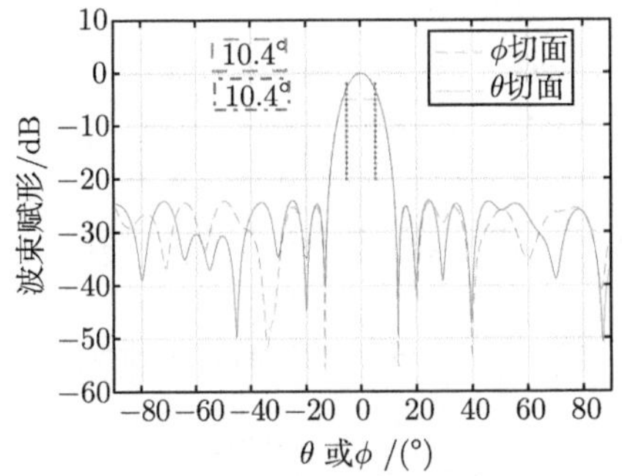

(e) 算法9.1中3dB主瓣宽度切片

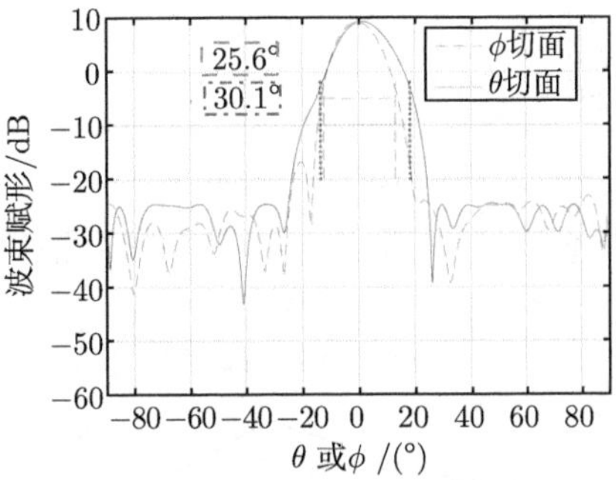

(f) 算法9.2中3dB主瓣宽度切片

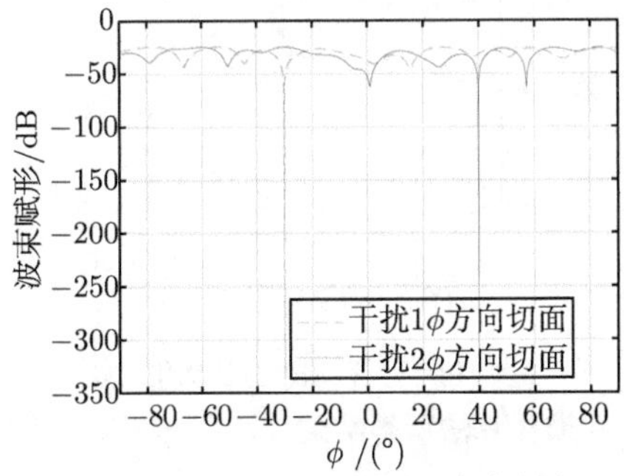

(g) 算法9.1两干扰沿ϕ方向切片

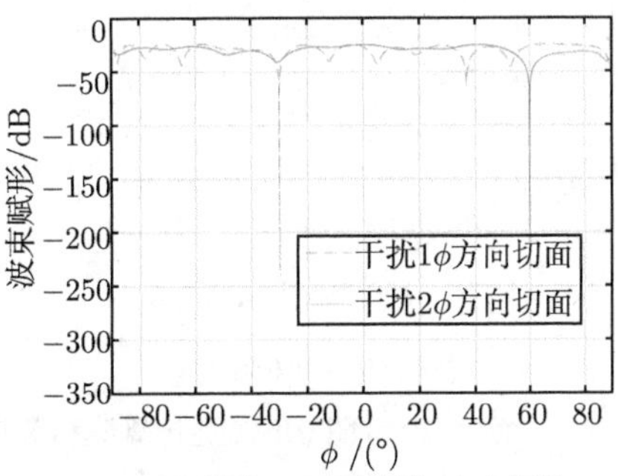

(h) 算法9.2两干扰沿ϕ方向切片

图 9.2　蜂群坐标和权向量联合优化结果

遗传算法对可行解表示具有广泛性，因此此处选用遗传算法和劳森 + 遗传算法作为所提出算法的对比。遗传算法指所提出模型的权值和位置均由遗传算法搜索所得，劳森 + 遗传算法指所提出模型的权值由劳森迭代所得，位置由遗传算法搜索所得。两组实验的无人机初始位置、目标角度、干扰角度、距离约束参数设置同算法 9.1，遗传算法迭代次数设置为 30 次。遗传算法和劳森 + 遗传算法所得结果如图 9.3 所示。其中，图 9.3(a)、(c) 分别为权值、位置均由遗传算法优化所得，可以看出虽然遗传算法能解出此问题，但其效果较为一般，PSL 在优化后仅为 −12.06dB。图 9.3(b)、(d) 分别为权值由劳森迭代所得、位置由遗传算法搜索所得，其 PSL 值为 −17.42dB，可以看出用劳森近似 + 遗传算法所得结果要优于全部使用遗传所得结果。这两种算法所得结果相较于上述联合优化后 PSL 值达到 −23.13dB 而言，结果都较差，从而进一步证实所提出算法的优越性。

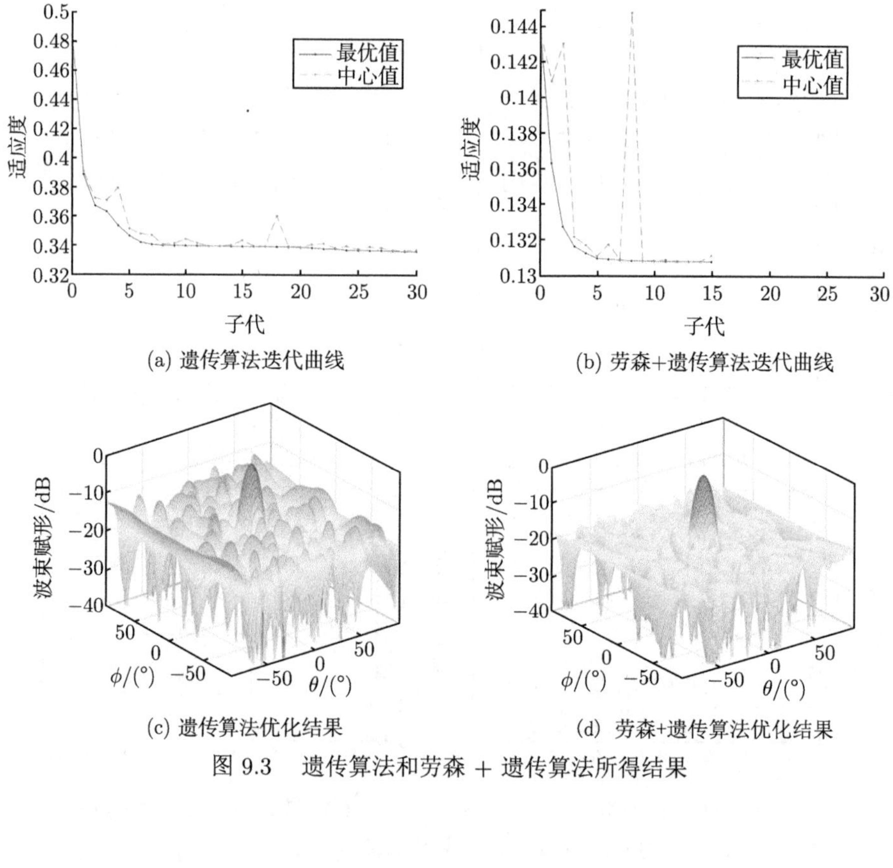

(a) 遗传算法迭代曲线

(b) 劳森+遗传算法迭代曲线

(c) 遗传算法优化结果

(d) 劳森+遗传算法优化结果

图 9.3 遗传算法和劳森 + 遗传算法所得结果

9.5.2 天线个数的影响

阵元的个数往往对波束赋形能力有较大影响，因此本实验主要分析天线个数对算法 9.1 和算法 9.2 的影响。

天线个数分别设置为 50 个、100 个、150 个 (其中设置 100 个时结果如图 9.2(c) 所示)，天线随机取值范围同 9.5.1 小节设置。表 9.1、表 9.2 给出了算法 9.1 和算法 9.2 不同天线个数时，仅优化权向量、联合优化蜂群坐标和权向量时的结果。从表 9.1、表 9.2 中可以看出，随着天线个数的增加，PSL 在降低；同时权值位置同时优化的结果优于仅优化权值的结果。

表 9.1　算法 9.1 天线个数变化时 PSL 对比

天线个数	仅优化权向量时的 PSL/dB	联合优化时的 PSL/dB
50	−13.27	−15.56
100	−16.33	−23.13
150	−20.50	−25.21

表 9.2　算法 9.2 天线个数变化时 PSL 对比

天线个数	仅优化权向量时的 PSL/dB	联合优化时的 PSL/dB
50	−5.55	−15.82
100	−10.76	−24.45
150	−19.39	−28.04

9.5.3 距离约束范围的影响

无人机的速度是有限的，因此在一定时间范围内其运动范围也是有限的。为了探究在何种情况下会获得更优的性能，本实验主要分析蜂群位置调整范围 v_nT 对算法性能的影响。

天线个数仍为图 9.1(a) 所示的 100 个，距离约束分别设置为 $0.2\times(1/2\lambda)$、$0.5\times(1/2\lambda)$、$1\times(1/2\lambda)$、$2\times(1/2\lambda)$、$5\times(1/2\lambda)$，分别求解算法 9.1 和算法 9.2 所获得的 PSL，如表 9.3、表 9.4 所示。从表 9.3、表 9.4 数据可以看出，PSL 随着距离约束的变化呈现一定的规律变化。距离约束过小，无人机可移动空间位置小，此时 PSL 偏大；距离约束大，无人机可移动空间大，PSL 会一定程度降低，但其存在上限，不能无限度降低，距离约束过大会导致性能的急剧恶化。这是因为所提出算法是对无人机飞行的距离上限做出约束，初始迭代阶段运动距离过大导致部分无人机超出设定范围，超出半波长，无法有效优化，即使后期在向优化方向修正，也无法对其完全修正，从而导致其优化性能下降。从距离约束 $2\times(1/2\lambda)$ 和 $5\times(1/2\lambda)$ 两组仿真结果的无人机空间位置可得到验证。因此，距离约束应该选取一个合适的值，考虑到仿真天线个数及其分散情况，距离约束为 $1 \times (1/2\lambda)$ 较好。

表 9.3 算法 9.1 不同距离约束下 PSL 对比

距离约束	PSL/dB
$0.2 \times (1/2\lambda)$	−20.43
$0.5 \times (1/2\lambda)$	−19.16
$1 \times (1/2\lambda)$	−23.87
$2 \times (1/2\lambda)$	−23.58
$5 \times (1/2\lambda)$	−22.35

表 9.4 算法 9.2 不同距离约束下 PSL 对比

距离约束	PSL/dB
$0.2 \times (1/2\lambda)$	−14.65
$0.5 \times (1/2\lambda)$	−21.34
$1 \times (1/2\lambda)$	−24.45
$2 \times (1/2\lambda)$	−17.27
$5 \times (1/2\lambda)$	−11.73

9.5.4 鲁棒性测试

为测试所提出算法的鲁棒性，下面将对目标指向和初始化值进行实验。由于扩展算法为基本算法的进一步拓展，此处仅对基本算法进行实验。

在上述仿真实验中，目标角度均设置为 $(0°, 0°)$，为测试提出算法对于目标区域的鲁棒性，下面给出对照仿真实验。对照组除目标角度设置为 $(-30°, 30°)$ 外，其余参数设置同 9.5.1 小节，所得结果如图 9.4(a) 所示，易知即使目标所在角度改变，所提出算法仍具较好指向性。

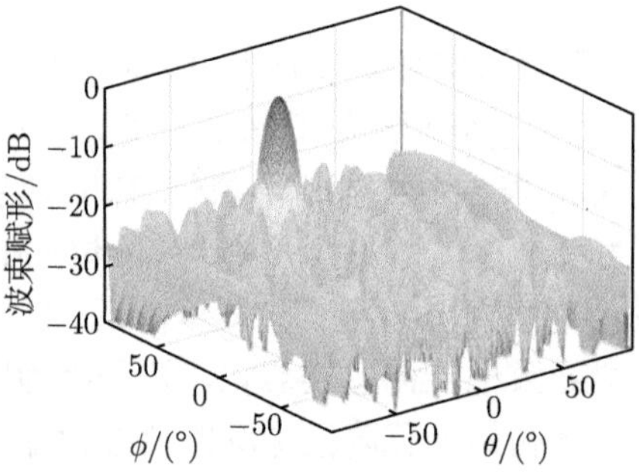

(a) 目标角度改变时实验结果

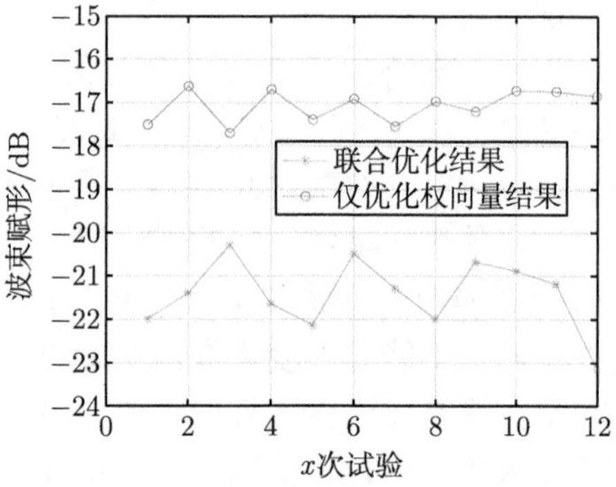

(b) 不同初始化实验结果

图 9.4 基础算法鲁棒性测试

为分析所提出算法对初始值的敏感性，此处增加不同初始化对算法结果的分析讨论，以此查看算法对初始值的敏感程度。共设置 10 组实验，其中每组目标角度、无人机初始范围、天线个数各组初始化参数不同，对比 10 组仅优化相位结果和相位位置联合优化结果。所得仿真结果如图 9.4(b) 所示。由此可知，所提出算法对于初始化值确实较为敏感，但对于高度非线性非凸优化问题而言，存在很多局部解，但经过式 (9.24) 及式 (9.16) 的特殊处理方式，即使不同初始化可能产生不同的解，但所有解一定满足式 (9.3) 的约束。

9.6 本章小结

本章提出了两种自组织蜂群柔性阵列波束赋形算法，能够同时完成自组织调整蜂群位置与天线权向量、实现波束指向特定方向的任务。其中，算法 9.1 适用于目标方向确知的情形，而算法 9.2 适用于目标方向未知情况。为了求解这两种算法形成的非线性、蜂群位置和权向量耦合优化数学优化问题，本章采用变量解耦及消元、约束和复杂目标函数分离等措施进行数值求解。最后的仿真实验结果表明了本章算法的有效性。未来将关注以下研究：除了规划无人机空间位置，还要进行路径的详细规划，包括避免飞行时发生碰撞 [31]。此外，未来将进一步研究柔性阵列校准算法 [32-33] 及鲁棒波束形成算法 [34]。

参考文献

[1] 董宇, 高敏, 张悦, 等. 美军蜂群无人机研究进展及发展趋势 [J]. 飞航导弹, 2020(9): 37-42.

[2] ABBASI H, REHMAN M U, YANG X, et al. Ultrawideband band-notched flexible antenna for wearable applications[J]. IEEE Antennas and Wireless Propagation Letters, 2013, 12(1): 1606-1609.

[3] TOPSAKAL E, ASILI M, CHEN P, et al. Flexible microwave antenna applicator for chemothermotherapy of the breast[J]. IEEE Antennas and Wireless Propagation Letters, 2015, 14(1): 1778-1781.

[4] BALANIS C A, SAEED S, BIRTCHER C R, et al. Wearable flexible reconfigurable antenna integrated with artificial magnetic conductor[J]. IEEE Antennas and Wireless Propagation Letters, 2017, 16(1): 2396-2399.

[5] MOGHADAS H, ZANDVAKILI M , SAMEOTO D, et al. Beam-reconfigurable aperture antenna by stretching or reshaping of a flexible surface[J]. IEEE Antennas and Wireless Propagation Letters, 2017, 16(1): 1337-1340.

[6] LIANG J L, ZHANG X, SO H, et al. Sparse array beampattern synthesis via alternating direction method of multipliers[J].IEEE Transactions on Antennas and Propagation, 2018, 66(5): 2333-2345.

[7] NAI S E, SER W, YU Z L, et al. Beampattern synthesis for linear and planar arrays with antenna selection by convex optimization[J].IEEE Transactions on Antennas and Propagation, 2010, 58(12):3923-3930.

[8] LIU F, LIU Y, KAI D, et al. Synthesizing uniform amplitude sparse dipole arrays with shaped patterns by joint optimization of element positions, rotations and phases[J]. IEEE Transactions on Antennas and Propagation, 2019, 67(9): 6017-6028.

[9] 梁军利, 涂宇, 马云红, 等. 任务驱动的自组织蜂群柔性阵列波束赋形算法研究 [J]. 雷达学报, 2022, 11(4): 517-529.

[10] BUCCI O M, DELIA G. Antenna pattern synthesis: A new general approach[J]. Proceedings of the IEEE, 1994, 82(3):358-371.

[11] EROKHIN A A. Frequency-invariant beam pattern nulling based on weighted pattern summation[J]. Technical Physics Letters, 2021, 47(4):333-335.

[12] PENG W, GU T, ZHUANG Y, et al. Pattern synthesis with minimum mainlobe width via sparse optimization[J]. Digital Signal Processing, 2022, 128: 103632.

[13] AI X, GAN L. Precise array response control for beampattern synthesis with minimum pattern distortion[J]. Signal Processing, 2022, 192: 108395.

[14] LIU Y, BAI J, ZHENG J, et al. Efficient shaped pattern synthesis for time modulated antenna arrays including mutual coupling by differential evolution integrated with FFT via least-square active element pattern expansion[J]. IEEE Transactions on Antennas and Propagation, 2021, 69(7): 4223-4228.

[15] GAO R, TANG Y, WANG Q, et al. Pattern synthesis considering mutual coupling for peak sidelobe suppression and null controlling via element rotation and phase optimization[J]. Engineering Optimization, 2022, 54(1): 101-112.

[16] BOYD S, VANDENBERGHE L. Convex Optimization[M]. Cambridge: Cambridge University Press, 2004.

[17] BERTSEKAS D P. Constrained Optimization and Lagrange Multiplier Methods[M]. Amsterdam: Academic Press, 1982.

[18] LAWSON C L. Contributions to the theory of linear least maximum approximation[D]. Los Angeles: University of California, 1961.

[19] USOW R K H. The Lawson algorithm and extensions[J]. Mathematics of Computation, 1968, 22(101): 118-127.

[20] ELLACOTT S, WILLIAMS J. Linear Chebyshev approximation in the complex plane using Lawson's algorithm[J]. Mathematics of Computation, 1976, 30(133): 35-44.

[21] BOYD S, PARIKH N, CHU E, et al. Distributed optimization and statistical learning via the alternating direction method of multipliers[J]. Foundations and Trends in Machine Learning, 2010, 3(1): 1-122.

[22] GABAY D. Applications of the method of multipliers to variational inequalities[J]. Studies in Mathematics & Its Applications, 1983, 15: 299-331.

[23] ECKSTEIN J, BERTSEKAS D P. On the Douglas-Rachford splitting method and the proximal point algorithm for maximal monotone operators[J]. Mathematical Programming, 1992, 55(1): 293-318.

[24] HONG M, LUO Z, RAZAVIYAYN M. Convergence analysis of alternating direction method of multipliers for a family of nonconvex problems[C]. IEEE International Conference on Acoustics, Speech and Signal Processing, South Brisbane, Australia, 2015: 3836-3840.

[25] XU J, LIAO G, ZHU S, et al. Response vector constrained robust LCMV beamforming based on semidefinite programming[J]. IEEE Transactions on Signal Processing, 2015, 63(21): 5720-5732.

[26] LIANG J L, SO H C, LI J, et al. Unimodular sequence design based on alternating direction method of multipliers[J]. IEEE Transactions on Signal Processing, 2016, 64(20): 5367-5381.

[27] LIANG J L, SO H C, LI J, et al. On optimizations with magnitude constraints on frequency or angular responses[J]. Signal Processing, 2018, 145:214-224.

[28] ZHU L Y, MENG H, SER W. A novel adaptive beamformer based on semidefinite programming with magnitude response constraints[J]. IEEE Transactions on Antennas and Propagation, 2008, 56(5):

1297-1307.

[29] ZHU L Y, SER W, MENG H, et al. Robust adaptive beamformers based on worst-case optimization and constraints on magnitude response[J]. IEEE Transactions on Signal Processing, 2009, 57(7): 2615-2628.

[30] CHEN Z, LIANG J L, WANG T, et al. Generalized MBI algorithm for designing sequence set and mismatched filter bank with ambiguity function constraints[J]. IEEE Transactions on Signal Processing, 2022, 70: 2918-2933.

[31] ZHOU X, WEN X, WANG Z, et al. Swarm of micro flying robots in the wild[J]. Science Robotics, 2022, 7(66): 5954.

[32] 杨朝麟. 非均匀稀疏阵的阵列校准与稳健 DOA 估计算法研究 [D]. 成都: 电子科技大学, 2021.

[33] 刘源, 纠博, 刘宏伟, 等. 基于杂波的收发分置 MIMO 雷达阵列位置误差联合校正方法 [J]. 电子与信息学报, 2015, 37(12): 2956-2963.

[34] 曹渊, 刘威, 崔东华. 适用于任意阵列的鲁棒波束形成算法 [J]. 北京理工大学学报自然版, 2019, 39(12): 1263-1267.

第 10 章　基于 ADMM 的鲁棒自适应波束形成

本章首先给出鲁棒自适应波束形成的背景知识，其次提出基于 ADMM 的主瓣控制、恒模、脉冲噪声环境下的鲁棒 Capon 波束形成方法，最后给出仿真实验验证所提方法的有效性。

10.1 引　　言

自适应波束形成技术在声呐、雷达、无线通信等阵列信号处理领域发挥着重要作用，已受到这些领域科研及工程人员的高度重视 [1-11]。自适应波束形成技术可以通过空域滤波技术压制天线阵列输出中的干扰，同时增强感兴趣方向信号的效用。

经典的 Capon 波束形成器限制目标方向为单位增益，并最小化阵列输出功率自适应获得权向量。但是，当指定的导向矢量和实际的导向矢量不匹配时，如提供目标方向不准确、不完全的阵列校准、未知的阵列变形、相位扰动及脉冲噪声环境等，Capon 波束形成器性能严重下降 [1,10,12]。

为了提高波束形成器空域滤波性能，提升阵列输出端的信干噪比，需要提升 Capon 波束形成器的鲁棒性。例如，Vorobyov 教授等为给定的导向矢量和实际导向矢量设定边界，提升最差情形下的波束形成器特性 [9]；并将形成的优化问题转换为二阶锥规划 (second-order cone programming，SOCP) 问题，调用 SeDumi 工具包进行求解。Lorenz 教授等将阵列流型的不精确性描述为椭圆模型 [10]，并限制位于椭圆内的阵列最小增益不小于 1，然后应用拉格朗日方法获取实际导向矢量。美国佛罗里达大学的 Li Jian 教授等为不匹配的导向矢量施加不确定的椭圆限制 [5-6]，然后又为导向矢量添加了 l_2 范数约束限定阵列输出的白噪声增益，即著名的双约束鲁棒 Capon 波束形成器。其他的鲁棒波束形成方法也可以参考 Li Jian 教授等的著作 *Robust Adaptive Beamforming*[1]。

10.2 算 法 推 导

本节基于 ADMM 框架 [13] 推导三种鲁棒 Capon 波束形成算法，包括主瓣双边约束的鲁棒 Capon 波束形成算法、双约束的鲁棒 Capon 波束形成算法及脉冲噪声下的鲁棒 Capon 波束形成算法。

10.2.1 主瓣双边约束的鲁棒 Capon 波束形成算法推导

当提供的目标方向不精确时，Capon 波束形成器仅对提供的方向所对应的阵列增益限定为 1，则会在真正的目标方向处形成零陷，此时有用信号被完全抑制掉，达不到预期增强输出端信干噪比的目的。一个有用的解决方案为将传统的点方向信息修改为区域方向信息，并限定这些方向区域内的阵列增益，达到阻止有用信号被抑制的效果。

本章考虑如下主瓣双边约束的鲁棒 Capon 优化模型 [14-15]：

$$\begin{aligned}&\min_{\boldsymbol{w}} \boldsymbol{w}^{\mathrm{H}}\boldsymbol{R}\boldsymbol{w}\\ &\text{s.t. } L(\theta_i) \leqslant \left|\boldsymbol{w}^{\mathrm{H}}\boldsymbol{a}(\theta_i)\right|^2 \leqslant U(\theta_i), \quad i=1,2,\cdots,I\end{aligned} \tag{10.1}$$

其中，对目标潜在的区域 $[\theta_l,\theta_u]$ 离散化为 I 个格点 $\{\theta_i\}_{i=1}^{I}$，双边约束 $L(\theta_i) \leqslant \left|\boldsymbol{w}^{\mathrm{H}}\boldsymbol{a}(\theta_i)\right|^2 \leqslant U(\theta_i)$ 是为了控制在方向区域内的阵列响应在期望的范围 $[L(\theta_i),U(\theta_i)]$；目标函数 $\boldsymbol{w}^{\mathrm{H}}\boldsymbol{R}\boldsymbol{w}$ 表示阵列的输出功率，$\boldsymbol{w}\in\mathbb{C}^{M\times 1}$，表示对应于 M 个天线的波束形成器权向量，$\boldsymbol{R}\in\mathbb{C}^{M\times M}$ 表示协方差矩阵。

式 (10.1) 的难点在于约束集中的双边约束 $L(\theta_i) \leqslant \left|\boldsymbol{w}^{\mathrm{H}}\boldsymbol{a}(\theta_i)\right|^2 \leqslant U(\theta_i)$，导致所形成的优化问题呈现非凸性。为解决这一非凸优化问题，本章考虑引入辅助变量 $v_i=\boldsymbol{w}^{\mathrm{H}}\boldsymbol{a}(\theta_i)$。这样，式 (10.1) 可转换为如下等价问题：

$$\begin{aligned}&\min_{\boldsymbol{w},\{v_i\}} \ \boldsymbol{w}^{\mathrm{H}}\boldsymbol{R}\boldsymbol{w}\\ &\text{s.t. } \ v_i=\boldsymbol{w}^{\mathrm{H}}\boldsymbol{a}(\theta_i), \quad i=1,2,\cdots,I\\ &\qquad L(\theta_i) \leqslant \left|\boldsymbol{w}^{\mathrm{H}}\boldsymbol{a}(\theta_i)\right|^2 \leqslant U(\theta_i), \quad i=1,2,\cdots,I\end{aligned} \tag{10.2}$$

基于式 (10.2)，构造如下特殊的增广拉格朗日函数：

$$\begin{aligned}&\mathcal{L}_\rho(\boldsymbol{w},v_i,\lambda_i)=\boldsymbol{w}^{\mathrm{H}}\boldsymbol{R}\boldsymbol{w}+\sum_{i=1}^{I}\left(\mathrm{Re}\left\{\lambda_i^* v_i-\boldsymbol{w}^{\mathrm{H}}\boldsymbol{a}(\theta_i)\right\}+\frac{\rho}{2}\left|v_i-\boldsymbol{w}^{\mathrm{H}}\boldsymbol{a}(\theta_i)\right|^2\right)\\ &\text{s.t. } L(\theta_i) \leqslant |v_i|^2 \leqslant U(\theta_i), \quad i=1,2,\cdots,I\end{aligned} \tag{10.3}$$

注意，上述的增广拉格朗日函数有效实现了约束 $L(\theta_i) \leqslant \left|\boldsymbol{w}^{\mathrm{H}}\boldsymbol{a}(\theta_i)\right|^2 \leqslant U(\theta_i)$ 的解耦，现在约束变成了 $L(\theta_i) \leqslant |v_i|^2 \leqslant U(\theta_i)$。式 (10.3) 中，$\mathrm{Re}(\cdot)$ 表示求取复数的实部运算，λ_i 为对应于约束 $v_i=\boldsymbol{w}^{\mathrm{H}}\boldsymbol{a}(\theta_i)$ 的拉格朗日乘子向量，ρ 为增广拉格朗日函数的步长参数。

以下考虑基于 ADMM[13,16-17] 对式 (10.3) 进行求解。

步骤 0 初始化 $\{v_i(0),\lambda_i(0)\}$，迭代次数 $t=0$，最大迭代次数为 T，一致性约束误差上限为 ε。

步骤 1 求解以下问题以确定 $\boldsymbol{w}(t+1)$：

$$\boldsymbol{w}(t+1)=\arg\min_{\boldsymbol{w}}\mathcal{L}_\rho\left(\boldsymbol{w},v_i(t),\lambda_i(t)\right) \tag{10.4}$$

去除常数项，式 (10.4) 可简化为如下优化问题：

$$\begin{aligned}&\min_{\boldsymbol{w}}\ \boldsymbol{w}^{\mathrm{H}}\left(\boldsymbol{R}+\frac{\rho}{2}\sum_{i=1}^{I}\boldsymbol{a}(\theta_i)\boldsymbol{a}^{\mathrm{H}}(\theta_i)\right)\boldsymbol{w}-\boldsymbol{w}^{\mathrm{H}}\left(\sum_{i=1}^{I}\frac{\rho}{2}\left(v_i(t)+\frac{\lambda_i(t)}{\rho}\right)^*\boldsymbol{a}(\theta_i)\right)\\&-\left(\sum_{i=1}^{I}\frac{\rho}{2}\left(v_i(t)+\frac{\lambda_i(t)}{\rho}\right)^*\boldsymbol{a}(\theta_i)\right)^{\mathrm{H}}\boldsymbol{w}\end{aligned} \tag{10.5}$$

忽略常数项，式 (10.5) 的最优解为

$$\boldsymbol{w}(t+1)=\left(\boldsymbol{R}+\frac{\rho}{2}\sum_{i=1}^{I}\boldsymbol{a}(\theta_i)\boldsymbol{a}^{\mathrm{H}}(\theta_i)\right)^{-1}\left(\sum_{i=1}^{I}\frac{\rho}{2}\left(v_i(t)+\frac{\lambda_i(t)}{\rho}\right)^*\boldsymbol{a}(\theta_i)\right) \tag{10.6}$$

步骤 2 求解以下问题确定 $v_i(t+1)$：

$$\{v_i(t+1)\}=\arg\min_{\{v_i\}}\mathcal{L}_\rho\big(\boldsymbol{w}(t+1),v_i,\lambda_i(t)\big) \tag{10.7}$$

去除常数项，式 (10.7) 可简化为如下优化问题：

$$\begin{aligned}&\min_{\{v_i\}}\ \frac{\rho}{2}\sum_{i=1}^{I}\left|v_i-\left(\boldsymbol{w}^{\mathrm{H}}(t+1)\boldsymbol{a}(\theta_i)-\frac{\lambda_i(t)}{\rho}\right)\right|^2\\&\text{s.t.}\ \ L(\theta_i)\leqslant|v_i|^2\leqslant U(\theta_i),\quad i=1,2,\cdots,I\end{aligned} \tag{10.8}$$

式 (10.8) 优化问题可以分裂为 I 个并行的优化问题：

$$\begin{aligned}&\min_{v_i}\left|v_i-\left(\boldsymbol{w}^{\mathrm{H}}(t+1)\boldsymbol{a}(\theta_i)-\frac{\lambda_i(t)}{\rho}\right)\right|^2\\&\text{s.t.}\ L(\theta_i)\leqslant|v_i|^2\leqslant U(\theta_i),\quad i=1,2,\cdots,I\end{aligned} \tag{10.9}$$

式 (10.9) 的闭合解析式为

$$v_i(t+1)=\begin{cases}\sqrt{L(\theta_i)}\mathrm{e}^{\mathrm{j}\angle\left(\boldsymbol{w}^{\mathrm{H}}(t+1)\boldsymbol{a}(\theta_i)-\frac{\lambda_i(t)}{\rho}\right)}, & \left|\boldsymbol{w}^{\mathrm{H}}(t+1)\boldsymbol{a}(\theta_i)-\dfrac{\lambda_i(t)}{\rho}\right|\leqslant L(\theta_i)\\ \sqrt{U(\theta_i)}\mathrm{e}^{\mathrm{j}\angle\left(\boldsymbol{w}^{\mathrm{H}}(t+1)\boldsymbol{a}(\theta_i)-\frac{\lambda_i(t)}{\rho}\right)}, & \left|\boldsymbol{w}^{\mathrm{H}}(t+1)\boldsymbol{a}(\theta_i)-\dfrac{\lambda_i(t)}{\rho}\right|^2\geqslant U(\theta_i)\\ \boldsymbol{w}^{\mathrm{H}}(t+1)\boldsymbol{a}(\theta_i)-\dfrac{\lambda_i(t)}{\rho}, & \text{其他}\end{cases} \tag{10.10}$$

步骤 3　更新拉格朗日乘子:

$$\lambda_i(t+1)=\lambda_i(t)+\rho\left(v_i(t+1)-\boldsymbol{w}^{\mathrm{H}}(t+1)\boldsymbol{a}(\theta_i)(t+1)\right),\quad i=1,2,\cdots,I \tag{10.11}$$

步骤 4　判断终止条件是否满足，包括是否达到最大迭代次数 T 或一致性约束误差是否已小于等于给定的阈值 ε，即 $\left|v_i(t+1)-\boldsymbol{w}^{\mathrm{H}}(t+1)\boldsymbol{a}(\theta_i)\right|\leqslant\varepsilon$。若满足则终止循环，输出 $\boldsymbol{w}(t+1)$；若不满足，$t=t+1$，转入步骤 1。

10.2.2　双约束的鲁棒 Capon 波束形成算法推导

当所提供的导向矢量 $\bar{\boldsymbol{a}}$ 存在方向错误或者相位扰动时，需要估计真正的导向矢量，并且考虑导向矢量各元素的幅度 [6]。因此，形成如下双约束的鲁棒 Capon 波束形成问题 [18]:

$$\begin{aligned}&\min_{\boldsymbol{a}}\ \boldsymbol{a}^{\mathrm{H}}\boldsymbol{R}^{-1}\boldsymbol{a}\\ &\text{s.t.}\ \ \|\boldsymbol{a}-\bar{\boldsymbol{a}}\|^2\leqslant\varepsilon\\ &\qquad |a(m)|=1,\quad m=1,2,\cdots,M\end{aligned} \tag{10.12}$$

式中，$\varepsilon>0$，为用户给定的参数；$\boldsymbol{a}=[a(1),a(2),\cdots,a(M)]^{\mathrm{T}}$。事实上，上述模型中的恒模约束也可以扩展为

$$1-\delta\leqslant|a(m)|\leqslant 1+\delta,\quad m=1,2,\cdots,M \tag{10.13}$$

一旦求解式 (10.12) 获得最优导向矢量 $\boldsymbol{a}$，则可以确定最优的权向量为

$$\boldsymbol{w}=\frac{\boldsymbol{R}^{-1}\boldsymbol{a}}{\boldsymbol{a}^{\mathrm{H}}\boldsymbol{R}^{-1}\boldsymbol{a}} \tag{10.14}$$

以下给出式 (10.12) 优化问题的求解步骤。式 (10.12) 的难点在于恒模导致的非凸约束，使得问题呈现非凸特性。为分离非凸约束，考虑引入辅助向量 $\boldsymbol{b}=[b(1),b(2),\cdots,b(M)]^{\mathrm{T}}=\boldsymbol{a}$，转换式 (10.12) 为如下优化问题:

$$\min_{\boldsymbol{a}}\ \boldsymbol{a}^{\mathrm{H}}\boldsymbol{R}^{-1}\boldsymbol{a}$$

$$\begin{aligned} \text{s.t.}\ & \|\boldsymbol{a}-\bar{\boldsymbol{a}}\|^2 \leqslant \varepsilon \\ & \boldsymbol{a}=\boldsymbol{b} \\ & |b(m)|=1, \quad m=1,2,\cdots,M \end{aligned} \tag{10.15}$$

基于式 (10.15)，构造如下的特殊增广拉格朗日函数：

$$\mathcal{L}_\rho(\boldsymbol{a},\boldsymbol{b},\boldsymbol{\lambda})=\boldsymbol{a}^{\mathrm{H}}\boldsymbol{R}^{-1}\boldsymbol{a}+\mathrm{Re}\{\boldsymbol{\lambda}^{\mathrm{H}}(\boldsymbol{a}-\boldsymbol{b})\}+\frac{\rho}{2}\|\boldsymbol{a}-\boldsymbol{b}\|^2$$
$$\text{s.t.}\ \|\boldsymbol{a}-\bar{\boldsymbol{a}}\|^2 \leqslant \varepsilon; |b(m)|=1, \quad m=1,2,\cdots,M \tag{10.16}$$

式中，$\boldsymbol{\lambda}$ 为对应于约束 $\boldsymbol{a}=\boldsymbol{b}$ 的拉格朗日乘子向量；ρ 为增广拉格朗日函数的步长参数。

以下考虑基于 ADMM[13,16-17] 对式 (10.3) 进行求解。

步骤 0　初始化 $\{\boldsymbol{b}(0),\boldsymbol{\lambda}(0)\}$，迭代次数 $t=0$，最大迭代次数为 T，一致性约束误差上限为 ζ。

步骤 1　求解以下问题确定 $\boldsymbol{a}(t+1)$：

$$\begin{aligned} \boldsymbol{a}(t+1)&=\arg\min_{\boldsymbol{a}}\mathcal{L}_\rho\big(\boldsymbol{a},\boldsymbol{b}(t),\boldsymbol{\lambda}(t)\big) \\ \text{s.t.}\ & \|\boldsymbol{a}-\bar{\boldsymbol{a}}\|^2 \leqslant \varepsilon \end{aligned} \tag{10.17}$$

去除常数项，式 (10.17) 可简化为如下优化问题 [5-6,19]：

$$\begin{aligned} \min_{\boldsymbol{a}}\ & \boldsymbol{a}^{\mathrm{H}}\boldsymbol{R}^{-1}\boldsymbol{a}-\frac{\rho}{2}\boldsymbol{a}^{\mathrm{H}}\left(\boldsymbol{b}(t)-\frac{\boldsymbol{\lambda}(t)}{\rho}\right)-\frac{\rho}{2}\left(\boldsymbol{b}(t)-\frac{\boldsymbol{\lambda}(t)}{\rho}\right)^{\mathrm{H}}\boldsymbol{a} \\ \text{s.t.}\ & \|\boldsymbol{a}-\bar{\boldsymbol{a}}\|^2 \leqslant \varepsilon \end{aligned} \tag{10.18}$$

式中，常数项被忽略。进一步，为简化上述问题，定义：

$$\breve{\boldsymbol{a}}=\boldsymbol{a}-\bar{\boldsymbol{a}} \tag{10.19}$$

则式 (10.18) 转换为如下问题：

$$\begin{aligned} \min_{\breve{\boldsymbol{a}}}\ & \breve{\boldsymbol{a}}^{\mathrm{H}}\boldsymbol{R}^{-1}\breve{\boldsymbol{a}}+\boldsymbol{c}^{\mathrm{H}}\breve{\boldsymbol{a}}+\breve{\boldsymbol{a}}^{\mathrm{H}}\boldsymbol{c} \\ \text{s .t.}\ & \breve{\boldsymbol{a}}^2 \leqslant \varepsilon \end{aligned} \tag{10.20}$$

式中，$\boldsymbol{c}=\boldsymbol{R}^{-1}\bar{\boldsymbol{a}}-\dfrac{\rho}{2}\left(\boldsymbol{b}(t)-\dfrac{\boldsymbol{\lambda}(t)}{\rho}\right)$。基于式 (10.20)，构造如下拉格朗日函数：

$$\mathcal{F}\left(\breve{\boldsymbol{a}},\gamma\right)=\breve{\boldsymbol{a}}^{\mathrm{H}}\boldsymbol{R}^{-1}\breve{\boldsymbol{a}}+\boldsymbol{c}^{\mathrm{H}}\breve{\boldsymbol{a}}+\breve{\boldsymbol{a}}^{\mathrm{H}}\boldsymbol{c}+\gamma\left(\left\|\breve{\boldsymbol{a}}\right\|^2-\varepsilon\right) \tag{10.21}$$

分别对 $\breve{\boldsymbol{a}}$ 和 γ 求偏导，可得所谓的拉格朗日方程，即

$$2\boldsymbol{R}^{-1}\breve{\boldsymbol{a}} + 2\boldsymbol{c} + 2\gamma\breve{\boldsymbol{a}} = 0 \tag{10.22}$$

及 $\left\|\breve{\boldsymbol{a}}\right\|^2 - \varepsilon = 0$。由式 (10.22) 可得

$$\breve{\boldsymbol{a}} = -\left(\boldsymbol{R}^{-1} + \gamma\boldsymbol{I}_M\right)^{-1}\boldsymbol{c} \tag{10.23}$$

将式 (10.23) 代入 $\left\|\breve{\boldsymbol{a}}\right\|^2 - \varepsilon = 0$，可得

$$g(\gamma) = \boldsymbol{c}^{\mathrm{H}}(\boldsymbol{R}^{-1} + \gamma\boldsymbol{I}_M)^{-2}\boldsymbol{c} - \varepsilon = 0 \tag{10.24}$$

式 (10.24) 表明，拉格朗日乘子 γ 是非线性方程 $g(\gamma) = 0$ 的根。对矩阵 $\boldsymbol{R}$ 执行特征值分解得

$$\boldsymbol{R} = \boldsymbol{U}\boldsymbol{\Sigma}\boldsymbol{U}^{\mathrm{H}} \tag{10.25}$$

其中，$\boldsymbol{\Sigma} = \mathrm{Diag}\{[\sigma_1, \sigma_2, \cdots, \sigma_M]\}$，特征值按其大小降序排列，即 $\sigma_1 \geqslant \sigma_2 \geqslant \cdots \geqslant \sigma_M > 0$。特征向量矩阵 $\boldsymbol{U} = [\boldsymbol{u}_1\ \boldsymbol{u}_2\ \cdots\ \boldsymbol{u}_M]$。从而，上述非线性方程式 (10.24) 可重写为 [5-6,19]

$$g(\gamma) = \boldsymbol{c}^{\mathrm{H}}\boldsymbol{U}(\boldsymbol{\Sigma}^{-1} + \gamma\boldsymbol{I}_M)^{-2}\boldsymbol{U}^{\mathrm{H}}\boldsymbol{c} - \varepsilon = \sum_{m=1}^{M}\frac{\left|\boldsymbol{c}^{\mathrm{H}}\boldsymbol{u}_m\right|^2}{\left(\dfrac{1}{\sigma_m} + \gamma\right)^2} - \varepsilon \tag{10.26}$$

由于 $\sigma_1 \geqslant \sigma_2 \geqslant \cdots \geqslant \sigma_M > 0$，有 $0 < \dfrac{1}{\sigma_1} \leqslant \dfrac{1}{\sigma_2} \leqslant \cdots \leqslant \dfrac{1}{\sigma_M}$。又因为 $\lim\limits_{\gamma \to -\frac{1}{\sigma_1}} g(\gamma) = +\infty$ 和 $\lim\limits_{\gamma \to +\infty} g(\gamma) = -\varepsilon$，以及

$$\frac{\partial g(\gamma)}{\partial \gamma} = \sum_{m=1}^{M}\frac{-2\left|\boldsymbol{c}^{\mathrm{H}}\boldsymbol{u}_m\right|^2}{\left(\dfrac{1}{\sigma_m} + \gamma\right)^3} < 0, \quad \gamma \in \left(-\frac{1}{\sigma_1}, +\infty\right) \tag{10.27}$$

所以函数 $g(\gamma)$ 在 $\gamma \in \left(-\dfrac{1}{\sigma_1}, +\infty\right)$ 具备单调性。这样在 $\gamma \in \left(-\dfrac{1}{\sigma_1}, +\infty\right)$ 存在唯一的一个根 $\breve{\gamma}$，满足 $g(\gamma) = 0$。因此，可以利用二分法在此区间进行搜索，获得根 $\breve{\gamma}$，并代入 $\breve{\boldsymbol{a}} = -\left(\boldsymbol{R}^{-1} + \gamma\boldsymbol{I}_M\right)^{-1}\boldsymbol{c}$ 获得最优导向矢量 $\breve{\boldsymbol{a}}$。进一步，代入式 (10.19)，可得式 (10.18) 的解为

$$\boldsymbol{a}(t+1) = \breve{\boldsymbol{a}} + \bar{\boldsymbol{a}} \tag{10.28}$$

步骤 2 求解以下问题确定 $\boldsymbol{b}(t+1)$：

$$\begin{aligned} &\boldsymbol{b}(t+1)=\arg\min_{\boldsymbol{b}}\mathcal{L}_\rho\big(\boldsymbol{a}(t+1),\boldsymbol{b},\boldsymbol{\lambda}(t)\big) \\ &\text{s.t.}\ \ |b(m)|=1,\quad m=1,2,\cdots,M \end{aligned} \tag{10.29}$$

去除常数项，式 (10.29) 可简化为如下优化问题：

$$\begin{aligned} &\min_{\boldsymbol{b}}\ \ \frac{\rho}{2}\left\|\boldsymbol{a}(t+1)+\frac{\boldsymbol{\lambda}(t)}{\rho}-\boldsymbol{b}\right\|^2 \\ &\text{s.t.}\ \ |b(m)|=1,\quad m=1,2,\cdots,M \end{aligned} \tag{10.30}$$

因此，最优解为

$$\boldsymbol{b}=\mathrm{e}^{\mathrm{j}\angle\left(\boldsymbol{a}(t+1)+\frac{\boldsymbol{\lambda}(t)}{\rho}\right)} \tag{10.31}$$

步骤 3 更新拉格朗日乘子：

$$\boldsymbol{\lambda}(t+1)=\boldsymbol{\lambda}(t)+\rho\big(\boldsymbol{a}(t+1)-\boldsymbol{b}(t+1)\big) \tag{10.32}$$

步骤 4 判断终止条件是否满足，包括是否达到最大迭代次数 T 或一致性约束误差是否已小于等于给定的阈值 ζ，即 $|a_i(t+1)-b_i(t+1)|\leqslant\zeta$。若满足则终止循环，输出 $\boldsymbol{a}(t+1)$；若不满足，$t=t+1$，转入步骤 1。

10.2.3 脉冲噪声下的鲁棒 Capon 波束形成算法推导

现有的自适应波束形成器基于的输出最小方差 (minimum variance, MV) 准则，而该准则是基于高斯噪声考虑的模型。在实际应用场景中，还存在脉冲噪声以及存在野值点的情形。此时，MV 准则对脉冲噪声极其敏感，导致自适应特性下降严重。本章考虑用 l_p 准则代替 l_2 准则，达到对脉冲噪声或野值点抵制的作用，构造以下鲁棒 Capon 波束形成模型 [18]：

$$\begin{aligned} &\min_{\boldsymbol{w}}\ \ \sum_{n=1}^{N}\left|\boldsymbol{w}^{\mathrm{H}}\boldsymbol{x}_n\right|^p \\ &\text{s.t.}\ \ 1-\epsilon\leqslant\left|\boldsymbol{w}^{\mathrm{H}}\boldsymbol{a}(\theta_m)\right|^2\leqslant1+\epsilon,\quad m=1,2,\cdots,M \end{aligned} \tag{10.33}$$

式中，θ_m 为主瓣离散化得到的 M 个角度，$\{\theta_m\}_m^M=1$。

为解决上述目标函数非凸和约束集非凸的优化问题，引入辅助变量 $y_n=\boldsymbol{w}^{\mathrm{H}}\boldsymbol{x}_n$，将式 (10.33) 转换为如下等价问题：

$$\min_{\boldsymbol{w},\{y_n\}}\ \ \sum_{n=1}^{N}|y_n|^p$$

$$\begin{aligned}\text{s.t.} \quad & y_n = \boldsymbol{w}^{\mathrm{H}}\boldsymbol{x}_n, \quad n=1,2,\cdots,N \\ & 1-\epsilon \leqslant \left|\boldsymbol{w}^{\mathrm{H}}\boldsymbol{a}(\theta_m)\right|^2 \leqslant 1+\epsilon, \quad m=1,2,\cdots,M\end{aligned} \tag{10.34}$$

基于式 (10.34)，构造如下拉格朗日函数：

$$\mathcal{L}(\boldsymbol{w},\{y_n,\lambda_n\}) = \sum_{n=1}^{N}\left(|y_n|^p + \mathrm{Re}\left\{\lambda_n^*\left(y_n - \boldsymbol{w}^{\mathrm{H}}\boldsymbol{x}_n\right)\right\} + \frac{\rho}{2}\left|y_n - \boldsymbol{w}^{\mathrm{H}}\boldsymbol{x}_n\right|^2\right)$$
$$\text{s.t. } 1-\epsilon \leqslant \left|\boldsymbol{w}^{\mathrm{H}}\boldsymbol{a}(\theta_m)\right|^2 \leqslant 1+\epsilon, \quad m=1,2,\cdots,M$$

式中，λ_n 为对应于约束 $y_n = \boldsymbol{w}^{\mathrm{H}}\boldsymbol{x}_n$ 的拉格朗日乘子。基于约束集可分离的 ADMM，采用以下迭代算法进行求解。

步骤 0 初始化 $\{\boldsymbol{w}(0),\lambda_n(0)\}$，迭代次数 $t=0$，最大迭代次数为 T，一致性约束误差上限为 ζ。

步骤 1 求解以下问题确定 $y_n(t+1)$：

$$\min_{\{y_n\}} \quad \sum_{n=1}^{N}\left(|y_n|^p + \mathrm{Re}\left\{\lambda_n^*(t)\left(y_n - \boldsymbol{w}^{\mathrm{H}}(t)\boldsymbol{x}_n\right)\right\} + \frac{\rho}{2}\left|y_n - \boldsymbol{w}^{\mathrm{H}}\boldsymbol{x}_n\right|^2\right) \tag{10.35}$$

去除常数项，式 (10.35) 可分裂为 N 个单变量优化问题：

$$\min_{y_n} |y_n|^p + \frac{\rho}{2}\left|y_n - \tilde{y}_n\right|^2 \tag{10.36}$$

式中，

$$\tilde{y}_n = \boldsymbol{w}^{\mathrm{H}}(t)\boldsymbol{x}_n - \frac{\lambda_n(t)}{\rho} \tag{10.37}$$

式 (10.37) 的优化可参考本书第 8 章或文献 [20] 和 [21] 的方法进行求解。

步骤 2 求解以下问题确定 $\boldsymbol{w}(t+1)$：

$$\begin{aligned}\min_{\boldsymbol{w}} \quad & \sum_{n=1}^{N}\left(\mathrm{Re}\left\{\lambda_n^*\left(y_n - \boldsymbol{w}^{\mathrm{H}}\boldsymbol{x}_n\right)\right\} + \frac{\rho}{2}\left|y_n - \boldsymbol{w}^{\mathrm{H}}\boldsymbol{x}_n\right|^2\right) \\ \text{s.t.} \quad & 1-\epsilon \leqslant \left|\boldsymbol{w}^{\mathrm{H}}\boldsymbol{a}(\theta_m)\right|^2 \leqslant 1+\epsilon, \quad m=1,2,\cdots,M\end{aligned} \tag{10.38}$$

以上问题可以参考 3.2.1 小节中的方法解决。

步骤 3 更新拉格朗日乘子：

$$\lambda_n(t+1) = \lambda_n(t) + \rho\left(y_n(t+1) - \boldsymbol{w}^{\mathrm{H}}(t+1)\boldsymbol{x}_n\right) \tag{10.39}$$

步骤 4 判断终止条件是否满足，包括是否达到最大迭代次数 T 或一致性约束误差是否小于等于给定的阈值 ζ，即 $\left|y_n(t+1) - \boldsymbol{w}^{\mathrm{H}}(t+1)\boldsymbol{x}_n\right| \leqslant \zeta$。若满足则终止循环，输出 $\boldsymbol{w}(t+1)$；若不满足，$t=t+1$，转入步骤 1。

10.3 仿 真 实 验

本节将通过仿真实验来评估所提方法的特性。第一个、第二个、第三个实验分别为主瓣双边约束的鲁棒 Capon 波束形成算法仿真实验、双约束的鲁棒 Capon 波束形成算法仿真实验及脉冲噪声下的鲁棒 Capon 波束形成算法仿真实验。

10.3.1 主瓣双边约束的鲁棒 Capon 波束形成算法仿真实验

第一个实验考虑 $M = 10$ 个天线构成的均匀线性阵列，阵元间距为半波长。期望信号的来波方向为 0°，而两个干扰分别来自于 −40° 和 60°。信噪比和信干噪比均为 10dB。宽主瓣区域设 $\theta \in [-10°, 10°]$，主瓣幅度的上、下限分别为 0.95dB、1.05dB。对该区域进行 1° 间隔划分，得到 21 个双边主瓣约束。为达到比较目的，在相同条件下执行半正定松弛 (SDR) 算法、谱分解 (spectral factorization，SF) 算法及一致性 ADMM(consensus-based ADMM, CADMM)，结果如图 10.1 所示。由于 SDR 算法采用矩阵分解或者随机方法产生的解并不满足这 21 个主瓣约束，这里没有提供 SDR 算法的结果。为清晰查看主瓣以及零陷，把主瓣及零陷局部放大在图 10.2 中展示。从图 10.1 和图 10.2 可以看出，本章建议的主瓣双边约束鲁棒 Capon 波束形成算法要好于 SF 算法，原因在于 SF 算法是先获得权向量的协方差矩阵，再获得权向量，存在累积误差；本章算法是直接获取波束权向量的。因此，本章算法在干扰抑制能力方面要优于 SF 算法。

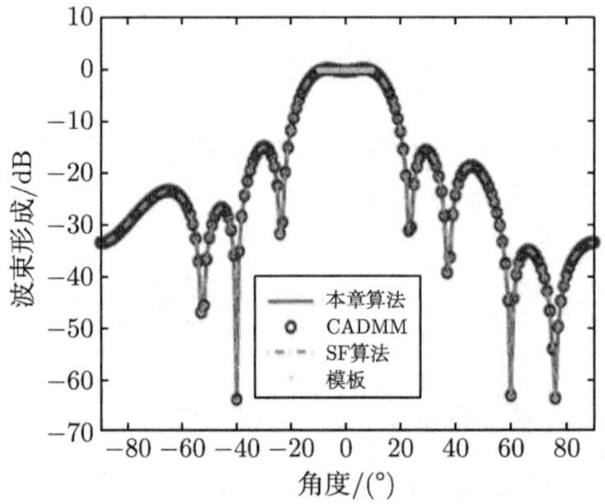

图 10.1　均匀线性阵列波束形成结果

接下来，测试该算法对非均匀阵列的敏感程度。考虑由 $M = 10$ 个天线构成的非均匀线性阵列，阵元坐标位置位于 0 和 5 倍的波长之间，其他条件和上一测试相同。同样地，由于 SDR 算法采用矩阵分解或者随机方法产生的解并不满足这 21 个主瓣约束，而 SF 算法依赖于阵列满足均匀线性阵列要求，不适合非均匀

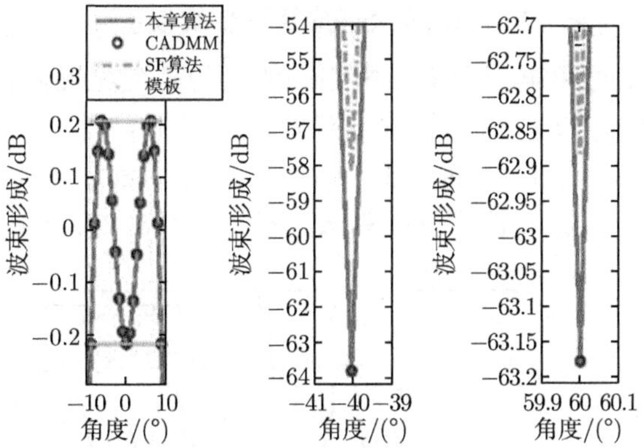

图 10.2　图 10.1 中主瓣和零陷的局部放大

阵列。这里没有提供 SDR 算法和 SF 算法的结果。非均匀阵列波束形成结果如图 10.3 所示，对比图 10.1 和图 10.3 可知：

(1) SF 算法是基于均匀阵列设计的，因此并不适合非均匀阵列。

(2) 本章算法与阵列形式无关，即使是非均匀阵列时，仍展示出很好的抗干扰能力。

(3) 由于自适应波束器的目标函数为输出功率最小，通常采用 SDR 算法采用秩最小化的思路也并不适合此类问题。

(4) CADMM 和本章算法几乎一样的性能，但必须指出 CADMM 需要引入 420 个 ($21\times10\times2$ 个) 辅助变量 (含拉格朗日乘子)，而本章算法仅仅需要引入 42 个辅助变量 (含拉格朗日乘子)，表明本章算法具有较好的计算有效性。

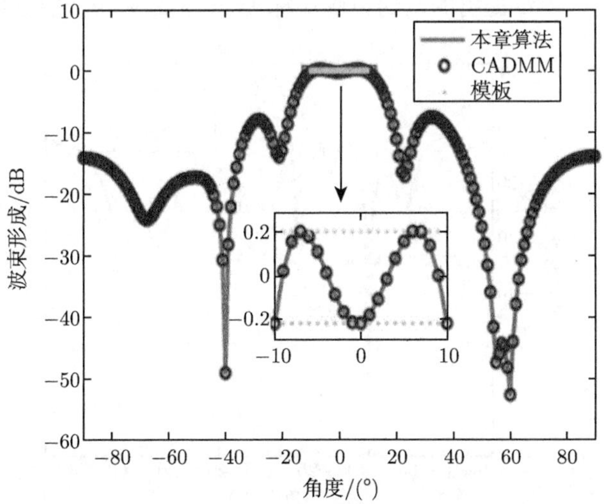

图 10.3　非均匀阵列波束形成结果

10.3.2 双约束的鲁棒 Capon 波束形成算法仿真实验

第二个实验考虑和第一个实验中相同的均匀阵列配置以及干扰方向和信噪比。实际目标方向为 0°，而提供的方向为 1°，这时，存在 1° 的方向误差。便于比较，同时执行文献 [6] 中的算法，结果图 10.4 所示。通过对比可得，本章提出的双约束的鲁棒 Capon 波束形成算法的零陷要深于文献 [6] 中的算法。

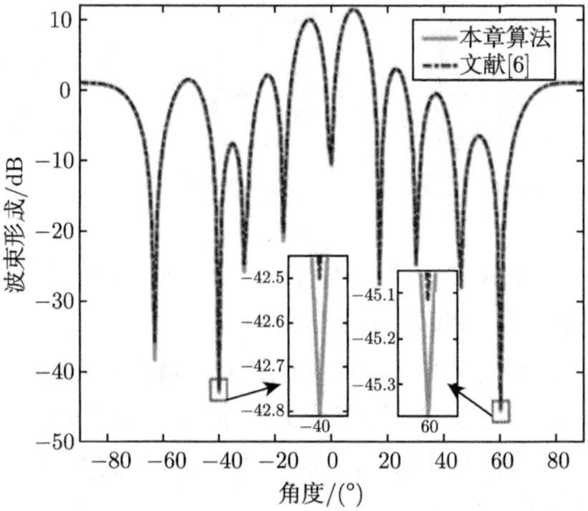

图 10.4 提供的角度出现误差时的波束形成结果

进一步，测试本章算法对相位扰动的敏感程度。实验配置同上，不同之处在于没有方向误差，而存在区间 [0,0.3] 上服从均匀分布的相位扰动，仿真结果如图 10.5 所示。再一次验证本章提出的双约束的鲁棒 Capon 波束形成算法的零陷更深。

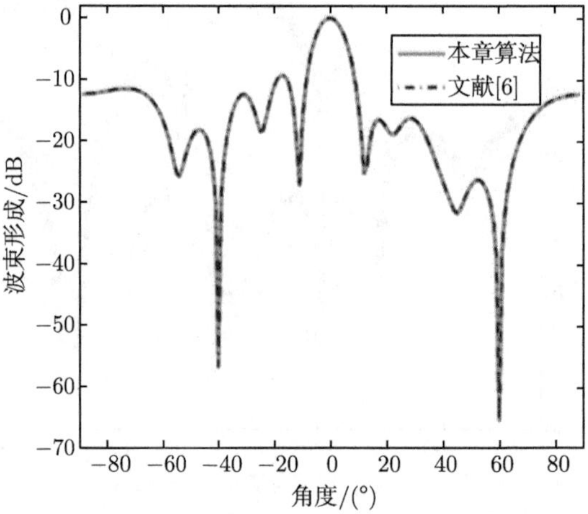

图 10.5 出现相位扰动时的波束形成结果

10.3.3　脉冲噪声下的鲁棒 Capon 波束形成算法仿真实验

第三个实验考虑脉冲噪声。脉冲噪声按照 α 稳定过程产生，其中 $\alpha = 0.8$，快拍数为 300，三个干扰方向分别为 $-40°$、$30°$、$60°$，信干噪比为 -10dB。同样，执行标准的 Capon 方法进行比较。设定 $p = 1$、0.8、0.6、0.4，执行本章算法，仿真结果如图 10.6 所示。从图 10.6 中可以看出，本章算法具有更深的零陷，因此抗干扰能力优于标准的 Capon 方法。此外，针对不同的输入信噪比，统计了输出端的信干噪比情况，结果如图 10.7 所示。从图 10.7 可以看出，较小的 p 对应更高的输出信干噪比，因此意味着 p 越小，性能越好。

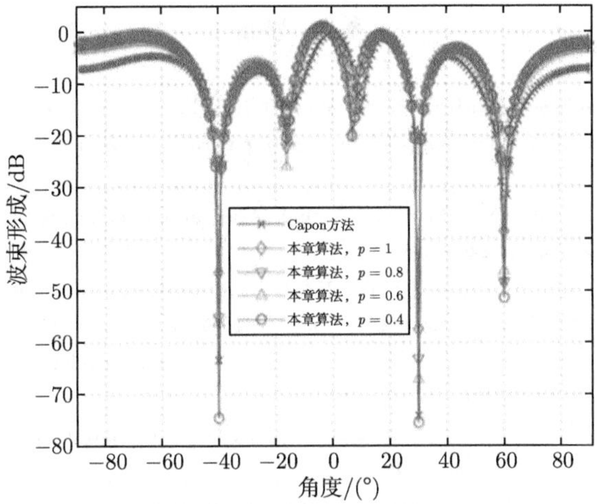

图 10.6　脉冲噪声环境下的波束形成结果

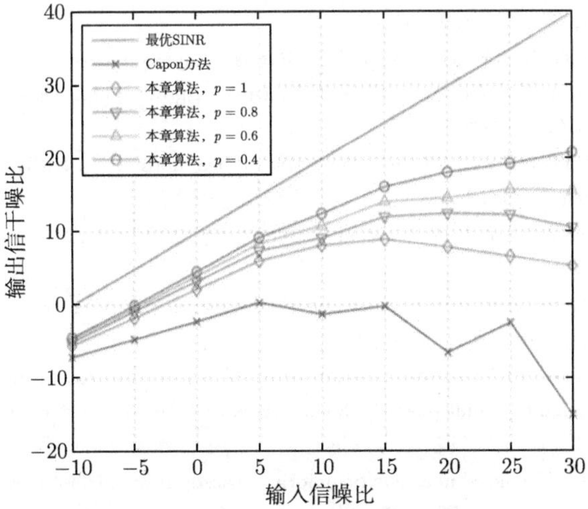

图 10.7　脉冲噪声环境下输出信干噪比与输入信噪比的关系

10.4 本章小结

本章提出了三种鲁棒 Capon 波束形成算法，包括主瓣双边约束的鲁棒 Capon 波束形成算法、双约束的鲁棒 Capon 波束形成算法及脉冲噪声下的鲁棒 Capon 波束形成算法。通过引入辅助变量分离或解耦复杂的非凸约束，或者简化复杂非凸目标函数，便于通过 ADMM 分离问题为若干可以简单求解的问题。仿真实验表明，本章算法可以有效解决这些非凸优化问题，下一步的研究将聚焦于波束形成器的其他因素，包括幅度误差、天线耦合、近场效应等因素。

参考文献

[1] LI J, STOICA P. Robust Adaptive Beamforming[M]. Hoboken: Wiley, 2006.

[2] CAPON J. High-resolution frequency-wavenumber spectrum analysis[J]. Proceedings of the IEEE, 1969, 57(8): 1408-1418.

[3] VAN VEEN B D, BUCKLEY K M. Beamforming: A versatile approach to spatial filtering[J]. IEEE ASSP Magazine, 1988, 5(2): 4-24.

[4] GERSHMAN A B, SIDIROPOULOS N D, SHAHBAZPANAHI S, et al. Convex optimization-based beamforming[J]. IEEE Signal Processing Magazine, 2010, 27(3): 62-75.

[5] LI J, STOICA P, WANG Z. On robust capon beamforming and diagonal loading[J]. IEEE Transactions on Signal Processing, 2003, 51(7): 1702-1715.

[6] LI J, STOICA P, WANG Z. Doubly constrained robust capon beamformer[J]. IEEE Transactions on Signal Processing, 2004, 52(9): 2407-2423.

[7] COX H, ZESKIND R, OWEN M. Robust adaptive beamforming[J]. IEEE Transactions on Acoustics, Speech, and Signal Processing, 1987, 35(10): 1365-1376.

[8] GERSHMAN A B. Robust adaptive beamforming in sensor arrays[J]. International Journal of Electronics and Communications, 1999, 53:305-314.

[9] VOROBYOV S A, GERSHMAN A B, LUO Z. Robust adaptive beamforming using worst-case performance optimization: A solution to the signal mismatch problem[J]. IEEE Transactions on Signal Processing, 2003, 51(2): 313-324.

[10] LORENZ R G, BOYD S P. Robust minimum variance beamforming[J]. IEEE Transactions on Signal Processing, 2005, 53(5): 1684-1696.

[11] STOICA P, WANG Z, LI J. Robust capon beamforming[J]. IEEE Signal Processing Letters, 2003, 10(6): 172-175.

[12] JIANG X, ZENG W, SO H, et al. Beamforming via nonconvex linear regression[J]. IEEE Transactions on Signal Processing, 2015, 64(7): 1714-1728.

[13] BOYD S, PARIKH N, CHU E, et al. Distributed optimization and statistical learning via the alternating direction method of multipliers[J]. Foundations and Trends in Machine learning, 2011, 3(1): 1-122.

[14] YU Z, ER M, SER W. A novel adaptive beamformer based on semidefinite programming(SDP) with magnitude response constraints[J]. IEEE Transactions Antennas and Propagation, 2008, 56(5):1297-1307.

[15] YU Z, SER W, ER M, et al. Robust adaptive beamformers based on worst-case optimization and constraints on magnitude response[J]. IEEE Transactions on Signal Processing, 2009, 57(7): 2615-2628.

[16] LIANG J L, SO H, LI J, et al. Unimodular sequence design based on alternating direction method of multipliers[J]. IEEE Transactions on Signal Processing, 2016, 64(20): 5367-5381.

[17] LIANG J L, SO H, LI J, et al. On optimizations with magnitude constraints on frequency or angular responses[J]. Signal Processing, 2018, 145: 214-224.

[18] FAN W, LIANG J L, YU G, et al. Robust capon beamforming via ADMM[C]. 2019 IEEE International Conference on Acoustics, Speech and Signal Processing, Brighton, UK, 2019: 4345-4349.

[19] LIANG J L, YU G, CHEN B, et al. Decentralized dimensionality reduction for distributed tensor data across sensor networks[J]. IEEE Transactions on Neural Networks and Learning Systems, 2015, 27(11): 2174-2186.

[20] LIANG J L, ZHANG X, SO H, et al. Sparse array beampattern synthesis via alternating direction method of multipliers[J]. IEEE Transactions on Antennas and Propagation, 2018, 66(5): 2333-2345.

[21] NIE F, WANG H, HUANG H, et al. Joint Schatten p-norm and l_p-norm robust matrix completion for missing value recovery[J]. Knowledge and Information Systems, 2015, 42(3): 525-544.